"十二五"职业教育国家规划教材
经全国职业教育教材审定委员会审定

网络组建与互联

主　编　姜惠民　苏东梅　迟恩宇
副主编　杨亚洲　王　东　施丽男
参　编　张瑞娜　董国刚　戢　烈
主　审　李明革　叶郁文

高等教育出版社·北京

内容简介

本书是以网络组建与互联为内容的基于工作过程的行动导向的教材。本书围绕工作任务学习的需要，以4个不同类型的典型网络按照由简单到复杂进行序化，共设计了4个学习情境：学习情境1为SOHO网络组建，介绍网络方案的设计与产品选购的技能；学习情境2为小型企业网络组建与互联，介绍IP地址的规划，以及交换机和路由器等网络设备的选择、配置与调试；学习情境3为跨地区企业网络组建与互联，介绍采用主流网络技术，搭建企业跨地区异地互联的远程互联网络，满足远程分支员工对总部网络中关键服务器的访问，以及总公司与分公司的互访；学习情境4为校园网络组建与互联，介绍以主流网络技术为依托建设以网络办公自动化、计算机辅助教学、现代计算机校园文化为核心的网络平台。

本书针对网络工程师岗位技能要求编写，适用于职业院校计算机网络技术专业，既可作为职业技能培训教材，也可作为网络工程技术人员和网络管理人员的参考书。

图书在版编目（CIP）数据

网络组建与互联 / 姜惠民，苏东梅，迟恩宇主编. --北京：高等教育出版社，2017.10
ISBN 978-7-04-046545-7

Ⅰ. ①网… Ⅱ. ①姜… ②苏… ③迟… Ⅲ. ①计算机网络-高等职业教育-教材 Ⅳ. ①TP393

中国版本图书馆CIP数据核字（2016）第238090号

策划编辑	侯昀佳	责任编辑	侯昀佳	封面设计	姜 磊	版式设计	于 婕
插图绘制	杜晓丹	责任校对	刘丽娴	责任印制	韩 刚		

出版发行	高等教育出版社	网 址	http://www.hep.edu.cn
社 址	北京市西城区德外大街4号		http://www.hep.com.cn
邮政编码	100120	网上订购	http://www.hepmall.com.cn
印 刷	河北新华第一印刷有限责任公司		http://www.hepmall.com
开 本	787mm×1092mm 1/16		http://www.hepmall.cn
印 张	21		
字 数	500千字	版 次	2017年10月第1版
购书热线	010-58581118	印 次	2017年10月第1次印刷
咨询电话	400-810-0598	定 价	39.80元

本书如有缺页、倒页、脱页等质量问题，请到所购图书销售部门联系调换
版权所有 侵权必究
物 料 号 46545-00

前　言

随着信息化的快速发展，现代化企业、政府机关、学校以及人们的日常生活对网络的依赖也日益凸显，网络基础设施的建设为信息的有效传输与交换提供了保障。本书充分借鉴了国内外职业教育课程开发的经验，从岗位能力的培养出发，通过对网络组建与管理岗位能力的分析，依据企业实际工作任务、工作过程和工作情境，与行业企业网络领域专家共同编写了这本基于工作过程的行动导向的教材，对于开展"教、学、做"于一体的教学模式，通过"做中学"实现技术技能型人才的培养有着重大意义。

本书围绕工作任务学习的需要，以 4 个不同类型的典型网络按照由简单到复杂进行序化，共设计了 4 个学习情境：学习情境 1 为 SOHO 网络组建，介绍网络方案设计与产品选购的技能；学习情境 2 为小型企业网络组建与互联，介绍 IP 地址的规划，以及交换机和路由器等网络设备的选择、配置与调试；学习情境 3 为跨地区企业网络组建与互联，介绍采用主流网络技术，搭建企业跨地区异地互联的远程互联网络，满足远程分支员工对总部网络中关键服务器的访问，以及总公司与分公司的互访；学习情境 4 为校园网络组建与互联，介绍以主流网络技术为依托建设以网络办公自动化、计算机辅助教学、现代计算机校园文化为核心的网络平台。通过 4 个学习情境的学习，培养学生的网络规划、组建、调试和改进能力。本书的编写有以下特点。

（1）融入职业资格、面向职业岗位的工作过程

本书的内容主要依据网络工程师职业资格标准，结合 Cisco 网络工程师 CCNA 认证及 H3C 网络工程师 H3CNE 认证的内容，围绕企业网络组建的典型工作任务，设计本课程的学习情境，按照资料信息获取、网络规划方案设计、组织实施计划的确定、网络设备的配置与调试、质量安全进度测试检查、组织验收与整改 6 个步骤来开展工作任务的分析。在每个学习情境中，按工作流程网络规划方案—局域网组建—广域网接入—网络测试与故障诊断等分解为相应的工作任务，与企业的实际工作流程一致。

（2）教材内容面向职业岗位能力

根据计算机网络技术专业人才培养目标、计算机网络技术领域和职业岗位（群）的任职要求，通过针对企业基于网络组建的工作过程中承担的具体工作任务应具备的基本工作能力分解，推衍出对应的职业岗位能力。同样基于企业文化分解出职业岗位应具备的基本素养。在学习情境设计过程中，针对不同环节采用恰当的教学方法，将职业能力训练和职业素质的养成有意识、有步骤地融入到实际教学实施过程之中。

（3）任务引领理论知识学习，完成网络组建项目

在学习情境 2 的项目实施过程中，以思科网络设备为例，运用 Packet Tracer 仿真软件，掌握网络基本理论和设备的配置，通过介绍 H3C 基本命令的使用，完成项目的实施，从而掌握当今国际两大主流网络设备厂商的设备管理与配置。并在学习情境 3 及学习情境 4 中进行应用训练，形成企业岗位的综合应用能力。

（4）设计拓展项目和思考训练习题，培养学生的可持续发展能力

在学习情境的设计过程中，编者注重学习情境及任务的设计，充分体现以学生为主体开展课程的教学，同时设计与课内教学内容相适应的拓展项目，有利于学生在巩固课内学习的知识和技术基础上，通过自主完成拓展项目进一步提升网络组建与互联的知识和技能，为学生的可持续发展奠定良好的基础。

（5）完善的教学资源，满足学生自主学习和社会人员终身学习的需要

围绕4个项目的实施，设计开发了Packet Tracer仿真实训项目，以及依据企业的实际项目进行改进的重建项目（可下载且自动评分）和在线测试试题库（自动评分）等，为学生的自主学习提供了丰富的资源。其资源包括辅助学生学习的电子课件、教程、视频、使用Packet Tracer仿真软件制作了PT演练项目等。使教学从单一媒体向多种媒体转变；教学活动从信息的单向传递向双向交换转变。即满足了学生的课内学习，同时也满足了学生的拓展项目的课外学习和社会人员终身学习的需要。

在本书的编写过程中，得到了思科网络技术学院、H3C网络技术学院专家们的支持和帮助，在此向他们及对本书的编写提供支持和帮助的企业人士表示感谢。

本书由姜惠民、苏东梅、迟恩宇担任主编，杨亚洲、王东、施丽男担任副主编，杨建毅、张瑞娜、董国刚、戴烈参加编写，全书由李明革、叶郁文主审。

本书针对网络工程师职业岗位能力培养而编写，适用于职业院校计算机网络技术专业课程教学，同时可作为企业网络组建与管理人员的培训教材，也适用于已经具备一定网络基础能力的网络技术人员自学使用。

由于本书是编者对职业教育教学改革教材的初步尝试和探索，难免存在错误和不足之处，恳请广大读者批评指正。

编　者

2017年5月

目 录

学习情境 1　SOHO 网络组建 ………… 1
- 1.1 学习目标 ………… 2
- 1.2 工作任务描述 ………… 2
- 1.3 网络规划方案 ………… 2
  - 1.3.1 任务分析 ………… 2
  - 1.3.2 需求分析 ………… 3
  - 1.3.3 IP 地址规划设计 ………… 4
  - 1.3.4 使用 Visio 绘制拓扑图 ………… 7
  - 1.3.5 网络设备选择 ………… 11
- 1.4 广域网接入 ………… 20
  - 1.4.1 任务分析 ………… 20
  - 1.4.2 光纤接入技术 ………… 21
  - 1.4.3 接入设备配置 ………… 24
- 1.5 无线网络搭建 ………… 30
  - 1.5.1 任务分析 ………… 30
  - 1.5.2 无线设备配置 ………… 33
  - 1.5.3 功能测试 ………… 34
- 1.6 网络设备连接与测试 ………… 35
  - 1.6.1 任务分析 ………… 35
  - 1.6.2 网络设备的连接 ………… 35
  - 1.6.3 网络环境测试 ………… 37
- 1.7 网络故障诊断 ………… 39
  - 1.7.1 网络设备诊断 ………… 39
  - 1.7.2 常见故障的诊断与排除 ………… 40
- 1.8 拓展项目训练 ………… 45

学习情境 2　小型企业网络组建与互联 … 47
- 2.1 学习目标 ………… 48
- 2.2 工作任务描述 ………… 48
- 2.3 网络规划方案 ………… 49
  - 2.3.1 任务分析 ………… 49
  - 2.3.2 需求分析 ………… 49
  - 2.3.3 IP 地址规划设计 ………… 51
  - 2.3.4 拓扑图绘制 ………… 56
  - 2.3.5 网络设备选择 ………… 61
  - 2.3.6 制订实施进度计划 ………… 68
- 2.4 内部局域网组建 ………… 68
  - 2.4.1 任务分析 ………… 68
  - 2.4.2 接入层交换机配置 ………… 69
  - 2.4.3 汇聚层交换机配置 ………… 78
  - 2.4.4 核心层交换机配置 ………… 105
  - 2.4.5 局域网内部功能测试 ………… 128
- 2.5 广域网接入 ………… 132
  - 2.5.1 任务分析 ………… 132
  - 2.5.2 核心层路由器路由配置 ………… 134
  - 2.5.3 核心路由器 NAT 配置 ………… 157
  - 2.5.4 广域网专线方式接入 ………… 170
  - 2.5.5 广域网分组交换接入 ………… 178
  - 2.5.6 广域网接入功能测试 ………… 187
- 2.6 无线网络组建 ………… 189
  - 2.6.1 任务分析 ………… 189
  - 2.6.2 无线设备配置 ………… 189
  - 2.6.3 功能测试 ………… 193
- 2.7 网络设备连接 ………… 196
  - 2.7.1 任务分析 ………… 196
  - 2.7.2 网络设备的连接 ………… 196
- 2.8 网络测试与故障诊断 ………… 200
  - 2.8.1 故障排除方法及步骤 ………… 200
  - 2.8.2 应用端口镜像技术分析 ………… 203
  - 2.8.3 常见故障的诊断与排除 ………… 206
- 2.9 拓展项目训练 ………… 216

学习情境 3　跨地区企业网络组建与互联 ………… 223
- 3.1 学习目标 ………… 224
- 3.2 工作任务描述 ………… 224

3.3 A企业长春办事处网络组建与互联 ………… 227
 3.3.1 任务分析 ………… 227
 3.3.2 需求分析 ………… 227
 3.3.3 方案设计 ………… 227
 3.3.4 任务实施 ………… 228
 3.3.5 任务测试 ………… 229
3.4 A企业上海分公司网络组建与互联 ………… 233
 3.4.1 任务分析 ………… 233
 3.4.2 需求分析 ………… 234
 3.4.3 方案设计 ………… 234
 3.4.4 任务实施 ………… 236
 3.4.5 任务测试 ………… 239
3.5 A企业北京总部网络组建与互联 ………… 240
 3.5.1 任务分析 ………… 240
 3.5.2 需求分析 ………… 240
 3.5.3 方案设计 ………… 241
 3.5.4 任务实施 ………… 244
 3.5.5 任务测试 ………… 250
3.6 模拟互联网络组建与互联 ………… 251
 3.6.1 任务分析 ………… 251
 3.6.2 需求分析 ………… 251
 3.6.3 方案设计 ………… 252
 3.6.4 任务实施 ………… 254
 3.6.5 任务测试 ………… 256
3.7 拓展项目训练 ………… 257

学习情境 4 校园网络组建与互联 ………… 261

4.1 学习目标 ………… 262
4.2 工作任务描述 ………… 262
4.3 网络规划方案 ………… 263
 4.3.1 任务分析 ………… 263
 4.3.2 需求分析 ………… 263
 4.3.3 方案设计 ………… 265
 4.3.4 拓扑图绘制 ………… 269
 4.3.5 网络设备选择 ………… 271
 4.3.6 制订实施进度计划 ………… 283
4.4 内部局域网组建 ………… 283
 4.4.1 任务分析 ………… 283
 4.4.2 接入层设备配置 ………… 283
 4.4.3 汇聚层设备配置 ………… 288
 4.4.4 核心层设备配置 ………… 293
 4.4.5 局域网功能测试 ………… 305
4.5 广域网接入 ………… 305
 4.5.1 任务分析 ………… 305
 4.5.2 路由器配置 ………… 306
 4.5.3 广域网接入功能测试 ………… 311
4.6 无线网络组建 ………… 312
 4.6.1 任务分析 ………… 312
 4.6.2 无线网络设备配置 ………… 315
 4.6.3 无线网络功能测试 ………… 322
4.7 校园网网络管理设计与实现 ………… 322
 4.7.1 任务分析 ………… 322
 4.7.2 用户上网认证管理 ………… 322
 4.7.3 用户上网计费管理 ………… 324
 4.7.4 用户上网行为管理 ………… 324
4.8 拓展项目训练 ………… 326

学习情境 1
SOHO 网络组建

随着全球信息化的飞速发展，网络作为一种重要的信息传递手段，使人们的工作模式产生了新的变革，而 SOHO（Small Office Home Office 小型办公、家里办公）则是这场变革衍生出来的一种信息化的工作模式。在 SOHO 环境中，使许多行业的从业人员足不出户就可以与其他同事共享信息资源，进行分工协作。不仅工作效率得到了大大的提高，同时还享受到全球信息化带来的乐趣。

1.1 学习目标

1. 知识目标
① 了解 SOHO 网络构成的特点。
② 清楚接入 SOHO 网络所需的网络设备的性能及型号。
③ 了解 PPPoE 协议的工作原理。
④ 掌握双绞线 T568A 和 T568B 线序及双绞线与网络设备的连接方法。
⑤ 初步掌握组网方案的书写规范和要求。

2. 能力目标
① 能根据用户的需求进行网络状况的需求分析。
② 能根据 SOHO 网络的需求,清楚所需的各种网络设备,并通过分析网络设备的性价比,合理选择所需要的网络设备。
③ 能使用 Visio 软件绘制网络拓扑图和网络结构图。
④ 能根据网络的实际应用,合理设计 IP 规划方案。
⑤ 能根据网络规划方案,进行网络配置,确保网络的畅通。

3. 素质目标
① 初步形成良好的合作观念,会进行简单的业务洽谈和具备与用户沟通的能力。
② 初步形成按操作规范进行操作的习惯。
③ 初步具备严谨细心的工作态度和追求完美的工作精神。
④ 具备自我展示的能力和查阅资料的能力。

1.2 工作任务描述

学习情境描述

现有某一公司位于写字楼内部的相邻两个房间,是一个新建成的办公室,采用静电地板下布线,现有员工 18 人,每人配备的计算机需要接入 Internet 开展业务,配置的文件服务器和网络打印机仅供局域网内部使用。

根据 SOHO 网络需求及应用领域,网络的稳定性、可靠性与实用性,以及网络组建的投入成本等方面是重点考虑的问题。本项目主要针对 20 人以内的小型办公场所,提出一套网络组建解决方案,并完成该方案的实施及测试,满足用户网络办公的需要。

1.3 网络规划方案

1.3.1 任务分析

根据用户网络办公的具体需求,绘制出该网络的拓扑结构图,确定网络中的 IP 地址规划方案,并完成网络设备的选型。

1.3.2 需求分析

搭建一个网络,首先要清楚用户对网络的需求,明确网络的功能和用途,通过分析,制定规划方案。

1. 用户需求

规划设计人员通过与用户方进行沟通,了解得知如下用户信息。

公司现在有员工 18 人,下设有业务部和技术部,位于写字楼 5 楼的相邻两个房间,每个房间使用面积近 100 m^2,目前公司的业务中,涉及了解市场商品信息、收发邮件。为了方便内部传输资料和访问 Internet,因此需搭建一个适合员工使用的 SOHO 网络。具体信息如下:

① 18 个节点需要接入 Internet,主要应用包含网络浏览、E-mail 收发等。
② 局域网内能进行网络打印、高速的文件传输等功能。
③ 两个部门(业务部和技术部)之间可以高速互相访问。
④ 公司网络建设预算有限,希望能以较低的成本,满足业务的需求。

2. Internet 接入技术

① 接入方式的选择。宽带是通过 xDSL、FTTX+LAN 等方式接入宽带 IP 城域网,实现 Internet 接入服务。目前,Internet 接入主要有 ADSL 接入、光纤宽带接入、专线接入等,接入参数及价格见表 1.1。

表 1.1 宽带接入参数及价格一览表

序号	类型	带宽/(Mbit/s)	接入介质	费用/(元/年)	备注
1	ADSL 虚拟拨号	2	电话线/光纤	845	
2		4	电话线/光纤	999	
3	光纤接入 虚拟拨号	10	光纤	1 099	
4		20	光纤	1 499	
5	专线接入	20	独享光纤	50 000	8 个 IP
6		30	独享光纤	70 000	16 个 IP
7		50	独享光纤	100 000	32 个 IP
8	专线接入	100	独享光纤	180 000	32 个 IP
9		200	独享光纤	450 000	128 个 IP

说明:
对于不同地域、不同的运营商,宽带的服务和收费标准会略有差异。

近年来,宽带的接入逐渐由 ADSL 接入发展到光纤接入,很多城市已经逐步实施光纤入户(FTTH),ADSL 将逐渐被光纤接入所取代。根据用户的上述需求,本项目的设计与实施需要明确以下要点:本项目作为一个小型企业的办公网络,由于公司的网上业务量较小,考虑到降低 Internet 接入的成本,以较低的投入满足日常办公的需要,如果所处区域具备光纤接入的条件,那么应首先考虑采取适用家庭或小型 SOHO 办公的光纤接入（可选择 10 Mbit/s 带宽速率）组建 SOHO 办公网络。随着今后公司的发展，当网络业务需求较大时，可以考虑进一步升级光纤接入的带宽。

② 内部网络连接方式。在内部局域网中，为了确保数据的传输，在网络主干采用六类双绞线实现千兆数据的传输，用户终端采用百兆到桌面。一旦当公司的网上业务量需求扩大时，在接入方式上可以考虑带宽更大的光纤接入方式，同时局域网内部的带宽也能够满足应用，局域网内部的设计完全能够满足未来 5 年的需要。

在该办公网络中，现有总节点数为 20 个，其中 18 个节点为公司的用户计算机，1 个节点为服务器，1 个节点为网络打印机。

由于公司员工数量较少，规划在一个子网内就可以满足实际的需要，因此局域网内 IP 地址可采用 C 类 IP 地址。

1.3.3 IP 地址规划设计

众所周知，对于在 Internet 和 Intranet 上，使用 TCP/IP 时每台主机必须具有唯一的 IP 地址，具有合法 IP 地址的主机之间才能进行互相通信。而一个局域网在搭建之前首先要对局域网内的 IP 地址做出合理的规划。

1. IP 地址分类

Internet 中的每台计算机都通过其自身的 IP 地址而被唯一标识的，每个网络也有自己的标识符，IP 地址由网络标识号＋主机标识号组成，国际互联网代理成员管理局（IANA，Internet Assigned Numbers Authority）是在 Internet 中使用的 IP 地址、域名和许多其他参数的管理机构，只有经过 IANA 分配的地址才是合法的 IP 地址，才能够被路由至 Internet，并且在 Internet 中是唯一的，可以被 Internet 中的其他主机访问到的 IP 地址。公司网络中的主机要接入 Internet，就必须至少拥有一个合法的 IP 地址。

（1）IP 地址分类

为了能够有效地利用有限的地址资源，IANA 将 IP 地址的 32 位地址空间划分为不同的地址级别，定义了 A、B、C、D、E 5 类地址，IP 地址分类规则如图 1.1 所示。

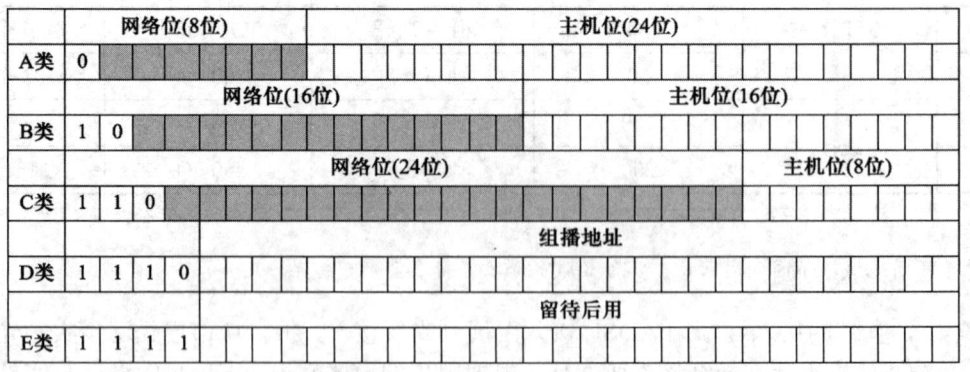

图 1.1　IP 地址分类规则

A 类地址是指在 IP 地址的 4 段号码中，使用第 1 个号段的 8 位代表网络部分，其余 3 个 8

位代表主机。A 类 IP 地址中网络的标识长度为 8 位，主机标识的长度为 24 位。A 类网络地址的最高位必须是"0"，网络地址范围是首个 8 位的值介于 1～127 之间，一般分配给大型网络。

B 类地址是指在 IP 地址的 4 段号码中，使用前 2 个号段的 16 位代表网络部分，后 2 个 8 位代表主机。B 类 IP 地址中网络的标识长度为 16 位，主机标识的长度为 16 位。B 类网络地址的最高位必须是"10"，网络地址范围是首个 8 位的值介于 128～191 之间，一般适用于中等规模的网络。

C 类地址是指在 IP 地址的 4 段号码中，使用前 3 个 8 位代表网络部分，1 个 8 位代表主机，C 类 IP 地址中网络的标识长度为 24 位，主机标识的长度为 8 位。C 类网络地址的最高位必须是"110"，网络地址范围是首个 8 位的值介于 192～223 之间，通常分配给小型网络。

D 类地址的最高位必须是"1110"，网络地址范围是首个 8 位的值介于 224～239 之间，不提供商业用途主机使用，是多点广播地址，保留供组播使用。

E 类网络地址的最高位必须是"1111"，网络地址范围是首个 8 位的值介于 240～254 之间，不提供商业用途主机使用，而用于实验用途。

（2）特殊用途的 IP 地址

在各类 IP 地址中，存在一些在特定情况下使用的 IP 地址，见表 1.2。

表 1.2　特殊的 IP 地址

网络号	主机号	地址类型	用途
Any	全"0"	网络地址	代表一个网段
Any	全"1"	广播地址	特定网段的所有节点
127	any	环回地址	环回测试
全"0"		本机地址/所有网络	启动时使用/通常用于指定默认路由
全"1"		广播地址	本网段所有节点

（3）私用 IP 地址

IANA 将 A、B、C 类地址的一部分保留下来作为私有 IP 地址空间，专门用于各类专有网络（如公司局域网、校园网等）的使用，私有 IP 地址段见表 1.3。在本地局域网中可以使用这些 IP 地址，Internet 中的路由器或网关会自动将这些 IP 地址拦截在局域网络之内，而不会将其路由到公有网络中，即使在两个局域网中均使用相同的私有 IP 地址段，彼此之间也不会发生冲突。使用内部 IP 地址的计算机通过局域网访问 Internet 时，需要使用地址转换（NAT）才能实现。

表 1.3　私有 IP 地址使用范围

类别	地址	网络数	主机数/网	私用主机总量
A	10.0.0.0～10.255.255.255	1	16 777 214	16 777 214
B	172.16.0.0～172.31.255.255	16	65 534	1 048 544
C	192.168.0.0～192.168.255.255	256	254	65 024

例如，IP 地址为 10.0.1.1、172.16.1.1、192.168.1.1 等都是私有 IP 地址。

在局域网中可根据网络的规模选择私有地址，小型公司可以选择"192.168.0.0"地址段，大中型公司则可以选择"172.16.0.0"或"10.0.0.0"地址段。

2. 子网掩码

子网掩码,是与 IP 地址结合使用的一种技术。其有 2 个主要作用,分别是用于确定 IP 地址中的网络号、主机号和用于将一个大的 IP 网络划分为若干小的子网络。

子网掩码以 4B 即 32 位表示,默认子网掩码如图 1.2 所示。子网掩码中为 1 的部分代表网络号,为零的部分代表主机号。通过 IP 地址和子网掩码的"与"运算计算地址的网络号及主机号。

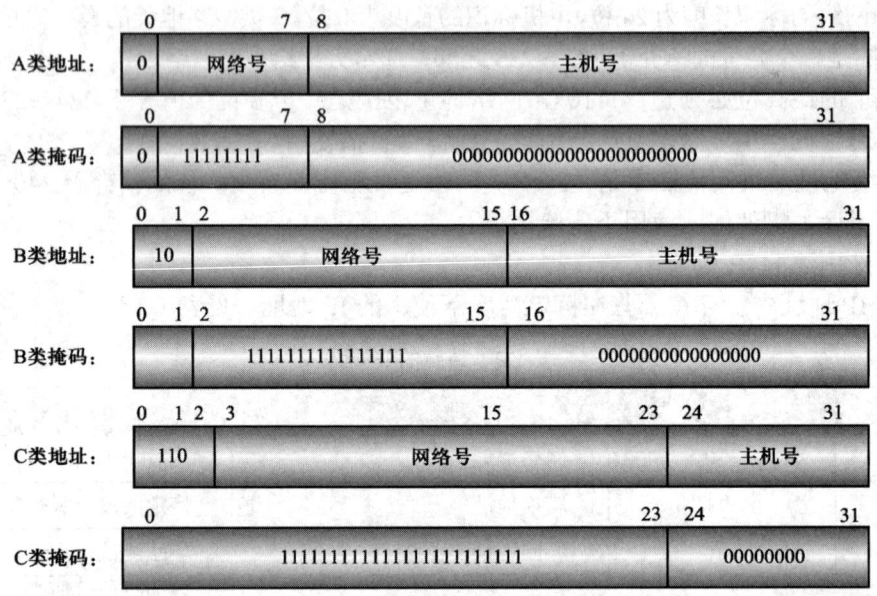

图 1.2　默认的子网掩码

例如: IP 地址为 10.0.1.1,子网掩为 255.0.0.0 时,网络号为 10.0.0.0; IP 地址为 172.16.1.1,子网掩为 255.255.0.0 时,网络号为 172.16.0.0; IP 地址为 192.168.1.1,子网掩为 255.255.255.0 时,网络号为 192.168.1.0。

3. IP 地址规划

由于本公司的用户在 20 以内,根据其网络的规模和使用要求,在 IP 管理中需要包含如下范畴。

① 选择一个适合几十个网络终端的 IP 地址分配范围。
② 每个终端设备具有网络中的唯一 IP 地址,确保在网络中实现通信。
③ 分配内部每台终端的 IP 地址。
④ 通过地址转换,将私有 IP 地址转换为 Internet 公有地址。
⑤ 对所有客户端进行测试。

根据实际情况,ADSL 路由器的 WAN 接口可以使用 ADSL Modem 从 ISP 动态获取 Internet 公有 IP 地址。内部用户配置 C 类私有 IP 地址 192.168.1.0/24,即可满足需求。配置 ADSL 路由器实现对私有 IP 地址段(192.168.1.0/24)进行 NAT 转换,从 ISP 动态获取的 Internet 公有 IP 地址。从而实现内部用户访问 Internet。ADSL 路由器内部接口 IP 可设置为 192.168.1.1/24。

1.3.4 使用 Visio 绘制拓扑图

设计网络结构图的第一步是清楚已有的网络布局，通过研究建筑平面图，选择放置网络设备的最佳位置。以减少所需交换机和电缆的数量。这不仅能够降低实施的成本，而且能够提高网络的效率。

确定网络的整体拓扑结构。公司拥有 2 个部门共 18 个用户，分布在 2 个办公室内，可以根据房间分布设计交换机端口的数量总数。扩展星形拓扑结构是最流行的拓扑结构，因此适用于这种网络类型的交换机设备也更为广泛。要实现局域网到 Internet 的共享访问，而且考虑到公司的网络业务量较少，既考虑减少投入成本，同时又兼顾公司未来的发展，采用"光纤 Modem+宽带路由器+交换机+客户机"的组网模式。

Visio 软件介绍

Microsoft Visio 可以根据网络需要，灵活地创建简单或复杂的关系图。本课程所有的网络拓扑图均使用 Visio 绘制。

Microsoft Visio 产品提供的绘图类型有 Web 图表、表格和图、地图、电子工程、工艺工程、机械工程、建筑设计图、框图、流程图、软件、数据库、网络、项目计划图以及组织结构图。在这里，介绍"网络"类型中的"基本网络图"的绘制方法。"基本网络图"可应用于演示文稿、建议书和概念布局。

（1）Visio 软件主界面

打开 Microsoft Visio 软件，会看到"模板类别"中提供的绘图类型，可根据需要进行选择。

（2）Visio 软件自带的入门教程

运行 Microsoft Visio 软件，在如图 1.3 所示的主界面中选择"帮助"菜单中的"Microsoft Office Visio 帮助"选项，可根据内容自行学习，如图 1.4 所示。

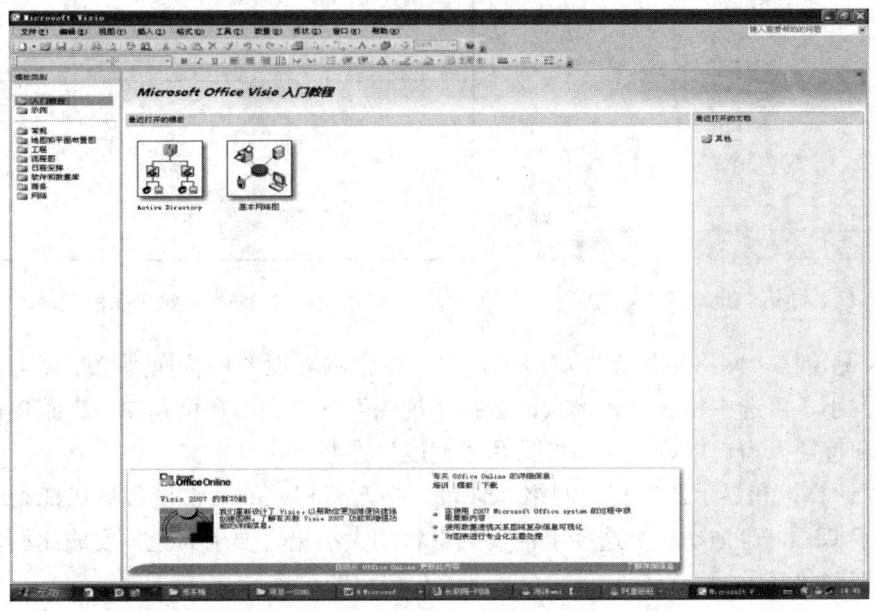

图 1.3 Visio 软件主界面

绘制网络结构图时，首先应正确全面地反映网络设计思路，其次在画面布局、美观生动方面也要考虑，根据实际情况决定设备的摆放、比例、标注位置等。

（3）根据本项目的网络需求分析，使用 Microsoft Visio 软件绘制网络结构图

① 运行 Microsoft Visio 软件，在打开的如图 1.3 所示窗口左边"模板类别"列表中选择"网络"选项，在"特色模板"区中选择"基本网络图"选项单击"创建"按钮，即可绘制网络拓扑图（或选择"文件"→"新建"→"网络"→"基本网络图"菜单命令也可）。

② 在"绘图"工具栏上，单击"铅笔工具" 或"线条工具" （如果看不到"绘图"工具栏，则单击"常用"工具栏上的"绘图工具" 来显示），指向希望线条开始的位置，拖动以绘制该线条。

③ 右击所绘制的线条，在弹出的快捷菜单中选择"格式"→"线条"命令，在打开的"线条"对话框中可修改线条的粗细及颜色等。

④ 根据"绘制线条"的方法，完成建筑平面框架，如图 1.5 所示。

图 1.4 "Visio 帮助"界面

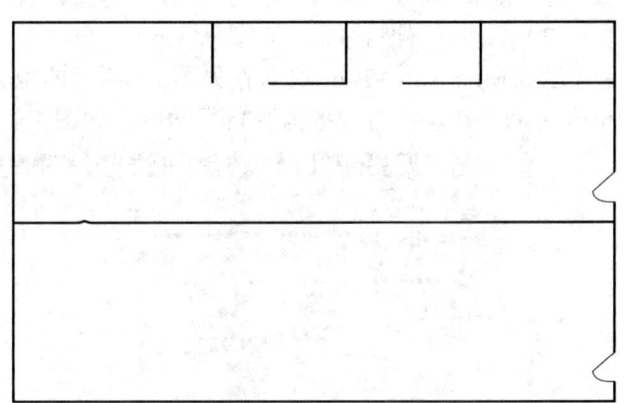

图 1.5 建筑平面框架

⑤ 在左侧窗格"网络和外设"窗口中，将"以太网"设备形状拖到绘图页上。如需调整设备形状的大小，可选中相应设备形状，选择"视图"→"大小和位置窗口"菜单命令，在弹出的"大小和位置"窗口中修改"高度"和"宽度"参数即可。

⑥ 从"计算机和显示器"和"网络和外设"中，将相关的网络设备形状拖到绘图页上，形状有选择手柄，可拖动一个选择手柄直到形状的大小符合要求为止。要成比例地调整形状的大小，可拖动角部手柄。完成如图 1.6 所示的布局点的设置。

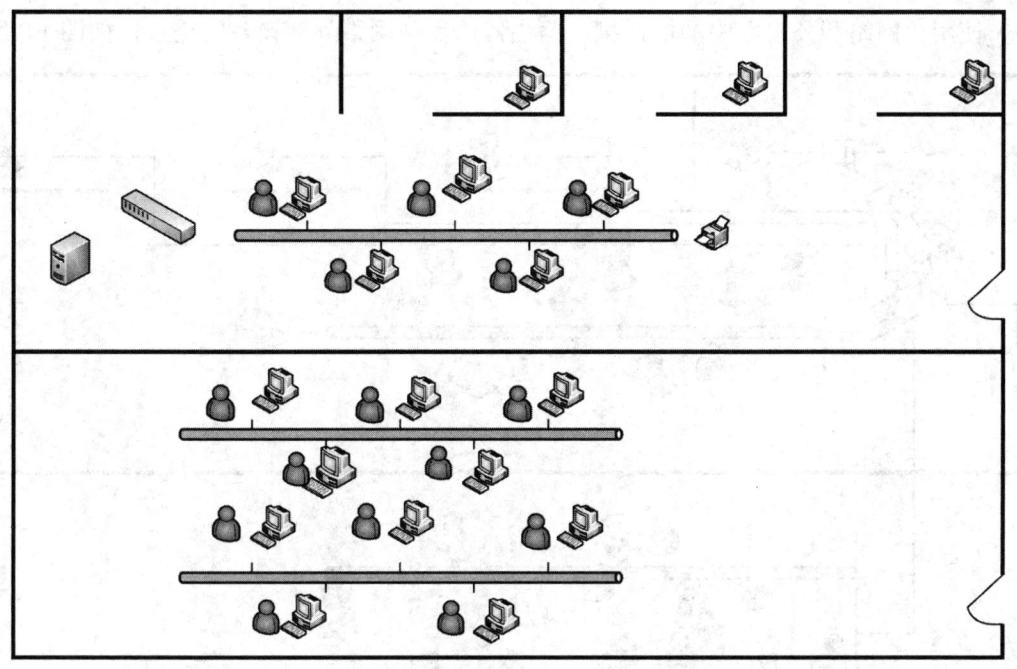

图 1.6 布局点的设置

⑦ 使用形状的内置连接线将设备连接到网络拓扑形状,如图 1.7 所示。(蓝色线条表示超五类双绞线,绿色线条表示六类双绞线)

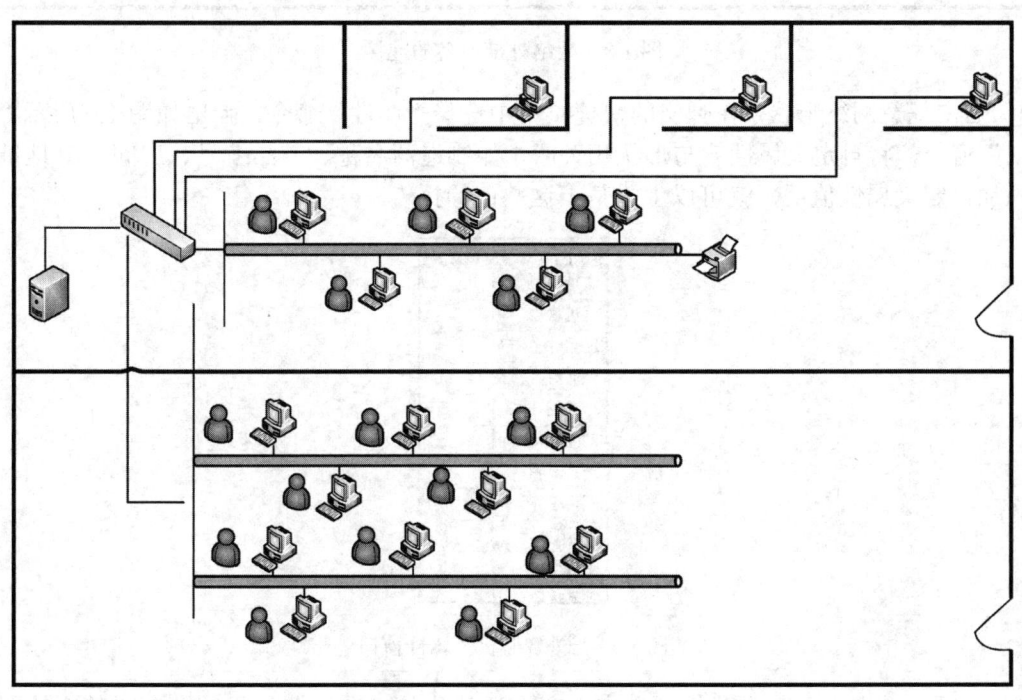

图 1.7 布局点的连接

⑧ 使用"网络和外设"中的电话机、路由器，实现网络外部设备的连接，如图 1.8 所示。

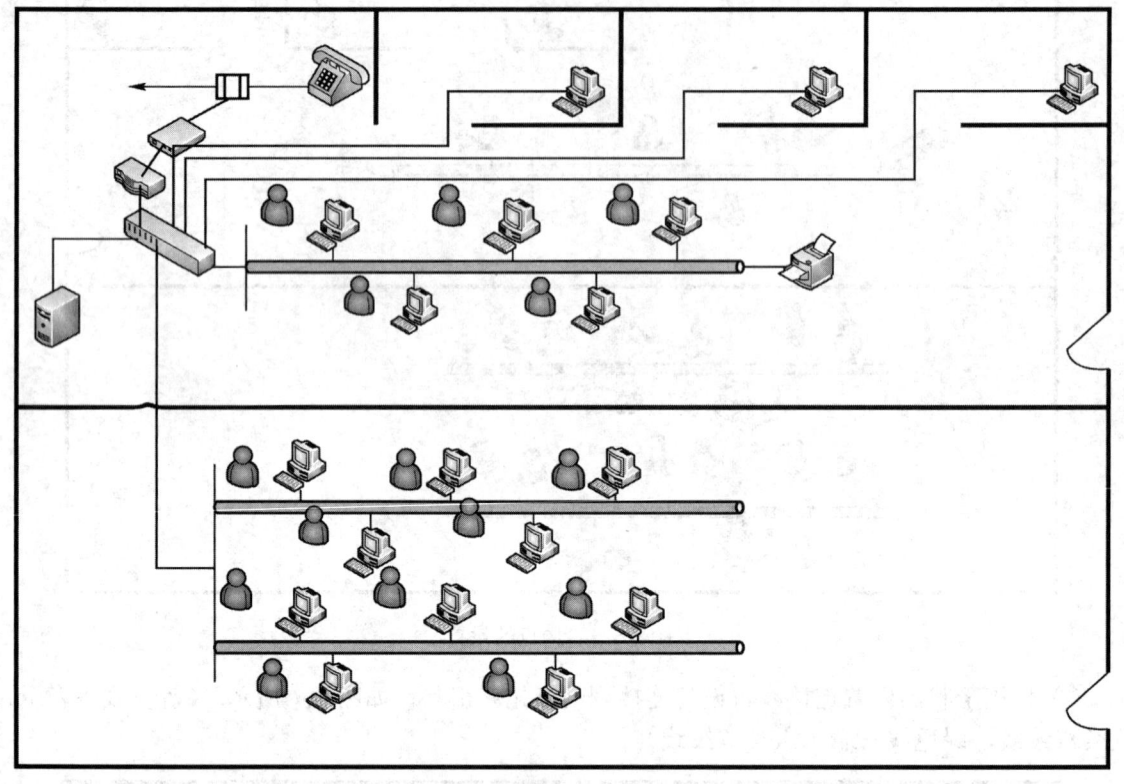

图 1.8　网络外部设备的连接

⑨ 右击任意网络形状，在弹出的快捷菜单中选择"属性"命令，弹出如图 1.9 所示"形状数据…"窗口，将自定义属性值与形状相关联，如制造商名称、产品编号、房间、IP 地址等信息。添加自定义属性值后，就可以生成基于这些值的报告。

图 1.9　"网络形状"属性窗口

⑩ 最后，在左边"边框和标题"中选择合适的形状，向绘图的不同部分或整个绘图添加

标题，如图 1.10 所示。

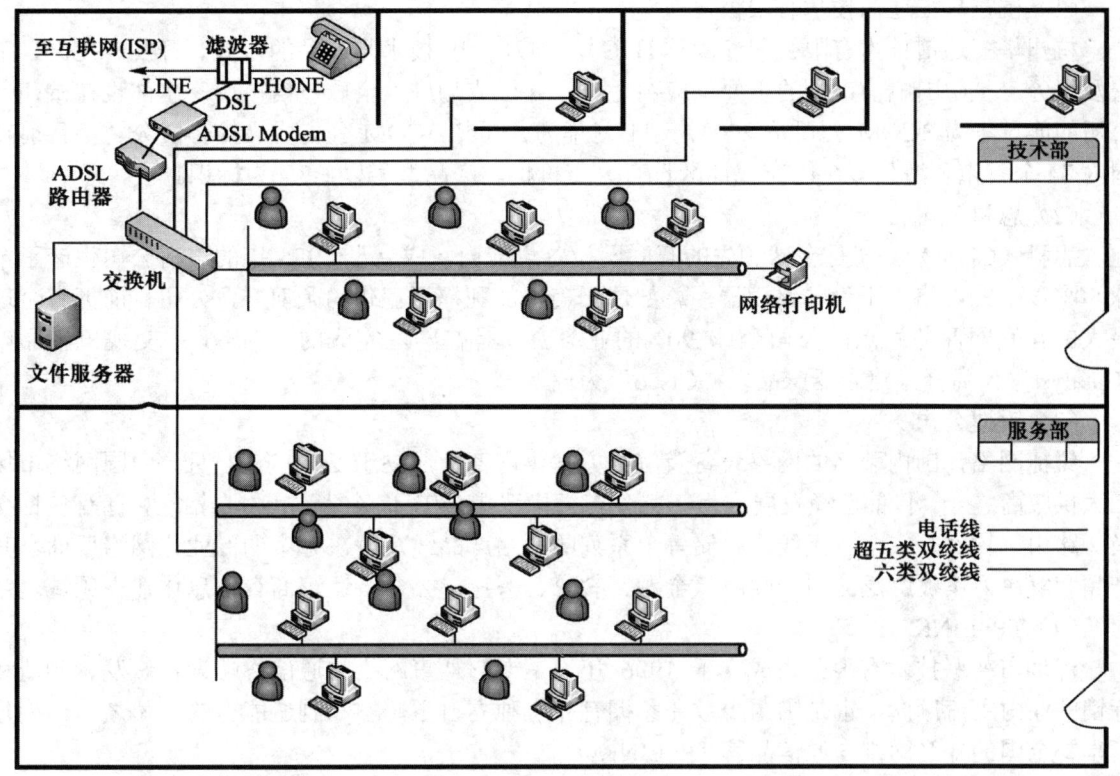

图 1.10　网络结构图

1.3.5　网络设备选择

建构好的 SOHO 环境，前提条件是搭建一个好的网络平台，而网络设备是整个平台的核心。对用户而言，如何选择一套可靠稳定、功能齐全，并且具有较高的性价比的设备，是 SOHO 用户首先要考虑的重要条件。根据网络需求分析，公司网络采用"光纤 Modem+宽带路由器+交换机+客户机"的组网模式，给出合理化的网络设备选择方案。

1. 网络设备介绍

（1）Internet 接入设备

采用光纤接入方式，需要使用光纤 Modem 设备，将光纤线路的光信号转换为数字信号传入网络，同时也将网络中的数字信号转换成光信号发送出去，一般情况下该设备在申请宽带接入服务时，由 ISP 服务商提供；对于多个用户，还需要使用宽带路由器，将光纤 Modem 从 ISP 服务商获得的公网 IP 地址与局域网内的私有 IP 地址进行转换，实现局域网内多用户访问 Internet。

（2）局域网接入交换设备

对于公司内部具有 8 个以上的用户，可以考虑添置一台交换机来扩展网络用户的数量，实现多机共享上网，交换机的接口数量一般为 16 或 24 端口。

2. 网络设备厂商介绍

(1) 杭州华三通信技术有限公司

杭州华三通信技术有限公司（简称 H3C），致力于 IP 技术与产品的研究、开发、生产、销售及服务，是中国电信市场的主要供应商之一，并已成功进入全球电信市场。总部设在杭州，公司的前身华为 3COM 公司是 2003 年 11 月华为公司与 3COM 公司成立的合资公司，目前在国内 34 个省市和海外多个国家或地区设有分支机构。产品型号以 H3C 为标识。

(2) 思科公司

思科（Cisco）公司是全球领先的互联网设备供应商。成立于 1985 年的思科公司生产了全球 80%以上的网络主干设备路由器，总部位于美国加利福尼亚州的圣何塞，公司目前拥有全球最大的互联网商务站点，公司全球 90%的业务交易是在网上完成的。Cisco 的交换机产品以 "Catalyst" 为商标，路由器产品以 "Cisco" 为商标。

(3) 锐捷公司

锐捷网络，国内著名的网络设备及解决方案供应商，成立于 2000 年 1 月。中国网络市场三大供应商之一。目前已经发展成为一家分支机构遍布全国 37 个省、市、自治区，拥有包括交换、路由、软件、安全、无线、存储等全系列的网络产品线及解决方案的专业化网络厂商。其产品和解决方案被广泛应用于政府、金融、教育、医疗、公司、运营商等信息化建设领域。

(4) TP-LINK

深圳市普联技术有限公司成立于 1996 年，是专门从事网络与通信终端设备研发、制造和行销的业内主流厂商，也是国内少数几家拥有完全独立自主研发和制造能力的公司之一，创建了享誉全国的知名网络与通信品牌 TP-LINK。

(5) D-Link

友讯集团（D-Link）成立于 1986 年，并于 1994 年 10 月在台湾证券交易所挂牌上市，为台湾第一家公开上市的网络公司，以自创 D-Link 品牌行销网络产品遍及全世界 100 多个国家。

(6) ZTE 中兴通讯

中兴通讯是全球领先的综合性通信制造业上市公司，是近年全球增长最快的通信解决方案提供商。1985 年，中兴通讯成立。2005 年，中兴通讯作为中国内地唯一的 IT 和通信制造公司率先入选全球 "IT 百强"。

(7) 贝尔阿尔卡特

作为阿尔卡特朗讯在亚太地区的旗舰公司，上海贝尔阿尔卡特是中国电信领域第一家引进外资的股份制公司，拥有丰富的国际资源。

3. 互联网接入设备

目前，生产 SOHO 路由器产品的厂商众多，以下介绍主流厂商 H3C 公司与思科公司的 SOHO 路由器产品。

(1) H3C 系列 SOHO 路由器产品

① H3C AR18-31。如图 1.11（a）所示，AR 18-20/30/31 智能业务接入路由器提供以太网和 ADSL 宽带接口、ISDN BRI S/T 备份口、二层交换功能可以满足用户不同的接入需求，同时提供丰富的接入协议，如 PPPoE、PPPoA 等，具体参数见表 1.4。

表 1.4　H3C AR18-31 参数

路由器类型	接入路由器
网络协议	WAN，Ethernet，ISDN，Frame Relay，X.25
固定广域网接口类型	ADSL，ISDN
固定局域网接口类型	10/100 Base-TX×4
内置防火墙	是
路由器包转发率	10 Mbit/s：14 800 P/S，100 Mbit/s：148 800 P/S
参考价	1 200～1 500 元

② H3C ER5100。如图 1.11（b）所示，H3C ER5100 是 H3C 为网吧量身定制的一款高性能千兆路由器，它采用专业的 64 位双核网络处理器，主频高达 500 MHz，同时提供丰富的网吧专有特性。它是 H3C 公司宽带路由器中的中高端产品，是网吧用户的理想选择，具体参数见表 1.5。

表 1.5　H3C ER5100 参数

网络协议	PPPoE、DHCP 客户端、DHCP 服务器、静态路由、NAPT、NTP、DDNS（www.3322.org、花生壳）、VPN 透传（PPTP、L2TP、IPSec）
固定广域网接口类型	1 个 10/100 Base-TX WAN 端口
固定局域网接口类型	3 个 10/100/1 000 Base-T LAN 端口
内置防火墙	是
路由器包转发率	10 Mbit/s：14 880 P/S，100 Mbit/s：148 810 P/S，1 000 Mbit/s：1 488 100 P/S
参考价	2 400～3 600 元

③ H3C Aolynk BR104H。如图 1.11（c）所示，H3C Aolynk BR104H 宽带路由器是 H3C 公司为家庭及小型公司用户量身定制的宽带路由器。Aolynk BR104H 提供一个 10 Base-T/100 Base-TX 自适应以太网端口用于连接以太网、xDSL 或者 Cable Modem，从而接入 Internet，还包括 4 个 FE 交换端口用来组建家庭局域网，具体参数见表 1.6。

表 1.6　H3C Aolynk BR104H 参数

路由器类型	SOHO 级路由器
网络协议	PPPoE、ARP、DHCP 客户端/服务器、NAT、RIP v1/v2、静态路由、SNTP、DDNS、PPTP、VPN 透传（IPSec、PPTP、L2TP）
固定广域网接口类型	1 个 10/100 Mbit/s 全双工　WAN 口
固定局域网接口类型	4 个 10/100 Mbit/s 全双工 LAN 口
内置防火墙	内置
路由器包转发率	10 Mbit/s：14 800 P/S，100 Mbit/s：148 800 P/S
参考价	110 元

(a) H3C AR18-31产品外观图　　(b) H3C ER5100 产品外观图　　(c) H3C Aolynk BR104H 产品外观图

图 1.11　H3C 系列宽带路由器

（2）Cisco SOHO 系列路由器产品

如图 1.12 所示，Cisco SRP531W 路由器采取非模块化架构，具有完整的案例和 VPN 功能，是公司级 DSL，通过先进的 Qos 功能支持 802.11 b/g，具体参数见表 1.7。

图 1.12　Cisco SRP531W 产品外观图

表 1.7　Cisco SRP531W 参数

路由器类型	宽带路由器
网管功能	Web 管理
固定广域类型	2 个 10/100/1 000 Mbit/s
固定局域类型	8 个 10/100/1 000 Mbit/s
内置防火墙	是
最高传输速率	54 Mbit/s
参考价	2 400 元

（3）Internet 接入设备的选购注意事项

① 提供的广域网及局域网接口类型。

② 采用的处理器类型及支持的最大内存。

③ 支持的网络协议及标准。

④ 是否具备地址转换功能。

⑤ 是否自带内置防火墙功能。

⑥ 售后服务和技术支持。

⑦ 性价比。

（4）设备选购

对于 20 个用户以内的 SOHO 网络来说，网络中的核心路由器除了要具有宽带接入的功能，还要考虑到公司网络在许多方面的业务应用，例如，传输语音、视频及传真信号，VoIP 的应用，VPN 功能和防火墙的功能，等等。因此基本上都要采用模块化的设计，可以对网络应用进行丰富的扩展，保护用户网络的长久投资。公司的这些业务需求就要求路由器必须具备稳定可靠、高速高效、信息安全、操作简单、节约投资等特点。

对比 Cisco 和 H3C 公司的两款 Internet 接入设备性能，考虑到本公司在网络组建的资金投入因素，H3C Aolynk BR104H 系列是最节省资金的选择。

4. 局域网接入交换机

（1）H3C 系列 SOHO 交换机产品

① H3C S1526。如图 1.13（a）所示，H3C S1526 交换机是 H3C 公司自主开发的二层线速以太网交换产品，是为要求具备高性能且易于安装的网络环境而设计的智能型交换机。S1526 提供了 24 个 10/100 Mbit/s 端口，2 个千兆铜缆/SFP（mini GBIC）组合端口用于灵活的千兆铜缆或光纤骨干连接，用户可根据传送距离的不同要求灵活的选择 1000BASE-LX、1000BASE-SX、1000BASE-T 等多种接口类型。该款交换机支持 VLAN 划分、端口镜像、端口聚合和 QoS 等功能，可以通过 Web 界面方便地进行配置，具体参数见表 1.8。

表 1.8　H3C S1526 参数

交换机类型	千兆以太网交换机
网络标准	IEEE 802.3、IEEE 802.3u、IEEE 802.3ab、IEEE 802.3z、ANSI/IEEE 802.3 NWay、IEEE 802.3x
接口数量、类型	24 个 10/100 Base-TX 自适应以太网端口、2 个 10/100/1 000 Base-T 自适应以太网端口、1 个 Console 接口
包转发率	6.55 Mp/s
MAC 表	8 K
参考价	990 元

② H3C S1016。如图 1.13（b）所示，H3C S1016 交换机是 H3C 公司自主开发的无管理以太网交换产品，提供 16 个符合 IEEE 802.3u 标准的 10/100 Mbit/s 自适应以太网接口，所有端口均支持全线速无阻塞交换以及端口自动翻转功能，可以安装于 19 英寸标准机架，具体参数见表 1.9。

表 1.9　H3C S1016 参数

交换机类型	快速以太网交换机
网络标准	IEEE 802.3、IEEE 802.3u、IEEE 802.3x
接口数量、类型	16 个 10/100 Mbit/s 自适应以太网端口、RJ-45
包转发率	2.38 Mp/s MAC
MAC 表	8 K
参考价	318 元

③ H3C Aolynk S1008A。如图 1.13（c）所示，Aolynk S1008A 桌面型交换机是 H3C 公司自主开发的无管理以太网交换产品，提供 8 个符合 IEEE 802.3u 标准的 10/100 Mbit/s 自适应以太网接口，所有端口均支持全线速无阻塞交换以及端口自动翻转功能。Aolynk S1008A 交换机采用桌面型塑胶壳设计，具体参数见表 1.10。

(a) H3C S1526产品外观图　　(b) H3C S1016产品外观图　　(c) H3C Aolynk S1008A产品外观图

图 1.13　H3C SOHO 系列交换机

表 1.10　H3C Aolynk S1008A 参数

交换机类型	桌面型交换机
网络标准	IEEE 802.3、IEEE 802.3u、ANSI/IEEE 802.3、IEEE 802.3x
接口数量、类型	8 个 10/100 Base-TX 自适应以太网端口、RJ-45、Uplink
包转发率	1.19 Mp/s
MAC 表	1 K
参考价	110 元

（2）TP-LINK 系列 SOHO 交换机产品

① TP-LINK TL-SG1024D。如图 1.14（a）所示，TL-SG1024D 桌面型钢壳全千兆以太网交换机提供 24 个 10/100/1 000 Mbit/s 自适应端口，所有端口均支持自动翻转功能（Auto MDI/MDIX），既可用作普通口，也可用作 Uplink 口。TL-SG1024D 提供了一个简单、经济、高性能、无缝隙、标准的迁移到 1 000 Mbit/s 网络的解决方法，在提高工作组性能上提供了很大的灵活性，具体参数见表 1.11。

(a) TP-LINK TL-SG1024D产品外观图　(b) TP-LINK TL-SF1016产品外观图　(c) TP-LINK TL-SF1008+产品外观图

图 1.14　TP-LINK SOHO 系列交换机

表 1.11　TP-LINK TL-SG1024D 参数

交换机类型	全千兆桌面型以太网交换机
网络标准	IEEE 802.3、IEEE 802.3u、IEEE 802.3ab、IEEE 802.3x
接口数量、类型	24 个 10 Base-T、100 Base-TX、1 000 Base-T
包转发率	1 488 000 p/s
MAC 表	8 K
参考价	980 元

② TP-LINK TL-SF1016。如图 1.14（b）所示，TL-SF1016 双速 16 口 10/100 Mbit/s 以太网交换器，工程机架型钢壳结构设计，适用于中小型办公和家庭网络，兼容 100BASE-TX 和 10BASE-T 两种网络环境。端口速度 100 Mbit/10 Mbit/s 自动匹配外设，提供级联端口 Uplink 方便网络扩容，具体参数见表 1.12。

表 1.12　TP-LINK TL-SF1016 参数

交换机类型	机架式百兆以太网交换机
网络标准	IEEE 802.3、IEEE 802.3u、IEEE 802.3x
接口数量、类型	16 个 10/100 Mbit/s 自适应 RJ45 端口
包转发率	148 800 p/s
MAC 表	8 K
参考价	220 元

③ TP-LINK TL-SF1008+。如图 1.14（c）所示，TL-SF1008+以太网交换机提供 8 个 10/100 Mbit/s 自适应端口，高集成度桌面型设计，小巧、轻便，操作简单，适用于中小型办公和家庭网络。采用存储转发技术，结合动态内存分配，确保有效地分配到每一个端口。流量控制保证节点在传送和接收时，尽可能地避免数据包丢失。兼容 10Base-T 和 100Base-TX 两种网络环境，端口速度 10/100 Mbit/s 自动匹配，具体参数见表 1.13。

表 1.13　TP-LINK TL-SF1008+参数

交换机类型	桌面型百兆以太网交换机
网络标准	IEEE 802.3、IEEE 802.3u、IEEE 802.3x
接口数量、类型	8 个 10 Base-T、100 Base-TX
包转发率	148 800PPS
MAC 表	1 K
参考价	75 元

（3）D-LINK 系列 SOHO 交换机产品

① D-Link DES-1024D。如图 1.15（a）所示，24 口的 10/100 Base-TX 以太网交换机，桌面式结构设计。该桌面型交换机专为 SOHO 及较大规模的工作组网络设计，其所有端口都能自动适应计算机或集线器的网络速率，也都能够在全/半双工模式之间自动适应，并且支持流量控制，具体参数见表 1.14。

表 1.14　D-Link DES-1024D 参数

交换机类型	桌面型百兆以太网交换机
网络标准	IEEE 802.3、IEEE 802.3u
接口数量、类型	24 个 10/100 Base-TX
包转发率	148 800 p/s
MAC 表	16 K
参考价	480 元

② D-Link DES-1016D。如图 1.15（b）所示，DES-1016D 是一款非网管独立型二层交换机。该桌面型交换机专为 SOHO 及较大规模的工作组网络设计。该交换机所有端口都能自动

适应计算机或集线器的网络速率，也都能够在全/半双工模式之间自动适应，并且支持流量控制，具体参数见表 1.15。

表 1.15　D-Link DES-1016D 参数

交换机类型	桌面型百兆以太网交换机
网络标准	IEEE 802.3、IEEE 802.3u
接口数量、类型	16 个 10/100 Base-TX
包转发率	148 800 p/s
MAC 表	16 K
参考价	300 元

③ D-Link DES-1008D。如图 1.15（c）所示，DES-1008D 是一款非网管独立型二层交换机。该桌面型交换机手掌大小，专为 SOHO 网络设计。所有端口都能自动适应计算机或集线器的网络速率，也都能够在全/半双工模式之间自动适应，并且支持流量控制，具体参数见表 1.16。

(a) D-Link DES-1024D产品外观图　(b) D-Link DES-1016D产品外观图　(c) D-Link DES-1008D产品外观图

图 1.15　TP-LINK SOHO 系列交换机

表 1.16　D-Link DES-1008D 参数

交换机类型	桌面型百兆以太网交换机
网络标准	IEEE 802.3 10 Base-T、IEEE 802.3u
接口数量、类型	8 个 10/100 Base-TX
包转发率	148 800 p/s
MAC 表	1 K
参考价	140 元

（4）局域网接入设备的选购注意事项

① 接口数量及类型。

② 支持的网络协议及标准。

③ 转发速率。

④ RAM 缓存容量。

⑤ 流量控制。

⑥ 是否可网管。

⑦ 性价比。

（5）设备选购

考虑到网络中信息点的数量，以及将来的发展、成本及级联接口速度瓶颈等因素，选择

H3C S1526 二层交换机，此交换机具有 24 个 10/100 Base-T 以太网端口，2 个 10/100/1 000 Base-T 以太网端口和 2 个 1 000 Base-X SFP 千兆以太网端口，支持网管 VLAN 划分，即使今后网络升级后也可以继续使用，性价比高。

5. 无线 AP

（1）H3C 系列产品

① H3C WA2110-AG。如图 1.16（a）所示，WA2100 系列产品属于瘦 AP（Fit AP）需要与无线控制器系列产品配套使用；WA2200 系列支持 Fat 和 Fit 两种工作模式，根据网络规划的需要，可以通过命令行灵活地在 Fat 和 Fit 两种工作模式中切换。其具体参数见表 1.17。

(a) H3C WA2110-AG 产品外观图　　(b) H3C WA2210-AG 产品外观图

图 1.16　H3C 无线 AP 系列产品

表 1.17　H3C WA2110-AG 参数

传输协议	CSMA/CA
最大覆盖范围	室外 200～600 m（自带天线）、室内 65～150 m（自带天线）
端口类型	RJ-45、Console、天线接口
网络标准	IEEE 802.11a/b/g、IEEE 802.3af
传输速率/（Mbit/s）	108、54、48、36、24、18、12、11、9、6、5.5、2、1
参考价	1 360 元

② H3C WA2210-AG。如图 1.16（b）所示，WA2200 系列产品作为瘦 AP（Fit AP）时，需要与无线控制器系列产品配套使用；作为胖 AP（Fat AP）时，可以独立进行组网。WA2200 系列产品支持 Fat/Fit 两种工作模式的特性，有利于将客户的 WLAN 网络由小型网络平滑升级到大型网络，从而很好地保护用户的投资，具体参数见表 1.18。

表 1.18　H3C WA2210-AG 参数

传输协议	CSMA/CA
最大覆盖范围	室外 200～600 m（自带天线）、室内 65～150 m（自带天线）
端口类型	RJ-45、Console、天线接口
网络标准	IEEE 802.11a/b/g、IEEE 802.3af
传输速率/（Mbit/s）	108、54、48、36、24、18、12、11、9、6、5.5、2、1
参考价	2 200 元

（2）TP-Link 系列产品

如图 1.17 所示，TP-Link TD-W89541G 是一款室内无线接入器，适用于办公室或公司内环境，可用来将办公室现有的有线网络与无线网络连接，在不同楼层间传送资料亦可通过室内无线接入器连接，可外接无线工作站数为 2 048 个；最佳外接无线工作站数为 30 个；具体参数见表 1.19。

图 1.17　TP-LINK TD-W89541G 产品外观图

表 1.19　TP-Link TD-W89541G 参数

传输协议	TCP/IP、DHCP、ICMP、NAT、PPPoE
最大覆盖范围	200 m
端口类型	RJ-45
网络标准	IEEE 802.11b/g、IEEE 802.3u
最高传输速率	54 Mbit/s
参考价	270 元

（3）设备选择

从公司的需求情况来看，无线网络设备的使用本着最低的投入，获得满意的效果，因此选择 TP-Link TD-W89541a，作为移动用户接入的 AP 产品。

6. 网络通信介质选择

各信息点与交换机相连接的线缆采用超五类非屏蔽双绞线（UTP CAT 5e），服务器与交换机之间采用六类非屏蔽双绞线（UTP CAT 6）连接到交换机 1 000 Base-T 以太网端口。

7. 网络设备统计

根据以上分析，结合各厂商技术实力、产品技术水平和市场占有率和性能价格比等情况，经过多方比较，本项目设备采用的网络设备见表 1.20。

表 1.20　网络设备统计

设备名称	网络设备型号	数量	地点
互联网接入设备	H3C Aolynk BR104H	1	技术部
局域网接入交换机	H3C　S1526	1	技术部
无线 AP	TP-LINK TD-W89541G	2	服务部，技术部

1.4　广域网接入

1.4.1　任务分析

在一个不足 20 人的小型办公环境中，使用最多的就是文件资料的传递和共享访问 Internet

的应用；而共享上网，申请 8 Mbit/s 光纤宽带接入就能够满足。目前宽带服务提供商针对小型办公网络用户提供了多种资费可供选择，价格也相当实惠。根据项目所选 Internet 接入设备，结合产品配置手册，完成 SOHO 接入配置。

1.4.2 光纤接入技术

1. 光纤接入技术

宽带光纤接入的主要技术包括点对点技术（P2P，如点对点光以太网）和点对多点无源光网络技术（PON，目前主流为 EPON、GPON 等）两大类。

（1）点对点光接入技术

点对点光接入技术采用点到点光传输方式，从局端到每个用户都用一对或一根独立的光纤，局端和用户端各需要 1 个光收发器。点到点光纤接入的主要优点是用户专用接入，用户带宽主要取决于用户端和局端设备，每个用户的上下行带宽都可达到 100 Mbit/s、1 000 Mbit/s 甚至更高。缺点是由于每个用户独自占用一对光纤和一对光收发器，用户不能共享主干光纤，在大规模应用情况下需要铺设大量的光纤和光收发器，综合建设成本相对较高。不能成为公众宽带用户的主流解决方案。点对点光接入设备大致可分为三大类，分别是以太网光纤收发器、PDH 光端机和点对点以太网设备。

（2）无源光网络技术（PON）

无源光网络（PON）技术与点对点（P2P）方式相比，能够大量节省主干光纤和局端设备光接口、高密集用户区域成本低、标准化程度高、业务透明性较好，用户带宽配置调整灵活，综合优势明显，是宽带光接入及 FTTH（光纤直接到家庭）方式的主要技术选择。PON 技术的发展经历了 APON/BPON、EPON、GPON、WDM-PON 和 10GEPON 的过程。

① EPON 技术于 2003 年由 IEEE 完成标准化工作，它以千兆以太网技术为基础，通过 MAC 层之上的点到多点控制协议（MPCP）来实现 PON 的点到多点传输方式，协议实现简单，产品成熟度较好，成本不断下降，已基本解决接入 IP 业务在不同厂商 OLT 和 OUT 之间的互通问题，达到商用水平，是现阶段 PON 应用的主流技术，能够满足近期宽带业务发展的要求。

② GPON 技术由 ITU 在 APON 技术的基础上发展而来，沿用了 APON 的标准协议框架，增加了 GEM 这一新的 TC 层帧封装方式，对 QoS 和 OAM 有严格规定，承载 TDM 业务的能力较强，协议相对复杂。GPON 传输速率高，分路比大，组网成本低，能够提供高定时精度的 TDM 业务，是欧美主要运营商的技术选择。目前，国内各厂商 GPON 产品可以满足 FTTB、FTTH、FTTO 等应用场景，支持 Internet 接入、语音、IPTV、视频监控、E1 等多种业务的承载，目前国内已经达到规模商用水平。

2. ADSL 接入技术

xDSL 是数字用户线路 DSL（Digital Subscriber Line）的统称，是以铜电话线为传输介质的点对点传输技术。DSL 技术在传统的电话网络（POTS）的用户环路上支持对称和非对称传输模式，解决了经常发生在网络服务供应商和最终用户间的"最后一公里"的传输瓶颈问题。由于电话用户线路已经被大量铺设，因此充分利用现有的铜缆资源，通过铜质双绞线实现高速接入就成为运营商成本最小最现实的宽带接入解决方案。DSL 技术目前已经得到大量应用，是非常成熟的接入技术。DSL 技术主要分为对称技术的 HDSL（高比特率 DSL）和 ADSL（非对称）两大类。

对称 DSL 技术主要用于替代传统的 T1/E1 接入技术。与传统的 T1/E1 接入相比，DSL 技术具有对线路质量要求低、安装调试简单等特点。广泛地应用于通信、校园网互连等领域，通过复用技术，可以同时传送多路语音、视频和数据。非对称 DSL 技术非常适用于对双向带宽要求不一样的应用，如 Web 浏览、多媒体点播等，但 ADSL 最快仅能提供 8 Mbit/s 的下载带宽，ADSL2+目前能提供下行最大 24 Mbit/s 传输速率，与光纤网络 100～1 000 Mbit/s 的传统带宽相比显然低了太多，早期的 SOHO 网络采用此种接入方式。目前，随着国内光纤接入技术的发展，光纤到户（FTTH）已经成为宽带接入的主流发展方向，铜缆接入的 ADSL 将成为辅助宽带接入手段，并逐渐被光纤接入所取代，直至退出市场。

（1）ADSL

ADSL（Asymmetrical Digital Subscriber Loop 非对称数字用户线）技术是运行在原有普通电话线上的一种新的高速宽带技术，可在普通铜线电话用户线上传送电话业务的同时，向用户提供 1.5～8 Mbit/s 速率的数字业务，在上行、下行方向的传输速率不对称。

（2）ADSL 设备的安装

ADSL 安装包括局端线路调整和用户端设备安装。在局端方面，由服务商将用户原有的电话线中接入 ADSL 局端设备；用户端的 ADSL 安装也非常简易方便，只要将电话线连上滤波器，滤波器与 ADSL Modem 之间用一条两芯电话线连上，ADSL Modem 与计算机的网卡之间用一条交叉网线连通即可完成硬件安装，再将计算机 TCP/IP 协议中的 IP、DNS 和网关参数项设置好，便完成了安装工作。

SOHO 网络中的 ADSL 安装与单机用户没有很大区别，只需再多加一个宽带路由器，用直通双绞线将宽带路由器与 ADSL Modem 连起来即可。

（3）ADSL 支持的业务

ADSL 可以为以中、小型商业用户和住宅用户为主的用户群提供多样化的宽带业务，包括高速 Internet 接入、远程 LAN 互连、交互视频、远程医疗/教育和 SOHO 等交互式业务。

3. 宽带接入方式

（1）桥接接入方式——RFC1483 标准

RFC1483 标准的制定是为了实现网络层上多种协议的数据包在 ATM 网络上的封装传送，ADSL 接入依托于 ATM 骨干网络，在接入侧继承了许多 ATM 技术的特点，因此 ATM 网络上承载数据包的各种标准就很自然地被 ADSL 接入技术所采用，使得 ADSL 的桥接接入方式已成为目前 ADSL 宽带接入的最基本形式。

（2）经典 IP 接入方式——RFC1577 标准

类似于 RFC1483 标准，RFC1577 也是在 ATM 网络上承载 IP 协议的标准规范。在协议中，它明确了该标准仅仅针对于网络层的 IP 协议，用 IP 路由转发实现相互之间的通信，也被人们称之为 RFC1483-Router 接入方式。要实现 RFC1577 的 ADSL 宽带接入，用户终端需要价格较昂贵的 ATM 网卡及支持该协议的驱动程序，这就很大程度上限制了 RFC1577 在 ADSL 接入的推广使用。

（3）PPPoA 接入方式——RFC2364 标准

以上是 RFC1483 和 RFC1577 这两种利用 ATM 早期标准完成静态 IP 接入的技术。对于一些有固定 IP 需求的专线用户，采用以上两种接入方式当然能够很好地实现。但是对于众多的普通接入用户而言，利用静态 IP 方式实现宽带接入对于宽带接入运营商而言是很难接受的，尤其是在目前公网 IP 地址紧缺的情况下。因此，人们很自然地想利用窄带拨号动态分配 IP 地址的 PPP 接入技术应用到宽带的 ADSL 接入中来。因此 IETF 制定了利用 PPP 技术完成宽带拨号接入的标准规范——RFC2364，也称为 PPP over ATM。

PPPoA 的接入方式也因 ATM25 网卡的自身局限性而无法实现。因此，PPPoA 虽然成功地解决了诸如动态 IP 地址分配和计费方面的一系列宽带接入问题，但是由于用户终端仍需要额外的网络设备和相应的驱动程序，事实上 PPPoA 这种宽带接入形式并没有得到大规模的推广应用。

（4）PPPoE 接入方式——RFC2516 标准

IETF 于 1998 年制订了 PPPoE 的技术规范 RFC2516 标准。它利用 PPP 技术直接实现更高速、更可靠、更便捷的 ADSL 宽带接入，将现有的宽带接入服务器与本地以太网络相结合。兼顾了对用户终端的硬件要求，提高了 ADSL 宽带接入的总体性能。因此，PPPoE 技术规范得到了广泛的支持，目前成为宽带接入运营商首选的宽带接入方式。

PPPoE 基于两个广泛接受的标准，即局域网 Ethernet 和 PPP 点对点拨号协议。对于最终用户来说不必了解比较深的局域网技术，只当作普通拨号上网就可以了，对于服务商来说在现有网络基础上不用花费巨资来做大面积改造，设置 IP 地址绑定用户等来支持专线方式。这就使得 PPPoE 在宽带接入服务中比其他协议更具有优势，因此逐渐成为宽带上网的最佳选择。PPPoE 软件在系统中起到非常重要的作用，其功能是连接操作系统的 PPP 协议和 Ethernet 协议，并通过 PPPoE 协议连接 ISP。

该方式是基于桥接方式的，当使用该方式时，当 Modem 与 DSLAM 建立基本的物理连接后，由用户端（在 Modem 上使用PPPoE 方式时，用户端指 Modem）发起PPP请求，通过 PAP（PAP：口令认证协议，是用户身份认证的一种形式，它通过用户名和用户口令来验证用户的合法性，由于用户的 ID 和口令在链路上以文本形式直接传输，因而安全性较差）或 CHAP（CHAP：质询握手认证协议，也是用户认证的一种形式，它通过服务器发出认证质询，用户以应答的形式来验证用户的合法性，由于用户的 ID 和口令经过加密之后再在网络上传输，因此其安全性较好）两种验证方式通过 ISP 中的 UAS 验证，而建立网络连接。

① PPPoE 协议认证。PPPoE 协议认证过程：用户拨号发出请求，经过网络传送到 BRAS 服务器（宽带远程接入服务器），BRAS 服务器接到请求后向 RADIUS 服务器发出 ACCESS REQUEST 请求包，其中含有用户的账号、密码、端口类型等，经 RADIUS 服务器核实后，向 BRAS 回送 ACCESS REPONSE 响应包，其中包含用户的合法性和一些设置，如用户 IP 地址、掩码、网关、域名、用户可使用的带宽等。用户接收到这些信息后就可以上网，上网期间 BRAS 不断地向 RADIUS 发送计费信息，这些信息包括用户的上网时间、用户流量、用户下网时间等，以便 RADIUS 准确计费。

② 常用 PPPoE 软件。

➢ EnterNet，在众多的 PPPoE 虚拟拨号软件中，其是目前最通用和流行的 PPPoE 软件，并且支持多种操作系统，很多宽带服务供应商都将其作为官方的上网拨号软件。这款软件不依赖于 Windows 系统的拨号网络，可独立工作。EnterNet 系列软件主要有两种不同的子系列，即 300 型标准版和 500 型专业版。目前通常选择 500 型专业版。

➢ WinPoEt，优点在于安装方便、简单易用，作为 Windows PPPoE 程序的强化版。WinPoEt 在程序的核心上改用 Windows 原有的拨号网络系统，不同于 EnterNet 完全独立形式的操作。

➢ ADSL 宽带王宽带拨号软件，是一款国产自主版权的 ADSL 拨号驱动程序，它在稳定性、连接速度、兼容性等方面都达到了国外同类软件（EnterNet、WinPoET）的水平，并在用户界面和易用性上更加适合中国的网络用户。支持以太网接口和 USB 接口（LAN 模式）的网络设备。智能安装，无需设置任何参数。简单易用，只需输入用户名和密码。拨号速度快，占用系统资源少，稳定性好。与国外软件相比，价格极具优势。

1.4.3 接入设备配置

本项目中广域网接入采用的是光纤接入方式，接入设备为一台光纤 Modem 和一台 SOHO 路由器，如图 1.18 所示。配置 SOHO 路由器时可以采用 Web 页面方式进行配置，配置方法参考配置手册，不同的设备配置上大同小异。以下采用 H3C Aolynk BR104H SOHO 路由器为例进行配置。其他型号配置参考使用手册，多数 SOHO 路由器的默认 IP 地址为 192.168.1.1。

如果用户不希望购买 SOHO 路由器，也可以将一台服务器（配置有双网卡）的一个网卡与光纤 Modem 的 RJ-45 接口相连，另一个网卡与局域网的交换机相连。然后将服务器配置为 NAT 服务器，网络内部主机通过 NAT 服务器的地址转换实现共享访问 Internet。但由于目前市场上的 SOHO 路由器价格非常便宜，建议还是采用 SOHO 路由器来实现。

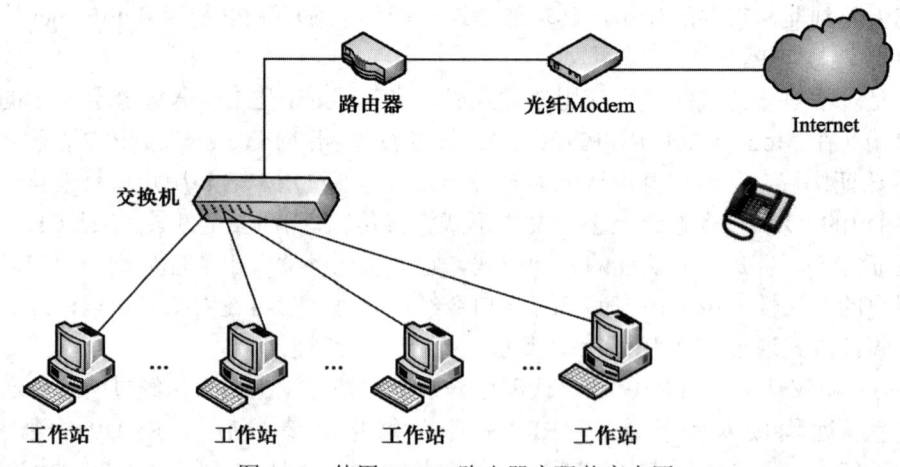

图 1.18 使用 SOHO 路由器实现共享上网

1. 快速配置

① 启动 Internet Explorer（IE）浏览器，在 IE 浏览器的地址栏中输入 http://192.168.1.1（SOHO 路由器 IP 地址），在 IE 浏览器中显示登录界面，如图 1.19 所示。

② 输入用户名和密码后（默认用户名和密码均为 admin），可进入路由器配置，对于初级用户，可考虑采用此过程的快速配置。

③ 在"连接到因特网"栏目中单击"上网方式"右侧的下拉按钮，在下拉列表中选择 PPPoE 上网方式，如图 1.20 所示。

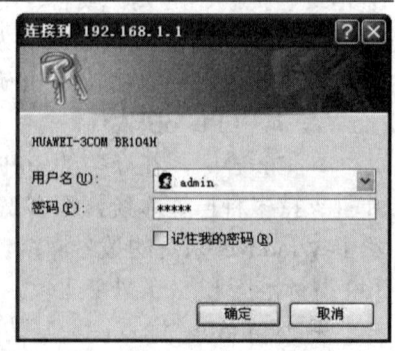

图 1.19 登录路由器界面

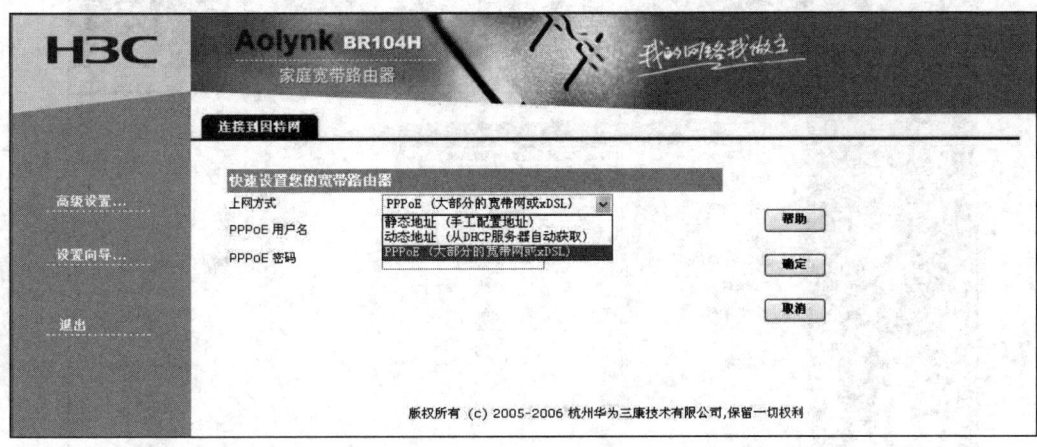

图 1.20　选择上网方式

④ 然后在"PPPoE 用户名"和"PPPoE 密码"栏目中，输入上网账号和上网密码，如图 1.21 所示，单击"确定"按钮即完成了快速配置。

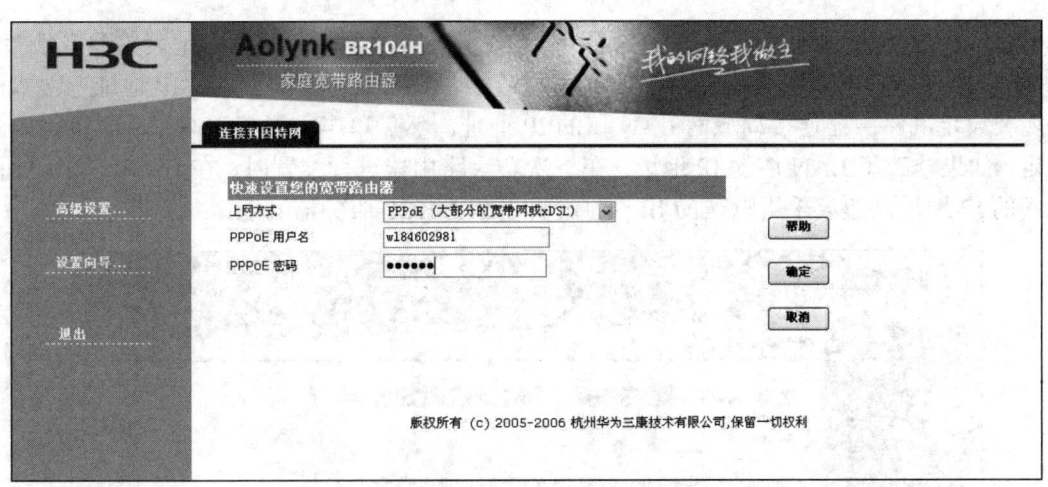

图 1.21　实现 WAN 口的连接

⑤ 经过以上各步骤的设置，即可完成对 ADSL 路由器的快速设置。在快速设置中，对于其他各项的设置内容，系统采用了默认项的设置，用户可根据实际的需要进行详细设置。

2. 高级设置

如果用户对 SOHO 路由器的配置比较熟练，则建议直接采用高级设置对路由器进行配置，具体配置步骤如下：

① 单击导航列表框中的"WAN 设置"超链接，在其右侧的"WAN 设置"栏目中输入上网账号和上网口令，如图 1.22 所示。

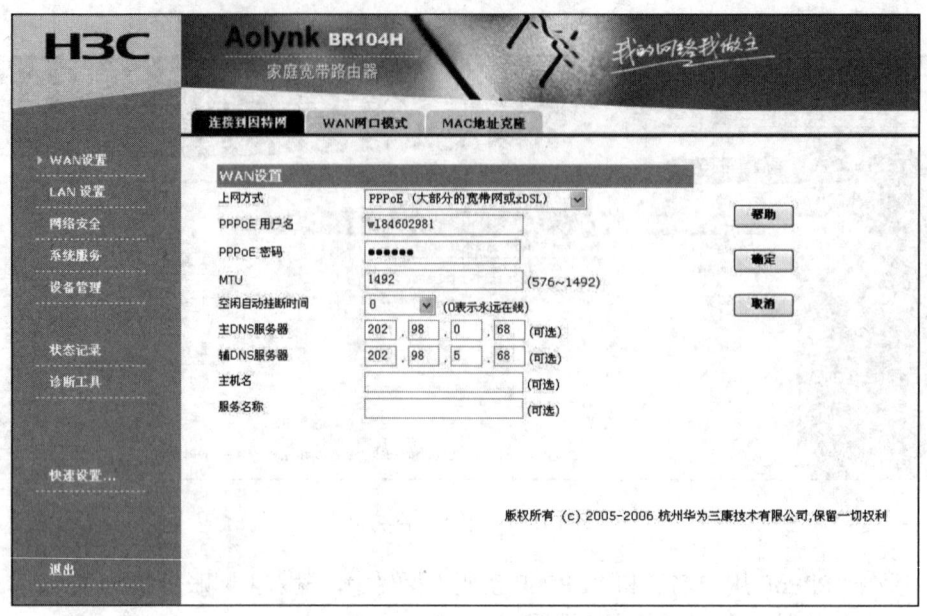

图 1.22　WAN 口的设置

MTU、空闲自动挂断时间、主 DNS 服务器、辅 DNS 服务器可根据本地网络要求填写。

② 单击导航列表框中的"LAN 口设置"超链接，如图 1.23 所示。在"IP 地址"文本框中输入所要设定的路由器连接局域网 LAN 口的 IP 地址。然后单击"保存"按钮，即可完成此项的设定。如果修改了 LAN 口的 IP 地址，在下次登录路由器进行配置时，在 IE 浏览器地址栏中输入新的 IP 地址，建议采用默认的 IP 地址，并开启 DHCP 服务器功能。

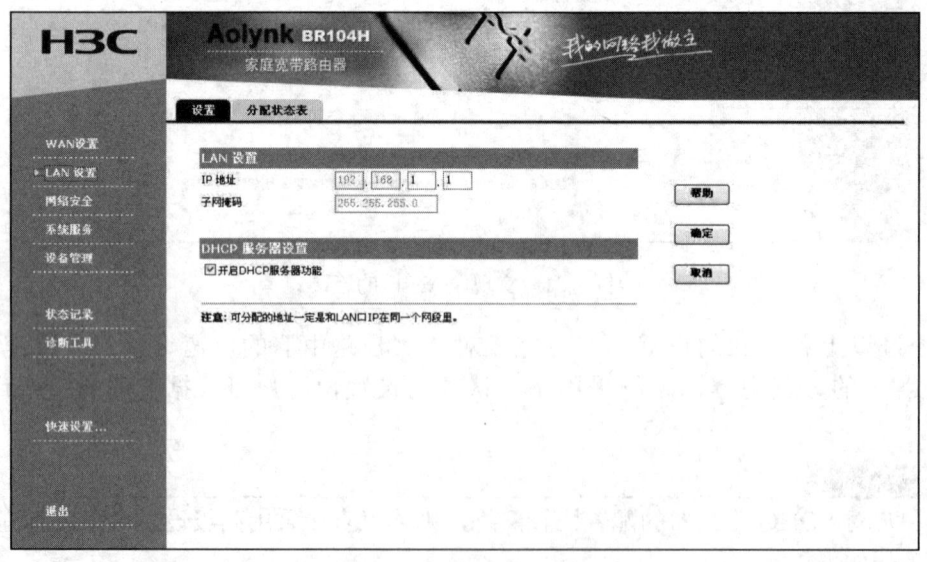

图 1.23　LAN 的 IP 地址设置

③ 单击导航列表框中的"网络安全"超链接，一般情况下采用默认设置即可，如图 1.24 所示。

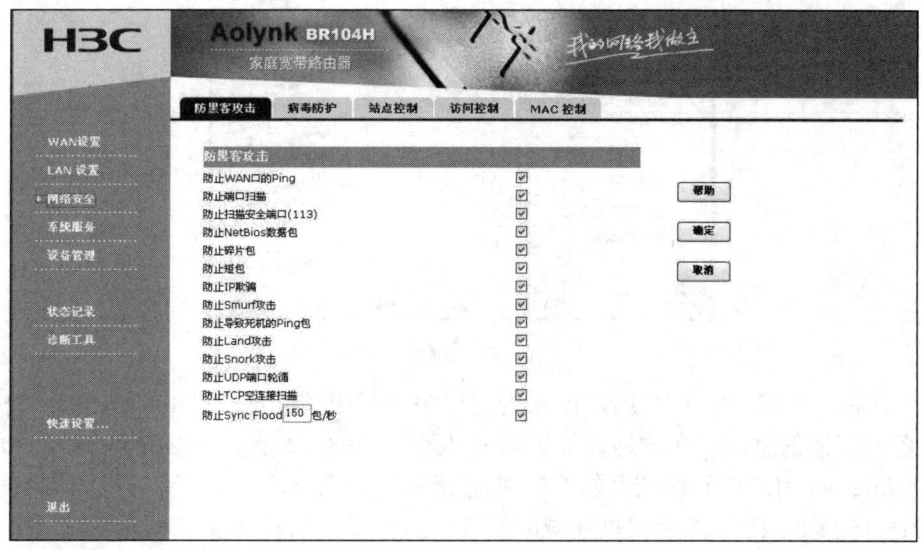

图 1.24　设置网络安全

④ 系统服务配置。如果只进行局域网的配置，如略过此步骤，直接执行第 5 步。

单击导航列表框中的"系统服务"超链接。当局域网中的服务器（如 Web 服务器、FTP 服务器）需要提供给 Internet 访问时，首先需要保证光纤 Modem 可以在 Internet 获得固定的 IP 地址（如 216.35.18.82），在"虚拟服务器"选项卡中可单击导航列表框中的"虚拟服务器"，在"虚拟服务器"栏目中，Internet 广域网选择"启用"选项，常用端口号设置为 80（可以为 1 024～65 535 之间的任意端口号），局域网内已经搭建的 Web 服务器 IP 地址为 192.168.1.5，然后单击"新建"按钮，如图 1.25 和图 1.26 所示。如果还有其他服务器（如 FTP 服务器），可继续设置常用端口号为 2048，局域网内已经搭建的 FTP 服务器 IP 地址为 192.168.1.4，然后再单击"添加"按钮，这样 Internet 用户就可以访问局域网的服务器了。

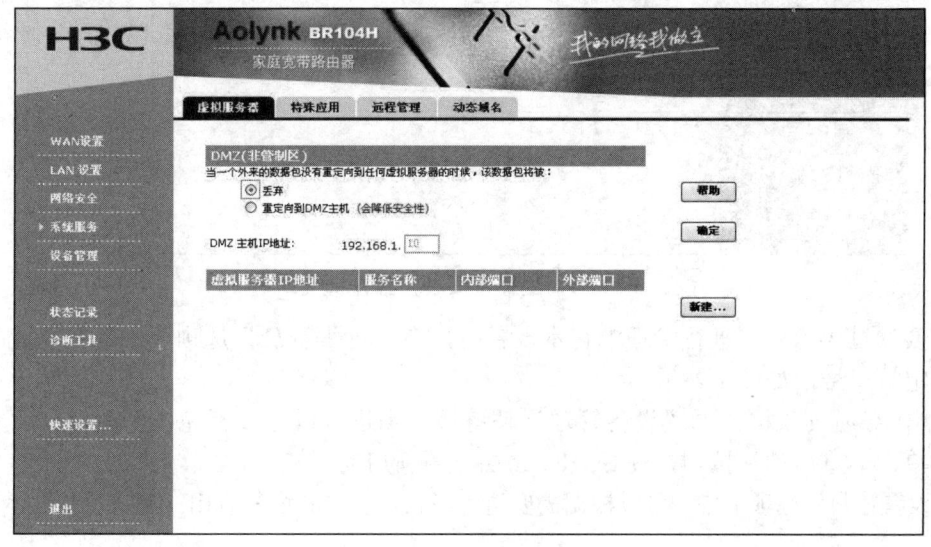

图 1.25　配置系统服务

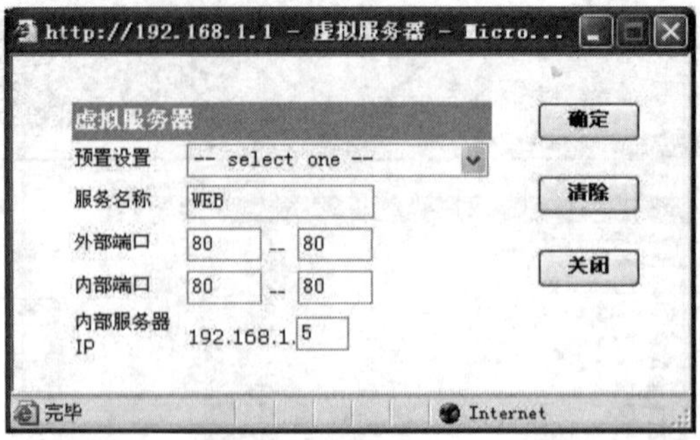

图 1.26 配置虚拟服务器

添加完成后,可在如图 1.27 所示中看到虚拟服务器相关信息。当 Internet 用户访问局域网的 Web 服务器资源信息时,在本地计算机的 IE 地址栏中输入"http:// 216.35.18.82:80"就可以实现了。当 Internet 用户访问局域网的 FTP 服务器资源信息时,在本地计算机的 IE 地址栏中输入"ftp:// 216.35.18.82:21",然后根据局域网管理员所提供的用户名及密码就可以登录 FTP 服务器了。

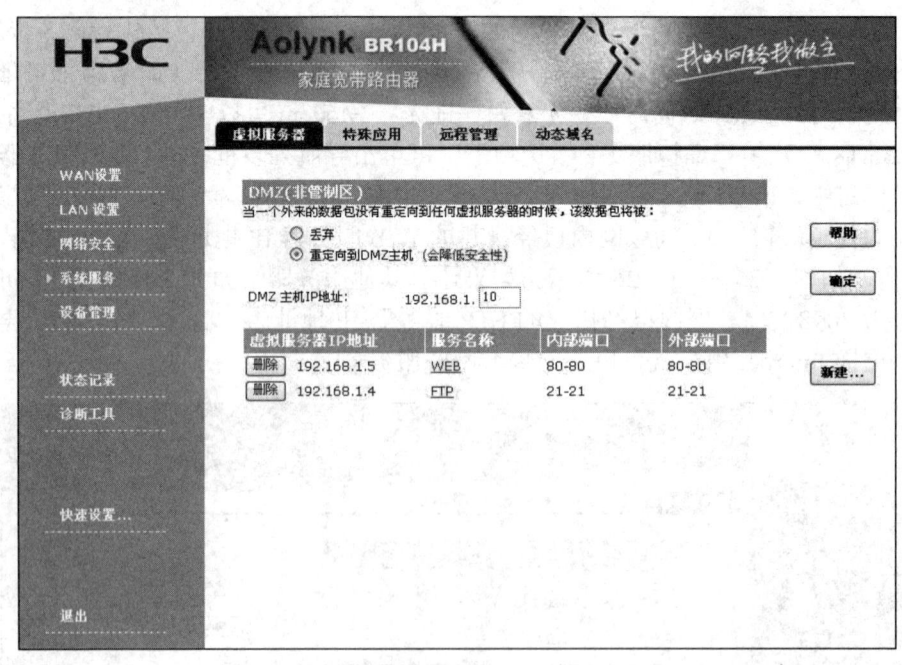

图 1.27 配置虚拟服务器 IP 地址

当需要通过 WAN 口进行管理配置本设备时,在"远程管理"选项卡中选择"允许"单选项,并指定端口号,如图 1.28 所示。

⑤ 单击导航列表框中的"设备管理"超链接,当进行以上设置完成后可以在"重启动"选项卡,单击"重启动"按钮,使 SOHO 路由器重新启动。

在"设置信息"选项卡中,可以根据需要进行备份、恢复和恢复到出厂配置,按提示信息操作即可。

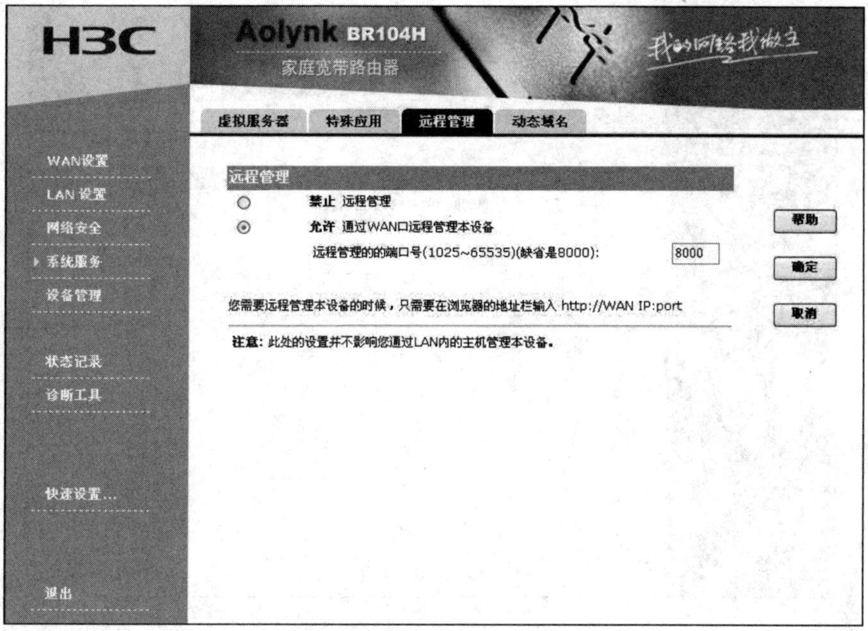

图 1.28　远程管理设置

在"升级"选项卡中，首先单击"Huawei-3Com 的技术支持网站"超链接到网站下载最新的升级软件到本地硬盘，然后单击"浏览"按钮选择升级文件即可，如图 1.29 所示。

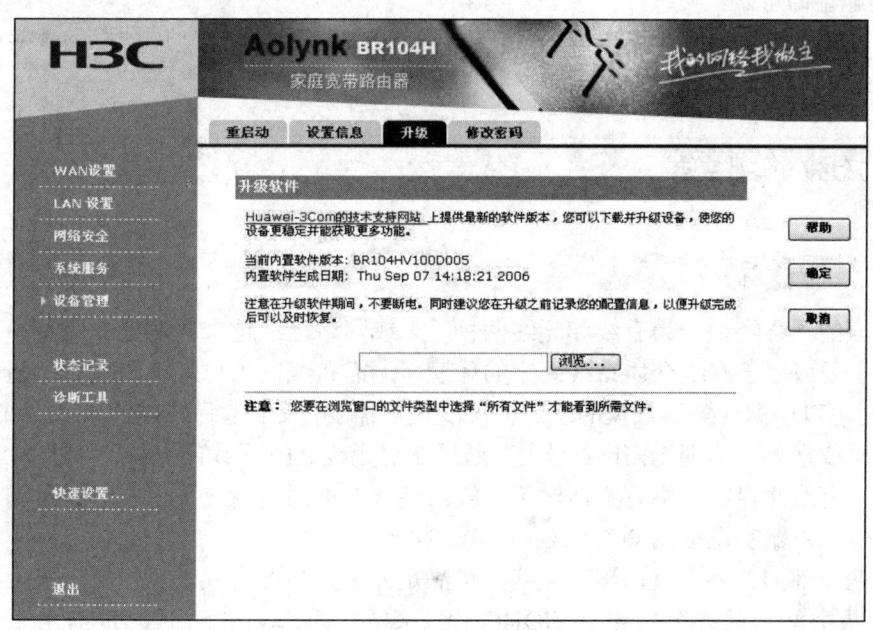

图 1.29　系统软件升级

在"修改密码"选项卡中，用户可以修改密码，用于防止非法用户登录路由器修改配置，如图 1.30 所示，更改完成后单击"确定"按钮。

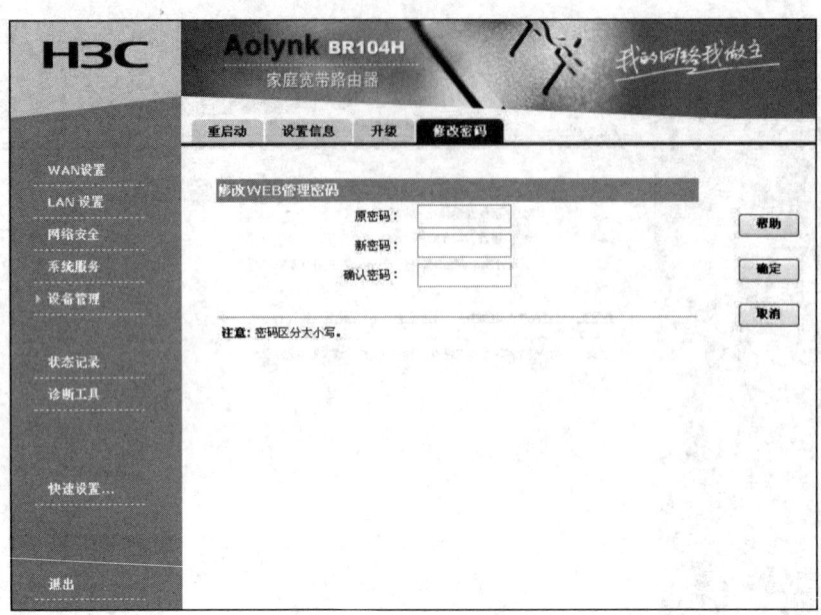

图 1.30　设置路由器的登录口令

3. 工作站的设置

由于路由器配置了 DHCP 服务，工作站只需将 TCP/IP 协议属性设置为自动获取 IP 地址和 DNS 服务器地址即可。

通过以上的操作，完成对路由器的设置，满足用户的需要，实现连接在局域网内的计算机访问 Internet。

1.5　无线网络搭建

1.5.1　任务分析

目前主流的网络类型分为有线和无线两种，无线网络已经越来越多地应用于小型办公和家庭环境中，主要应用于有线介质布线困难的环境，无需布线，用户就可以随时、随地地连接到网络中。公司可以根据业务和规模的实际情况及发展需要，灵活选择不同的接入方式。移动 PC、便携式计算机或掌上电脑则无需无线连接，通过配置无线 AP+无线网卡，就可以实现网上业务。可采用无线与有线并存的网络方案，对于无线网络要求不高的情况下，也可以考虑采购具有无线功能的宽带路由器实现移动 PC 等设备的无线接入。

要求在两个部门的办公室内覆盖无线，可满足办公人员便携式计算机的无线上网等应用。

在设计两个部门的办公室组建 SOHO 型无线局域网 WLAN 时，目前由于便携式计算机都内置了无线网卡，因此只需选购 SOHO 型无线 AP 即可。内部无线网络数据传输速率可达到 54 Mbit/s。

该无线方案为无线与有线混合接入方案，采用交换机作为中心设备，实现无线网络与有线网络的兼容，既保护了原有以太网投资，又保证了移动办公的需求，如图 1.31 所示。

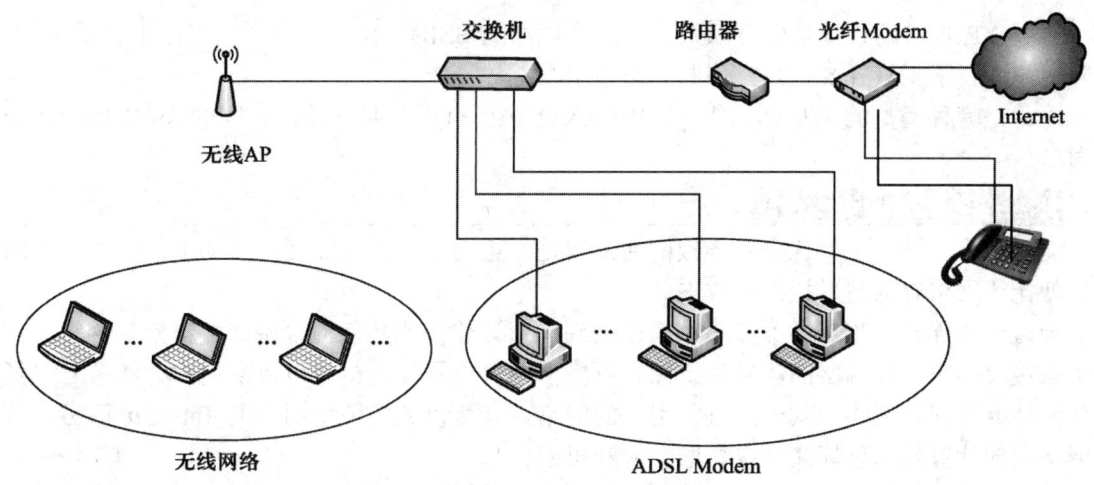

图 1.31 "无线 AP+宽带路由器"方案

1. 无线 LAN 标准

为确保无线设备之间能互相通信，已经产生了许多标准。这些标准规定了使用的 RF 频谱、数据速率、信息传输方式等。负责制定无线技术标准的主要组织是 IEEE。

IEEE 802.11 标准用于管理 WLAN 环境。该标准有 4 个附录，用于描述无线通信的不同特征。目前可用的附录有 IEEE 802.11a、IEEE 802.11b、IEEE 802.11g 和 IEEE 802.11n。具体参数见表 1.21。

表 1.21 常用 IEEE WLAN 标准

标准	发布日期	频率/GHz	最高数据速率/（Mbit/s）	最大传输距离/m
IEEE 802.11a	1999 年 10 月	5	54	50
IEEE 802.11b	1999 年 10 月	2.4	11	100
IEEE 802.11g	2003 年 6 月	2.4	54	100
IEEE 802.11n	2007 年 4 月（草案通过）	2.4 或 5	540	250

由于目前 ADSL 的接入速率通常为 2 Mbit/s，建议采用 IEEE 802.11b/g 标准的产品。相对而言，该标准所提供的 11～54 Mbit/s 传输速率已经绰绰有余了。同时，该标准的产品价格更便宜，技术更成熟，更具性价比。

无线网卡和无线 AP 必须采用同一标准，以确保相互之间的兼容性，取得最好的通信效果，并实现对无线网络的安全管理。

2. 服务集标识符 SSID 的设置

在构建无线网络时，需要将无线组件连接到适当的 WLAN。这可以通过使用服务集标识符 SSID（Service Set Identifier）来完成。

SSID 是一个区分大小写的字母数字字符串，最多可以包含 32 个字符。它包含在所有帧的报头中，并通过 WLAN 传输。SSID 用于标识无线设备所属的 WLAN 以及能与其相互通信的设备。无线网卡设置了不同的 SSID 就可以进入不同网络，SSID 通常由 AP 或无线路由器广播出来，通过 XP 自带的扫描功能可以查看当前区域内的 SSID。出于安全考虑可以不广播 SSID，此时用户就要手工设置 SSID 才能进入相应的网络。

无论是哪种类型的 WLAN，同一个 WLAN 中的所有设备必须使用相同的 SSID 配置才能进行通信。

3. MAC 地址过滤的设置

无线网络的一个主要优点是连接简便。但是，正由于其连接简便，再加上信息通过空间传输，使无线网络容易遭受拦截和攻击。

通过无线连接，攻击者不需要物理连接到用户计算机或其任何设备即可访问其网络。攻击者可以接收用户无线网络的信号，就像收听广播电台一样。攻击者可以从用户无线信号能抵达的任何地点访问其网络。其一旦进入用户的网络，就可以免费使用用户的 Internet 服务，并访问网络中的计算机以破坏文件或窃取个人和机密信息。

限制访问网络的方法之一是精确控制哪些设备可以访问网络。这可以通过 MAC 地址过滤来实现。

MAC 地址过滤是使用 MAC 地址来分辨可以连接到无线网络的设备。当某个无线客户端尝试连接 AP 时，就会发送 MAC 地址信息。如果启用了 MAC 过滤，无线路由器或 AP 会在预配置的列表中查找其 MAC 地址。只有设备的 MAC 地址已预先记录在路由器数据库中，才允许其连接。如果在数据库中找不到其 MAC 地址，则会禁止该设备连接无线网络或通过无线网络通信。

这种安全保护方法也存在一些问题。例如，所有允许访问网络的设备在尝试连接之前，必须将其 MAC 地址加入数据库中，否则就无法连接。此外，攻击者也可以使用其设备克隆其他具有访问权限的设备的 MAC 地址。

为了避免非授权用户接入无线网络，可以在无线 AP 上设置 MAC 地址过滤，并设置 SSID 拒绝其他用户访问。

4. WLAN 两种基本形式

（1）对等模式（Ad-Hoc）

在点对点网络中，将两台或两台以上的客户端连接到一起，就可以创建最简单的无线网络。以这种方式建立的无线网络称为对等网络，其中不含 AP。在对等网络中的所有客户端是平等的。此网络覆盖的区域称为独立的基本服务集（IBSS）。

（2）基础架构模式（Infrastructure）

家庭和企业环境中最常用的无线通信模式，由 AP 控制可以通信的用户及通信时间。以这种方式建立的无线网络称为基础架构模式，为了进行通信，每台设备都必须从 AP 获取许可。单个 AP 覆盖的区域称为基本服务集（BSS）或单元。

5. 无线办公室所需设备分析

① 无线网卡：实现移动设备之间的无线连接。

② 无线接入点 AP：实现无线客户端通过无线网卡与 AP 的通信。

③ 一个有线网络接入点：为 AP 提供，实现无线网络接入有线网络及 Internet。

1.5.2 无线设备配置

组建 SOHO 型 WLAN，虽然简单，但在部署时应注意细节配置的问题。另外，市场上有很多 SOHO 型无线 AP，应该选择性价比较高的设备能更好地满足客户需求。

1. 无线设备连接

当准备工作做好以后，就可以开始硬件连接，其安装步骤如下。

① 将无线接入点（AP）安放在事先规划好的环境中的固定位置上，使其能覆盖目标区域。

② 将无线接入点（AP）通过双绞线与墙壁上的有线网络接入点相连。

③ 调整好天线的方向。

④ 进行现场测试，主要是测试覆盖范围及信号强度是否满足要求。可根据测试的情况对 AP 的位置进行适当的调整。在 AP 的面板上有 4 个 LED 灯，如果安装正确的话，PWR（电源）与 LNK（以太网络）会亮起，且 IEEE 802.11a 和 IEEE 802.11b/g（无线网络）会以至少 10 次/秒的速率闪烁。

2. 配置无线接入点

无线 AP 分为瘦 AP（Fit AP）和胖 AP（Fat AP）两种，对于 Fit AP 一般是将其与无线控制器组合使用，其配置信息由无线控制器下传到 AP 中。对于这种 AP 一般只对无线控制器进行配置，而 Fat AP 可以直接使用。比较典型的 Fat AP 如 DCWL-3000AP 或 H3C WA2210-AG 产品。

3. 在终端上安装无线网卡和驱动程序

无线网卡上有 Link 指示灯。在 Ad-Hoc 模式下，指示灯将始终处于慢闪状态；在 Infrastructure 模式下，指示灯在正常时是常亮的，慢闪则表示异常。在这里就不详细讲解安装无线网卡的步骤了。

因为微软公司自 Windows XP 系统开始提供了对无线局域网技术的支持，因此一般的无线局域网产品都可以通过 Windows XP 系统本身来实现无线局域网的配置，当然也可以采用厂商提供的专门配置程序。但在 Windows 2000 及以前版本的 Windows 系统，则必须借助于厂商产品自带的配置程序。本节仅就 Windows XP 系统自带的无线网络配置方法进行介绍。

在 Windows XP 系统中，安装了无线网卡后，把鼠标移到无线网络连接项就会在状态栏显示如图 1.32 所示提示，表明当前的无线网络连接还不可用。

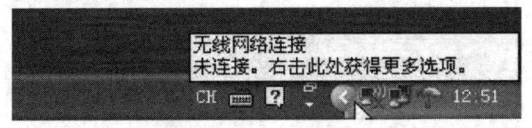

图 1.32 无线网络连接状态提示

在 Windows XP 系统中，利用自身的功能配置无线网络有网络向导法和手动配置法两种可行的方法。

手动配置方法如下。

在无线网络连接状态提示（如图 1.32 所示）单击右键，在弹出的菜单中选择"查看可用的无线网络"选项，即打开如图 1.33（a）所示的无线网络连接窗口。此时该连接显示无连接状态。单击网络任务中的"刷新网络列表"按钮,可发现如图 1.33(b)所示的无线网络,单击"连接"按钮就可以实现连接。

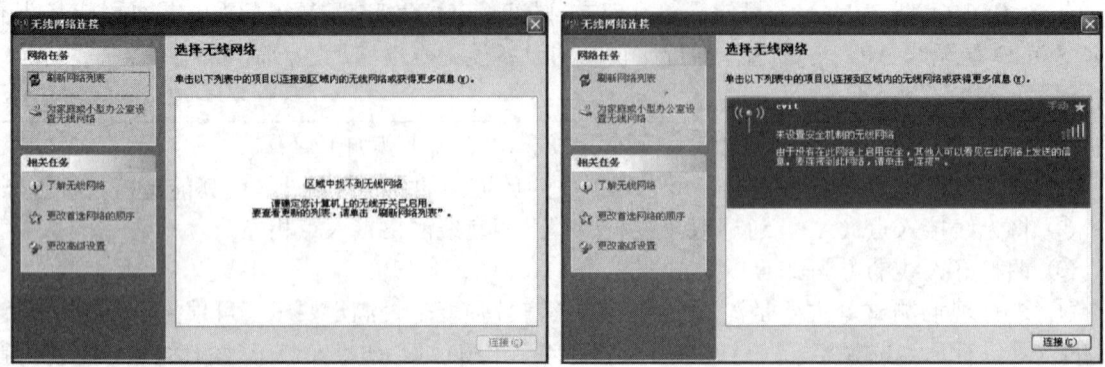

(a) 查看无线网络连接　　　　　　　(b) 选择无线网络

图 1.33　无线网络连接配置窗口

在默认的情况下,系统会自动搜索无线网络,初次使用时会提示用户选择关联的网络,这时只需要在可用无线网络中进行选择,然后单击"连接"按钮即可。下次使用时,系统会自动关联已连接过的无线网络。

如果用户想改变关联的顺序,可单击相关任务中的"更改首选网络的顺序"超链接,在打开的"无线网络连接属性"对话框"首选网络"中调整顺序,如图 1.34 所示。

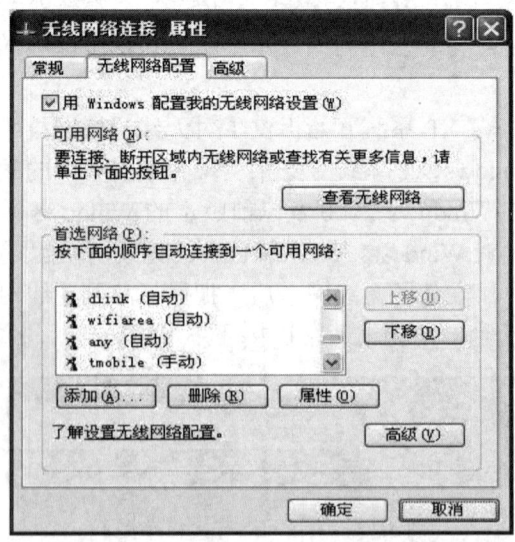

图 1.34　"无线网络连接属性"对话框

1.5.3　功能测试

无线网卡安装完成之后,可以测试一下无线网卡连接是否正常。按照以下"三看"方法,如果无误的话,那么相信无线网络已经畅通无阻了。

（1）查看连接图标

在应用程序中，用户可控制所有的功能。通常应用程序会自动开启，并在屏幕右下角的工作列中显示图标。如果图标被标示为红"×"，则代表无线网没有与 AP 连接。

（2）查看连接信息

双击无线连接图标，则会出现如图 1.35 所示的窗口，说明已经正确连接无线网络了。

当然，如果操作系统或无线网卡不同，那么连接状态的信息也会有所不同，但基本信息都是相近的。

（3）查看网络连接

与安装普通网卡一样，在安装成功以后，会在"网络连接"属性窗口看到相应的连接图标。选择"开始"→"设置"→"网络连接"菜单命令，可根据打开的网络连接窗口中的图标判断无线网络是否正常通信。

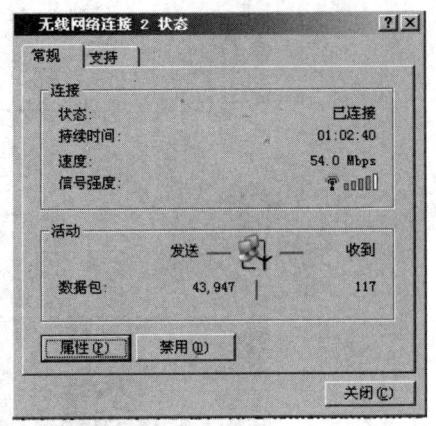

图 1.35　无线网络连接状态

1.6　网络设备连接与测试

1.6.1　任务分析

根据项目的需求分析，参考网络结构图，给出网络设备连接情况表；制作好所需的网络传输介质——双绞线；结合 IP 地址规划，给出设备配置信息表；结合所学常用网络测试（ipconfig、ping 及 Tracert 等）命令，实现对网络环境的测试。

1.6.2　网络设备的连接

1. 双绞线的制作及测试

（1）双绞线的线序标准

① EIA/TIA T568A 标准。

1	2	3	4	5	6	7	8
白/绿	绿	白/橙	蓝	白/蓝	橙	白/棕	棕

② EIA/TIA T568B 标准。

1	2	3	4	5	6	7	8
白/橙	橙	白/绿	蓝	白/蓝	绿	白/棕	棕

在同一网络中，要求必须采用统一的双绞线制作标准。目前，双绞线的制作主要采用 EIA/TIA568B 标准。

（2）双绞线的制作

① 双绞线制作工具及材料。其包括 RJ-45 压线钳、旋转剥线刀、RJ-45 接头和双绞线等。

② 网线的制作。其步骤包括剥皮→拨线→排序→剪齐→插入→压制，如图1.36所示。

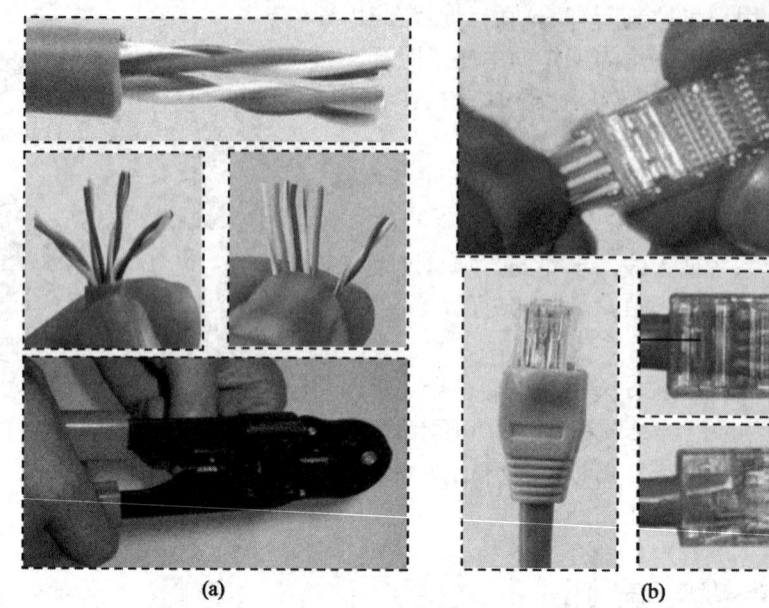

图1.36 双绞线制作示意图

③ 利用测线器测试网线是否正常，如图1.37所示。

（3）直通双绞线与交叉双绞线的应用

① CAT 5e UTP 超五类直通双绞线20条，其中交换机到PC机与打印机19条，到ADSL路由器1条。

② CAT 6 UTP 六类直通双绞线1条。

2. 网络设备连接

① Internet接入设备与交换机之间采用CAT 5e UTP直通双绞线连接。

② 交换机与计算机/打印机之间采用CAT 5e UTP直通双绞线连接。

③ 交换机与文件服务器之间采用CAT 6 UTP直通双绞线连接。

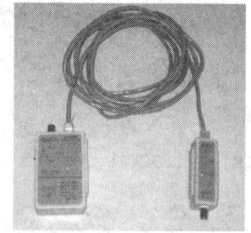

图1.37 双绞线连通性测试

3. 网络设备具体连接

按照网络结构图，结合网络设备及网络通信介质的选择，完成网络设备的具体连接，见表1.22。

表1.22 交换机端口连接设备统计

序号	交换机端口	下连	下连设备端口	备注
1	GigabitEthernet1/1/1	服务器	10/100/1 000 Mbit/s	千兆连接
2	Ethernet1/0/1–9	技术部PC	以太网接口	9口为打印机
3	Ethernet1/0/10–23	服务部PC	以太网接口	
4	Ethernet1/0/24	宽带路由器	内部以太网接口	

1.6.3 网络环境测试

根据 IP 规划方案完成以上网络连接与配置后，测试过程中需要考虑到客户端是否获得 IP 地址信息，完成之后要测试网络的连通性，可以利用 ipconfig、ping、Tracert 等系统自带工具。

1. 网络设备配置

PC 机可以采用动态获取 IP 地址、网关和 DNS 地址方式（配置宽带路由器为 DHCP 服务器），服务器和打印机需要配置静态 IP 地址，但是不需要配置网关和 DNS 地址。宽带路由器内部以太网接口 IP 地址为 192.168.1.1。

2. 显示 TCP/IP 网络配置

首先要进行的就是查看网络的 TCP/IP 参数，显示 IP 协议的具体配置信息。可以通过下面两种方法。

（1）利用本地连接属性

① 双击任务栏上的"本地连接"图标，打开如图 1.38 所示对话框。

② 单击"支持"选项卡，即可看到 TCP/IP 的相关信息，如图 1.39 所示。

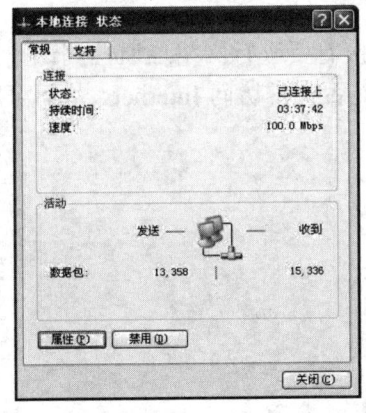

图 1.38 本地连接的"常规"选项卡

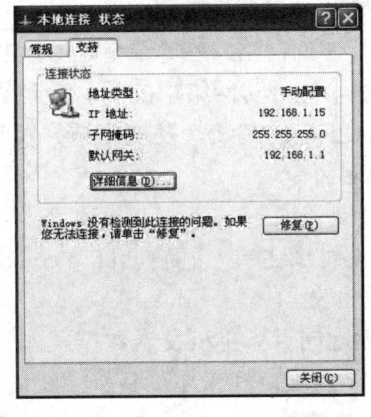

图 1.39 本地连接的"支持"选项卡

（2）使用 ipconfig 命令

① 格式。

ipconfig [/?] [/all]

② 参数含义。

/all 显示所有的有关 IP 地址的配置信息。

/release 释放网络适配器，清除 IP 地址信息。

/renew 复位网络适配器，重新获取 IP 地址信息。

③ 应用。

在 PC（个人计算机）的 CMD 命令行下：C:\>ipconfig /all，查看是否获取到 IP、网关和 DNS 地址。利用 ipconfig /release 和 ipconfig /renew 可以重新获取 IP 等相关参数。如图 1.40 所示。

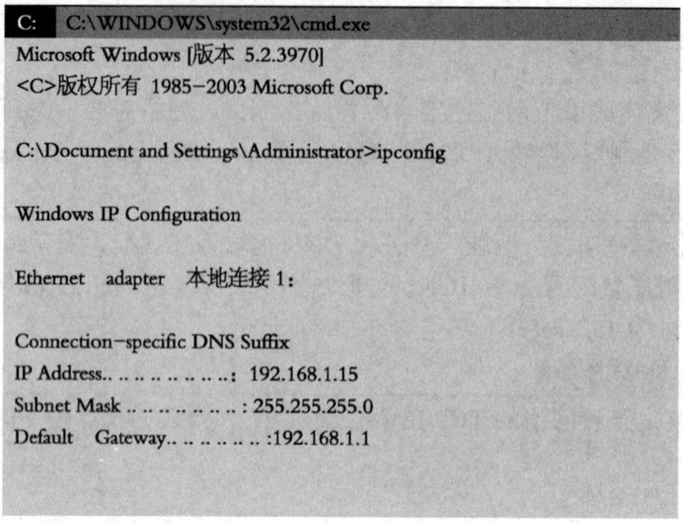

```
C:\WINDOWS\system32\cmd.exe
Microsoft Windows [版本 5.2.3970]
<C>版权所有 1985-2003 Microsoft Corp.

C:\Document and Settings\Administrator>ipconfig

Windows IP Configuration

Ethernet adapter 本地连接 1：

Connection-specific DNS Suffix
IP Address.. . . . . . . . . : 192.168.1.15
Subnet Mask . . . . . . . . : 255.255.255.0
Default Gateway.. . . . . . :192.168.1.1
```

图 1.40　运行命令"ipconfig"的信息

3. 对网络的连通性测试

对于刚组建的网络，在查看完 TCP/IP 参数后，接着要进行网络连通性测试，也就是要测试网络通不通，能否与网络中的另一台计算机通信，能否正常访问 Internet。从而可以对具体出现的问题做出正确的判断，发现问题并及时加以解决。

使用 ping 命令。

① 格式。

ping IP 地址或主机名[-t] [-a] [-n count] [-l size]

② 参数含义。

-t　连续地向目标主机发送数据。

-a　以 IP 地址格式来显示目标主机的网络地址。

-n count 指定要 ping 多少次，具体次数由 count 来指定。

-l size　指定发送到目标主机的数据包的大小。

③ 通过 ping 检测网络故障的典型次序。

正常情况下，当使用 ping 命令来查找问题所在或检验网络运行情况时，需要使用许多 ping 命令，如果所有都运行正确，就可以相信基本的连通性和配置参数没有问题；如果某些 ping 命令出现运行故障，它也可以指明到何处去查找问题。

➢ ping 127.0.0.1

测试 TCP/IP 的安装或运行是否存在某些基本的问题

➢ ping 本机 IP

测试主机网卡是否存在问题

➢ ping 局域网内其他 IP

测试本机 IP 地址设置或网卡参数配置错误或电缆系统是否存在问题。

➢ ping 网关 IP

测试网关路由器运行是否工作正常。

> ping 远程 IP

验证能否通过路由器进行通信，对于拨号上网用户则表示能够成功访问 Internet（但不排除 ISP 的 DNS 会有问题）。

④ 应用。

在 PC 的 CMD 命令行下：C:\>ping 192.168.1.1，测试与网关的连通性。网络正常，显示如图 1.41 所示信息。

如图 1.42 所示，对于每个发送报文，默认情况下发送 4 个回应数据包，每个数据包包含 32B 的数据，如果出现如图 1.42 所示情况，则表示此时发送的数据包不能到达目的地，此时可能有两种情况，一种是网络不通（关机、禁用网卡、拔掉网线、防火墙拦截或者网关设置错误），还有一种是网络连通状况不佳。此时还可以使用带参数的 ping 来确定是哪一种情况。例如 ping 192.168.1.1 -t 不断地向目的主机发送数据。此时如果都是显示"Reply timed out"，则表示网络之间确实不通，如果不是全部显示"Reply times out"则表示此网站还是通的，只是响应时间长或通信状况不佳。

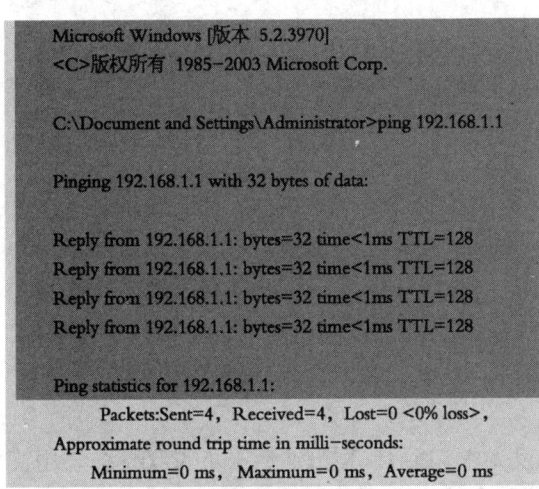

图 1.41 运行"ping"路由器的信息

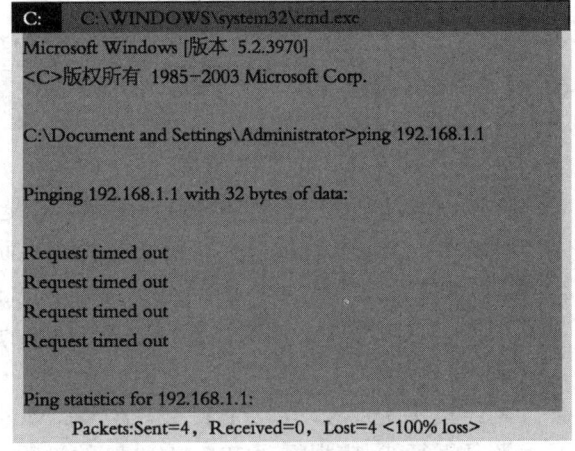

图 1.42 运行"ping"的超时信息

通过观察 ping-t 的返回值中 time 的大小来观察网络的响应时间，一般局域网中该值为 time<1 ms。可以进一步检查到 ISP 的网络响应时间。

1.7 网络故障诊断

1.7.1 网络设备诊断

网络中可能出现的故障多种多样，如操作系统问题、网络通信设备问题、网络协议问题等。总体来说，产生故障原因主要是设备不能正常工作或网络功能部分或全部丧失。对网络故障进行分类，有利于快速判断故障性质，找出故障原因并迅速解决问题。

针对项目实施中遇到的各种网络故障现象，给出合理化解决方案，并最终能够解决出现的网络故障。

1.7.2 常见故障的诊断与排除

1. 检查硬件设备状态是否正常

① 设备是否正常上电，相应电源指示灯是否正常。
② 根据设备指示灯状态判断设备是否在正常工作，以太网双绞线是否松脱等。

2. 检查软件设置是否正确

① PC 终端 IP 地址、DNS 等是否设置正确，有没有改变，可以在 DOS 界面下利用 ipconfig 命令查看。
② 光纤 Modem 设置有没有改变，有没有对它进行过初始化。

3. ADSL 常见故障分类及其处理

ADSL 故障分为用户端故障和局端（电信公司）故障。局端故障较少，以下主要介绍用户端故障及故障处理。

（1）ADSL 常见故障分类

从 ADSL 终端用户使用的角度可以将 ADSL 常见故障分为线路故障、设备故障（主要是 ADSL Modem 或网卡）、软件故障等。

① 线路故障。

➢ 电话线故障或线路质量差

ADSL 是以电话线作传输介质，采用频分复用技术将电话音与数据流分开，其通信质量取决于电话线路。电话线质量差或者受电磁干扰，都可能导致掉线。出现故障时要注意检查接头是否松动。检测电话线质量有个很方便的方法，那就是拿起电话，仔细听拨号音，听听声音是否纯净，没有杂音，如果拨号音非常纯净，说明电话线质量很好，反之就说明电话线路质量不好。

➢ 网线故障

网线接头是否松动，是否断线。ADSL Modem 以太端口到计算机网卡之间的双绞线采用交叉线还是平行线，应根据 ADSL Modem 的说明书而定，当然也可以用两种双绞线实际测试一下。

② 设备故障。

➢ ADSL Modem 故障

有的 Modem 因发热、质量差而出现故障，可以试着重启。如果不行，用其他正常的 Modem 与自己的 Modem 对换测试一下便知。

➢ 网卡故障

如果系统检测不到网卡或者无法安装网卡驱动程序，可以换个插槽或者更换网卡。中断号、I/O 地址冲突是网卡工作不正常的一个重要原因。右键单击"本地连接"图标，在弹出的快捷菜单中选择"属性"命令，在打开的对话框"常规"选项卡，单击"配制"按钮，单击"高级"选项卡，在其中检查是否冲突。如果冲突，可通过跳线或网卡自带的 setup.exe 程序进行设置。网卡是否与 Modem 匹配，对于 10/100 Mbit/s 自适应网卡，如果不稳定，可以手动设置为 10 Mbit/s（右键单击"本地连接→属性→常规→配制→高级→Connection Type"）。

③ 软件故障。

拨号软件安装不成功：检查是否有病毒或者软件冲突，卸载不必要的软件，改用其他的拨号软件（EnterNet、WinPoET、ADSL 宽带拨号王可直接建立 DSL 连接），不要同时安装多个拨号软件。也有可能是 TCP/IP 协议损坏，可以重新安装协议。

参数配制错误：对于专线方式接入用户的计算机 IP 地址、子网掩码、网关和 DNS，是否与电信方提供的一致。对于虚拟拨号用户，虚拟拨号连接一般采用自动获得 IP 地址，有的 ISP 要求手动设置 DNS。另外，要检查浏览器的设置，一般不要设置代理服务器，如果通过代理服务器上网，则需要置代理服务器。

（2）查找定位 ADSL 故障

根据 SOHO 宽带路由器指示灯判断故障点，不同型号产品的指示灯及其含义有所不同，以下以 H3C Aolynk BR104H 为例，介绍各指示灯的含义，见表 1.23。

表 1.23　H3C Aolynk BR104H ADSL 指示灯说明表

指示灯	状态	含义
Power	亮	表示路由器供电正常
	灭	表示电源关闭或电源故障
WAN	亮	表示以太网连接建立
	闪	表示 WAN 接口正在发送/接收数据
	灭	表示 WAN 口连接未建立
LAN1/2/3/4	亮	表示对应的 LAN 口连接建立
	闪	表示对应的 LAN 口正在发送/接收数据
	灭	表示对应的 LAN 口连接未建立
Diag	亮（红色）	在设备系统自检或故障时点亮。如果自检成功并且设备正常工作，会自动熄灭

如果某个指示灯不正常，就可以根据指示灯来大致定位故障点。不过在各指示灯都正常也有可能出现上网不正常的现象。

（3）常见网络故障与解决方法

① ADSL 经常掉线。

➢ 故障现象

ADSL 自安装后基本上就没有正常过，不仅上网时经常掉线，而且速度还非常慢。

➢ 故障分析

第一，ADSL Modem 或分离器故障。若 ADSL Modem 或分离器的质量有问题，将造成频繁的掉线故障。建议借用一套能正常使用的设备，更换后再进行测试。

第二，ADSL 线路故障。住宅距离局方机房较远（通常应当小于 3 000 m），或线路附近有严重的干扰源，也会导致经常掉线。另外，在接线盒到 ADSL Modem 之间建议采用双绞线，即使采用平行线，也不应当超过 5 m。

第三，室内电磁干扰。室内的电磁干扰比较严重（如无绳电话、空调、洗衣机、冰箱），也可能导致通信故障，建议使 ADSL Modem 远离上述设备，并不与上述设备共享一条电源线。

第四，网卡缺陷。网卡的质量有缺陷，或者驱动程序与操作系统的版本不匹配，也能导致频繁掉线。

第五，PPPoE 问题。这是系统中 PPPoE 软件安装不合理或软件兼容性差引起的问题。一般来说，Windows XP 建议使用系统本身提供的 PPPoE 协议和拨号程序。Windows 2000/2003 则可以安装 Modem 附送的 PPPoE 拨号程序。建议先安装系统安全补丁。

除此之外，还应当确认 ADSL Modem 散热良好。

② ADSL 间断性地无法获得 IP 地址。

➤ 故障现象

操作系统为 Windows XP，以 ADSL 方式接入 Internet。刚安装的时候一切正常，然而，现在经常是每隔 1 天或几天，拨号的时候就提示："无法获得 IP 地址，检查网线是否插好!"，重启几次后又一切正常（有时要过很长时间）。

➤ 故障分析

ADSL 有两种接入方式，即专线方式和虚拟拨号方式，而绝大多数用户采用的都是后者。虚拟拨号方式不仅便于局方按时计费，而且也便于节约有限的 IP 地址资源，即只有用户拨入时才会获得一个 IP 地址，断开连接时又自动释放。然而，IP 地址池中的 IP 数量毕竟有限，当突发的用户数量较多时，IP 地址将被分配殆尽，后面的用户再拨入时将无法获取 IP 地址，直至其他用户下线并释放出 IP 地址为止，因此，在 Internet 访问高峰时间，无法获取 IP 地址的问题将会更加突出。如确属该原因，不必重新启动计算机，只须稍过片刻重新拨号，即可获得 IP 地址。

另外，跳线水晶头松动也会导致连接时断时续的情况。因此，如果排除了局方原因，就应当检查以下各项内容。

第一，检查网线是否有问题，尤其是 RJ-45 头，与网卡的接触是否良好。

第二，检查 ADSL 是否设置为 "桥接（bridged）" 方式。

第三，检查网卡及驱动程序是否有问题。

第四，检查 Windows XP 操作系统是否有问题。

③ ADSL 宽带拨号断流。

➤ 故障现象

在使用 ADSL 进行共享拨号的组网环境中，时常会出现莫名其妙地下载中断现象、网页无法打开现象或者在线多媒体流突然中断的现象等。

➤ 故障分析

第一，检查网卡质量是否过硬。

第二，检查连接线路是否稳定。

第三，检查操作系统是否正常。

第四，检查拨号程序是否互扰。

第五，检查 ADSL 设置是否正确。

第六，检查网络病毒是否存在。

④ ADSL 虚拟拨号常见故障代码。

关于 ADSL 虚拟拨号故障代码，可查阅 ADSL Modem 产品手册，这里只列举一些常见的故障代码。

> 故障现象：Error 602 The port is already open

问题：拨号网络由于设备安装错误或正在使用，不能进行连接。

原因：PPPoE 没有完全和正确的安装。

方法：卸载干净任何 PPPoE 软件，重新安装。

> 故障现象：Error 608 The device does not exist

问题：拨号网络连接的设备不存在。

原因：PPPoE 没有完全和正确的安装。

解决：卸载干净任何 PPPoE 软件，重新安装。

> 故障现象：Error 611 The route is not available/612 The route is not allocated

问题：拨号网络连接路由不正确。

原因：PPPoE 没有完全和正确的安装，ISP 服务器故障。

解决：卸载干净任何 PPPoE 软件，重新安装。

> 故障现象：Error 617 The port or device is already disconnecting

问题：拨号网络连接的设备已经断开。

原因：PPPoE 没有完全和正确的安装，ISP 服务器故障，连接线，ADSL Modem 故障。

解决：卸载干净任何 PPPoE 软件，重新安装，检查网线和 ADSL Modem。

> 故障现象：Error 645

问题：网卡没有正确响应。

原因：网卡故障，或者网卡驱动程序故障。

解决：检查网卡，重新安装网卡驱动程序。

> 故障现象：Error 650

问题：远程计算机没有响应，断开连接。

原因：ADSL ISP 服务器故障，网卡故障，非正常关机造成网络协议出错。

解决：检查 ADSL 信号灯是否能正确同步，致电 ISP 询问；检查网卡，删除所有网络组件重新安装网络。

> 故障现象：Error 678

遇到 678 的常见解决思路和步骤如下。

首先确认 ADSL Modem 拨号正常，因为网卡自动获取的 IP 没有清除，所以再次拨号的时候网卡无法获取新的 IP 地址会提示 678，操作方法是：关闭 ADSL Modem，进入控制面板的网络连接，右击"本地连接"，选择"禁用"，5 s 后右击"本地连接"，选择"启用"，然后打开 ADSL Modem 拨号即可。

如果第一步无效，则在关闭 ADSL Modem 的情况下，仍然禁用本地连接（网卡），重启计算机，然后启用本地连接（网卡），再打开 ADSL Modem 即可。

如果上述步骤都无法解决，查看网卡灯是否亮，如果网卡灯不亮，参看派单知识库："网卡灯不亮或经常不亮"的解决方案。

如果网卡灯正常，第 1 步和第 2 步无法解决，则需要卸载网卡驱动，重装网卡驱动，如果用户 WIN XP 系统按照：知识编号：9973，如何在 WIN XP 下设置 ADSL 拨号连接方法带领用户创建拨号连接。如果上述操作无效，则需联系电信部门确认端口。

> 故障现象：Error 769

问题：网卡被禁用或网卡驱动没有正确安装。

解决：检查网卡驱动是否正确安装。若网卡驱动正常，打开"设备管理器"，把被禁用的以太网卡状态设置为启用，再重新连接即可。

> 故障现象：Error 797

问题：ADSL Modem 连接设备没有找到。

原因：ADSL Modem 电源没有打开，网卡和 ADSL Modem 的连接线出现问题，软件安装以后相应的协议没有正确绑定，在创立拨号连接时，建立了错误的空连接。

解决：检查电源，连接线；检查网络属性，RasPPPoE 相关的协议是否正确安装并正确绑定相关协议，检查网卡是否出现"？"或"！"，把它设置为 Enable；检查拨号连接的属性，是否连接的设备使用了一个"ISDN channel - Adapter Name (xx)"的设备，该设备为一个空设备，如果使用了取消它，并选择正确的 PPPoE 设备代替它，或者重新创立拨号连接。

> 故障现象：Error 691

问题：机器突然蓝屏，开机后发现无法连网。

原因：系统突然蓝屏，与电信的服务器那边还没有断开，以为此账号仍然在线，所以提示错误 691。

解决：关闭计算机等待几分钟再试，如果一直出现这种情况，拨打客服电话 10000 电信（10060 网通/10050 铁通）咨询。建议每次关机前断开宽带连接，可减少此故障的发生。

4. 宽带路由器故障诊断与排除

（1）故障现象一

① 故障现象。

线路不通，无法建立连接。

② 故障分析。

用网线将路由器的 WAN 口与 ADSL Modem 相连，电话线连接 ADSL Modem 的"Line"口。ADSL Modem 与宽带路由器之间的连接应当使用直通线。

检查路由器 LAN 中的 Link 灯信号是否显示，路由器至局域网是否正常连线。路由器的 LAN 端口既可以直接连接至计算机，也可以连接至交换机。

（2）故障现象二

① 故障现象。

能使用 QQ，但不能打开网页。

② 故障分析。

这种情况是 DNS 解析的问题，建议在路由器和计算机网卡上手动设置 DNS 服务器地址（ISP 局端提供的地址）。另外，在"DHCP 服务"选项中手动设置 DNS 服务器地址，该地址需要从 ISP 供应商那里获取。

（3）故障现象三

① 故障现象。

线路中断，容易掉线，重启路由器后又可以连接上。

② 故障分析。

对于使用 ADSL 接入的公司用户来说，出现这种情况可能是因为正在使用的路由器与 ISP 的局端设备不兼容。解决这类问题只能改换其他型号的路由器或 ADSL Modem。

也有可能是公司网络遭到病毒（如蠕虫病毒、木马病毒等）的入侵，解决的方法就是运用相应的杀毒软件进行杀毒。

还有可能是由于公司路由器的负载过高，表现为路由器 CPU 温度太高、CPU 利用率太高、内存剩余太少等，由于路由器在公司中的使用是长时间不间断的，出现这样的问题是极其平常的，对此类故障的解决方法是为公司路由器提供一个更好的散热环境，有必要的情况下更换一台性能更好的路由器。

1.8 拓展项目训练

1. 某学生寝室共 4 人，均有便携式计算机（内置无线网卡）。考虑到移动的灵活性，同时节约了布线的资金投入及房间布局的完整性，可采用简单、方便的无线组网方式，组网的目的是使学生充分利用校园网或互联网资源学习。设计学生寝室组网方案的要求如下。

① Internet 接入方式要合理、适用。

② 网络设备的选购要求高性价比。

③ 4 台便携式计算机均能自动获取 IP 地址。

请给出该学生寝室组网的预算，并完成此无线网络的组建工作任务。

2. 索菲娅同学一家三口，刚乔迁至位于伊通河湖畔宜水家苑 A 座，家居三室二厅。根据用户的需求和户型结构，决定在书房、客厅和次卧室（索菲娅的卧室）一共安装 4 个接口，客厅在放沙发的位置和放电视的位置分别安装一个接口、书房和卧室分别安装一个网络接口。根据居住者的实际情况和需求，书房、客厅和卧室里要共享上网的计算一共有 3 台，包括 1 台台式机和 2 台便携式计算机。请以索菲娅同学家的三室二厅的家居住宅为例，打造一个安全、灵活的家庭网络环境。设计该学生家庭组网方案的要求如下。

① Internet 接入方式要合理、适用。

② 网络设备的选购要求高性价比，给出组网设备预算。

③ 3 台计算机均能自动获取 IP 地址。

请完成此三居室的家庭网络组建工作任务。

3. 某咨询策划公司驻长春办事处有 30 名员工，该办事处位于"南湖一号"A 座 10 层 200 m^2 相邻的三个写字间。三个写字间分配：办事处主任、销售部和客服部。为了满足日常工作需要，设计这个 SOHO 小型分支机构的网络方案要求如下。

① Internet 接入方式要合理、适用。

② 资源共享，网络内的各个桌面用户可共享数据库、共享打印机，FTP 服务，实现办公自动化系统中的各项功能。

③ 通信服务，最终用户通过广域网连接可以收发电子邮件、实现 Web 应用、接入 Internet、进行安全的广域网访问。

④ 多媒体应用，该方案支持多媒体组播，具有卓越的服务质量保证。

⑤ 综合考虑系统的可靠性、实用性、开放性、扩展性、先进性和经济性。

各实训小组完成以下具体工作任务。

（1）进行需求分析，并制定出网络规划方案。

（2）按层次、按部门打印详细网络设备连接清单。

（3）实现广域网的接入方案设计及配置，进行网络环境的测试。

学习情境 2

小型企业网络组建与互联

随着 Intranet 建设的普及与应用,小型企业的网络化建设也得到了飞速发展。为了提高企业的效率、节省时间和费用。大部分小型企业的办公室都实现了网络化。如何选择一个合适的组网方案且实现最优化的配置成了小型企业最关心的问题。

2.1 学习目标

1. 知识目标

① 明确网络设计目标。
② 知道各种网络拓扑结构的优缺点。
③ 清楚网络层次划分的原则和方法。
④ 清楚组网方案的书写规范和要求。
⑤ 知道交换机的工作原理。
⑥ 知道路由器的工作原理。
⑦ 知道无线网络的传输技术。

2. 能力目标

① 能进行网络需求的调查与分析。
② 能根据需求制定 IP 规划（非标准 IP 地址掩码）及绘制网络拓扑结构图。
③ 会正确制作网络线缆并能安装相关的网络设备。
④ 会对选用的二层交换机、三层交换机、路由器进行配置。
⑤ 会配置并组建无线网络。
⑥ 能运用网络软件进行网络运行状况监测和分析。
⑦ 会运用网络命令对组建的网络进行调试。
⑧ 能判断和排除网络中存在的故障。

3. 素质目标

① 培养良好的合作观念、业务洽谈和沟通能力。
② 培养良好的规范操作、安全操作的能力。
③ 培养学生严谨细心的工作态度和追求完美的工作精神。
④ 培养学生具有自我展示能力和查阅资料能力。

2.2 工作任务描述

学习情境描述

华信实业是一家新成立的以生产轨道交通装备为主的民营企业，拥有近 200 名员工，位于某办公楼的 1、2 楼内，公司中网络用户共有 188 个，公司各部门分布情况如下。

办公楼的 1 楼主要由总经理室、人力资源部、技术服务部 1、大会议室、设备间、网络中心、产品中心、产品事业部 1、销售业务部、财务部 1、部门经理室 1、部门经理室 2 及库房。现有用户数 87 个。

办公楼的 2 楼主要由副总经理室、广告宣传部、技术服务部 2、质管部、产品展室、产品事业部 2、小会议室、客户服务部、配线间监控室。现有用户数 101 个。

现公司决定对企业网络构建项目进行招标。作为一家网络集成商的销售业务代表，如何针对 200 人以内的小型企业网络，设计一套完整的网络解决方案，并完成该方案的实施及测试，确保用户的正常使用。

2.3 网络规划方案

网络规划的目的是为了对网络建设具有先期的指导性，使用户对所建设的网络有一个全面的了解，为以后的网络实施和验收提供依据。网络规划的思想方法可以从核心层开始着手，分析用户的核心需求。首先满足核心要求，如中心机房的设计，然后逐步发散到汇聚和接入的考虑。也可以从接入层开始入手，首先分析用户的数量和分布，选择接入设备和应用，再考虑上层网络的设计和设备的选择。当然有经验的网络设计人员还可以根据个人的经验和习惯进行设计，不同规模、不同需求导致思想方法不同。网络规划流程如图 2.1 所示。

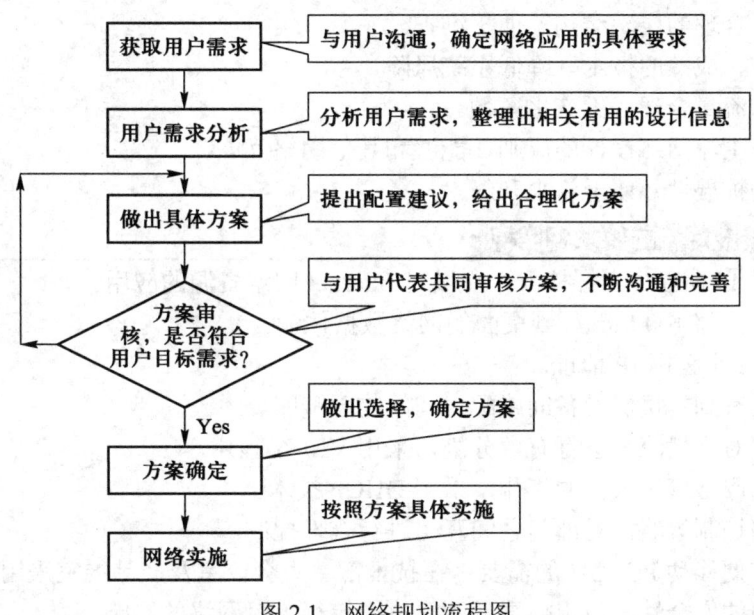

图 2.1 网络规划流程图

2.3.1 任务分析

作为项目的负责人，通过给出的华信实业公司网络建设的具体要求，对本项目进行需求分析，并在此基础上进行组网方案设计，绘制出网络拓扑图、进行网络设备的选型，形成需求分析及方案设计文档。

2.3.2 需求分析

需求分析是网络设计的基础。项目负责人首先与用户代表交流，了解用户的公司结构、明确网络设计的最主要目的、明确用户的网络应用、了解用户的实际需求，从而形成需求分析及方案设计文档。

1. 用户的基本需求

① 同一部门可以进行互访，财务部 1 与财务部 2 可以进行互访；技术服务部 1 与技术服务部 2 可以进行互访；产品事业部 1 与产品事业部 2 可以进行互访。
② 财务部主机不被内网其他部门主机访问，但允许财务部主机访问内网和外网服务器。
③ 除设备间服务器外，其他各部门用户均能够自动获取 IP、网关及 DNS 地址。
④ 文件服务器仅对内部用户提供高速的文件传输功能。
⑤ WWW 服务器可以同时对内、外网用户提供高速的 Web 访问功能。

2. 网络规划建设时应遵循的原则

通过与用户沟通，将用户模糊的想法清晰化，然后进行需求分析整理。对用户提出的合理需求，予以满足；超过现有技术和设备能力的需求，引导用户，使用替代策略。根据网络应用需求分析，华信实业在网络规划建设时应遵循如下几个原则。

① 满足目前并能适应未来 5 年内的发展需求。
② 有清晰、合理的层次结构，便于维护。
③ 采用先进、成熟的技术，降低系统风险。
④ 网络信息流量合理，不产生瓶颈。
⑤ 满足当前主流网络设计的原则，能够和其他网络互联。
⑥ 有较好的扩展性，便于将来升级。

3. 网络建设应达到的要求和目标

① 实现专线 10 Mbit/s 光纤接入，完成对 Internet 网络资源的应用。
② 实现公司内部 100 Mbit/s 到桌面的网络数据传输。
③ ISP 提供 2 个公网 IP 地址。
④ 各部门均有到本楼层设备间或配线间的物理链路。
⑤ 为了实现对广播流量进行有效分割，采用 VLAN 技术。
⑥ 为了提高网络管理人员的工作，采用 DHCP 技术。
⑦ 采用访问控制策略，对部门之间互访进行合理控制。
⑧ 考虑到方便移动 PC 工作的需要，在技术部、大会议室及产品展室采用无线覆盖。
⑨ 提高整网的安全性，防止病毒、网络攻击等行为对网络的影响。
⑩ 采用主流的 TCP/IP 协议对网络进行规划。

公司 1 楼办公室用户数分布见表 2.1。

表 2.1　1 楼办公室用户数分布情况

序号	部门	房间号	用户数	交换机	无线
1	财务部 1	101	2	无	无
2	库房	102	4	无	无
3	总经理室	103	2	无	无
4	人力资源部	104	5	1	无
5	技术服务部 1	105	20	1	有

续表

序号	部门	房间号	用户数	交换机	无线
6	大会议室	106	15	无	有
7	设备间	107	3	2	无
8	网络中心	108	3	无	无
9	产品事业部 1	109	13	1	无
10	部门经理 1	110	2	无	无
11	部门经理 2	111	2	无	无
12	销售业务部	112	16	1	无
合计			87		

2 楼办公室用户数分布情况见表 2.2。

表 2.2　2 楼办公室用户数分布情况

序号	部门	房间号	用户数	交换机	无线
1	财务部 2	201	4	无	无
2	广告宣传部	202	12	1	无
3	副总经理室	203	2	无	无
4	质管部	204	6	1	无
5	技术服务部 2	205	20	无	有
6	产品展室	206	10	无	无
7	配线间	207	3	无	无
8	监控室	208	3	无	无
9	产品事业部 2	209	15	1	无
10	小会议室	210	10	无	有
11	客户服务部	211	16	1	无
合计			101		

1 楼用户数为 87 个，2 楼用户数为 101 个，用户数共计 188 个。

2.3.3　IP 地址规划设计

IP 地址的合理规划是网络设计中的重要环节，IP 地址规划的好坏，影响到网络路由协议算法的效率、网络的性能、网络的扩展及网络的管理，也必将直接影响到网络应用的进一步发展。

1. IP 地址规划的基本原则

（1）唯一性

一个 IP 网络中不能有两个主机采用相同的 IP 地址。即使使用了支持地址重叠的 MPLS/VPN

技术，也尽量不要规划为相同的地址。

（2）连续性

连续地址在层次结构网络中易于进行路径叠合，大大缩减路由表，提高路由算法的效率。

（3）扩展性

地址分配在每一层次上都要留有余量，在网络规模扩展时能保证地址叠合所需的连续性。

（4）实意性

为了便于今后的网络维护，好的 IP 地址规划使每个地址具有实际含义，达到"望址生义"，看到一个地址就可以大致判断出该地址所属的设备。这是 IP 地址规划中最具技巧性和艺术性的部分。

2. IP 地址的分类及规划技巧

（1）Loopback 地址

为了方便管理，系统管理员通常会为每一台路由器创建一个 Loopback 接口，并在该接口上单独指定一个 IP 地址作为管理地址。管理员会使用该地址对路由器远程登录（Telnet），该地址实际上起到了类似设备名称一类的功能。由于此类接口没有与对端互连互通的需求，为了节约地址资源，Loopback 接口的地址通常指定为 32 位掩码，最后一位是奇数的表示路由器，是偶数的表示交换机，越是核心的设备，Loopback 地址越小。

（2）互联地址

互联地址指两台或多台网络设备相互连接的接口所需要的地址。考虑 IP 地址匮乏，互联地址通常使用 30 位掩码，相对核心的设备，使用较小的地址，互联地址通常要聚合后发布，在规划时要充分考虑使用连续的可聚合地址。

（3）业务地址

业务地址是连接在以太网上的各种服务器、主机所使用的地址以及网关的地址。通常网关地址统一使用相同的末位数字，如.254 都是表示网关。

3. IP 地址规划

组建一个局域网，需要根据网络的节点进行网络的子网规划，一般主要有无子网编址和带子网编址两种。

（1）无子网编址/标准子网掩码

无子网编址是指使用标准的子网掩码，不对网段进行细分。例如，B 类网段 172.16.0.0，采用 255.255.0.0 作为标准子网掩码，或 C 类网段 192.168.1.0，采用 255.255.255.0 作为标准子网掩码。外部将所有节点看作单一网络，不需要知道内部结构，所有到 192.168.1.X 的路由被认为同一方向，这种方案的好处是减少路由表的项目，缺点是无法区分网络内不同的子网网段，这使网络内所有主机都能收到在该网络内的广播，会降低网络的性能，另外也不利于管理。此方案可适用于小规模网络。

（2）带子网编址/非标准子网掩码

带子网编址是指将标准的网络掩码进一步扩展，即打破标准子网掩码固定的网络位格式，

A 类地址将不仅只有 8 位网络位，可以增加到 9、10 甚至 30 位，B 类地址将不仅只有 16 位网络位，可以增加到 17、18 甚至 30 位，而 C 类地址也将不仅只有 24 位网络位，也可以增加到 25、26 甚至 30 位。这种方案对外仍是一个网络，而对内部而言则分为不同的子网。划分子网后，各子网的广播将被隔离，各子网之间不能直接访问，需要通过路由器或三层交换机转发实现数据通信，从而提高网络的性能和安全性。

根据 1 楼和 2 楼的用户数（87 和 101）得知每个楼层总用户数不超过 254 个，故本公司的 IP 规划主要以 C 类私有 IP 地址 192.168.X.0 对内部节点进行 IP 地址分配。

4. DHCP 相关的设计考虑

（1）DHCP 地址池的地址分配方式

根据客户端的实际需要，可以将地址池配置为采用静态绑定或动态分配方式进行地址分配，但对一个 DHCP 地址池不能同时配置这两种方式。

① 采用静态绑定方式进行地址分配。

某些客户端（如 WWW 服务器、FTP 服务器、网关等）需要固定的 IP 地址，可以通过将客户端的 MAC 地址与 IP 地址绑定的方式实现。当具有此 MAC 地址的客户端申请 IP 地址时，DHCP 服务器将根据客户端的 MAC 地址查找到对应的 IP 地址，并分配给客户端。

② 采用动态分配方式进行地址分配。

对于采用动态地址分配方式的地址池，需要配置该地址池可分配的地址范围，地址范围的大小通过掩码来设定。

DHCP 服务器在分配地址时，需要排除已经被占用的固定 IP 地址（如网关、FTP 服务器等）。否则，同一地址分配给两个客户端会造成 IP 地址冲突。

（2）DHCP 服务器的类型

常见的 DHCP 组网方式可分为两类，一种是 DHCP 服务器和客户端在同一个子网内，直接进行 DHCP 报文的交互；另一种是 DHCP 服务器和客户端处于不同的子网中，必须通过 DHCP 中继代理实现 IP 地址的分配。

（3）DHCP 规划技巧

① 固定地址段和动态分配地址段要保持连续，便于管理和维护。

② 动态分配 IP 地址的租约要根据网络中用户的移动特性来确定，租约时间太短会导致租约频繁续约，增大网络压力。租约时间太长会导致长时间无法释放已经空闲的 IP 地址，浪费了 IP 地址资源。

③ 如需跨网段获得 IP 地址时，启动 DHCP 中继代理功能。

④ 一般在同一网络上不放置两台 DHCP 服务器，如果确有需要提供高可靠的 DHCP 服务器，需要配置具备心跳功能的主备机方式的两台 DHCP 服务器，两台服务器之间及时交换信息保持同步。

5. VLAN 规划的基本原则

（1）VLAN 技术

VLAN（Virtual Local Area Networks）虚拟局域网技术把拥有一组共同需求且与物理位置无关的用户划分成多个逻辑的网络（组），组内可以通信，组间不允许通信。二层转发的单播、组播、广播报文只能在组内转发,VLAN 技术提供了一种管理手段,控制终端之间的互通。如图 2.2 所示,组 1 与组 2 的计算机无法相互通信。

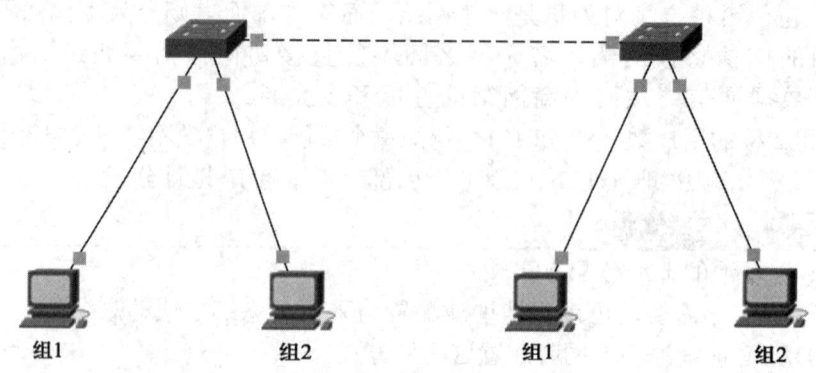

图 2.2　VLAN 组网图

(2) VLAN ID 的范围

如图 2.2 所示,不同的逻辑组如何进行标识呢,根据平台和软件版本的不同,Cisco Catalyst 和 H3C 交换机最多能够支持 4 096 个 VLAN,表 2.3 阐明了 Cisco Catalyst 交换机中 VLAN 的分配情况。

表 2.3　VLAN ID 范围

VLAN ID	作用
0,4095	保留,仅限系统使用,用户不能查看和使用
1	正常,默认 VLAN,用户不可删除
2~1001	正常,用于以太网的 VLAN,用户可以创建、使用和删除
1002~1005	正常,用于 FDDI 和令牌环默认 VLAN,用户不能删除
1006~1024	保留,仅限系统使用,用户不能查看和使用
1025~4094	仅用于以太网的 VLAN

6. VLAN ID 规划

根据表 2.3,本任务的 VLAN ID 规划原则具体如下。

① VLAN 1 一般予以保留,不分配给业务 VLAN 使用。
② VLAN ID 的预分配应成段分配。
③ 如果 VLAN ID 足够用,尽量分配 1024 以下的 VLAN ID。
④ 为每一个 VLAN 规划 VLAN 描述符,描述符的配置规范化。

7. 本任务的 VLAN 与 IP 地址规划

根据以上分析,结合各部门房间号,规划本任务的 VLAN 与 IP 地址。

其中,1 楼 VLAN 与 IP 地址规划参见表 2.4。

表 2.4 1 楼 VLAN 与 IP 规划表

序号	部门	房间号	用户数	VLAN ID	IP 网段
1	财务部 1	101	2	VLAN 101	192.168.101.0/24
2	库房	102	4	VLAN 102	192.168.102.0/24
3	总经理室	103	2	VLAN 103	192.168.103.0/24
4	人力资源部	104	5	VLAN 104	192.168.104.0/24
5	技术服务部 1	105	20	VLAN 105	192.168.105.0/24
6	大会议室	106	15	VLAN 106	192.168.106.0/24
7	设备间	107	3	VLAN 107	192.168.107.0/24
8	销售业务部	108	16	VLAN 108	192.168.108.0/24
9	网络中心	109	3	VLAN 109	192.168.109.0/24
10	产品事业部 1	110	13	VLAN 110	192.168.110.0/24
11	部门经理 1	111	2	VLAN 111	192.168.111.0/24
12	部门经理 2	112	2	VLAN 112	192.168.112.0/24
合计			87		

2 楼 VLAN 与 IP 地址规划见表 2.5。

表 2.5 2 楼 VLAN 与 IP 规划表

序号	部门	房间号	用户数	VLAN ID	IP 网段
1	财务部 2	201	4	VLAN 101	192.168.101.0/24
2	广告宣传部	202	12	VLAN 202	192.168.202.0/24
3	副总经理室	203	2	VLAN 203	192.168.203.0/24
4	质管部	204	6	VLAN 204	192.168.204.0/24
5	技术服务部 2	205	20	VLAN 105	192.168.105.0/24
6	产品展室	206	10	VLAN 206	192.168.206.0/24
7	配线间	207	3	VLAN 207	192.168.207.0/24
8	监控室	208	3	VLAN 208	192.168.208.0/24
9	产品事业部 2	209	15	VLAN 110	192.168.110.0/24
10	小会议室	210	10	VLAN 210	192.168.210.0/24
11	客户服务部	211	16	VLAN 211	192.168.211.0/24
合计			101		

2.3.4 拓扑图绘制

1. 局域网的层次设计

在网络中，层次设计用于将设备分组到多个以分层方式构建的网络。分层设计提高了效率，优化了功能，加快了速度。

局域网络设计按功能层次划分，一般分为核心层、汇聚层和接入层三层结构。

（1）核心层

作为网络的核心部分，不仅要求实现高速的数据转发，而且要求性能高、容量大，具备高可靠性和高稳定性。通常核心层设备都有设备的备份设计及线路的备份设计。

（2）汇聚层

要支持丰富的功能和特性。汇聚层要隔离接入层的各种变化对核心层的冲击。路由汇聚、路由策略、ACL 等等功能通常在汇聚层实现。

（3）接入层

要提供大量的接入端口以及各种接入端口类型。提供强大的各类业务类型接入。

不同层次的定位，也为相应的设备选型提供了依据。对于大型的局域网络通常分为三层结构，但对于小型网络通常只存在两层结构，核心层和汇聚层合二为一。

2. 网络拓扑结构设计

常见的网络拓扑结构有网状或部分网状拓扑结构、环型拓扑结构和星型拓扑结构三种。

（1）网状或部分网状拓扑结构

网状或部分网状拓扑结构的网络冗余性较好，但整个网络主次不分明，不便于维护。仅适用于高可靠性要求的小型网络，或大型网络的核心部分。

（2）环型拓扑结构

环型拓扑网络冗余性较好，一般适用于各节点相距较远且线路资源紧张的情况。不适用组建大型网络，适用于高可靠性要求的小型网络，或大型网络的核心部分。

（3）星型拓扑结构

星型拓扑结构的网络结构清晰，便于维护。但网络冗余性不够，不适合于高可靠性的网络。

综合各种网络拓扑结构的优缺点，在设计网络拓扑结构时可以灵活选择。针对网状拓扑结构和环型拓扑结构的高冗余性，在大型网络中，可以把这种拓扑结构作为核心网络的拓扑结构。针对星型拓扑结构网络的层次分明，易管理性，采用星型拓扑结构作为汇聚层或接入层拓扑结构。

对于星型结构冗余性较差的问题，通常采用双星型拓扑结构的方式来弥补。双星型结构的每一个分支点采用双链路上行结构，实现了链路的冗余备份和核心设备的设备备份。在大型的局域网络拓扑中，通常核心层内部或核心层与汇聚层之间采用网状或部分网状拓扑结构，在汇聚层与接入层之间采用星型或双星型拓扑结构。对于小型企业网络如果对网络的可靠性要求不是很高时，并且从经济的角度考虑可以简化。

3. 绘制网络拓扑图

（1）使用 Visio 软件绘制网络拓扑

下面是利用 VISIO 绘图工具绘制的 1 楼和 2 楼平面图，如图 2.3 和图 2.4 所示。

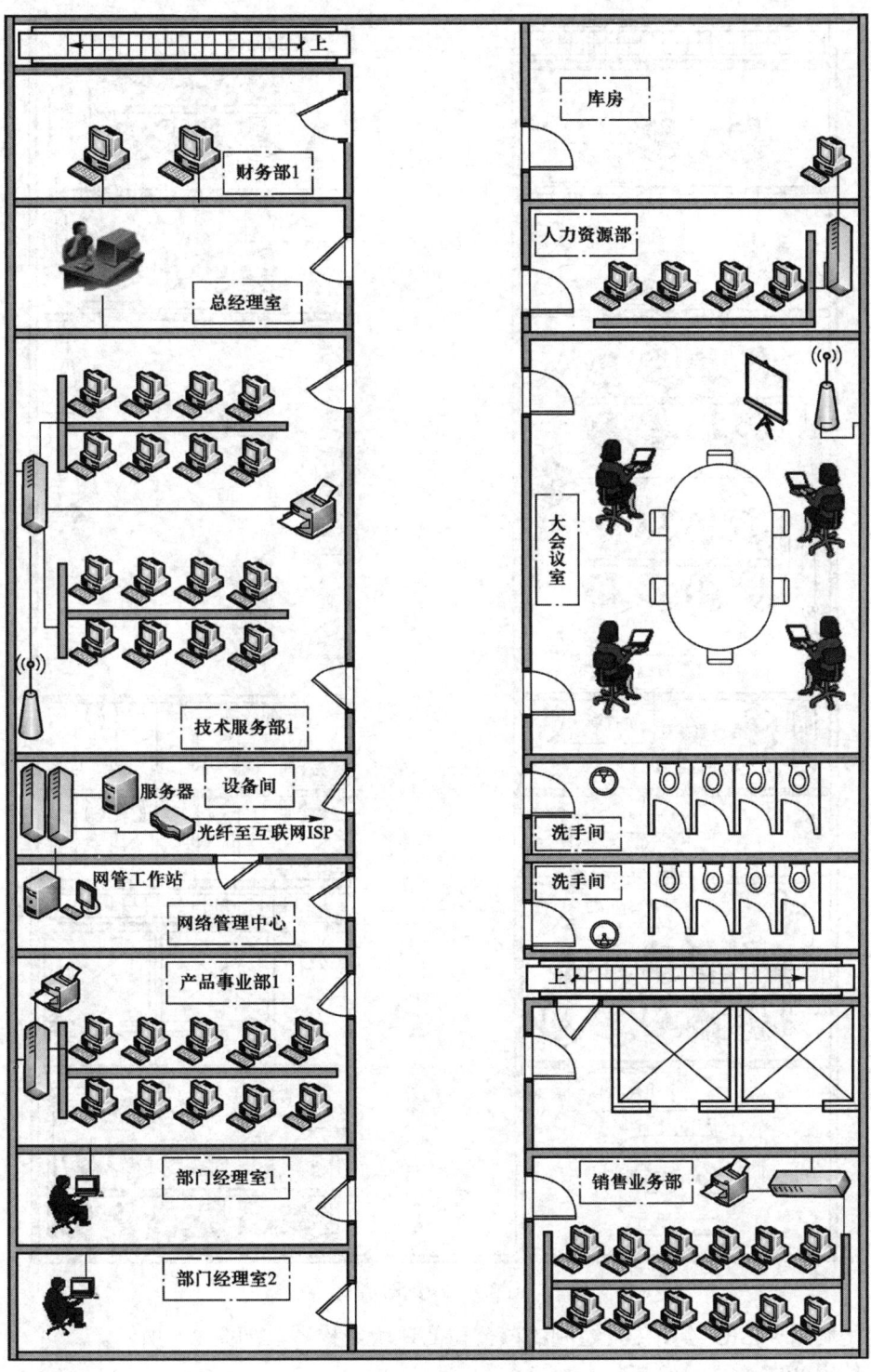

图 2.3　1 楼平面图

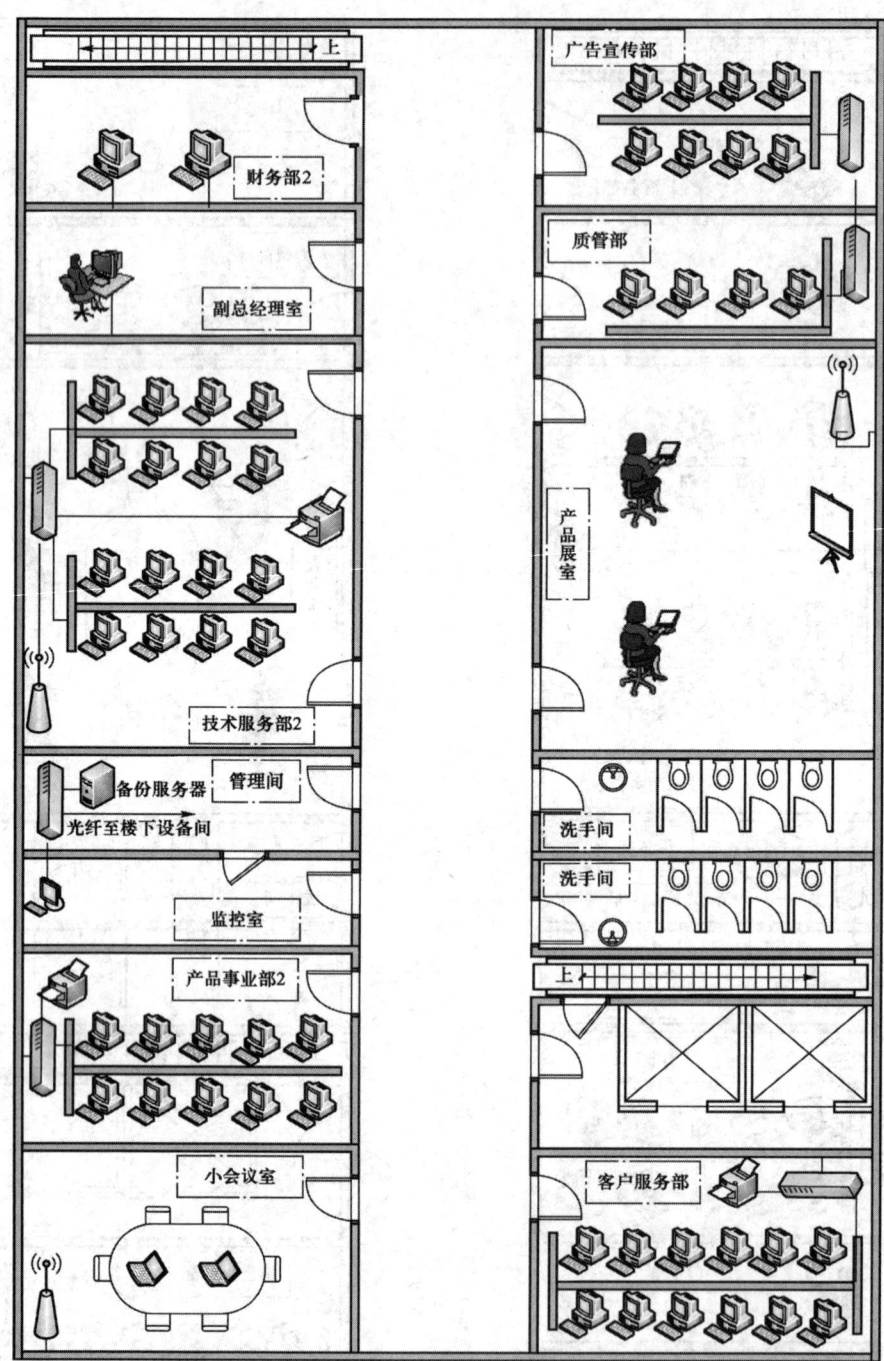

图 2.4　2 楼平面图

下面是利用 VISIO 绘图工具绘制的该公司的逻辑结构图，如图 2.5 所示。

（2）使用 PPT 软件绘制拓扑

下面是利用 Power Point 软件使用 H3C 网络拓扑图标库的元素绘制的该公司的逻辑结构图，如图 2.6 所示。

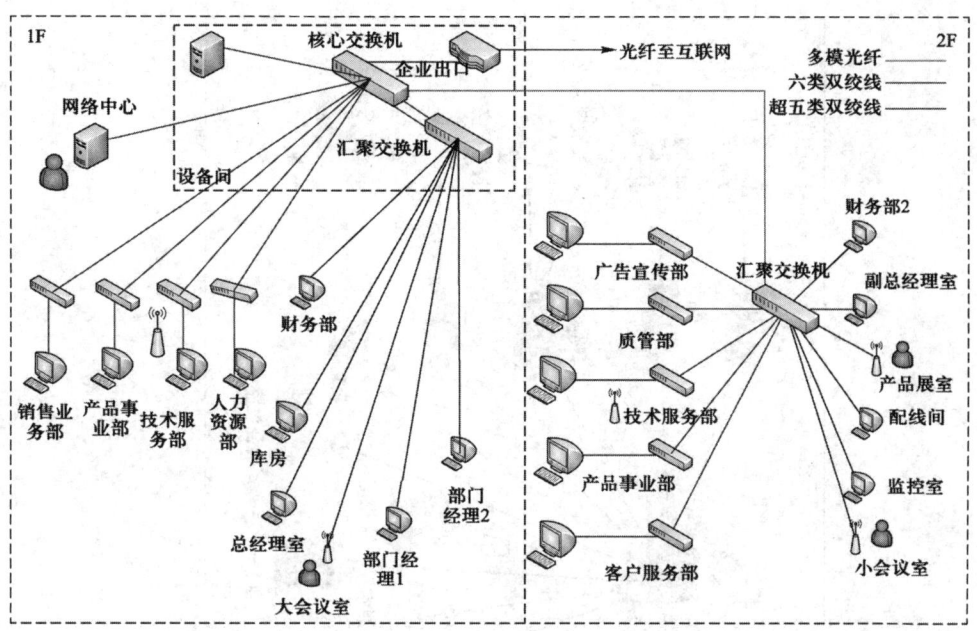

图 2.5　Visio 逻辑网络结构图

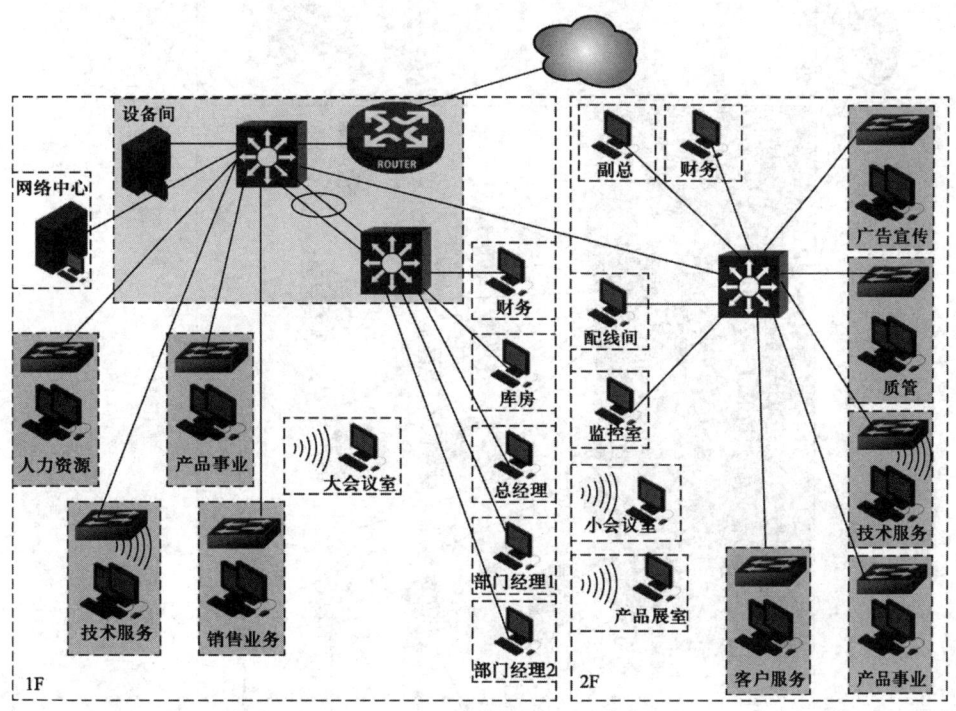

图 2.6　PPT 拓扑图

（3）使用 PT 绘制网络结构图

下面是利用 PT 软件，使用 H3C 网络拓扑图标库的元素绘制的该公司的逻辑结构图，如图 2.7 所示。

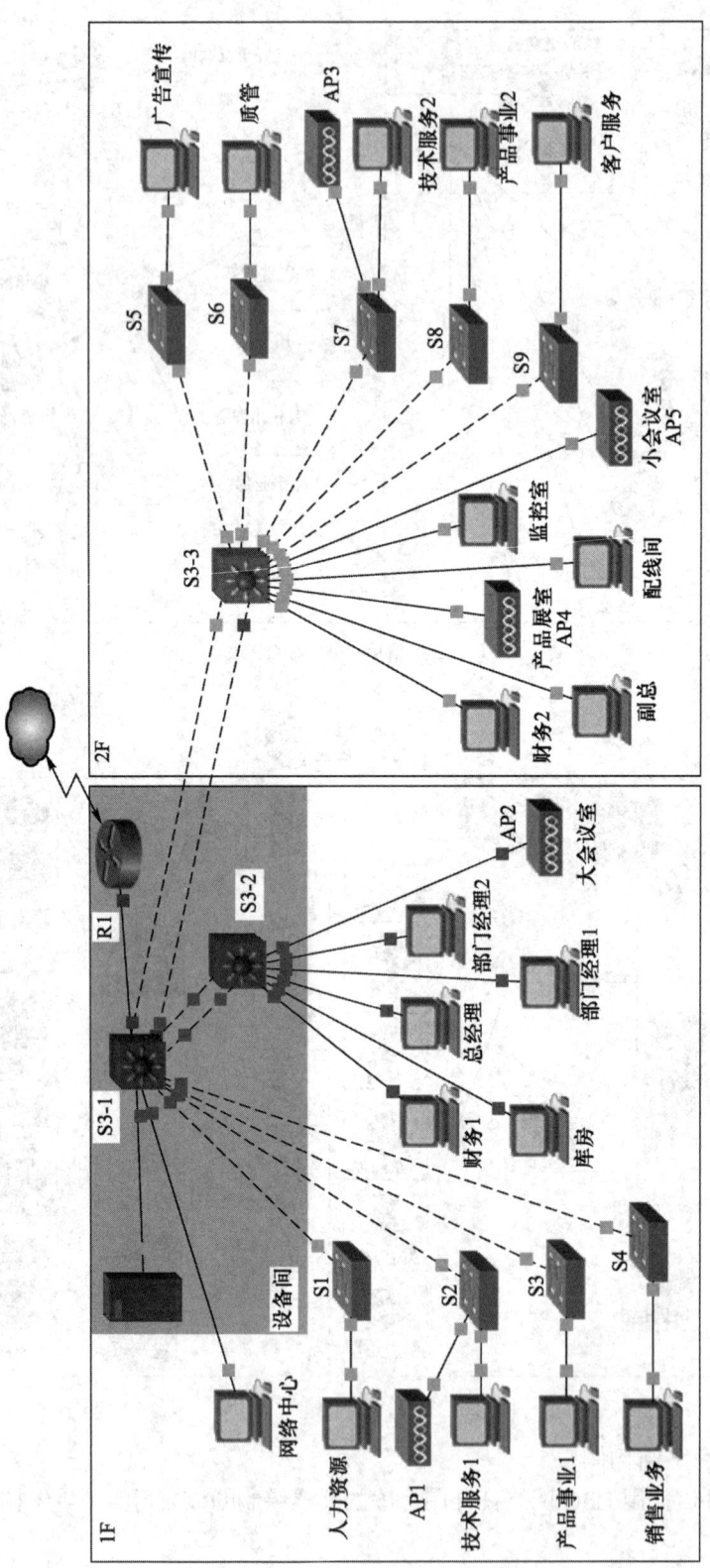

图 2.7 PT 拓扑图

2.3.5 网络设备选择

根据各厂商技术实力、产品技术水平、市场占有率和性能价格比等情况，根据近三年的交换机和路由器年度关注度报告，Cisco 和 H3C 两家产品均位于排行榜之首。下面仅以 Cisco 和 H3C 两家同类型号产品进行比较。

1. 互联网接入设备选型

考虑到内部用户数为 200 个点以内，可以选择相应品牌及型号的路由器或防火墙。这里选取两款 H3C MSR30-20 路由器和 Cisco 3825-AC-IP 路由器。

（1）H3C MSR30-20

MSR 集数据安全、语音通信、视频交互、业务定制等功能于一体，能够在企业网络应用不断丰富的形势下将多元业务方便地部署于同一节点，不仅能够最大程度地避免网络中多设备繁杂异构问题，而且极大降低了企业网络建设的初期投资与长期运维成本。

H3C MSR 30 系列多业务开放路由器包含 MSR 30-20、MSR 30-40 和 MSR 30-60 三款设备，该系列产品内置的硬件加密功能可以为中小型分支机构提供与总部安全的数据连接，MSR 30 也可以作为中小企业核心设备，承担公司广域路由、局域交换、IP 语音、视频交互等综合应用。通过在单一平台集成多种网络功能，不仅能够减少业务扩展给企业带来的无尽投资，更能实现总部对众多分支的统一管理和控制，免去了大量的运维成本，让企业在信息化进程中更具竞争力，如图 2.8 所示。

（2）Cisco 3825-AC-IP

Cisco 3800 系列的集成化服务路由架构是构建于强大的 Cisco 3700 系列路由器的基础之上的，它内嵌并集成了安全和话音处理以及先进服务以迅速部署新应用，包括应用层功能、智能网络服务和融合通信。Cisco 3800 系列支持每插槽多个快速以太网接口、时分多路复用（TDM）互联，以及支持 802.3af 以太网电源（PoE）的全面集成配电等的带宽要求。它同时仍支持现有模块化接口系列。这确保了持续投资保护，可在部署新服务和应用时支持网络扩展或技术变动。通过将多个独立设备的功能集成入单一小巧设备之中，Cisco 3800 系列大幅降低了管理远程网络的成本和复杂度。

该系列的新型号有 Cisco 3825 和 Cisco 3845，Cisco 3825 型号路由器如图 2.9 所示。有三种可选配置，即用于交流电源、带集成 IP 电话电源支持的交流电源以及直流电源。

图 2.8　H3C MSR30-20 路由器　　　　　图 2.9　Cisco 3825-AC-IP 路由器

两类产品规格对比见表 2.6。

表 2.6 H3C MSR 30-20 与 Cisco 3825-AC-IP 同类型号产品比较

产品规格	H3C MSR 30-20	Cisco 3825-AC-IP
路由器类型	企业级路由器	企业级路由器
端口结构	模块化	模块化
传输速率	10/100/1 000 Mbit/s	10/100/1 000 Mbit/s
处理器	RISC 新一代处理器 533 MHz	RISC QED RM5271 225 MHz
最大 Flash 内存	1 GB	256 MB
最大 DRAM 内存	1 GB	1 GB
包转发率	200 KPPS	148 KPPS
固定局域网接口	2 个千兆电口	2 x 10/100/1 000 Mbit/s
控制端口	Console/AUX	Console
支持网络协议	IP 服务、非 IP 服务、IP 应用、IP 路由、MPLS、IPv6、广域网协议、局域网协议	LL、FR、ISDN、X.25、ATM
支持的网管协议	网络管理、本地管理、用户接入管理	Cisco ClickStart、SNMP
是否 VPN 支持	是	是
是否 Qos 支持	是	是
是否内置防火墙	是	是
参考价	8 700 元	18 800 元

2. 局域网核心交换设备选型

根据华信实业的现状及未来 5 年的发展规划，并满足主干高速要求，内部网段之间互通，选择全千兆的路由器核心三层交换机。

（1）H3C S5500-28C-PWR-EI

H3C S5500-EI 系列交换机是 H3C 公司开发的增强型 IPv6 强三层万兆以太网交换机产品，如图 2.10 所示。具备业界盒式交换机最先进的硬件处理能力和最丰富的业务特性。支持最多 4 个万兆扩展接口；支持 IPv4/IPv6 硬件双栈及线速转发，使客户能够从容应对即将到来的 IPv6 时代；除此以外，其出色的安全性、可靠性和多业务支持能力使其成为大型企业网络和园区网的汇聚，中小企业网核心以及城域网边缘设备的第一选择。

（2）Cisco WS-C4506

Cisco Catalyst 4500 系列能够为无阻碍的第 2 层～第 4 层交换提供集成式弹性，因而能进一步加强对融合网络的控制。可用性高的融合语音/视频/数据网络能够为正在部署基于互联网应用的企业和城域以太网客户提供业务弹性。

作为新一代 Cisco Catalyst 4000 系列平台，Cisco Catalyst 4500 系列包括 3 种新型 Cisco Catalyst 机箱：Cisco Catalyst 4507R（7 个插槽）、Cisco Catalyst 4506（6 个插槽）和 Cisco Catalyst 4503（3 个插槽），如图 2.11 所示。Cisco Catalyst 4500 系列中提供的集成式弹性增强包括 1＋1 超级引擎冗余（只对 Cisco Catalyst 4507R）、集成式 IP 电话电源、基于软件的容错以及 1＋1 电

源冗余。硬件和软件中的集成式冗余性能够缩短停机时间，从而提高生产率、利润率和客户成功率。

图 2.10　H3C S5500-28C-PWR-EI

图 2.11　Cisco WS-C4506

两类产品规格对比见表 2.7。

表 2.7　H3C S5500-28C-PWR-EI 与 Cisco WS-C4506 同类型号产品比较

产品规格	H3C S5500-28C-PWR-EI	Cisco WS-C4506
交换机类型	企业级交换机	企业级交换机
端口结构	模块化	模块化
传输速率	10/100/1 000 Mbit/s	10/100/1 000 Mbit/s
交换容量	192 Gbit/s	100 Gbit/s
包转发率	95.2 MPPS	75 KPPS
业务端口	24 个 10/100/1 000 Base-T 以太网端口；4 个复用的 1 000 Base-X 千兆 SFP 端口	24 个 10/100/1 000 Base-T 以太网端口；4 个 SFP 上行链路端口
控制端口	Console	Console/AUX
网络标准	IEEE802.3、802.3u、802.3z、802.3ae、802.3ab	IEEE 802.3、IEEE 802.3u、IEEE 802.3z、IEEE 802.3ab
以太网供电 PoE	支持	支持
MAC 地址表	32 K	32 K
VLAN	支持	支持
DHCP	DHCP Client DHCP Snooping DHCP Relay DHCP Server DHCP Snooping option82/DHCP Relay option82	DHCP Client DHCP Snooping DHCP Relay DHCP Server
IP 路由	支持静态路由； 支持 RIPv1/v2、RIPng； 支持 OSPFv1/v2、OSPFv3； 支持 BGP4、BGP4+ for IPv6； 支持等价路由、策略路由； 支持 VRRP/VRRPv3	支持边界网关协议（BGP）； 支持用于 IP 多播的多协议 BGP 扩展（MBGP）； 支持路由信息协议（RIP）； 支持互联网网关路由协议（IGRP）和其支持增强版本（EIGRP）； 支持开放式最短路径优先（OSPF）； 支持热备用路由协议（HSRP）

续表

产品规格	H3C S5500-28C-PWR-EI	Cisco WS-C4506
安全特性	支持用户分级管理和口令保护； 支持 IEEE 802.1x 认证/集中式 MAC 地址认证； 支持 RADIUS 认证/HWTACACS； 支持 ARP 入侵检测； 支持 IP 源地址保护； 支持端口隔离； 支持 IP+MAC+端口绑定； 支持 EAD	支持控制台访问权限的多级安全，可以防止未经授权的用户更改交换机配置； 支持 IEEE 802.1x 可以实现动态的、基于端口的安全，提供用户身份认证功能； 支持 SSHv2、Kerberos 和 SNMPv3 可以通过在 Telnet 和 SNMP 进程中加密管理员流量，提供网络安全； 支持基于 MAC 地址的安全过滤； 支持基于 IP 地址的安全过滤； 支持基于 TCP/UDP 端口的安全过滤
参考价	19 800 元	22 000 元

3. 局域网汇聚交换设备选型

作为汇聚交换设备，应考虑具有千兆上行接口功能，这里提供 H3C S3610-28TP 和 Cisco WS-C3560-24PS-E 两款企业级交换机。

（1）H3C S3610-28TP

H3C S3610 系列多协议交换机是 H3C 公司基于全新软硬件平台开发的支持 IPv4/IPv6 双栈的盒式路由交换机系列。系统支持 IPv4/IPv6 双栈及硬件转发、丰富的 IPv4/IPv6 路由协议和隧道技术，可用于园区网的汇聚或接入交换机以及中小企业、分支机构的核心交换机。产品如图 2.12 所示。

（2）Cisco WS-C3560-24PS-E

Cisco Catalyst 3560 系列交换机是一个固定配置、企业级、IEEE 802.3af 和思科以太网供电（PoE）交换机系列，工作在快速以太网和千兆位以太网配置下。Catalyst 3560 可用于小型企业或分支机构环境的汇聚交换机或接入交换机，结合 10/100/1 000 M 和 PoE 配置，实现了最高生产率和投资保护。产品如图 2.13 所示。

图 2.12　H3C S3610-28TP

图 2.13　Cisco WS-C3560-24PS-E

两种产品规格对比见表 2.8。

表 2.8　H3C S3610-28TP 与 Cisco WS-C3560-24PS-E 同类型号产品比较

产品规格	H3C S3610-28TP	Cisco WS-C3560-24PS-E
交换机类型	企业级交换机	企业级交换机
端口结构	模块化	模块化
传输速率	10/100/1 000 Mbit/s	10/100/1 000 Mbit/s

续表

产品规格	H3C S3610-28TP	Cisco WS-C3560-24PS-E
交换容量	32 Gbit/s	32 Gbit/s
包转发率（MPPS）	9.6 MPPS	6.5 MPPS
业务端口	24 个 10/100 Base-TX 以太网端口； 2 个 1 000 Base-X SFP 千兆以太网端口； 2 个 10/100/1 000 Base-T 以太网端口	24 个 10/100 Base-TX 以太网端口； 2 个 1 000 Base-X SFP 千兆以太网端口
网络标准	IEEE 802.3、802.3u、802.3z、802.3ae、802.3ab	IEEE 802.3、IEEE 802.3u、IEEE 802.3z、IEEE 802.3ab
以太网供电 PoE	支持	支持
MAC 地址表	16 K	12 K
堆叠	支持	支持
VLAN	支持	支持
安全特性	支持用户分级管理和口令保护； 支持 802.1x 认证/集中式 MAC 地址认证； 支持 Guest VLAN； 支持 RADIUS 认证； 支持 SSH 2.0； 支持端口隔离； 支持端口安全； 支持 PORTAL 认证； 支持 EAD	支持国际标准 RADIUS 的 AAA 认证接入； 支持多级 User/Password 设置； 支持国际标准 802.1x 认证； 支持 SSH 加密登录； 支持基于 MAC 地址的安全过滤； 支持基于 IP 地址的安全过滤； 支持 ARP 过滤和限制技术，预防 ARP 欺骗攻击； 支持基于 TCP/UDP 端口的安全过滤
参考价	8 600 元	12 500 元

4. 局域网接入交换设备选型

作为接入交换设备，应考虑具有千兆上行、可堆叠、可进行智能管理的功能，以下介绍 H3C S3100-26TP-SI 和 Cisco WS-C2960-24TC-L 两款智能交换机。

（1）H3C S3100-26TP-SI

H3C S3100 系列以太网交换机是 H3C 公司秉承 IToIP 理念设计的二层线速智能型可网管以太网交换机产品，具有千兆上行、可堆叠、无风扇静音设计、完备的安全和 QoS 控制策略等特点，满足企业用户多业务融合、高安全、可扩展、易管理的建网需求，适合行业、企业网、宽带小区的接入和中小企业、分支机构汇聚交换机。产品如图 2.14 所示。

（2）Cisco WS-C2960-24TC-L

Cisco Catalyst 2960 系列智能以太网交换机是一个全新的、固定配置的独立设备系列，提供桌面快速以太网和 10/100/1000 千兆以太网连接，可为入门级企业、中型市场和分支机构网络提供增强 LAN 服务。产品如图 2.15 所示。

图 2.14　H3C S3100-26TP-SI　　　　　图 2.15　Cisco WS-C2960-24TC-L

两种产品规格对比见表 2.9。

表 2.9 H3C S3100-26TP-SI 与 Cisco WS-C2960-24TC-L 同类型号产品比较

产品规格	H3C S3100-26TP-SI	Cisco WS-C2960-24TC-L
交换机类型	智能交换机	智能交换机
端口结构	模块化	模块化
传输速率	10/100/1 000 Mbit/s	10/100/1 000 Mbit/s
交换容量	19.2 Gbit/s	4.4 Gbit/s
业务端口	24 个 10/100 Base-T 以太网端口； 2 个 10/100/1 000 Base-T 以太网端口； 2 个 1 000 Base-X SFP 千兆以太网端口	24 个 10/100 Base-TX 以太网端口； 2 个 1 000 Base-X SFP 千兆以太网端口
网络标准	IEEE 802.3、802.3u、802.3z、802.3ab、802.3x、802.1D、802.1Q	IEEE 802.3、IEEE 802.3u、IEEE 802.1x、IEEE 802.1Q、IEEE 802.1p、IEEE 802.1D、IEEE 802.1s、IEEE 802.1w、IEEE 802.3ad、IEEE 802.3z、IEEE 802.3
网络管理	支持	支持
MAC 地址表	8 K	8 K
堆叠	支持	支持
VLAN	支持	支持
DHCP	支持	支持
安全特性	支持用户分级管理和口令保护； 支持端口安全，支持端口＋MAC 绑定； 支持 Guest VLAN； 支持 IEEE 802.1x 认证； 支持集中 MAC 地址认证； 支持 SSH2.0	支持 IEEE 802.1x 可提供基于端口的动态安全性，从而实现用户身份验证； 支持 IEEE 802.1x 和端口安全性，可针对包括客户端地址在内的所有 MAC 地址； 支持 SSHv2 和 SNMPv3； 支持 TACACS+和 RADIUS 身份验证可实现对交换机的集中控制，并禁止非法用户改动配置
参考价	2 200 元	2 700 元

在网络设备选购时，除了要看产品的性能外，还有很重要的一点，就是产品的性价比。

IT 设备的特点是升级快、性能增强快、降价也快，所以用户在选购设备时，应该考虑自己的资金和需求实际情况，在充分考虑日后升级的前提下，以设备性能稳定、好用和够用为标准，不要片面追求高性能、全功能，也不必因那些不需要的功能增加投入。

5. 本任务网络设备选型

在本任务中，选取了 H3C 产商的系列产品，互联网接入设备选取为 MSR30-20 路由器，局域网核心交换设备选取为 H3C S5500-28C-PWR-EI，局域网汇聚交换设备选取为 H3C S3610-28TP，局域网接入交换设备选取为 H3C S3100-26TP-SI。

6. 局域网无线 AP 设备选型

（1）H3C WA2200 系列无线 AP

WA2200 系列产品包括室内型 WA2210-AG（单频）和 WA2220-AG（双频），适用于对环境要求不高的室内应用场景；增强型 WA2220E-AG（双频），WA2220E-AG-T（双频，轨道交通应用），主要面向仓库、工厂车间、地铁等对温度、防尘等环境要求较高的应用场景；室外型 WA2210X-G（单频），WA2210X-GE（单频），WA2220X-AG（双频）和 WA2220X-AGP（双频大功率），主要面向对高低温、防潮、防水、防尘、防雷有较高要求的室外应用场景。

H3C WA2200 系列支持 Fat 和 Fit 两种工作模式，根据网络规划的需要，可以通过命令行灵活地在 Fat 和 Fit 两种工作模式中切换。WA2200 系列产品作为瘦 AP（Fit AP）时，需要与无线控制器系列产品配套使用；作为胖 AP（Fat AP）时，可以独立进行组网。WA2200 系列产品支持 Fat/Fit 两种工作模式的特性，有利于将客户的 WLAN 网络由小型网络平滑升级到大型网络，从而很好地保护用户的投资。WA2200 系列产品如图 2.16 所示。

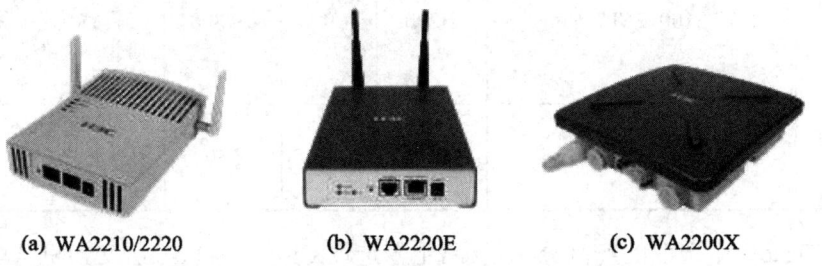

(a) WA2210/2220　　　(b) WA2220E　　　(c) WA2200X

图 2.16　H3C WA2200 系列 AP 外观图

（2）NETGEAR WG602 无线 AP

在目前的市场上可以以很便宜的价格买到各种基于 802.11g 的无线设备，美国网件公司的 NETGEAR WG602 就是其中之一。NETGEAR WG602 是一款基于 802.11g 无线协议的 Access Point。在默认设置下，NETGEAR WG602 可以直接从 DHCP 服务器获得 IP，对用户来说，如果不需要对无线参数进行进一步的设置，只需要将 NETGEAR WG602 连接电源和网络就可以获得无线接入功能。在一些企业的网络中可能会存在多台无线 AP，为了使管理员能够更好地查找和管理，每台 NETGEAR WG602 的底部都贴有标着 AP 名称和 MAC 地址的标签，通过浏览器，就可以在 Web 界面下对 NETGEARWG602 进行设置。NETGEAR WG602 产品如图 2.17 所示。

图 2.17　NETGEAR WG602 系列无线 AP 外观图

如不想让自己的无线局域网轻易被别人发现，那么在 NETGEAR WG602 的无线设置中可以将 SSID 广播关闭。可以使用 WPA、WEP 方式来保护无线网络，NETGEAR WG602 还可以对无线网络中的客户端进行 MAC 地址管理。用户可以允许特定 MAC 地址的客户端连接网络。无论是对于个人用户还是中小型企业，在性能和功能上，NETGEAR WG602 都是一款非常不错的产品。

在本项目中，无线 AP 的放置主要是在大会议室、小会议室及产品展室中，可采用 NETGEAR WG602。

根据网络规划表及绘制的连接网络结构图，给出该企业的网络设备统计表中的各项内容，见表 2.10。

表 2.10 网络设备统计

设备名称	网络设备型号	单价（元）	数量	金额（元）	地点
互联网接入设备	H3C SR30-20	8 700	1	8 700	2 楼设备间
局域网核心交换设备	H3C S5500-28C-PWR-EI	19 800	1	19 800	2 楼设备间
局域网汇聚交换设备	H3C S3610-28TP	8 600	2	17 200	2 楼设备间、3 楼配线间
局域网接入交换设备	H3C 3100-26TP-SI	2 200	9	19 800	人力资源部、技术服务部 1、产品事业部 1、销售业务部、广告宣传部、技术服务部 2、质管部、产品事业部 2、客户服务部
无线 AP	NETGEAR WG602	110	5	550	技术服务部 1、大会议室、技术服务部 2、产品展室、小会议室

在 Packet Tracer 中选取的产品分别是：路由器选取 Cisco 2811、三层交换机选取 3560-24PS，二层交换机选取 2960-24TT，无线 AP 选取 AccessPoint-PT-N 系列。根据组网需求，适当增加路由器模块。

2.3.6 制订实施进度计划

华信实业网络建设工期 6 天，制定的施工进度见表 2.11，按时完成各项部署工作。

表 2.11 华信实业网络工程实施进度计划表

工作日工作内容	1	2	3	4	5	6
入场，核实现场数据	■					
设备、材料入场	■					
网络设备安装调试		■	■			
无线网络安装调试				■		
工程文档		■	■	■		
工程验收					■	■
技术培训					■	■

2.4 内部局域网组建

2.4.1 任务分析

内部局域网是企业内部日常运作的基础。通过内网可实现企业内部办公自动化，同一部门可以进行互访，不同部门实现安全隔离；内网服务器同时为企业内网和企业外网的用户提供 WWW 服务；为了便于管理，实现各结点自动获取 IP 地址、网关及 DNS 地址；企业网络管理人员可以实时通过网络中心的监控机远程对企业内网的设备进行管理。

2.4.2 接入层交换机配置

1. 登录交换机

（1）登录以太网交换机的常见方法

用户可以通过以下几种方式登录以太网交换机。

① 通过 Console 口进行本地登录（带外管理）。

② 通过以太网端口利用 TELNET 或 SSH 进行本地或远程登录（带内管理）。

③ 通过 Web 网管登录（带内管理）。

（2）通过 Console 口进行本地登录

① 搭建配置环境。

终端通过配置电缆与交换机的 Console 口相连，如图 2.18 所示。

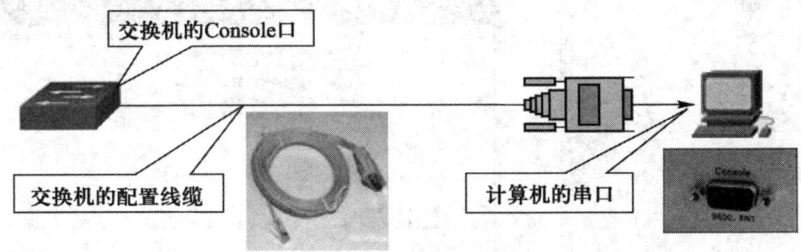

图 2.18　Console 口配置环境

使用超级终端连接，这种连接的方法更多是在初次配置时使用。

第 1 步：将配置电缆的 DB-9 孔式插头接到要对交换机进行配置的 PC 串口。

第 2 步：将配置电缆的 RJ-45 端接口连到交换机的 Console 口（Console）。

② 设置终端参数。

第 1 步：打开计算机，并在计算机上运行终端仿真程序（Windows 2003/ Windows XP 的超级终端）。

第 2 步：设置终端参数（以 Windows XP 的超级终端设置为例）。

参数要求：波特率为 9 600，数据位为 8，奇偶校验为无，停止位为 1，流量控制为无。具体方法如下。

选择菜单"开始"→"程序"→"附件"→"通讯"→"超级终端"命令，打开超级终端窗口，建立新的连接，系统弹出如图 2.19 所示的连接说明界面。

在连接描述界面中输入新连接的名称，单击"确定"按钮，系统弹出如图 2.20 所示的界面，在"连接时使用"中选择连接使用的串口。

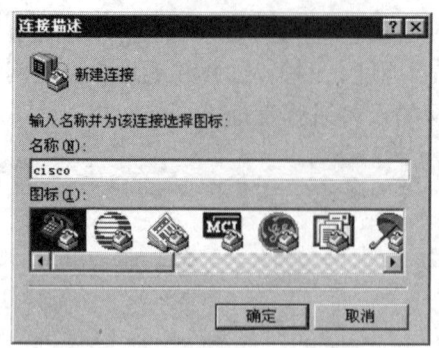
图 2.19　超级终端连接说明界面

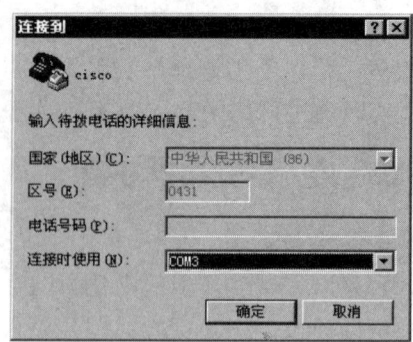
图 2.20　超级终端连接使用串口设置

串口选择完毕后，单击"确定"按钮，系统弹出如图 2.21 所示的连接串口参数设置界面，设置波特率为 9 600，数据位为 8，奇偶校验为无，停止位为 1，流量控制为无。

串口参数设置完成后，单击"确定"按钮，终端上显示设备自检信息，自检结束后提示用户按回车键，之后将出现命令行提示符（如<Switch>），如图 2.22 所示。

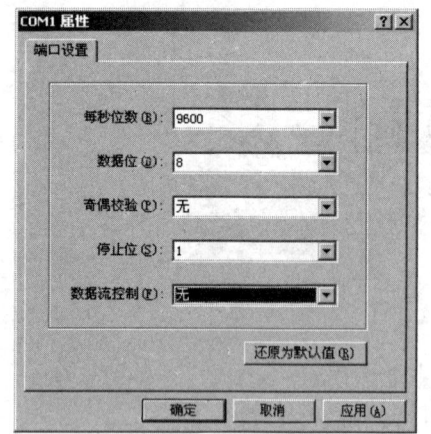
图 2.21　串口参数设置

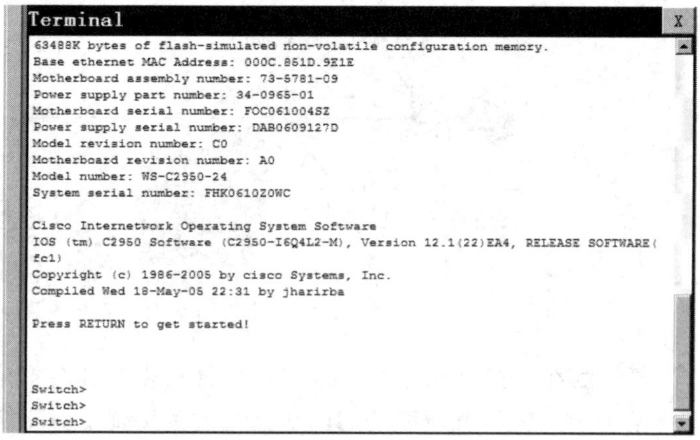

图 2.22　交换机登录窗口

（3）通过 Telnet 进行登录

① 通过 Telnet 进行登录的基本方法。

以太网交换机支持 Telnet 功能，用户可以通过 Telnet 方式对交换机进行远程管理和维护，交换机的 VTY（虚拟终端）端口用于远程访问设备。交换机和 Telnet 用户端都要进行相应的配置，才能保证用户通过 Telnet 方式正常登录交换机。具体步骤如下：

第 1 步：设置交换机 IP 地址。

第 2 步：设置 VTY。

第 3 步：设置 Telnet 登录的密码。

第 4 步：设置交换机授权 Telnet 用户（可选）。

第 5 步：配置主机的 IP 地址，确保交换机与 Telnet 用户间路由可达。

第 6 步：Telnet 用户运行 Telnet 客户端程序，并且指定 Telnet 的目的地址。

第 7 步：登录到 Telnet 的配置界面，需要输入正确的口令，否则交换机将拒绝该 Telnet 访问。

② 配置 Telnet 登录举例。

以接入层 Cisco Catalyst 2960 系列交换机为例，介绍 Telnet 登录配置流程，网络环境如图 2.23 所示。

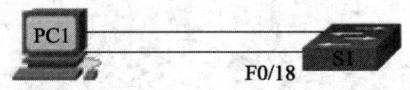

图 2.23　Telnet 登录配置环境

说明：交换机的管理 IP 为 192.168.1.1/24；计算机的 IP 地址为 192.168.1.2/24。
方法：
第 1 步：给交换机设置 IP 地址即管理 IP。

```
Switch(config)#interface vlan 1      //进入 VLAN 1 接口
Switch(config-if) #ip address 192.168.1.1 255.255.255.0//设置交换机 IP 地址
Switch(config-if) #no shutdown       //开启 VLAN 1 接口
```

第 2 步：设置 VTY。

```
Switch(config)#line vty 0 3
```

//同时允许 4 个 VTY 用户进行 Telnet 访问，VTY 是虚拟终端口，使用 Telnet 时进入的就是对方的 VTY 口。路由器上一般有 16（5）个 VTY 口（Telnet 用户），看型号而定。

第 3 步：设置密码。

```
Switch(config-line) # password cisco//设置认证的明文密码为"cisco"
Switch(config-line)#login//规定使用密码进行身份验证
```

第 4 步：设置授权用户（可选）。

在控制台登录或远程登录时，如需通过本地用户名进行认证，需在交换机上创建本地用户及密码。

```
Switch(config)#username ccna password cisco//创建用户名为 ccna 密码为 cisco 的用户
Switch(config-line)#login local//与 Telnet 配置关联使用
```

第 5 步：配置主机的 IP 地址，在本实验中要与交换机的 IP 地址在同一个网段。
第 6 步：验证主机与交换机是否连通。
验证方法 1：在交换机中 ping 主机。
验证方法 2：在主机 DOS 命令行中 ping 交换机，连通后进入第 7 步。
第 7 步：使用 Telnet 登录。

选择菜单"开始"→"运行"命令，运行 Windows 自带的 Telnet 客户端程序，并且指定 Telnet 的目的地址。即命令 telnet 192.168.1.1，输入登录的密码，出现如图 2.24 所示界面。

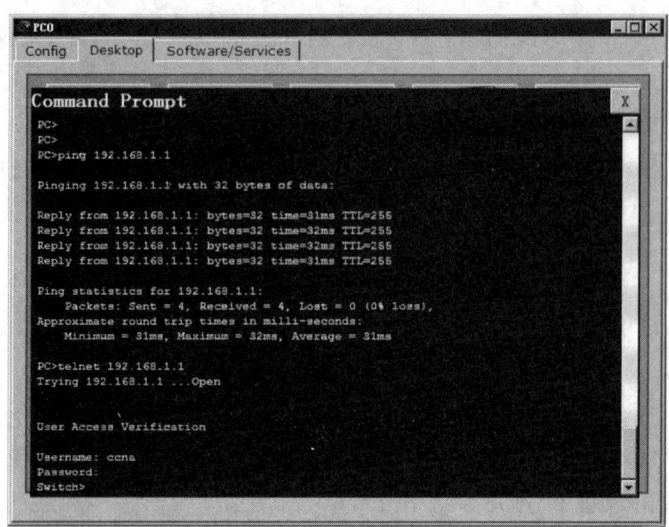

图 2.24　Telnet 登录测试

③ 配置 Telnet 登录举例（H3C）。

以接入层 H3C S3100 系列交换机为例，简要介绍 Telnet 登录配置，网络环境如图 2.23 所示。

<H3C>system-view//进入系统视图
[H3C]user-interface vty 0　　//进入 VTY0 用户界面视图
[H3C-ui-vty0]authentication-mode password
　　　　　//设置通过 VTY0 口登录交换机的 Telnet 用户进行 Password 认证
[H3C-ui-vty0]set authentication password simple 123456
　　　　　//设置用户的认证口令为明文方式，口令为 123456
[H3C-ui-vty0]user privilege level 2
　　　　　//设置从 VTY0 用户界面登录后可以访问的命令级别为 2 级
[H3C-ui-vty0]protocol inbound telnet
　　　　　//设置 VTY0 用户界面支持 Telnet 协议
[H3C-ui-vty0]screen-length 30
　　　　　//设置 VTY0 用户的终端屏幕的一屏显示 30 行命令
[H3C-ui-vty0]history-command max-size 20
　　　　　//设置 VTY0 用户历史命令缓冲区可存放 20 条命令
[H3C-ui-vty0]idle-timeout 6
　　　　　//设置 VTY0 用户界面的超时时间为 6 分钟

（4）通过 Web 方式登录

这种登录方式的前提是交换机要预先开启 HTTP 服务，如图 2.25 所示。

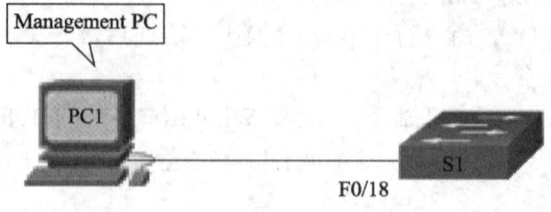

图 2.25　通过 Web 方式登录

2. 交换机的常见视图模式

要配置交换机，必须熟悉交换机的配置命令。单击要配置的设备，在打开的对话框中选择【CLI】选项，即可在命令行界面下对交换机进行配置。为了保护系统的安全，CLI 采用了普通用户、特权用户、全局配置、接口配置等多种级别的命令模式。

（1）用户模式

当用户通过交换机的控制台端口或 Telnet 会话连接并登录到交换机时，此时所处的命令执行模式就是用户 EXEC 模式。在该模式下，只执行有限的一组命令，这些命令通常用于查看显示系统信息、改变终端设置和执行一些最基本的测试命令，如 ping、traceroute 等。该模式的命令提示符为 Switch>。

（2）特权模式

在用户模式下，执行 enable 命令，可以进入特权模式。在该模式下，用户能够执行 IOS 提供的所有命令。该模式的命令提示符为 Switch#。

（3）全局配置模式

在特权模式下，执行 Configure Terminal 命令，可以进入全局配置模式。在该模式下，只要输入一条有效的配置命令并按回车键，内存中正在运行的配置就会立即生效。该模式下配置命令的作用域是全局性的，是对整个交换机起作用。该模式的命令提示符为 Switch（config）#。

在全局配置模式，还可进入接口配置、line 配置等子模式。从子模式返回全局配置模式，执行 exit 命令；从全局配置模式返回特权模式，执行 exit 命令；若要退出任何配置模式，直接返回特权模式，则要直接执行 end 命令或按 Ctrl+Z 组合键。

（4）接口配置模式

在全局配置模式下，执行 interface 命令，可以进入接口配置模式。在该模式下，可对选定的接口（端口）进行配置，并且只能执行配置交换机端口的命令。该模式的命令提示符为 Switch（config-if）#。

（5）Line 配置模式

在全局配置模式下，执行 line vty 或 line console 命令，将进入 Line 配置模式。该模式主要用于对虚拟终端（vty）和控制台端口进行配置，其配置主要是设置虚拟终端和控制台的用户级登录密码。该模式的命令提示符为 Switch（config-line）#。

3. 配置交换机

（1）获得帮助

用户通过在线帮助能够获取到配置过程中所需的相关帮助信息。交换机提供两种在线帮助，分别是完全帮助和部分帮助。在任一视图下，输入"？"，此时用户终端屏幕上会显示该视图下所有的命令及其简单描述。例如：

```
switch#?  //完全帮助
```

输入一字符或一字符串，其后紧接"？"，此时用户终端屏幕上会列出以该字符或字符串开头的所有命令。例如：

```
switch#p?  //部分帮助
```

(2)命令简写

在不引起混淆的情况下,Cisco 交换机和路由器均支持命令简写、命令的自动补齐(TAB)、快捷功能。例如:

switch#**configure terminal**//命令全写
Switch#**conf t**//命令简写

(3)设置主机名

设置交换机的主机名可在全局配置模式,通过 hostname 配置命令来实现,其用法如下。

hostnameWORD

默认情况下,交换机的主机名默认为 Switch。当网络中使用了多个交换机时,为了以示区别,通常应根据交换机的应用,为其设置一个具体的主机名。

例如,若要将交换机的主机名设置为 teacher,其命令如下。

switch(config)#**hostname teacher**

(4)配置管理 IP 地址

在二层交换机中,IP 地址仅用于远程登录管理交换机,对于交换机的正常运行不是必需的。若没有配置管理 IP 地址,则交换机只能采用控制端口进行本地配置和管理。

默认情况下,交换机的所有端口均属于 VLAN 1,VLAN 1 是交换机自动创建和管理的。每个 VLAN 只有一个活动的管理地址,因此,对二层交换机设置管理地址之前,首先应选择 VLAN 1 接口,然后再利用 ip address 配置命令设置管理 IP 地址,其配置命令如下。

switch(config)#**interface vlan**vlan-id//选择配置的 VLAN 号
switch(config)#**ip address**address netmask//管理 IP 地址、子网掩码

(5)配置默认网关

为了使交换机能与其他网络通信,需要给交换机设置默认网关。网关地址通常是某个三层接口的 IP 地址,该接口充当路由器的功能。

设置默认网关的配置命令如下。

ip default-gateway gatewayaddress

在实际应用中,二层交换机的默认网关通常设置为交换机所在 VLAN 的网关地址。假设 student1 交换机为 192.168.168.0/24 网段的用户提供接入服务,该网段的网关地址为 192.168.168.1,则设置交换机的默认网关地址的配置命令如下。

teacher(config)#**ip default-gateway** 192.168.168.1
teacher(config)#**exit**

(6)查看交换机信息

当需要验证 Cisco 交换机的配置时,show 命令非常有用。

① 查看 IOS 版本。

```
switch#show version
```

② 查看配置信息。

要查看交换机的配置信息，需要在特权模式运行 show 命令，其查看命令如下。

```
show running-config   //显示当前正在运行的配置
show startup-config   //显示保存在 NVRAM 中的启动配置
```

例如，若要查看当前交换机正在运行的配置信息，则查看命令如下。

```
teacher#show run
```

③ 查看交换机的 MAC 地址表。

```
show mac-address-table[dynamic|static] [vlan vlan-id]
```

该命令用于显示交换机的 MAC 地址表，若指定 dynamic，则显示动态学习到的 MAC 地址，若指定 static，则显示静态指定的 MAC 地址表，若未指定，则显示全部。

④ 查看交换机的接口信息。

```
show interfaces
```

命令显示交换机网络接口的状态信息和统计信息。在配置和监视网络设备时，经常会用到此命令。

（7）保存当前配置

使用 write 命令将当前配置保存到配置文件中，在特权模式下执行。

```
switch#write
```

（8）备份/恢复当前配置

交换机或路由器的配置过程中，经常会用到 copy 这个命令，使用 copy 命令将当前运行的配置保存到启动的配置文件中，在特权模式下执行。

```
switch#copy running-config startup-config
```

该命令是将存储在 RAM 的正确配置拷贝到路由器的 NVRAM 中，这样，在下一次启动时，路由器就会使用这个正确的配置。

```
switch#copy running-config tftp
```

该命令是将 RAM 中正确的配置文件拷贝到 TFTP 服务器上，强烈推荐网络管理者这样做，因为当设备不能从 NVRAM 中正常装载配置文件，可以通过从 TFTP 中拷贝正确的配置文件。

```
switch#copy tftp running-config
```

如果设备的配置文件出现问题，可以通过从 TFFP 服务器中拷贝备份的配置文件。

（9）消除配置

在特权模式下，使用 erase 命令清除启动配置的内容。要从闪存中删除文件，使用 delete

flash:filename 命令。

```
switch#erase nvram:
或 switch#erase startup-config    //清除启动配置文件
switch#delete flash:filename      //删除闪存中文件
```

4. 配置交换机（H3C 设备）

上面介绍的命令是以思科的设备产品为例的，不同的厂家的命令也不尽相同，为方便完成任务的实施，以下将 H3C 3100 系列交换机与思科交换机中一些不同的命令作一简要介绍。

① 完全帮助。

<H3C> ?

② 部分帮助。

<H3C> p?
<H3C> display u?

③ 保存当前配置，该命令可在任意视图下执行。

save[cfgfile | [safely] [backup | main]]

④ 清除设备中的配置文件，该命令只能在用户视图下执行。

reset saved-configuration[backup | main]

⑤ 进入全局模式。

system-view

⑥ 显示当前配置，H3C 设备的显示命令是 display，而不是 show。

display current-configuration

⑦ 为交换机、路由器命名。

sysname 主机名

⑧ 将设备命名为 S1。

sysname S1

⑨ 配置管理 IP 地址。

```
//配置 VLAN 接口 1 的 IP 地址。
<Switch>system-view
[Switch]interface Vlan-interface 1
[Switch-Vlan-interface1]ip address 172.16.1.1 255.255.255.0
```

也可以用 management-vlan 命令更改管理 VLAN，下面的举例命令是把管理 VLAN 设为 100。

```
[Switch]management-vlan 100
[Switch]interface Vlan-interface 100
```

[Switch-Vlan-interface1]ip address 172.16.1.1 255.255.255.0

5. 接入层交换机的配置

（1）工作任务分析

根据本学习情境工作任务的描述，9 台接入交换机只是作为部门内组网连接使用，并不需要复杂配置，但考虑日后的扩展，可适当增加远程管理功能，为 9 台接入交换机配置管理 IP，S1 为 192.168.0.1/24、S2 为 192.168.0.2/24、S3 为 192.168.0.3/24、S4 为 192.168.0.4/24、S5 为 192.168.0.5/24，S6 为 192.168.0.6/24、S7 为 192.168.0.7/24、S8 为 192.168.0.1/24、S9 为 192.168.0.9/24，管理 VLAN 为 VLAN 100。

（2）任务的实施

根据工作任务分析，9 台接入交换机的配置功能相同，在此只给出接入层交换机 S1 的关键配置。

① Cisco 接入交换机上的配置（选取的是 2960 系列交换机实现）。

```
S1#show run
!
hostname S1
!
enable password cvit
interface Vlan 1
  ip address 192.168.0.1 255.255.255.0
!
ip default-gateway 192.168.0.12
!
line vty 0 4
  password p@ssw0rd
  login
!
end
```

② H3C 接入交换机上的配置（选取用的是 3100 系列交换机实现）。

```
S1#dis cur
#
  sysname S1
#
management-vlan 100         //管理 VLAN 100
#
interface Vlan-interface100
  ip address 192.168.0.1 255.255.255.0
#
interface Ethernet1/0/24    //上连 S3-1 的 g1/0/6
port link-mode bridge
  port link-type trunk
  port trunk permit vlan all
```

```
#
ip route-static 0.0.0.0 0.0.0.0 192.168.0.12   //下一跳为 S3-1
#
user-interface vty 0 4
  user privilege level 3
  set authentication password simple p@ssw0rd
#
return
```

2.4.3 汇聚层交换机配置

1. VLAN 技术及配置

（1）了解 VLAN

传统的以太网是广播型网络，网络中的所有主机通过 Hub 或交换机相连，处在同一个广播域中。Hub 和交换机作为网络连接的基本设备，在转发功能方面有一定的局限性。为了解决以太网交换机在局域网中无法限制广播的问题，VLAN（Virtual Local Area Network，虚拟局域网）技术应运而生。

VLAN 技术可以把一个 LAN 划分成多个逻辑的 LAN，每个 VLAN 是一个广播域，VLAN 内的主机间通信就和在一个 LAN 内一样，而 VLAN 间则不能直接互通，这样，广播报文被限制在一个 VLAN 内，VLAN 的划分不受物理位置的限制，不在同一物理位置范围的主机可以属于同一个 VLAN；一个 VLAN 包含的用户可以连接在同一个交换机上，也可以跨越交换机，甚至可以跨越路由器。

（2）理解 VLAN 原理

① VLAN Tagging。为了实现转发控制，在待转发的以太网帧中添加 VLAN 标记，然后设定交换机端口对该标记和帧的处理方式。处理方式包括丢弃帧、转发帧、添加标记、移除标记。转发帧时，通过检查以太网报文中携带的 VLAN 标记，是否为该端口允许通过的标记，可判断出该以太网帧是否能够从端口转发，如图 2.26 所示。假设有一种方法，将 A 发出的所有以太网帧都加上标记 100，此后查询二层转发表，根据目的 MAC 地址将该帧转发到 B 连接的端口。由于在该端口配置了仅允许 VLAN 200 通过，所以 A 发出的帧将被丢弃。即支持 VLAN 技术的交换机，转发以太网帧时不再仅仅依据目的 MAC 地址，同时还要考虑该端口的 VLAN 配置情况，从而实现对二层转发的控制。

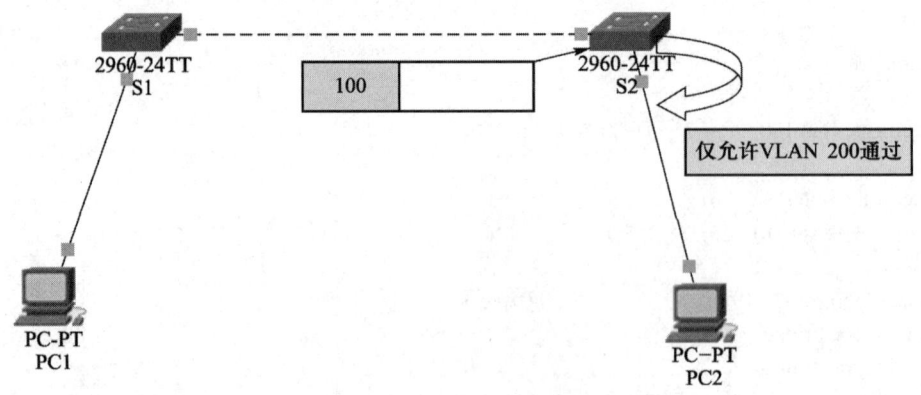

图 2.26　通过标记管理实现 VLAN 转发

为使交换机能够分辨不同 VLAN 的报文,需要在报文中添加标识 VLAN 的字段。接收到帧的每台交换机必须首先识别帧标记中的 VLAN ID,然后通过查看过滤表中的信息,它就知道该对帧进行哪些处理。如接收到帧的交换机有另一条中继链路,帧就从中继链路端口上转发出去。一旦到达了由转发/过滤表决定的、与帧的 VLAN ID 相匹配的访问链路的出口,交换机就删除 VLAN ID。

IEEE 于 1999 年颁布了用以标准化 VLAN 实现方案的 IEEE 802.1Q 协议标准草案,对带有 VLAN Tag 的报文结构进行了统一规定。

传统的以太网数据帧在目的 MAC 地址和源 MAC 地址之后封装上层协议的类型字段,如图 2.27 所示。

6B	6B	2B	64~1 500B	4B
DA	SA	Type	Data	FCS

图 2.27　传统以太网帧封装格式

其中 DA 表示目的 MAC 地址,SA 表示源 MAC 地址,Type 表示上层协议的类型字段。

IEEE 802.1Q 协议规定,在目的 MAC 地址和源 MAC 地址之后封装 4 B 的 VLAN Tag,用以标识 VLAN 的相关信息,如图 2.28 所示。

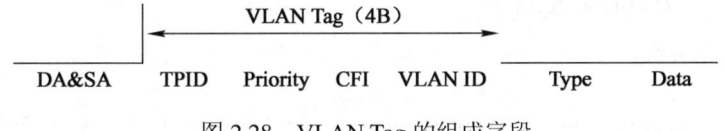

图 2.28　VLAN Tag 的组成字段

VLAN Tag 包含 4 个字段,分别是 TPID(Tag Protocol Identifier,标记协议标识符)、Priority、CFI(Canonical Format Indicator,标准格式指示位)和 VLAN ID,标记长为 4 B。

TPID:用来标识本数据帧是带有 VLAN Tag 的数据。该字段长度为 2 B,缺省取值为协议规定的 0x8100,标识这是一个携带 802.1Q 标记的帧。

Priority:用来表示 802.1P 的优先级。该字段长度为 3 bit。

CFI:用来标识 MAC 地址是否以标准格式进行封装。该字段长度为 1 bit,取值为 0 表示 MAC 地址以标准格式进行封装,为 1 表示以非标准格式封装,缺省取值为 0。

VLAN ID:用来标识该报文所属 VLAN 的编号。该字段长度为 12 bit,取值范围为 0~4 095。由于 0 和 4 095 通常不使用,所以 VLAN ID 的取值范围一般为 1~4 094。

在现有的交换网络环境中,以太网的帧有以下两种格式。

a. untagging frame:没有加上 VLAN Tag 的标准以太网帧。

b. tagging frame:加上 VLAN Tag 以太网帧。

交换机利用 VLAN ID 来识别报文所属的 VLAN,当接收到的报文不携带 VLAN tagging 时,交换机会为该报文封装带有接收端口缺省 VLAN ID 的 VLAN tagging,将报文在接收端口的缺省 VLAN 中进行传输。

② 链路类型。

在交换式网络环境中,有两种不同类型的链路。

➢ 访问端口

只能属于某一个 VLAN，它只能承载某一个 VLAN 的流量。流量只能以本机格式接收和发送，无论如何都不会带有 VLAN 标记（tagging）。因此，如果某个访问端口接收到带有标记（tagging）的数据包，只做丢弃处理。交换机上的所有端口默认都是访问端口，属于 VLAN 1，并在发送该 VLAN 的报文时不携带 tagging 标记，一般用于交换机与终端用户之间的连接。

➢ 中继端口

该端口名称是从电话系统的中继线路延伸而来的，在中继线路上，能够同时承载多个电话会话。类似地，中继端口能够同时承载多个 VLAN 的信息。通过使用中继链路，VLAN 可以跨越多台交换机为多个 VLAN 承载通信量。在默认情况下是属于本交换机所有 VLAN 的，它能够转发所有 VLAN 的帧，但是可以通过设置许可 VLAN 列表（allowed-VLANs）来加以限制。一般用于交换机之间的连接。

对于所有 untagging frame 的流量将要穿越的 VLAN，中继端口将被分配一个默认的端口 VLAN ID（PVID）。这种 VLAN 也称为本机（native）VLAN，默认时，它始终是 VLAN 1。

（3）VLAN 中继协议（VTP）

Cisco 私有协议，本协议的基本原理是跨交换式互联网络管理所有已经配置好的 VLAN，并在其网络上维护其一致性。VTP 允许管理员对 VLAN 进行添加、删除和更名，并将这些信息传播到 VTP 域中的所有其他交换机上。

① VTP 的操作模式。

➢ 服务器

对所有 Catalyst 交换机来说，这是默认的模式。在 VTP 域中，至少需要一台服务器，以便在整个域中传送 VLAN 信息。交换机必须在服务器模式下，才能在 VTP 域中创建、添加或删除 VLAN。改动 VTP 信息也必须在服务器模式下进行。在服务器模式下，对交换机所做的任何改动都将通告到整个 VTP 域。在 VTP 服务器模下，VLAN 配置保存在 NVRAM 中。

➢ 客户机

在客户机模式下，交换机从 VTP 服务器接收信息，它们也发送和接收更新，但它们不做任何改动。此外，在 VTP 服务器通知客户交换机关新的 VLAN 的信息之前，在客户交换机上的任何端口都不能被添加到新的 VLAN 中。来自 VTP 服务器的 VLAN 信息并不存储在 NVRAM 中。意味着如果交换机被重新启动或重新加载了，VLAN 信息就被删除了。

➢ 透明模式

在透明模式下，交换机并不参与 VTP 域的工作，也不与其他交换机共享其 VLAN 数据库，但它们仍然将通过任何已经配置好的中继链路转发 VTP 通告。在此模式下，尽管 VLAN 数据库被保存在 NVRAM 中，但实际上只是在本地有效。

VTP 只能学习通常范围的 VLAN，即 VLAN ID 为 1~1005。VLAN ID 大于 1005 的 VLAN 称为扩展范围 VLAN，这些 VLAN 不会保存在 VLAN 数据库中。当所创建的 VLAN ID 为 1006~4094 时，交换机必须处于 VTP 透明模式下。

② VTP 的基本配置。

➢ 创建 VTP 域

Switch(config)#**vtp domain***domain-name*

➢ 配置 VTP 服务器

Switch(config)#**vtp mode server**

➢ 配置 VTP 客户端

Switch(config)#**vtp mode client**

➢ 配置 VTP 透明模式

Switch(config)#**vtp mode transparent**

（4）VLAN 配置
① VLAN 基本配置命令。
在全局配置模式中创建新的 VLAN，可遵循下列命令。

➢ 创建/删除一个 VLAN/进入 VLAN 配置视图

Switch(config)# **vlan id**
Switch(config)# **no vlan id**

➢ 指定唯一的 VLAN 名称来标识 VLAN（可选）

Switch(config)#**name** *vlan name*

➢ 给 VLAN 增加快速以太网接口（可以是一个范围）

Switch(config)#**int rang***fa0/1-10*

➢ 将端口加入到指定 VLAN

Switch(config-if-range)#**switchport access vlan** *id*

➢ 设置端口工作模式

Switch(config-if-range)#**switchport mode**{access | dynamic | trunk}

➢ 设置 trunk 端口允许通过的 VLAN

Switch(config-if)#**switchport trunk allowed vlan**{id | all}

➢ 设置 trunk 端口的本征 VLAN

Switch(config-if)#**switchport trunk native vlan***id*

② VLAN 显示和维护。
配置 VLAN 后，可以使用 Cisco IOS show 命令检验 VLAN 配置，通过查看显示信息验证配置的效果。

③ VLAN 典型配置举例。

如图 2.29 所示，SA 与对端 SB 使用 Trunk 端口 F0/1 相连；并且允许 VLAN 100、VLAN 200 的报文通过。

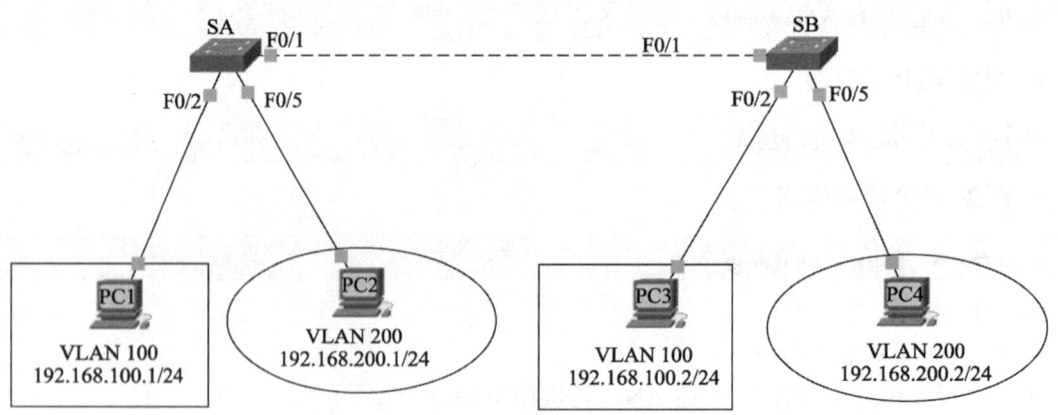

图 2.29 基于端口的 VLAN 组网图

➢ 配置步骤

配置 SA。

创建 VLAN 100、VLAN 200 及 VLAN 10

```
Switch>ena
Switch#conf t
Enter configuration commands，one per line.　End with CNTL/Z.
Switch(config)#host SA
SA(config)#vlan 100
SA(config-vlan)#exit
SA(config)#vlan 200
SA(config-vlan)#exit
```

进入 FastEthernet0/1 以太网端口视图

```
SA(config)#int f0/1
```

配置 FastEthernet0/1 为 Trunk 端口，允许 VLAN 100、VLAN 200 的报文通过

```
SA(config-if)#switchport mode trunk
switchport trunk allowed vlan 100，200
```

进入 FastEthernet0/2-4 以太网端口视图，且将其端口加入 VLAN 100

```
SA(config)#int ra f0/2-4
SA(config-if-range)#switchport access vlan 100
```

进入 FastEthernet0/5-7 以太网端口视图，且将其端口加入 VLAN 200

```
SA(config)#int ra f0/5-7
SA(config-if-range)#switchport access vlan 200
```

配置 SB，与设备 SA 配置步骤雷同，不再赘述。

➤ 测试 VLAN 间通信

按照组网图对各 PC 进行相应的地址配置，如图 2.30 所示。以 PC3 为例，分别测试与同一 VLAN 间的 PC1、与不同 VLAN 间的 PC2 通信情况。

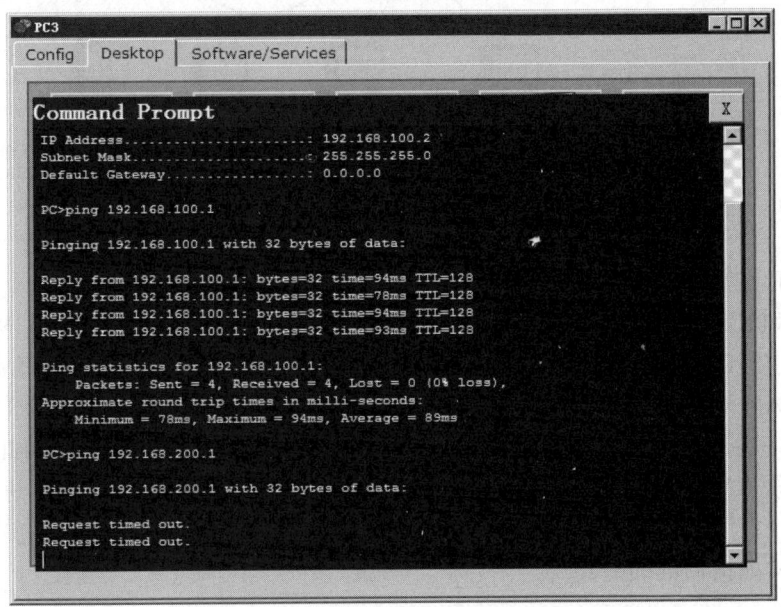

图 2.30　测试 VLAN 间通信

2. VLAN 扩展技术

（1）VLAN 间路由

划分 VLAN 后要想让两个不同的 VLAN 互相通信，就要借助路由器或三层交换机等三层设备连接，并且配置不同的网段地址后经过三层转发后才能进行通信。

一般来说企业内部网络都是借助三层交换机来实现 VLAN 间互相通信的。在二层和三层交换机上分别设置一个 Trunk 端口，并进行连接。可以让不同 VLAN 的数据包通过这个 Trunk 端口及所连接的链路，如图 2.31 所示。例如，A 计算机发送一个数据包给 C 时，这个数据包进入到二层交换后，交换机会将其先发送到 Trunk 端口，通过 Trunk 端口送到三层交换机，二层交换机在送出这个数据包之前会在这个数据包的二层头部加个一个 VLAN 100 的标识，否则三层交换机就不知道这是哪个 VLAN 发过来的数据包了。三层交换机检查目的地在 VLAN 200 中，于是其会通过 Trunk 端口把这个数据包发送给二层交换机，同样会在发送前在其二层头部加上 VLAN 200 的标识。二层交换机收到后会把这个数据包在自己的 VLAN 200 所属端口内发送。从逻辑角度来理解，就是 VLAN 100 和 VLAN 200 分别借助 Trunk 端口及链路连接到了三层交换机上，也就是说在本例中 Trunk 端口及链路承载了两条逻辑通道。

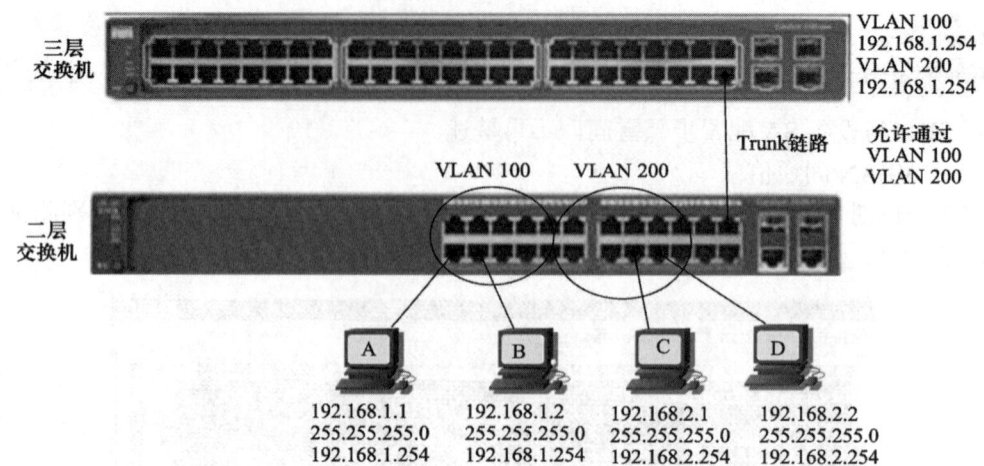

图 2.31 三层交换机实现 VLAN 间通信

（2）VLAN 虚接口

以太网交换机支持通过配置 VLAN 接口实现对报文进行三层转发的功能。VLAN 接口是一种三层模式下的虚拟接口，主要用于实现 VLAN 间的三层互通，它不作为物理实体存在于交换机上。每个 VLAN 对应一个 VLAN 接口，该接口可以为本 VLAN 内端口收到的报文根据其目的 IP 地址在网络层进行转发。通常情况下，由于 VLAN 能够隔离广播域，因此每个 VLAN 也对应一个 IP 网段，VLAN 接口将作为该网段的网关对需要跨网段转发的报文进行基于 IP 地址的三层转发。

进入 VLAN 虚接口的命令：

Switch(config-vlan)#**interfacevlan**id

为 VLAN 虚接口配置 IP 的命令：

Switch(config-if)#**Ip address**{IP address}{IP subnetmask}...

（3）VLAN 中继配置

① 二层交换机中继端口配置。

Catalyst 2900 交换机只运行 IEEE802.1q 封装方法。要在快速以太端口上配置中继，可使用 Trunk 接口。例如：

Switch#config t
Switch(config)#interface f0/1
Switch(config-if)#swichport mode trunk

② 三层交换机中继端口配置。

Catalyst 3560 的配置与 2960 基本上一样，所不同的是 3560 能够提供第 3 层服务，而 2960 不能提供。此处，3560 可以运行 ISL（交换机间链路，Cisco 私有标准）和 IEEE802.1Q 中继封装方法，可以使用接口 encapsulation。

Switch(config-if)#swichport trunk encapsulation dot1q
Switch(config-if)#swichport mode trunk

需要注意的是在接口下设置了封装之后，还必须将接口模式设置为中继。

（4）VLAN 间路由配置举例

如图 2.32 所示，要实现不同 VLAN（VLAN 100 与 VLAN 200）间的互通，需要在三层交换机 SC（3560 系列）上配置。

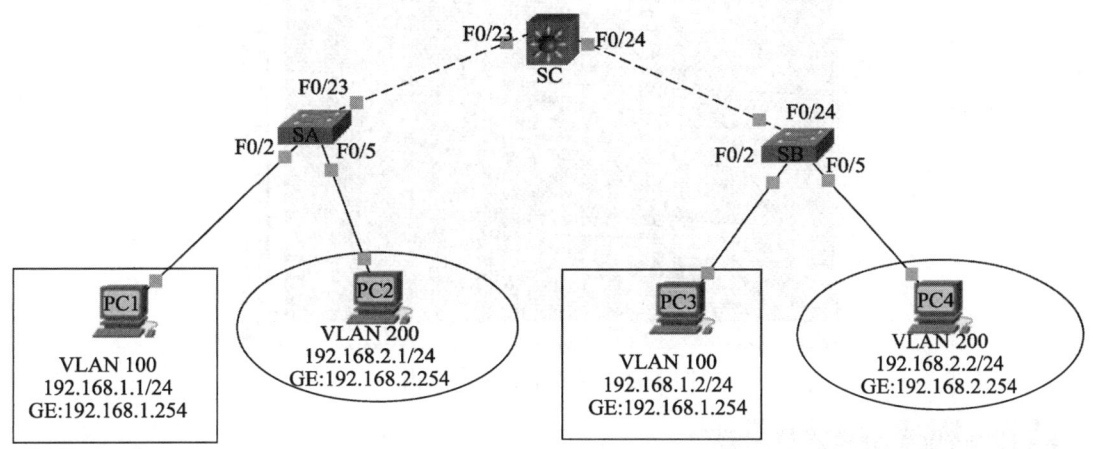

图 2.32　VLAN 间通信组网图

SA 与 SB 上的配置可参考 "VLAN 典型配置举例"，此处不再赘述，这里只重点给出 SC 上的配置。

① 配置步骤。

```
SC(config)#hostname SC
SC(config)#ip routing                    //开启路由功能
SC(config)#interface vlan 100
SC(config-if)#ip address 192.168.1.254 255.255.255.0
SC(config)#exit
SC(config)#interface vlan 200
SC(config-if)#ip address 192.168.2.254 255.255.255.0
SC(config)#exit
SC(config)#interface fastethernet0/23
SC(config-if)#switchport trunk encapsulation dot1q
SC(config-if)#switchport mode trunk
SC(config)#exit
SC(config)#interface fastethernet0/24
SC(config-if)#switchport trunk encapsulation dot1q
SC(config-if)#switchport mode trunk
SC(config)#exit
```

② 测试 VLAN 间路由。

按照组网图对各 PC 进行相应的地址配置，如图 2.33 所示。以 PC3 为例，分别测试与同一 VLAN 间的 PC1、与不同 VLAN 间的 PC2 通信情况。

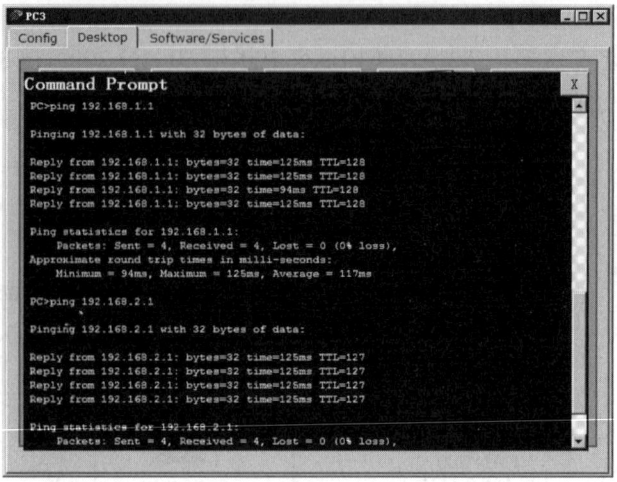

图 2.33　测试 VLAN 间路由

3. EtherChannel 技术及配置

（1）了解 EtherChannel

通过将多个端口进行绑定，EtherChannel 充分利用现有端口的优势来增加可用带宽。Cisco Catalyst 交换机最多允许将 8 个端口绑定到一起。换而言之，Catalyst 交换机单个逻辑链路的汇聚，并且快速以太网或吉比特以太网的总带宽最大可达 1 600 Mbit/s（快速全双工以太网）或 16 Gbit/s（吉比特全双工以太网）。EtherChannel 同时还提供冗余功能。EtherChannel 不支持对 10 Mbit/s 端口进行通道处理。

对于 Cisco IOS 软件的交换机，它不仅能够支持第 2 层 EtherChannel，而且还可以支持第 3 层 EtherChannel。第 3 层 EtherChannel 能够绑定第 3 层或可路由接口。第 3 层 EtherChannel 上链路失效的主要优势之一就是路由协议将 EtherChannel 当作单条链路，并且路由链路协议不会在失效的过程中重新收剑。

（2）EtherChannel 协议

Catalyst 系列交换机支持 PAgP（Port Aggregation Protocol，端口汇聚协议）和 LACP（Link Aggregation Control Protocol，链路汇聚控制协议），其中 PAgP 是一种 Cisco 专有协议，而 LACP 是基于业界标准 802.3ad 的协议。PAgP 是一种管理功能，它在链路的任一末端检查参数的一致性，并且帮助通道适应链路失效或增加。LACP 具有与 PAgP 相类似的功能。

① PAgP 模式。Cisco 交换机的默认通道协议是 PAgP，PAgP 能够工作在不同模式中。工作模式能够决定端口组是否可以形成通道。下面列出 PAgP 的各种模式及其定义。

On 模式：开启模式，强制端口不使用 PAgP 而形成 EtherChannel。

Off 模式：关闭模式，能够防止端口形成 EtherChannel。

Auto 模式：自动模式，使端口进入被动协商状态，如果端口接收到 PAgP 数据包，那么就将形成 EtherChannel，此种模式为默认模式。

Desirable 模式：企望模式，使得端口利用 PAgP 进入 EtherChannel 的协商状态。在配置 Catalyst 交换机形成 EtherChannel 的时候，推荐模式是 Desirable。

对于连接两台交换机的接口，即使接口属于不同的 PAgP 模式，但如果这些模式能够相互兼容，那到它们就能形成 EtherChannel。On 模式只能与其他 On 模式的接口相互兼容；Auto 模式只能与 Desirable 模式的接口相互兼容；Desirable 模式能够与 Auto 模式或 Desirable 模式的接口相互兼容。通过将端口通道的模式设置为 On 模式，将可以手工开启 EtherChannel，而与链路伙伴的配置无关。

② LACP 模式。

On 模式：开启模式，强制端口不使用 LACP 而形成 EtherChannel。

Off 模式：关闭模式，能够防止端口形成 EtherChannel。

Passive 模式：被动模式，使端口进入被动协商状态，如果端口接收到 LACP 数据包，那么就将形成 EtherChannel，此种模式为默认模式。

Active 模式：主动模式，使得端口进入主动的 LACP 协商状态。在配置 Catalyst 交换机形成 EtherChannel 的时候，推荐采用该模式。

（3）EtherChannel 指导原则

① 在每个 EtherChannel 中，Cisco 交换机最多允许包括 8 个端口。

② 一个 EtherChannel 内的所有端口都必须使用相同协议。

③ 一个 EtherChannel 内的所有端口都必须具有相同的速度和双工模式，LACP 要求端口只能工作在全双工模式。

④ 一个端口不能在相同时间内属于多个通道组。

⑤ 一个 EtherChannel 内的所有端口都必须配置到相同的接入 VLAN 中。

⑥ 一个 EtherChannel 内的所有端口都需要配置相同的干道模式。

（4）配置 EtherChannel

① 在全局配置模式中创建 EtherChannel，可遵循下列命令。

```
Switch(config)#interface port-channel number
```

② EtherChannel 显示和维护。

配置 EtherChannel 后，可以使用 Cisco IOS show 命令检验 EtherChannel 配置，通过查看显示信息验证配置的效果。

➢ 显示 etherchannel 的详细信息

```
Switch(config)#Show etherchannel summary
```

➢ 显示 etherchannel 的端口通道信息

```
Switch(config)#Show etherchannel port-channel
```

③ EtherChannel 典型配置举例。

如图 2.34 所示，在 SA、SB 及 SC 上实现 EtherChannel 配置。

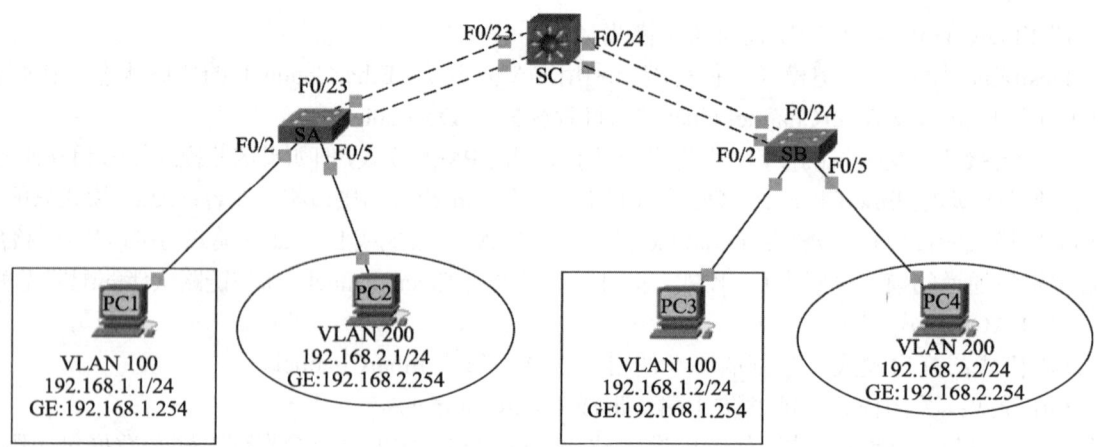

图 2.34 EtherChanne 组网图

SA 上的相关配置：

SA(config)#interface f0/21
SA(config-if)#channel-group 1 mode desirable
SA(config)#interface f0/23
SA(config-if)#channel-group 1 mode desirable
SA(config)# interface port-channel 1
SA(config-if)#switchport mode trunk

SB 上的相关配置：

SB(config)#interface ft0/22
SB(config-if)#channel-group 2 mode desirable
SB(config)#interface f0/24
SB(config-if)#channel-group 2 mode desirable
SB(config)# interface port-channel 2
SB(config-if)#switchport mode trunk

SC 上的相关配置：

SC(config)#interface f0/21
SC(config-if)#channel-group 1 mode desirable
SC(config)#interface f0/23
SC(config-if)#channel-group 1 mode desirable
SC(config)# interface port-channel 1
SC(config-if)#switchport trunk encapsulation dot1q
SC(config-if)#switchport mode trunk
SC(config)#interface f0/22
SC(config-if)#channel-group 2 mode desirable
SC(config)#interface f0/24
SC(config-if)#channel-group 2 mode desirable

SC(config)# interface port-channel 2
SC(config-if)#switchport trunk encapsulation dot1q
SC(config-if)#switchport mode trunk

验证 SC 上的 EtherChannel 配置，如图 2.35 所示。

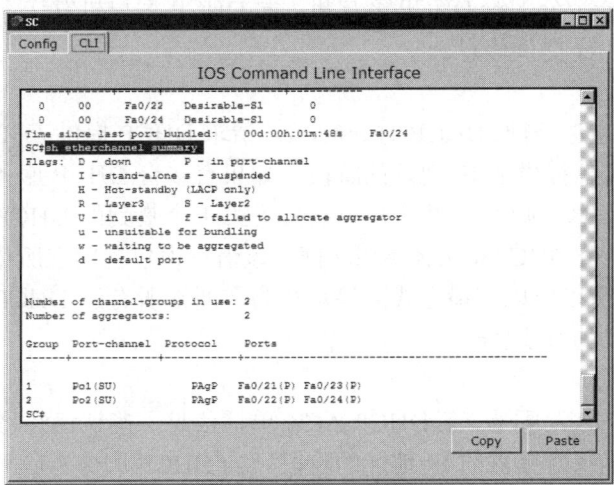

图 2.35　EtherChannel 验证

4. DHCP 技术及配置

（1）了解 DHCP

DHCP 是基于引导协议（BOOTP）服务器（BOOTPS）协议和 BOOTP 用户数据报协议（UDP）的。这些协议出现前，IP 地址是以手工方式分配给 IP 主机的，这种方式很繁琐、容易出错且工作量非常大。通过使用 DHCP，可以给 DHCP 客户端动态地分配 IP 地址。DHCP 服务可以在服务器或 Cisco IOS 设备中实现。

如图 2.36 所示说明了 DHCP 客户端向 DHCP 服务器请求分配 IP 地址的过程。

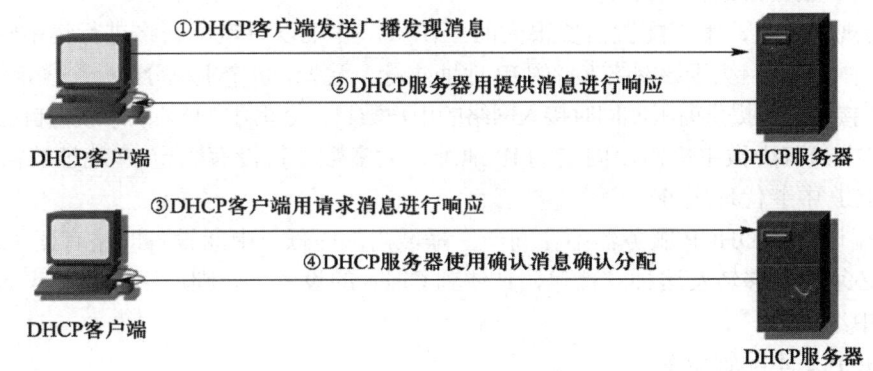

图 2.36　DHCP 工作原理

① 发现阶段。

DHCP 客户端发送一条 DHCP discover 广播消息，以查找 DHCP 服务器，即向地址 255.255.255.255 发送特定的广播信息，网络上每一台安装了 TCP/IP 协议的主机都会接收到这种广播信息，但只有 DHCP 服务器才会做出响应。

② 提供阶段。

DHCP 服务器通过单播消息 DHCP offer 向客户端提供配置参数（如 IP 地址、域名、默认网关等）。即在网络中接收到 DHCP discover 发现信息的 DHCP 服务器都会做出响应，它从尚未出租的 IP 地址中挑选一个分配给 DHCP 客户机，向 DHCP 客户机发送一个包含出租的 IP 地址和其他设置的 DHCP offer 提供信息。

③ 选择阶段。

DHCP 客户端发送广播消息 DHCP 时 request，请求 DHCP 提供该 IP 地址，即 DHCP 客户机选择某台 DHCP 服务器提供的 IP 地址的阶段。如果有多台 DHCP 服务器向 DHCP 客户机发来的 DHCP offer 提供信息，则 DHCP 客户机只接受第 1 个收到的 DHCP offer 提供信息，然后它就以广播方式回答一个 DHCP request 请求信息，该信息中包含向它所选定的 DHCP 服务器请求 IP 地址的内容。之所以要以广播方式回答，是为了通知所有的 DHCP 服务器，其将选择某台 DHCP 服务器所提供的 IP 地址。

④ 确认阶段。

DHCP 服务器向客户端返回一条 DHCP ACK 单播信息，确认已经将该 IP 地址分配给客户端。即 DHCP 服务器确认所提供的 IP 地址的阶段。当 DHCP 服务器收到 DHCP 客户机回答的 DHCP request 请求信息之后，它便向 DHCP 客户机发送一个包含它所提供的 IP 地址和其他设置的 DHCP ACK 确认信息，告诉 DHCP 客户机可以使用它所提供的 IP 地址。然后 DHCP 客户机便将其 TCP/IP 协议与网卡绑定，另外，除 DHCP 客户机选中的服务器外，其他的 DHCP 服务器都将收回曾提供的 IP 地址。

（2）DHCP 组网方式

常见的 DHCP 组网方式可分为两类：一种是 DHCP 服务器和客户端在同一个子网内，直接进行 DHCP 报文的交互；另一种是 DHCP 服务器和客户端处于不同的子网中，必须通过 DHCP 中继代理实现 IP 地址的分配。

（3）DHCP 服务器的应用环境

① 网络规模较大，手工配置需要很大的工作量，并难以对整个网络进行集中管理。

② 网络中主机数目大于该网络支持的 IP 地址数量，无法给每个主机分配一个固定的 IP 地址。例如，Internet 接入服务提供商限制同时接入网络的用户数目，大量用户必须动态获得自己的 IP 地址。

③ 网络中只有少数主机需要固定的 IP 地址，大多数主机没有固定 IP 地址的需求。

（4）DHCP 中继代理服务

在客户端设备和 DHCP 服务器不在同一广播域内的时候，中间设备即路由器（或具有该功能的设备）必须要能够转发这种广播包，具体到 Cisco 的设备上，则启用 ip helper-address 命令来实现这种中继。

（5）DHCP 基本配置命令

➢ 指定配置 DHCP 分配的地址池名称

switch(config)#**ip dhcp pool** *pool-name*

➢ 配置 DHCP 分配的地址池

SC(dhcp-config)#**network**ip-address network mask

➢ 配置默认网关

SC(dhcp-config)#**default-router** Router's IP address

➢ 配置域名服务器

SC(dhcp-config)#**dns-server**DNS server

➢ 配置排除的地址段

switch(config)#**ip dhcp excluded-address**low-address[high-address]

➢ 配置 DHCP 中继的地址

switch(config-if)#**ip helper-address**ip-address

（6）DHCP 典型配置举例
① DHCP 服务器配置举例。

如图 2.34 所示，SC 充当 DHCP 服务器，要求在 SC 上实现 DHCP 配置，使各部门 PC 能自动获取 TCP/IP 相关参数。

在 EtherChannel 典型配置的基础上，SC 上还要完成如下配置。

➢ 配置步骤

SC(config)#ip dhcp pool vlan 100
SC(dhcp-config)#network 192.168.1.0 255.255.255.0
SC(dhcp-config)#default-router 192.168.1.254
SC(config)#ip dhcp pool vlan 200
SC(dhcp-config)#network 192.168.2.0 255.255.255.0
SC(dhcp-config)#default-router 192.168.2.254

➢ 验证

验证 SC 上的 DHCP 配置，如图 2.37 所示。VLAN 100 及 VLAN 200 中的 PC 获取了 TCP/IP 相关参数。

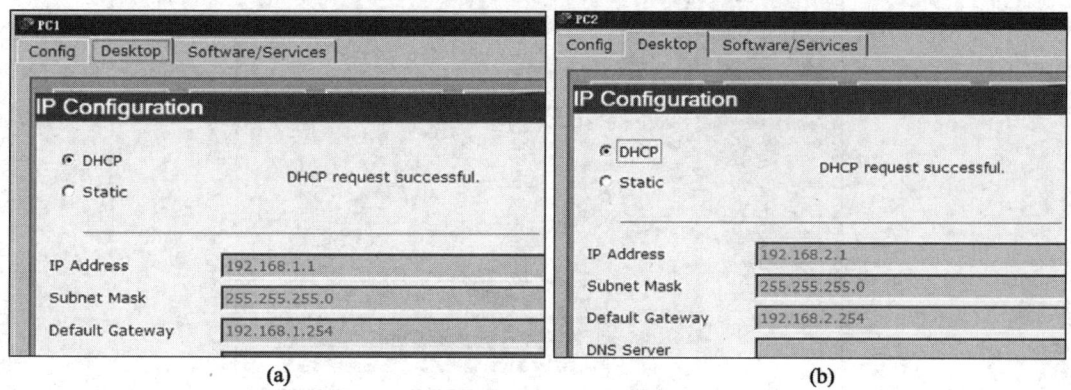

图 2.37　PC1 和 PC2 均成功获取地址

② DHCP 中继配置举例。

如图 2.38 所示，PC 充当 DHCP Server，DHCP Server 与 DHCP Client 处于不同的网段，通过配置中继来实现。

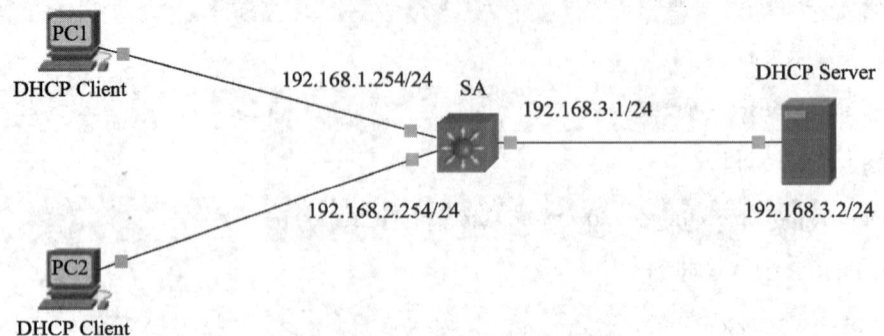

图 2.38　DHCP 中继的配置

➢ DHCP Server 的配置

首先，按组网图，配置 IP 等参数，如图 2.39 所示。

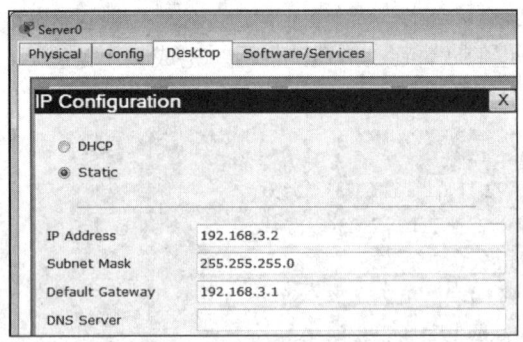

图 2.39　DHCP Server 的 IP 配置

在 DHCP Server 上创建两个地址池：192.168.1.0 和 192.168.2.0，如图 2.40 和图 2.41 所示。

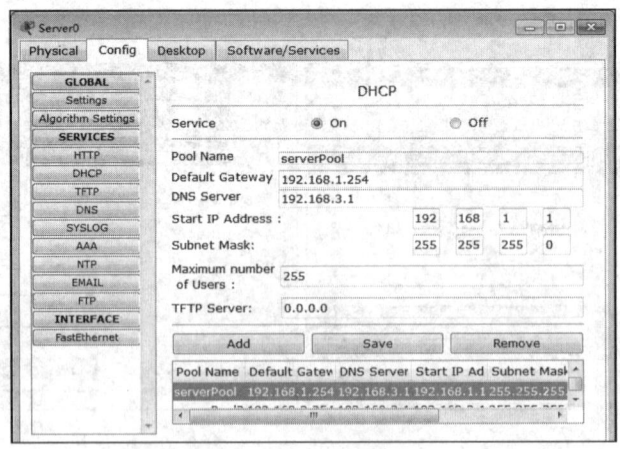

图 2.40　DHCP Server 地址池 1

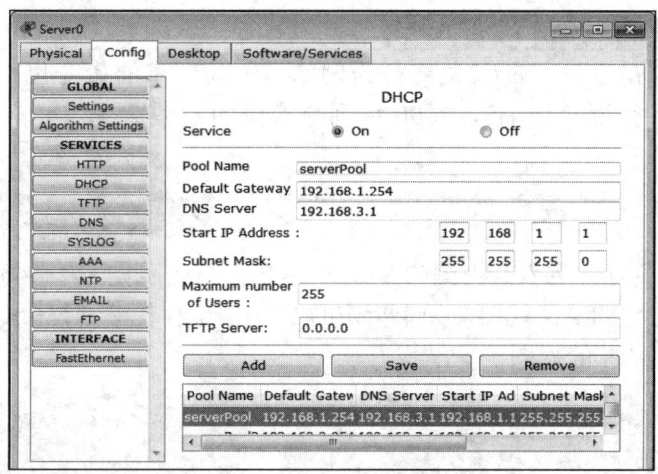

图 2.41　DHCP Server 地址池 2

➢ 三层交换机的配置

在交换机上做如下配置，三个端口都转换为路由端口后，就形成 3 条直连路由。

```
SA(config)#interface FastEthernet0/1
SA(config-if)#no switchport
SA(config-if)#ip address 192.168.2.1 255.255.255.0
SA(config-if)#ip helper-address 192.168.1.2
SA(config)#interface FastEthernet0/2
SA(config-if)#no switchport
SA(config-if)#ip address 192.168.3.1 255.255.255.0
SA(config-if)#ip helper-address 192.168.1.2
SA(config)#interface FastEthernet0/3
SA(config-if)#no switchport
SA(config-if)#ip address 192.168.1.1 255.255.255.0
```

➢ 验证

两台计算机自动获取 IP 地址等参数，如图 2.42 所示。

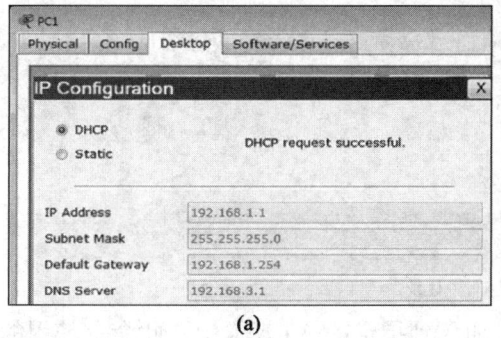
(a)

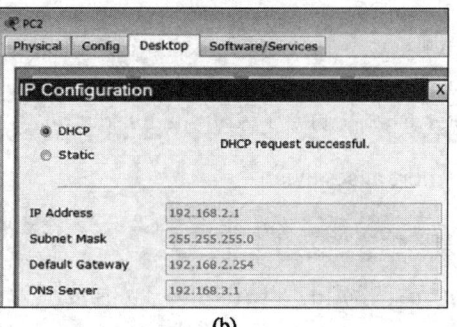
(b)

图 2.42　DHCP Client 自动获取 IP 地址

5. H3C 3600 系列交换机的配置命令

上面介绍的命令是以思科的设备产品为例的,不同厂家的命令也不尽相同,为方便完成任务的实施,以下简要介绍 H3C 3600 系列交换机的一些命令。

(1) vlan

vlan *vlan-id*

vlan-id:指定要创建并进入其视图的 VLAN 的 ID,取值范围为 1~4094。

vlan 命令用来进入 VLAN 视图,如果指定的 VLAN 不存在,则该命令先完成 VLAN 的创建,然后再进入该 VLAN 的视图。

```
[H3C]vlan 1//进入 VLAN 1 的视图
[H3C-vlan 1]
[H3C]vlan 10//创建 VLAN 10,并进入 VLAN 10 的视图
[H3C-vlan 10]
```

(2) vlan to

vlan {*vlan-id1*} **to** {*vlan-id2*}

vlan-id1:指定要创建的起始 VLAN 的 ID,取值范围为 1~4094。**to**:指定 VLAN 的范围。*vlan-id2*:指定要创建的中止 VLAN 的 ID,取值范围为 1~4094,不能小于 *vlan-id1*。

vlan to 命令用来批量创建多个 VLAN。

```
//创建 VLAN 101 到 VLAN 103
[H3C]vlan 101 to 103
```

(3) port

port *interface-list*

interface-list:以太网端口列表,表示方式为 *interface-list* = {*interface-type interface-number* [**to** *interface-type interface-number*]} &<1-10>。

port 命令用来向 VLAN 中添加一个或一组端口。

```
//向 VLAN 2 中加入从 Ethernet1/0/1 到 Ethernet1/0/4 的以太网端口
[H3C]vlan 2
[H3C-vlan 2]port Ethernet1/0/1 to Ethernet1/0/4
```

(4) port access vlan

port access vlan *vlan-id*

vlan-id:指定的 VLAN ID,取值范围为 1~4094。

port access vlan 命令用来把 Access 端口加入到指定的 VLAN 中,此命令使用的条件是 *vlan-id* 所指定的 VLAN 必须存在。

```
//将 Ethernet1/0/1 端口加入到 VLAN 3 中
[H3C]vlan 3
[H3C-vlan 3]quit
[H3C]interface ethernet1/0/1
[H3C-Ethernet1/0/1]port access vlan 3
```

（5）port link-type

port link-type{access | hybrid | trunk}

port link-type 命令用来设置以太网端口的链路类型

三种类型的端口可以共存在一台以太网交换机上，但 Trunk 端口和 Hybrid 端口之间不能直接切换，只能先设为 Access 端口，再设置为其他类型端口。例如，Trunk 端口不能直接被设置为 Hybrid 端口，只能先设为 Access 端口，再设置为 Hybrid 端口。缺省情况下，所有端口的链路类型均为 Access。

//将以太网端口 Ethernet1/0/1 设置为 Trunk 端口

```
[H3C interface ethernet1/0/1
[H3C-Ethernet1/0/1]port link-type trunk
```

（6）port trunk permit vlan

port trunk permit vlan{vlan-id-list | all}

port trunk permit vlan 命令用来将 Trunk 端口加入到指定的 VLAN。Trunk 端口可以属于多个 VLAN。如果多次使用 **port trunk permit vlan** 命令，那么 Trunk 端口上允许通过的 VLAN 是这些 *vlan-id-list* 的集合。

//将 Trunk 端口 Ethernet1/0/1 加入到 2、4、50～100 VLAN 中

```
[H3C]interface ethernet1/0/1
[H3C-Ethernet1/0/1]port trunk permit vlan 2 4 50 to 100
```

（7）port link-aggregation group

port link-aggregation group*agg-id*

agg-id：汇聚组 ID，取值范围为 1～26。

port link-aggregation group 命令用来将以太网端口加入手工或静态汇聚组。

//将以太网端口 Ethernet1/0/1 加入汇聚组 5

```
[H3C]interface ethernet1/0/1
[H3C-Ethernet1/0/1]port link-aggregation group 5
```

（8）management-vlan

management-vlan *vlan-id*

management-vlan 命令设置管理 VLAN。缺省情况下，VLAN 1 为管理 VLAN。
管理 VLAN 配置举例如下：
//创建 VLAN 10，并指定 VLAN 10 为交换机的管理 VLAN

```
[H3C]vlan 10
[H3C-vlan10]quit
[H3C]management-vlan 10
```

//创建交换机管理 VLAN 10 的 VLAN 接口，并进入 VLAN 接口视图

```
[H3C]interface vlan-interface 10
```

//配置管理 VLAN 10 接口的 IP 地址为 1.1.1.1

```
[H3C-Vlan-interface10]ip address 1.1.1.1 255.255.255.0
```

6. 汇聚交换机的配置

（1）工作任务分析

内部局域网要求对汇聚交换机进行相应的远程管理的配置、VLAN 配置、端口汇聚配置、路由配置等，保证主干网络畅通。主要配置如下。

① 在汇聚交换机 S3-2 和 S3-3 上创建相应 VLAN。
② 依照"VLAN 与 IP 规划表"，预留合理的端口，并将其端口加入到相应 VLAN。
③ 配置端口汇聚及 VLAN Trunk 接口，允许承载多个 VLAN 到核心交换机。
④ 配置远程管理功能。
⑤ 配置到外网的路由。

（2）任务的实施

① Cisco 接入交换机上的配置（PT 实现）。

➢ 1 楼设备间 S3560（S3-2）的配置

```
S3-2#show run
!
hostname S3-2
!
enable password cvit
!
ip routing
!
interface FastEthernet0/1                    //财务部 1
 switchport access vlan 101
!
interface FastEthernet0/2
 switchport access vlan 101
!
```

```
interface FastEthernet0/3              //库房
 switchport access vlan 102
!
interface FastEthernet0/4
 switchport access vlan 102
!
interface FastEthernet0/5
 switchport access vlan 102
!
interface FastEthernet0/6
 switchport access vlan 102
!
interface FastEthernet0/7              //总经理办公室
 switchport access vlan 103
!
interface FastEthernet0/8
 switchport access vlan 103
!
interface FastEthernet0/9              //大会议室
 switchport access vlan 106
!
interface FastEthernet0/10
 switchport access vlan 106
!
interface FastEthernet0/11             //部门经理1
 switchport access vlan 111
!
interface FastEthernet0/12
 switchport access vlan 111
!
interface FastEthernet0/13             //部门经理2
 switchport access vlan 112
!
interface FastEthernet0/14
 switchport access vlan 112
!
interface FastEthernet0/23             //配置与 S3-1（F0/21、F0/22）聚合
 channel-group 1 mode on
 switchport trunk encapsulation dot1q
 switchport mode trunk
!
interface FastEthernet0/24             //配置与 S3-1（F0/21、F0/22）聚合
 channel-group 1 mode on
```

```
  switchport trunk encapsulation dot1q
  switchport mode trunk
!
interface Port-channel 1
  switchport trunk encapsulation dot1q
  switchport mode trunk
!
interface Vlan 1                          //远程管理
  ip address 192.168.0.10 255.255.255.0
!
ip route 0.0.0.0 0.0.0.0 192.168.0.12     //下一跳为 S3-1
!
line vty 0 4
  password p@ssw0rd
  login
!
end
```

➢ 2 楼配线间 S3560（S3-3）的配置

```
S3-3#show run
!
hostname S3-3
!
enable password cvit
!
ip routing
!
interface FastEthernet0/1                 //财务部 2
  switchport access vlan 101
!
interface FastEthernet0/2
  switchport access vlan 101
!
interface FastEthernet0/3
  switchport access vlan 101
!
interface FastEthernet0/4
  switchport access vlan 101
!
interface FastEthernet0/5                 //下连广告宣传部 S5 的 F0/24
  switchport access vlan 202
!
interface FastEthernet0/6                 //副总经理办公室
```

```
 switchport access vlan 203
!
interface FastEthernet0/7
 switchport access vlan 203
!
interface FastEthernet0/8                //下连质管部 S6 的 F0/24
 switchport access vlan 204
!
interface FastEthernet0/9                //产品展室
 switchport access vlan 206
!
interface FastEthernet0/10
 switchport access vlan 206
!
interface FastEthernet0/11               //配线间
 switchport access vlan 207
!
interface FastEthernet0/12
 switchport access vlan 207
!
interface FastEthernet0/13
 switchport access vlan 207
!
interface FastEthernet0/14               //监控室
 switchport access vlan 208
!
interface FastEthernet0/15
 switchport access vlan 208
!
interface FastEthernet0/16
 switchport access vlan 208
!
interface FastEthernet0/17               //下连产品事业部 2 S8 的 F0/24
 switchport access vlan 110
!
interface FastEthernet0/18               //小会议室
 switchport access vlan 210
!
interface FastEthernet0/19
 switchport access vlan 210
!
interface FastEthernet0/23               //配置与 S3-1（F0/23、F0/24）聚合
 channel-group 2 mode on
```

```
  switchport trunk encapsulation dot1q
  switchport mode trunk
!
interface FastEthernet0/24              //配置与 S3-1（F0/23、F0/24）聚合
  channel-group 2 mode on
  switchport trunk encapsulation dot1q
  switchport mode trunk
!
interface Port-channel 2
  switchport trunk encapsulation dot1q
  switchport mode trunk
!
interface GigabitEthernet0/1            //下连技术服务部 2 S7 的 G1/1
  switchport access vlan 105
!
interface GigabitEthernet0/2            //下连客户服务部 S9 的 G1/1
  switchport access vlan 211
!
interface Vlan1                         //远程管理
  ip address 192.168.0.11 255.255.255.0
!
ip route 0.0.0.0 0.0.0.0 192.168.0.12   //下一跳为 S3-1
!
line vty 0 4
  password p@ssw0rd
  login
!
end
```

② H3C 汇聚交换机上的配置。

➢ 1 楼设备间 S3610 的配置

```
S3-2#dis cur
#
 sysname S3-2
#
management-vlan 100                     //管理 VLAN 100
#
vlan 101 to 103
#
vlan 106
#
vlan 111 to 112
#
```

```
interface Bridge-Aggregation1      //配置与1楼核心交换机（ge1/0/1、ge1/0/2）聚合
 port link-type trunk
 port trunk permit vlan all
#
interface Vlan-interface100        //远程管理
 ip address 192.168.0.10 255.255.255.0
#
interface Ethernet1/0/1
 port link-mode bridge
 port access vlan 101
#
interface Ethernet1/0/2
 port link-mode bridge
 port access vlan 101
#
interface Ethernet1/0/3
 port link-mode bridge
 port access vlan 102
#
interface Ethernet1/0/4
 port link-mode bridge
 port access vlan 102
#
interface Ethernet1/0/5
 port link-mode bridge
 port access vlan 102
#
interface Ethernet1/0/6
 port link-mode bridge
 port access vlan 102
#
interface Ethernet1/0/7
 port link-mode bridge
 port access vlan 103
#
interface Ethernet1/0/8
 port link-mode bridge
 port access vlan 103
#
interface Ethernet1/0/9
 port link-mode bridge
 port access vlan 106
#
```

```
interface Ethernet1/0/10
port link-mode bridge
port access vlan 106
#
interface Ethernet1/0/11
port link-mode bridge
port access vlan 111
#
interface Ethernet1/0/12
port link-mode bridge
port access vlan 111
#
interface Ethernet1/0/13
port link-mode bridge
port access vlan 112
#
interface Ethernet1/0/14
port link-mode bridge
port access vlan 112
#
interface GigabitEthernet1/1/1
  port link-mode bridge
  port link-type trunk
  port trunk permit vlan all
  port link-aggregation group 1
#
interface GigabitEthernet1/1/2
  port link-mode bridge
  port link-type trunk
  port trunk permit vlan all
  port link-aggregation group 1
#
ip route-static 0.0.0.0 0.0.0.0 192.168.0.12              //下一跳为 S3-1
#
user-interface vty 0 4
  user privilege level 3
  set authentication password simple p@ssw0rd
#
```

➤ 2 楼配线间 S3610 的配置

```
S3-3#dis cur
#
  sysname S3-3
```

```
#
management-vlan 100                          //管理 VLAN 100
#
vlan 101
#
vlan 105
#
vlan 110
#
vlan 202 to 204
#
vlan 206 to 208
#
vlan 210 to 211
#
interface Vlan-interface100                  //远程管理
 ip address 192.168.0.11 255.255.255.0
#
interface Ethernet1/0/1
port link-mode bridge
port access vlan 101
#
interface Ethernet1/0/2
port link-mode bridge
port access vlan 101
#
interface Ethernet1/0/3
port link-mode bridge
port access vlan 101
#
interface Ethernet1/0/4
port link-mode bridge
port access vlan 101
#
interface Ethernet1/0/5
port link-mode bridge
port access vlan 202
#
interface Ethernet1/0/6
port link-mode bridge
port access vlan 203
#
interface Ethernet1/0/7
```

```
port link-mode bridge
port access vlan 203
#
interface Ethernet1/0/8
port link-mode bridge
port access vlan 204
#
interface Ethernet1/0/9
port link-mode bridge
port access vlan 206
#
interface Ethernet1/0/10
port link-mode bridge
port access vlan 206
#
interface Ethernet1/0/11
port link-mode bridge
port access vlan 207
#
interface Ethernet1/0/12
port link-mode bridge
port access vlan 207
#
interface Ethernet1/0/13
port link-mode bridge
port access vlan 207
#
interface Ethernet1/0/14
port link-mode bridge
port access vlan 208
#
interface Ethernet1/0/15
port link-mode bridge
port access vlan 208
#
interface Ethernet1/0/16
port link-mode bridge
port access vlan 208
#
interface Ethernet1/0/17
port link-mode bridge
port access vlan 110
#
```

```
interface Ethernet1/0/18
 port link-mode bridge
 port access vlan 210
#
interface Ethernet1/0/19
 port link-mode bridge
 port access vlan 210
#
interface GigabitEthernet1/1/1
 port link-mode bridge
 port access vlan 105
#
interface GigabitEthernet1/1/2
 port link-mode bridge
 port access vlan 211
#
interface GigabitEthernet1/1/4
 port link-mode bridge
 port link-type trunk
   port trunk permit vlan all
#
ip route-static 0.0.0.0 0.0.0.0 192.168.0.12        //下一跳为 S3-1
#
user-interface vty 0 4
   user privilege level 3
   set authentication password simple p@ssw0rd
#
```

2.4.4 核心层交换机配置

三层交换机设置 VLAN 相连内网服务器并采用 Trunk 下连各部门汇聚层三层交换机，各部门再通过三层交换机相连接入层二层交换机，二层交换机划分 VLAN 相连接入 PC。三层交换机设置静态路由互连，对于二层交换机来说把有同一部门不同位置的 PC 采用划分 VLAN 进行相连，此方案中在核心层与汇聚层采用三层交换机且在汇聚层交换机进行 VLAN 路由，因此整体方案造价较贵，但从网络安全方面，相对得到了很大的改善，网络规划比较合理，网络性能得以优化。

1. 三层交换机的工作原理

当一个数据包发往三层交换机时，三层交换机首先在其缓存列表里进行检查，查看路由缓存里有没有记录，如果有记录就直接调取缓存的记录进行路由，而不再经过路由处理器进行处理，这样数据包的路由速度就大大提高了。如果三层交换机在路由缓存中没有发现记录，再将数据包发往路由处理器进行处理，处理之后再转发数据包。

三层交换机的缓存机制与 CPU 的缓存机制是非常相似的。如开机后第一次运行某个大型软件时会非常慢，但是当关闭这个软件之后再次运行这个软件，就会发现运行速度大大加快了。原因在于 CPU 内部有一级缓存和二级缓存，会暂时储存最近使用的数据，再次启动会比第一次启动快得多。

具有"路由器的功能、交换机的性能"的三层交换机虽然同时具有二层交换和三层路由的特性，但是三层交换机与路由器在结构和性能上还是存在很大区别的。在结构上，三层交换机更接近于二层交换机，只是针对三层路由进行了专门设计。为什么称为"三层交换机"而不称为"交换路由器"，原因就在于此；在交换性能上，路由器比三层交换机的交换性能要弱很多。

2. 三层交换机的静态路由技术及配置

交换机划分 VLAN 后可以连接多个不同的网络，而网络中存在多个交换机互连时，要实现交换机间多个不同网络的通信，则要在交换机上配置路由协议。静态路由是指由网络管理员手工配置路由信息，当网络的拓扑结构或链路状态发生变化时，网络管理员需要手工修改路由表中相关的静态路由信息。静态路由一般适用于比较简单的网络环境，在这样的环境中，网络管理员易于清楚地了解网络的拓扑结构，便于设置正确的路由信息。通过交换机静态路由的配置，由于分配每一台计算机的 IP 地址都不在同一网段，属于不同的网络，因此当前网络中所有计算机之间都是不能通信的。那么要实现当前网络的所有计算机能相互通信，使用静态路由来实现全网互通，从而实现所有计算机能相互通信。

（1）三层交换机配置步骤

三层交换机是在二层交换机的基础上进行配置的，可按如下步骤进行配置。

第 1 步：配置二层功能。

第 2 步：在 VLAN 接口上配置一个 IP 地址，启用三层功能。

第 3 步：配置相应的路由协议。

（2）启用三层路由功能

① 使用 VLAN 方式。

```
Switch(config)# interface vlan id
Switch(config-if)# ip address ip address ip subnet mask
Switch(config-if)# exit
```

② 直接在接口上启用三层功能。

```
Switch(config)# interface[FastEthernet |GigabitEthernet]
Switch(config-if)#no switchport
Switch(config-if)#ip address ip address ip subnet mask
```

（3）三层静态路由配置

① 配置静态路由。

```
Switch(config)#ip route destination prefix destination prefix mask[ip address|interface]
```

其中，下一跳 IP 为相邻设备的连接端口地址，出接口为本地物理端口号。

配置静态路由为出接口时，更易于路由器的路由处理，但需要注意的是，此种方式只能应用在点对点的网络中。

② 验证。

Switch#show ip route

（4）默认路由/缺省路由及配置

默认路由是一种特殊的静态路由，指的是当路由表中与数据包的目的地址之间没有匹配的表项时路由器能够做出的选择。如果没有默认路由，那么目的地址在路由表中没有匹配表项的包将被丢弃。默认路由在某些时候非常有效，当存在末梢网络时，默认路由会大大简化路由器的配置，减轻管理员的工作负担，提高网络性能。只需把目的地 IP 和子网掩码改成 0.0.0.0 和 0.0.0.0。

缺省路由在某是一种特殊的路由，可以通过静态路由配置，某些动态路由协议也可以生成缺省路由，如 OSPF。在小型网络互连中，其可以减轻路由器对路由表的维护工作量，从而降低内存和 CPU 的使用率。

Switch(config) #**ip route 0.0.0.0 0.0.0.0** *destination prefix destination prefix mask*[ip address|interface]

（5）典型静态路由的配置举例

本任务的实验拓扑及设备 IP 地址如图 2.43 所示，本书中的路由器型号均为 Cisco 2811 系列（需要在 2811 路由器插入广域网模块，具体操作为：单击选取的路由器，关闭机器的电源，将窗口中"physical 区选择 WIC-2T"模块拖放到空的模块槽中，然后释放鼠标，重新打开电源。）

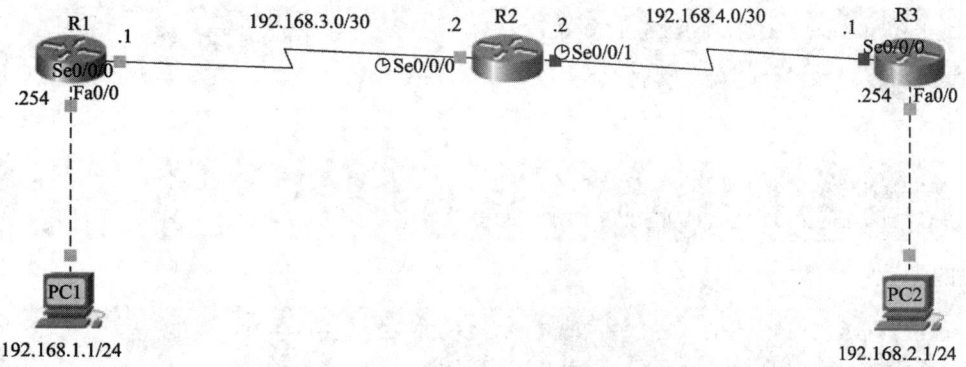

图 2.43　静态路由的配置拓扑

① 配置步骤。
➢ 配置路由器名称

按拓扑结构图给路由器命名，以 R1 为例：

Router#configure terminal
Router(config)# hostname R1

➢ 配置路由器的以太网口

以 R1 为例：

```
R1# configure terminal
R1(config)#interface f0/0
R1(config-if)#ip address 192.168.1.254 255.255.255.0
R1(config-if)#no shutdown
R1(config-if)#exit
R1(config)#interface s0/0/0
R1(config-if)#ip address 192.168.3.1 255.255.255.252
R1(config-if)#no shutdown
R1(config-if)#exit
```

配置路由之前，使用 show ip route 命令查看路由表，只看到直连的网段，其标记为 C。

➤ 配置静态路由

R1 的配置：

```
R1(config)#ip route 192.168.2.0 255.255.255.0 192.168.3.2
//目标网络是 192.168.2.0，对应掩码是 255.255.255.0，下一跳地址是 192.168.1.2
R1(config)#ip route 192.168.4.0 255.255.255.0 192.168.3.2
```

或者

```
R1(config)#ip route 192.168.2.0 255.255.255.0 s0/0/0
R1(config)#ip route 192.168.4.0 255.255.255.0 s0/0/0
```

R2 的配置：

```
R2(config)# ip route 192.168.1.0 255.255.255.0 192.168.3.1
R2(config)# ip route 192.168.2.0 255.255.255.0 192.168.4.1
```

或者

```
R2(config)# ip route 192.168.1.0 255.255.255.0 s0/0/0
R2(config)# ip route 192.168.2.0 255.255.255.0 s0/0/1
```

R3 的配置：

```
R3(config)# ip route 192.168.1.0 255.255.255.0 192.168.4.2
R3(config)# ip route 192.168.3.0 255.255.255.0 192.168.4.2
```

或者

```
R3(config)# ip route 192.168.1.0 255.255.255.0 s0/0/0
R3(config)# ip route 192.168.3.0 255.255.255.0 s0/0/0
```

➤ 检查路由表

配置静态路由后，使用 show ip route 命令查看路由表，以 R1 为例效果如图 2.44 所示。可以看到配置了静态路由的网段，其标记为 "S"。

2.4 内部局域网组建 | 109

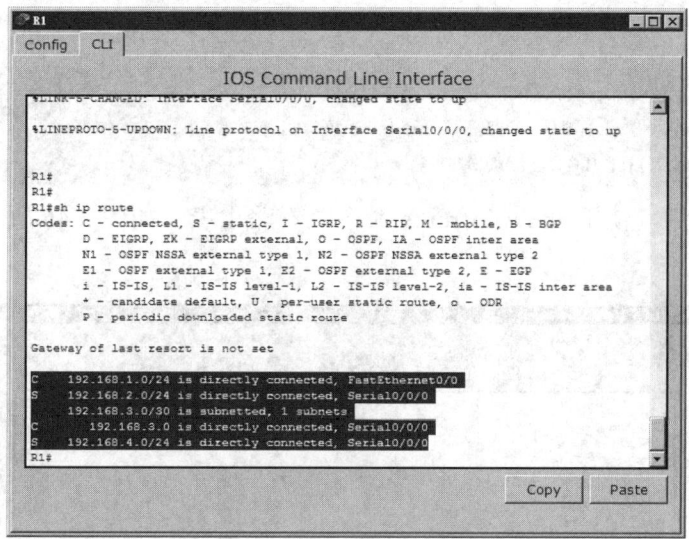

图 2.44　R1 的路由表

➢ 测试网络的连通性

以 PC1（192.168.1.1）为例，测试与 PC2（192.168.2.1）的连通性，如图 2.45 所示。

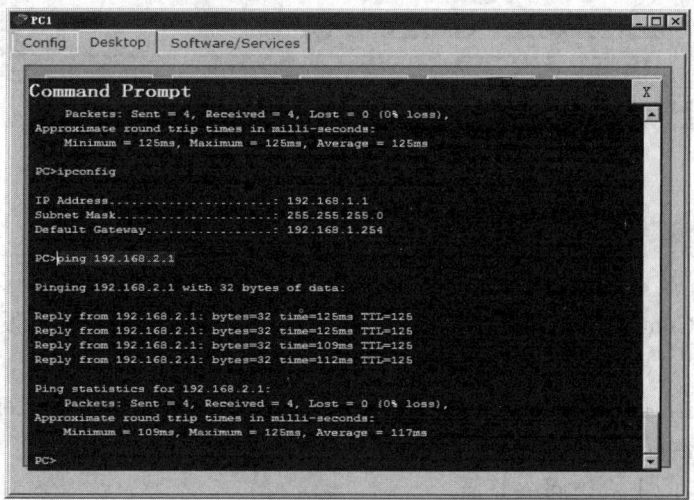

图 2.45　PC1ping PC2 成功

② 配置默认路由。

对于该实验的拓扑结构来说，只有 R1 和 R3 才允许配置默认路由。为了使得默认路由起作用，首先应该删除静态路由的配置，才配置默认路由。以 R1 为例：

R1(config)#no ip route 192.168.2.0 255.255.255.0 192.168.3.2
R1(config)#no ip route 192.168.4.0 255.255.255.0 192.168.3.2
R1(config)#ip route 0.0.0.0 0.0.0.0 192.168.3.2

或者:

```
R1(config)#no ip route 192.168.2.0 255.255.255.0 s0/0/0
R1(config)#no ip route 192.168.4.0 255.255.255.0 s0/0/0
R1(config)#ip route 0.0.0.0 0.0.0.0 s0/0/0
```

配置默认路由后，使用 show ip route 命令查看路由表，如图 2.46 所示，默认路由的标记为 S*。

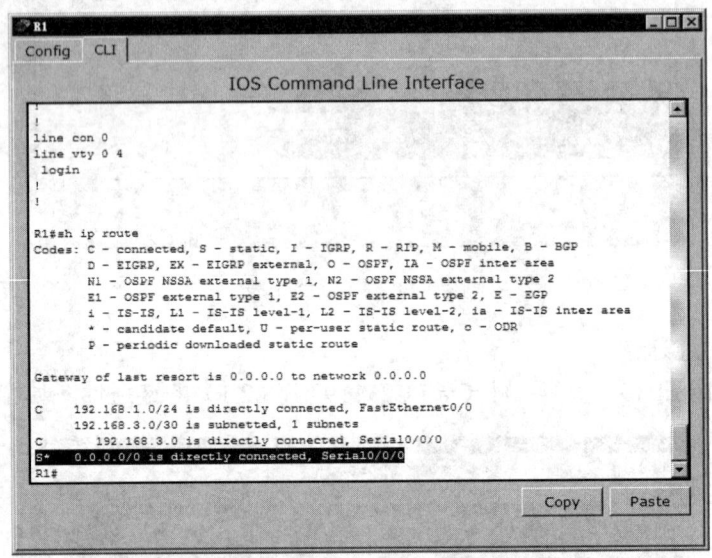

图 2.46 R1 的路由表（默认路由）

3. ACL 技术及配置

（1）了解 ACL 技术

ACL（Access Control list，访问控制列表），是网络设备处理数据包转发的一组规则，网络设备利用这组规则来决定数据包允许转发还是拒绝转发。

由于网络中数据流的多样性，用户要求对某些特定的数据流采取特殊的策略，需要一种工具来挑选感兴趣的数据流。例如：

① 只允许特定的主机访问服务器。

② 限制 FTP 流量占用的带宽。

③ 过滤某些路由信息。

ACL 可以从数据包报头中提取以上信息，根据规则进行测试，然后决定是"允许"还是"拒绝"。

（2）ACL 过滤依据

实现 ACL 的核心技术是包过滤。即通过检查 IP 数据包的地址、协议、端口等信息，根据预先定义好的规则对包进行过滤，从而达到访问控制的目的。但这种技术具有一些固有的局限性，如无法识别到具体的人，无法识别到应用内部的权限级别等。因此，要达到 end to end 的权限控制目的，需要和系统级及应用级的访问权限控制结合使用。

（3）ACL 匹配规则

ACL 由一组具有相同编号或者名字的访问控制规则组成（ACL 规则），在规则中定义检查字段，由 Permit/deny 定义执行的动作。通过编号或者名字调用 ACL，匹配顺序如下。

① 自上而下。
② 当报文匹配某条规则后，将执行操作，跳出匹配过程。
③ 缺省最后隐含一条"deny any"的规则（一个 ACL 中至少要有一条 Permit 规则）。

ACL 规则修改时，要注意，新规则会添加到 ACL 的末尾，无法单独删除某条规则，建议导出配置文件再进行修改或将 ACL 规则复制到编辑工具进行修改。

（4）ACL 处理方法

在创建访问控制列表之后，必须将其应用到某个接口才可开始生效。ACL 控制的对象是进出接口的流量。所谓的入站或出站，是相对设备本身而言的。进入设备接口的流量称为入站流量，流出接口的则称为出站流量。数据包到达接口时，设备会检查以下参数。

➢ 是否有针对该接口的 ACL？
➢ 该 ACL 控制的是入站流量还是出站流量？
➢ 此流量是否符合允许或拒绝的条件？

① 入站 ACL。

入站 ACL 传入数据包经过处理之后才会被路由到出站接口。入站 ACL 非常高效，如果数据包被丢弃，则节省了执行路由查找的开销。只有放行数据包（允许）后，路由器才会处理路由工作，如图 2.47 所示。

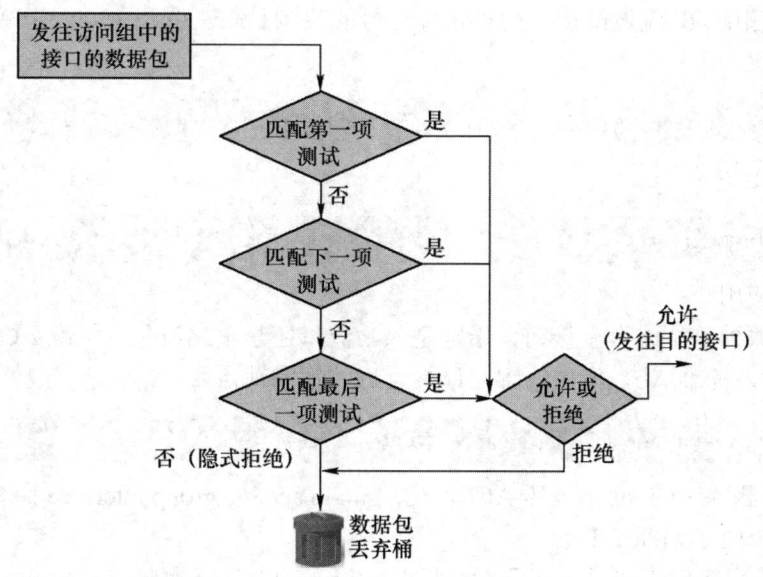

图 2.47　ACL 入站操作规程

② 出站 ACL。

出站 ACL 传入数据包路由到出站接口后，由出站 ACL 进行处理，如图 2.48 所示。

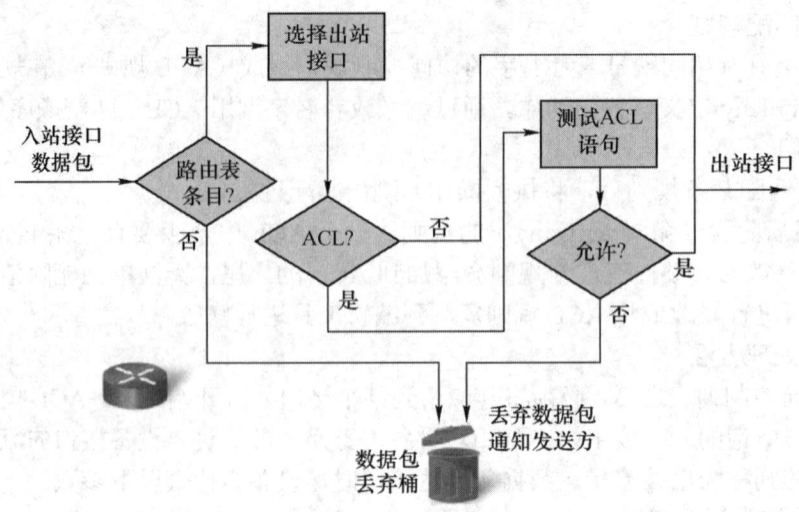

图 2.48 ACL 出站操作规程

（5）ACL 类型—标准 ACL

标准 ACL 根据源 IP 地址允许或拒绝流量，对流量的允许或拒绝是基于整个协议（如 IP）的。因此，如果某台主机设备被标准 ACL 拒绝访问，则该主机提供的所有服务也会被拒绝访问。

① 标号范围。

对于允许或拒绝 IP 流量的访问列表，标识号的范围是 1～99 和 1300～1999。

② 基本配置。

access-list[access-list-number] [deny|permit] [source address] [source-wildcard] [log]

➢ 删除 ACL

no access-list[list number]

➢ ACL 的应用

将 ACL 指派到一个或多个接口，指定是入站流量还是出站流量。标准 ACL 不处理目的地相关参数，因此，标准 ACL 应该放置在最接近目的地的地点。

(config-if)#**ip access-group** access list number|WORD[in | out]

要从接口中删除 ACL 而不破坏 ACL，使用 no ip access-group interface 命令。

③ 通配符掩码（wildcard）。

➢ 通配符掩码指定了路由器在匹配地址时检查哪些位忽略哪些位。

➢ 通配符掩码中为"0"的位表示需要检查的位，为"1"的位表示忽略检查的位，这与子网掩码中的意义是完全不同的。

➢ 举例。

例如，计算表示下列网络中的所有节点的通配符掩码：**192.168.1.0　255.255.255.0**。

答案：**192.168.1.0   0.0.0.255**

这个通配符掩码与 C 类地址的子网掩码正好相反，在本例中，根据通配符掩码中为 0 的位，比较数据包的源地址和控制的 IP 地址中相关的各个位，当每位都相同时，说明两者匹配。

- 通配符掩码 0.0.0.0 要求 IP 地址的所有 32 个比特位均应完全匹配，作用等同于 host 参数。
- 通配符掩码 255.255.255.255，是过滤所有主机，作用等同于 any。

（6）ACL 类型—扩展 ACL

① 标号范围。

不仅可以根据源 IP 地址过滤，也可根据目的 IP 地址、协议和端口号过滤流量。扩展 ACL 的编号范围是 100～199 和 2000～2699。

② 基本配置。

access-listaccess-list-number{permit | deny}protocol[source source-wildcard destination destination-wildcard] [operator port] [log]

ACL 的应用。由于扩展 ACL 可以控制目的地地址，所以应该放置在尽量接近数据发送源的路由器上，减少网络资源的浪费。

③ 扩展 ACL 举例。

某公司有一台主机地址为 192.168.1.250 的服务器。该公司有如下要求。

- 允许 192.168.1.0 局域网中的所有主机访问该服务器。
- 拒绝 192.168.3.0 局域网中的所有主机访问该服务器。
- 允许访问企业中的所有其他主机。

access-list 100 per ip 192.168.1.0 0.0.0.255 host 192.168.5.25
access-list 100 deny ip 192.168.3.0 0.0.0.255   host 192.168.5.25
access-list 100 per ip any any

（7）ACL 类型—命名 ACL

不管是标准访问控制列表还是扩展访问控制列表都有一个共同的局限性，那就是当设置好 ACL 的规则后发现其中的某条有问题，希望进行修改或删除的话只能将全部 ACL 信息都删除。也就是说修改一条或删除一条都会影响到整个 ACL 列表。使用基于名称的访问控制列表来解决上述问题。配置命令如下：

ip access-list[standard|extended] [ACL name]

//ACL name：为字母数字，必须唯一，而且不能以数字开头

例如，ip access-list standard cisco 就建立了一个名为 cisco 的标准访问控制列表。

（8）典型 ACL 配置举例

本任务的实验拓扑及设备 IP 地址如图 2.49 所示，要求只允许 PC1 对路由器 R1 进行远程管理（使用 ACL 控制 VTY 访问）。

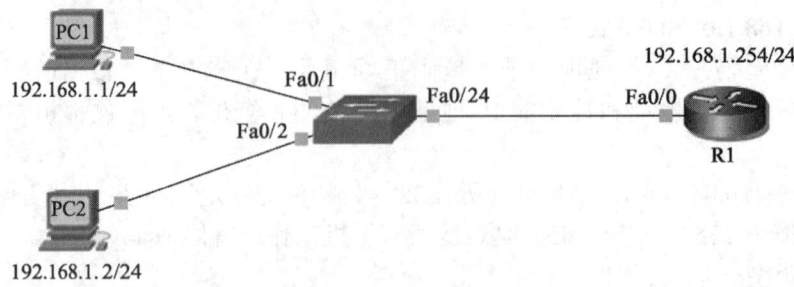

图 2.49 ACL 配置组网图

① 配置步骤。

R1 上的配置：

```
Router(config)#hostname R1
Router(config)#enable password cisco
Router(config)#interface f0/0
R1(config-if)#ip address 192.168.1.254 255.255.255.0
R1(config-if)#exit
Router(config)#access-list 1 permit host 192.168.1.1   //定义一个标准 ACL，编号为 1
Router(config)#line vty 0
R1(config-line)#access-class 1 in           //将编号为 1 的标准 ACL 应用在 VTY 接口下
R1(config-line)#password cisco
R1(config-line)##login
```

② 测试。

两台 PC，按照拓扑图进行设置 IP 地址等参数，然后分别对 R1 进行远程访问测试，如图 2.50 和图 2.51 所示。

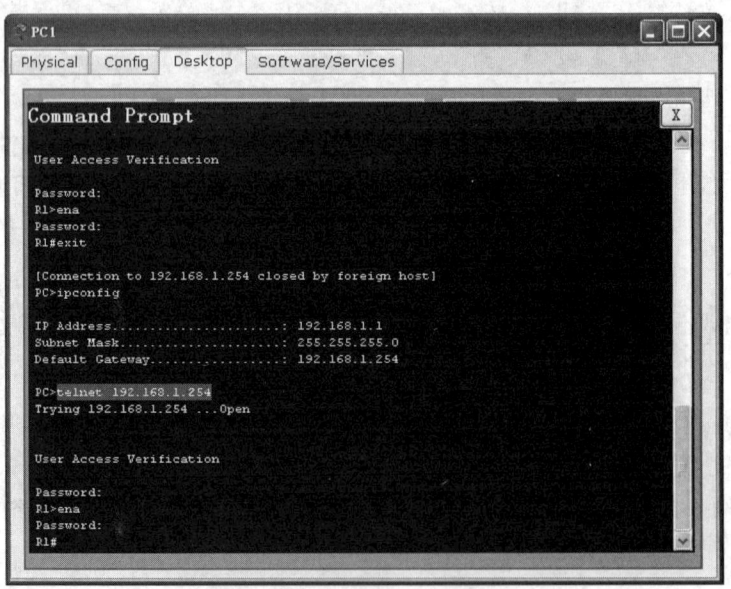

图 2.50 PC1 远程访问成功

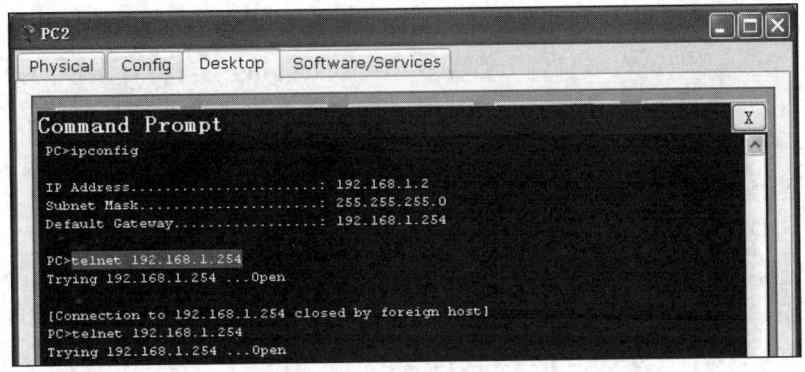

图 2.51　PC2 远程访问失败

4. H3C S5500 系列交换机的配置命令

以上介绍的命令是以思科的设备产品为例的，不同的厂家的命令也不尽相同，为方便完成任务的实施，现简要介绍 H3C S5500 系列交换机的一些命令。

（1）acl

acl number *acl-number* [**name** *acl-name*] [**match-order** {**auto** | **config**}]

acl-number：ACL 的序号，取值范围为 2000~4999。其中，2000~2999：基本 IPv4 ACL；3000~3999：高级 IPv4 ACL；4000~4999：二层 ACL。

name *acl-name*：指定 ACL 的名称。*acl-name* 表示 IPv4 ACL 的名称，为 1~32 个字符的字符串，不区分大小写，必须以英文字母 a~z 或 A~Z 开头。为避免混淆，IPv4 ACL 的名称不可以使用英文单词 all。

match-order：指定规则的匹配顺序；**auto**：按照"深度优先"的顺序进行规则匹配；**config**：按照用户配置规则的先后顺序进行规则匹配。

acl 命令用来创建 IPv4 ACL，并进入相应 IPv4 ACL 视图。

//创建一个序号为 2000 的 IPv4 ACL，未命名

[Sysname]acl number 2000
[Sysname-acl-basic-2000]

//创建一个序号为 2002、名称为 flow 的 IPv4 ACL

[Sysname]acl number 2002 name flow
[Sysname-acl-basic-2002-flow]

（2）rule（basic IPv4 ACL view）

rule [*rule-id*] {**deny** | **permit**} [**fragment** | **logging** | **source** {*sour-addr sour-wildcard* | **any**} | **time-range** *time-name*]

rule-id：基本 IPv4 ACL 规则编号，取值范围为 0~65534。

deny：表示丢弃符合条件的报文。**permit**：表示允许符合条件的报文通过。
fragment：定义规则仅对非首片分片报文有效。**logging**：对符合条件的报文可记录日志信息。**source** {*sour-addr sour-wildcard* | **any**}：指定规则的源地址信息。*sour-addr* 表示报文的源 IP 地址，*sour-wildcard* 表示反掩码（当反掩码为 0 时代表主机地址），例如，如果用户想指定子网掩码 255.255.0.0，则需要输入 0.0.255.255。**any** 表示任意源 IP 地址。**time-range** *time-name*：指定规则生效的时间段。*time-name* 表示时间段的名称，为 1~32 个字符的字符串，不区分大小写，必须以英文字母 a~z 或 A~Z 开头，为避免混淆，时间段的名字不可以使用英文单词 all。

rule 命令用来定义一个基本 IPv4 ACL 规则。

//定义一条基本 IPv4 ACL 规则，禁止源地址为 1.1.1.1 的报文通过

```
[Sysname]acl number 2000
[Sysname-acl-basic-2000]rule deny source 1.1.1.1 0
```

（3）rule(advanced IPv4 ACL view)

rule[*rule-id*] {**deny** | **permit**}*protocol*[**destination**{*dest-addr dest-wildcard* | **any**} | **destination-port** *operator port1*[*port2*] | **dscp***dscp* | **established** |**fragment** | **icmp-type** {*icmp-typeicmp-code* | *icmp-message*} | **logging** | **precedence***precedence* | **reflective** | **source**{*sour-addr sour-wildcard* | **any**} | **source-port** *operator port1*[*port2*] | **time- range***time-name* | **tos***tos*]

rule-id：高级 IPv4 ACL 规则编号，取值范围为 0~65534。

deny：表示丢弃符合条件的报文。**permit**：表示允许符合条件的报文通过。

protocol：IP 承载的协议类型。用数字表示时，取值范围为 0~255；用名字表示时，可以选取 **gre**(47)、**icmp**(1)、**igmp**(2)、**ip**、**ipinip**(4)、**ospf**(89)、**tcp**(6)、**udp**(17)。

protocol 后可以配置的规则信息参数较多，具体可参考设备的命令手册，这里就不一一说明。

rule 命令用来定义一个高级 IPv4 ACL 规则。

//定义一条高级 IPv4 ACL 规则，允许从 129.9.0.0 网段的主机向 202.38.160.0 网段的主机发送的端口号为 80 的 TCP 报文通过

```
[Sysname]acl number 3000
[Sysname-acl-adv-3000]rule permit tcp source 129.9.0.0 0.0.255.255 destination 202.38.160.0 0.0.0.255 destination-port eq 80
```

（4）dhcp enable

dhcp enable 命令用来使能 DHCP 服务。缺省情况下，DHCP 服务处于禁止状态。

（5）dhcp server ip-pool

dhcp server ip-pool*pool-name*

pool-name：DHCP 地址池名称，是地址池的唯一标识，为 1~35 个字符的字符串。

dhcp server ip-pool 命令用来创建 DHCP 地址池并进入 DHCP 地址池视图，如果已经创建了 DHCP 地址池，则直接进入该地址池视图。

//创建标识为 0 的 DHCP 地址池

```
[Sysname]dhcp server ip-pool 0
[Sysname-dhcp-pool-0]
```

DHCP 服务器配置举例如下：

```
<SwitchA>system-view
[SwitchA]dhcp enable
```

//配置不参与自动分配的 IP 地址（DNS 服务器、WINS 服务器和网关地址）

```
[SwitchA]dhcp server forbidden-ip 10.1.1.2
[SwitchA]dhcp server forbidden-ip 10.1.1.4
[SwitchA]dhcp server forbidden-ip 10.1.1.126
```

//配置 DHCP 地址池 1 的属性（地址池范围、网关、地址租用期限、WINS 服务器地址、DNS 服务器）

```
[SwitchA]dhcp server ip-pool 1
[SwitchA-dhcp-pool-1]network 10.1.1.0 mask 255.255.255.128
[SwitchA-dhcp-pool-1]gateway-list 10.1.1.126
[SwitchA-dhcp-pool-1]expired day 10 hour 12
[SwitchA-dhcp-pool-1]nbns-list 10.1.1.4
[SwitchA-dhcp-pool-1]dns-list 10.1.1.2
[SwitchA-dhcp-pool-1]quit
```

（6）ip route-static

iproute-staticdest-address{mask | mask-length} {next-hop-address[**track** track-entry- number] | interface-typeinterface-number[next-hop-address] } [**preference**preference-value] [**tag**tag-value] [**description**description-text]

dest-address：静态路由的目的 IP 地址，点分十进制格式。

mask：IP 地址的掩码，点分十进制格式。

mask-length：掩码长度，取值范围为 0～32。

next-hop-address：指定路由的下一跳的 IP 地址，点分十进制格式。

interface-type interface-number：指定静态路由的出接口类型和接口号。如果出接口是广播类型接口（如 VLAN 接口等），则必须指定下一跳地址。

preference*preference-value*：指定静态路由的优先级，取值范围 1～255，缺省值为 60。

tag *tag-value*：静态路由 Tag 值，用于标识该条静态路由，以便在路由策略中根据 Tag 对路由进行灵活的控制。关于路由策略的详细信息，可参见"路由策略配置"。

可在路由策略中根据 Tag 值对路由进行灵活的控制，取值范围为 1～4294967295，缺省值为 0。

description *description-text*：设置的静态路由描述信息，取值范围为 1~60 个字符。除 "?" 外，可以包含空格等特殊字符。

track *track-entry-number*：将静态路由与 Track 项相关联，*track-entry-number* 为 Track 项的序号，取值范围为 1~1024。

ip route-static 命令用来配置单播静态路由。如果目的 IP 地址和掩码都为 0.0.0.0，配置的路由为缺省路由。如果检查路由表失败，将使用缺省路由进行报文转发。

//配置静态路由，其目的地址为 1.1.1.1/24，指定下一跳为 2.2.2.2，Tag 值为 45，描述信息为 "for internet & intranet"。

[Sysname]ip route-static 1.1.1.1 242.2.2.2tag 45 description for internet & intranet

5. 核心交换机的配置

（1）工作任务分析

内部局域网要求对核心交换机进行相应的 VLAN 配置、远程管理配置、端口汇聚配置、DHCP 配置、路由配置等，保证主干网络畅通。主要配置如下。

① 在核心交换机 S3-1 上创建相应 VLAN。
② 依照 "VLAN 与 IP 规划表"，预留合理的端口，并将其端口加入到相应 VLAN。
③ 配置各 VLAN 接口的 IP 地址作为 PC 的网关。
④ 配置 DHCP 功能，为 PC 机自动分配 IP、网关及 DNS 地址。
⑤ 配置端口汇聚及 VLAN Trunk 接口，允许承载多个 VLAN 到核心交换机。
⑥ 配置远程管理功能。
⑦ 配置到外网及内网的路由。

（2）任务的实施

① Cisco 核心交换机上的配置（PT 实现）。

```
S3-1#show run
!
hostname S3-1
!
enable password cvit
!
ip dhcp pool pool101
 network 192.168.101.0 255.255.255.0
 default-router 192.168.101.254
ip dhcp pool pool102
 network 192.168.102.0 255.255.255.0
 default-router 192.168.102.254
ip dhcp pool pool103
 network 192.168.103.0 255.255.255.0
 default-router 192.168.103.254
ip dhcp pool pool104
 network 192.168.104.0 255.255.255.0
```

```
   default-router 192.168.104.254
ip dhcp pool pool105
   network 192.168.105.0 255.255.255.0
   default-router 192.168.105.254
ip dhcp pool pool106
   network 192.168.106.0 255.255.255.0
   default-router 192.168.106.254
ip dhcp pool pool108
   network 192.168.108.0 255.255.255.0
   default-router 192.168.108.254
ip dhcp pool pool109
   network 192.168.109.0 255.255.255.0
   default-router 192.168.109.254
ip dhcp pool pool110
   network 192.168.110.0 255.255.255.0
   default-router 192.168.110.254
ip dhcp pool pool111
   network 192.168.111.0 255.255.255.0
   default-router 192.168.111.254
ip dhcp pool pool112
   network 192.168.112 255.255.255.0
   default-router 192.168.112.254
ip dhcp pool pool202
   network 192.168.202.0 255.255.255.0
   default-router 192.168.202.254
ip dhcp pool pool203
   network 192.168.203.0 255.255.255.0
   default-router 192.168.203.254
ip dhcp pool pool204
   network 192.168.204.0 255.255.255.0
   default-router 192.168.204.254
ip dhcp pool pool206
   network 192.168.206.0 255.255.255.0
   default-router 192.168.206.254
ip dhcp pool pool207
   network 192.168.207.0 255.255.255.0
   default-router 192.168.207.254
ip dhcp pool pool208
   network 192.168.208 255.255.255.0
   default-router 192.168. 208.254
ip dhcp pool pool210
   network 192.168.210.0 255.255.255.0
   default-router 192.168.210.254
ip dhcp pool pool211
   network 192.168.211.0 255.255.255.0
   default-router 192.168.211.254
ip routing
```

```
!
interface FastEthernet0/1                //上连 R1
  no switchport
  ip address 192.168.100.2 255.255.255.0
!
interface FastEthernet0/2                //设备间服务器
  switchport access vlan 107
!
interface FastEthernet0/3
  switchport access vlan 107
!
interface FastEthernet0/4
  switchport access vlan 107
!
interface FastEthernet0/5                //人力资源
  switchport access vlan 104
!
interface FastEthernet0/6                //网络中心
  switchport access vlan 109
!
interface FastEthernet0/7                //产品事业部 1
   switchport access vlan 108
!
interface GigabitEthernet0/1             //技术服务部 1
 switchport access vlan 105
!
interface GigabitEthernet0/2             //销售业务部
  switchport access vlan 109
!
interface FastEthernet0/21               //配置与 S3-2（f0/23、f0/24）聚合
  channel-group 1 mode on
  switchport trunk encapsulation dot1q
  switchport mode trunk
!
interface FastEthernet0/22               //配置与 S3-2（f0/23、f0/24）聚合
  channel-group 1 mode on
  switchport trunk encapsulation dot1q
  switchport mode trunk
!
interface FastEthernet0/23               //配置与 S3-3（f0/23、f0/24）聚合
  channel-group 2 mode on
  switchport trunk encapsulation dot1q
  switchport mode trunk
!
interface FastEthernet0/24               //配置与 S3-3（f0/23、f0/24）聚合
  channel-group 2 mode on
  switchport trunk encapsulation dot1q
```

```
  switchport mode trunk
!
interface Port-channel 1
  switchport trunk encapsulation dot1q
  switchport mode trunk
!
interface Port-channel 2
  switchport trunk encapsulation dot1q
  switchport mode trunk
!
interface Vlan 1                          //远程管理
  ip address 192.168.0.12 255.255.255.0
!
interface Vlan 101
  ip address 192.168.101.254 255.255.255.0
ip access-group deny101 in                //应用 deny101 策略
!
interface Vlan 102
  ip address 192.168.102.254 255.255.255.0
!
interface Vlan 103
  ip address 192.168.103.254 255.255.255.0
!
interface Vlan 104
  ip address 192.168.104.254 255.255.255.0
!
interface Vlan 105
  ip address 192.168.105.254 255.255.255.0
!
interface Vlan 106
  ip address 192.168.106.254 255.255.255.0
!
interface Vlan 107
  ip address 192.168.107.254 255.255.255.0
!
interface Vlan 108
  ip address 192.168.108.254 255.255.255.0
!
interface Vlan 109
  ip address 192.168.109.254 255.255.255.0
!
interface Vlan 110
  ip address 192.168.110.254 255.255.255.0
!
interface Vlan 111
  ip address 192.168.111.254 255.255.255.0
!
```

```
interface Vlan 112
  ip address 192.168.112.254 255.255.255.0
!
interface Vlan 202
  ip address 192.168.202.254 255.255.255.0
!
interface Vlan 203
  ip address 192.168.203.254 255.255.255.0
!
interface Vlan 204
  ip address 192.168.204.254 255.255.255.0
!
interface Vlan 206
  ip address 192.168.206.254 255.255.255.0
!
interface Vlan 207
  ip address 192.168.207.254 255.255.255.0
!
interface Vlan 208
  ip address 192.168.208.254 255.255.255.0
!
interface Vlan 210
  ip address 192.168.210.254 255.255.255.0
!
interface Vlan 211
  ip address 192.168.211.254 255.255.255.0
!
ip route 0.0.0.0 0.0.0.0 192.168.100.1        //至外网的静态路由，下一跳为 R1
!
ip access-list extended deny101      //定义命名 ACL，拒绝财务部不被其他业务部门访问
  deny ip 192.168.101.0 0.0.0.255 192.168.102.0 0.0.0.255
  deny ip 192.168.101.0 0.0.0.255 192.168.103.0 0.0.0.255
  deny ip 192.168.101.0 0.0.0.255 192.168.104.0 0.0.0.255
  deny ip 192.168.101.0 0.0.0.255 192.168.105.0 0.0.0.255
  deny ip 192.168.101.0 0.0.0.255 192.168.106.0 0.0.0.255
  deny ip 192.168.101.0 0.0.0.255 192.168.108.0 0.0.0.255
  deny ip 192.168.101.0 0.0.0.255 192.168.109.0 0.0.0.255
  deny ip 192.168.101.0 0.0.0.255 192.168.110.0 0.0.0.255
  deny ip 192.168.101.0 0.0.0.255 192.168.111.0 0.0.0.255
  deny ip 192.168.101.0 0.0.0.255 192.168.112.0 0.0.0.255
  deny ip 192.168.101.0 0.0.0.255 192.168.202.0 0.0.0.255
  deny ip 192.168.101.0 0.0.0.255 192.168.203.0 0.0.0.255
  deny ip 192.168.101.0 0.0.0.255 192.168.204.0 0.0.0.255
  deny ip 192.168.101.0 0.0.0.255 192.168.206.0 0.0.0.255
  deny ip 192.168.101.0 0.0.0.255 192.168.207.0 0.0.0.255
  deny ip 192.168.101.0 0.0.0.255 192.168.208.0 0.0.0.255
  deny ip 192.168.101.0 0.0.0.255 192.168.210.0 0.0.0.255
```

```
    deny ip 192.168.101.0 0.0.0.255 192.168.211.0 0.0.0.255
    permit ip any any
!
line vty 0 4
    password p@ssw0rd
    login
!
end
```

② H3C 核心交换机上的配置（S5500）。

```
S3-1#dis cur
#
 sysname S3-1
#
acl number 3000            ////定义扩展 ACL，拒绝财务部不被其他业务部门访问
 rule 10 deny ip source 192.168.101.0 0.0.0.255 destination 192.168.102.0 0.0.0.255
 rule 20 deny ip source 192.168.101.0 0.0.0.255 destination 192.168.103.0 0.0.0.255
 rule 30 deny ip source 192.168.101.0 0.0.0.255 destination 192.168.104.0 0.0.0.255
 rule 40 deny ip source 192.168.101.0 0.0.0.255 destination 192.168.105.0 0.0.0.255
 rule 50 deny ip source 192.168.101.0 0.0.0.255 destination 192.168.106.0 0.0.0.255
 rule 60 deny ip source 192.168.101.0 0.0.0.255 destination 192.168.108.0 0.0.0.255
 rule 70 deny ip source 192.168.101.0 0.0.0.255 destination 192.168.109.0 0.0.0.255
 rule 80 deny ip source 192.168.101.0 0.0.0.255 destination 192.168.110.0 0.0.0.255
 rule 90 deny ip source 192.168.101.0 0.0.0.255 destination 192.168.111.0 0.0.0.255
 rule 100 deny ip source 192.168.101.0 0.0.0.255 destination 192.168.112.0 0.0.0.255
 rule 110 deny ip source 192.168.101.0 0.0.0.255 destination 192.168.202.0 0.0.0.255
 rule 120 deny ip source 192.168.101.0 0.0.0.255 destination 192.168.203.0 0.0.0.255
 rule 130 deny ip source 192.168.101.0 0.0.0.255 destination 192.168.204.0 0.0.0.255
 rule 140 deny ip source 192.168.101.0 0.0.0.255 destination 192.168.206.0 0.0.0.255
 rule 150 deny ip source 192.168.101.0 0.0.0.255 destination 192.168.207.0 0.0.0.255
 rule 160 deny ip source 192.168.101.0 0.0.0.255 destination 192.168.208.0 0.0.0.255
 rule 170 deny ip source 192.168.101.0 0.0.0.255 destination 192.168.209.0 0.0.0.255
 rule 180 deny ip source 192.168.101.0 0.0.0.255 destination 192.168.210.0 0.0.0.255
 rule 190 deny ip source 192.168.101.0 0.0.0.255 destination 192.168.211.0 0.0.0.255
#
management-vlan 100
#
vlan 101 to 112
#
vlan 202 to 204
#
vlan 206 to 208
#
vlan 210 to 211
#
```

```
dhcp server ip-pool 101
 network 192.168.101.0 mask 255.255.255.0
 gateway-list 192.168.101.1254
 dns-list 219.149.194.55
#
dhcp server ip-pool 102
 network 192.168.102.0 mask 255.255.255.0
 gateway-list 192.168.102.1254
 dns-list 219.149.194.55
#
dhcp server ip-pool 103
 network 192.168.103.0 mask 255.255.255.0
 gateway-list 192.168.103.254
 dns-list 219.149.194.55
#
dhcp server ip-pool 104
 network 192.168.104.0 mask 255.255.255.0
 gateway-list 192.168.104.254
 dns-list 219.149.194.55
#
dhcp server ip-pool 105
 network 192.168.105.0 mask 255.255.255.0
 gateway-list 192.168.105.254
 dns-list 219.149.194.55
#
dhcp server ip-pool 106
 network 192.168.106.0 mask 255.255.255.0
 gateway-list 192.168.106.254
 dns-list 219.149.194.55
#
dhcp server ip-pool 108
 network 192.168.108.0 mask 255.255.255.0
 gateway-list 192.168.108.254
 dns-list 219.149.194.55
#
dhcp server ip-pool 109
 network 192.168.109.0 mask 255.255.255.0
 gateway-list 192.168.109.254
 dns-list 219.149.194.55
#
dhcp server ip-pool 110
 network 192.168.110.0 mask 255.255.255.0
 gateway-list 192.168.110.254
 dns-list 219.149.194.55
#
```

```
dhcp server ip-pool 111
  network 192.168.111.0 mask 255.255.255.0
  gateway-list 192.168.111.254
  dns-list 219.149.194.55
#
dhcp server ip-pool 112
  network 192.168.112.0 mask 255.255.255.0
  gateway-list 192.168.112.254
  dns-list 219.149.194.55
#
dhcp server ip-pool 202
  network 192.168.202.0 mask 255.255.255.0
  gateway-list 192.168.202.254
  dns-list 219.149.194.55
#
dhcp server ip-pool 203
  network 192.168.203.0 mask 255.255.255.0
  gateway-list 192.168.203.254
  dns-list 219.149.194.55
#
dhcp server ip-pool 204
  network 192.168.204.0 mask 255.255.255.0
  gateway-list 192.168.204.254
  dns-list 219.149.194.55
#
dhcp server ip-pool 206
  network 192.168.206.0 mask 255.255.255.0
  gateway-list 192.168.206.254
  dns-list 219.149.194.55
#
dhcp server ip-pool 207
  network 192.168.207.0 mask 255.255.255.0
  gateway-list 192.168.207.254
  dns-list 219.149.194.55
#
dhcp server ip-pool 208
  network 192.168.208.0 mask 255.255.255.0
  gateway-list 192.168.208.254
  dns-list 219.149.194.55
#
dhcp server ip-pool 210
  network 192.168.210 mask 255.255.255.0
  gateway-list 192.168.210.254
  dns-list 219.149.194.55
#
```

```
 dhcp server ip-pool 211
  network 192.168.211 mask 255.255.255.0
  gateway-list 192.168.211.254
  dns-list 219.149.194.55
#
interface Bridge-Aggregation1        //配置与 1 楼汇聚交换机（ge1/1/1、ge1/1/2）聚合
  port link-type trunk
  port trunk permit vlan all
#
interface Vlan-interface1            //通过 GigabitEthernet1/0/25 上连 R1 的 Ethernet0/0
  ip address 192.168.100.2 255.255.255.0
#
interface Vlan-interface100          //远程管理
  ip address 192.168.0.12 255.255.255.0
#
interface Vlan-interface101
  ip address 192.168.101.254 255.255.255.0
  packet-filter 3000 inbound         //应用 ACL 3000 策略
#
interface Vlan-interface102
  ip address 192.168.102.254 255.255.255.0
#
interface Vlan-interface103
  ip address 192.168.103.254 255.255.255.0
#
interface Vlan-interface104
  ip address 192.168.104.254 255.255.255.0
#
interface Vlan-interface105
  ip address 192.168.105.254 255.255.255.0
#
interface Vlan-interface106
  ip address 192.168.106.254 255.255.255.0
#
interface Vlan-interface107
  ip address 192.168.107.254 255.255.255.0
#
interface Vlan-interface108
  ip address 192.168.108.254 255.255.255.0
#
interface Vlan-interface109
  ip address 192.168.109.254 255.255.255.0
#
interface Vlan-interface110
  ip address 192.168.110.254 255.255.255.0
```

```
#
interface Vlan-interface111
 ip address 192.168.111.254 255.255.255.0
#
interface Vlan-interface112
 ip address 192.168.112.254 255.255.255.0
#
interface Vlan-interface202
 ip address 192.168.202.254 255.255.255.0
#
interface Vlan-interface203
 ip address 192.168.203.254 255.255.255.0
#
interface Vlan-interface204
 ip address 192.168.204.254 255.255.255.0
#
interface Vlan-interface206
 ip address 192.168.206.254 255.255.255.0
#
interface Vlan-interface207
 ip address 192.168.207.254 255.255.255.0
#
interface Vlan-interface208
 ip address 192.168.208.254 255.255.255.0
#
interface Vlan-interface210
 ip address 192.168.210.254 255.255.255.0
#
interface Vlan-interface211
 ip address 192.168.211.254 255.255.255.0
#
interface GigabitEthernet1/0/1
 port link-mode bridge
 port link-type trunk
 port trunk permit vlan all
 port link-aggregation group 1
#
interface GigabitEthernet1/0/2
 port link-mode bridge
 port link-type trunk
 port trunk permit vlan all
 port link-aggregation group 1
#
interface GigabitEthernet1/0/3                //设备间服务器
 port link-mode bridge
 port access vlan 107
```

```
#
interface GigabitEthernet1/0/4
port link-mode bridge
port access vlan 107
#
interface GigabitEthernet1/0/5
port link-mode bridge
port access vlan 107
#
interface GigabitEthernet1/0/6          //人力资源 S1
port link-mode bridge
port access vlan 104
#
interface GigabitEthernet1/0/7          //技术服务部 1 S2
port link-mode bridge
port access vlan 105
#
interface GigabitEthernet1/0/8          //销售业务部 S4
port link-mode bridge
port access vlan 108
#
interface GigabitEthernet1/0/9          //网络中心
port link-mode bridge
port access vlan 109
#
interface GigabitEthernet1/0/10         //产品事业部 1 S3
port link-mode bridge
port access vlan 110
#
interface GigabitEthernet1/0/26         //上连 2 楼汇聚交换机 S3610（GigabitEthernet1/1/4）
port link-mode bridge
port link-type trunk
  port trunk permit vlan all
#
ip route-static 0.0.0.0 0.0.0.0 192.168.100.1
#
dhcp enable
#
user-interface vty 0 4
  user privilege level 3
  set authentication password simple p@ssw0rd
#
```

2.4.5　局域网内部功能测试

网络设备配置完成后要进行逻辑连通性测试，主要利用如下命令可以完成相应的测试。

1. 节点 IP 地址检查

利用 ipconfig 命令，查看是否从 DHCP 服务器正确获取 IP 地址及相关参数。在 PT 中，可以直接在计算机的 "IP Configuration" 设置中选择 "DHCP" 选项，如图 2.52 和图 2.53 所示，为财务部 1 和客户服务部两个部门获取 IP 地址情况。

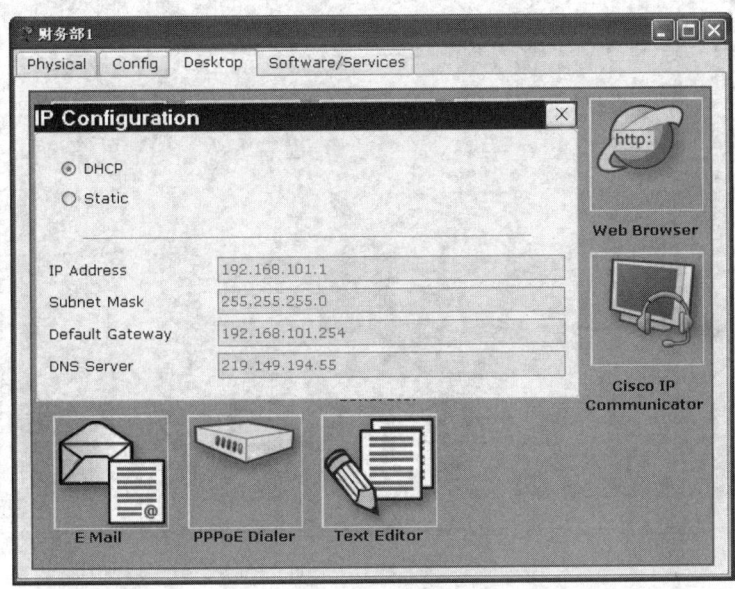

图 2.52　财务部 1PC 的 IP 地址获取成功

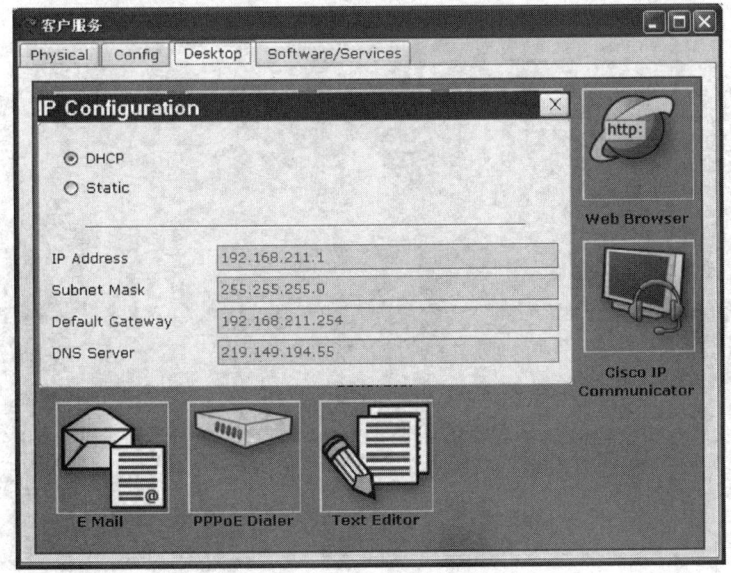

图 2.53　客户服务部 PC 的 IP 地址获取成功

2. 测试同一 VLAN 各节点的连通性

利用 ping 命令，验证技术服务部 1 和技术服务部 2 内的 PC 可以互通，财务部 1 和财务部

2 内的 PC 可以互通，产品事业部 1 与产品事业部 2 内的 PC 可以互通，如图 2.54～图 2.56 所示。

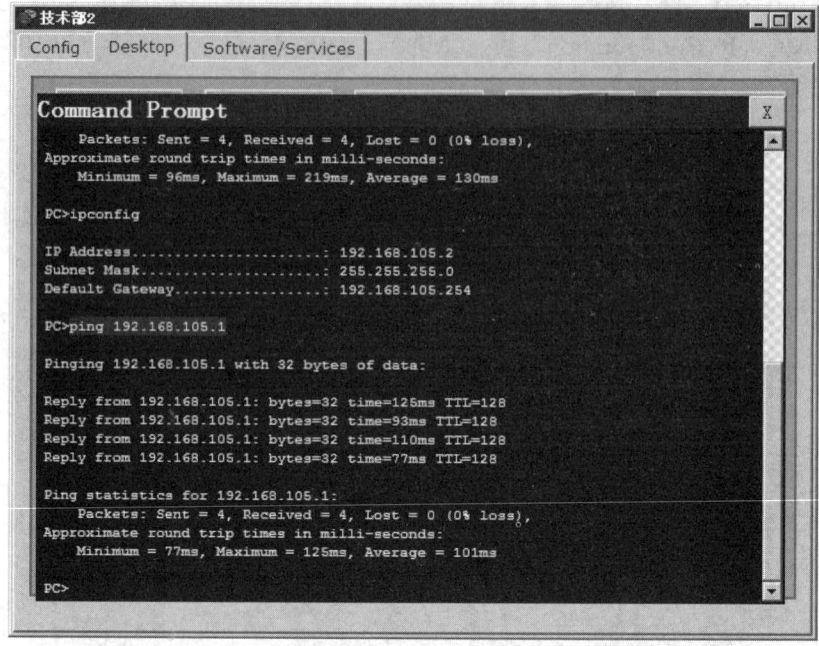

图 2.54　技术服务部 1 和技术服务部 2 内的主机可以互通

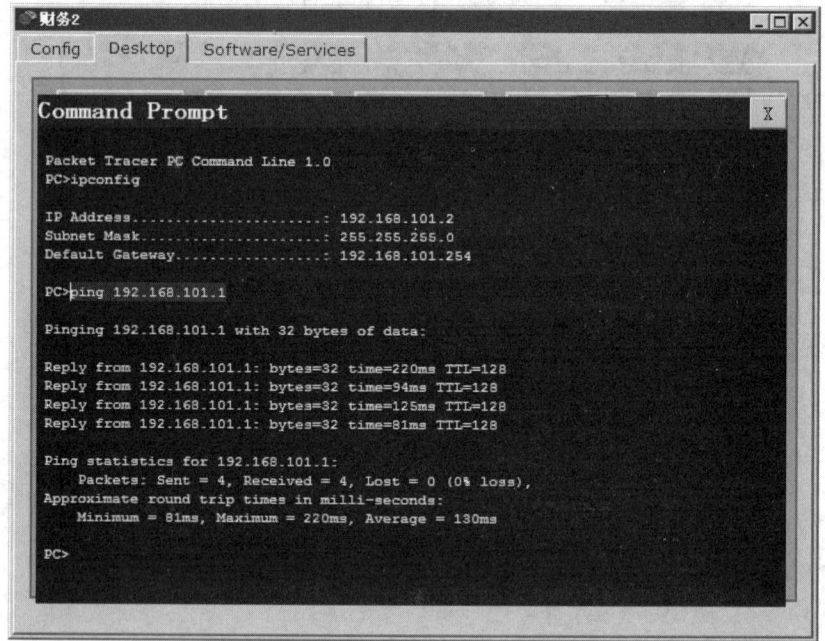

图 2.55　财务部 1 和财务部 2 内的主机可以互通

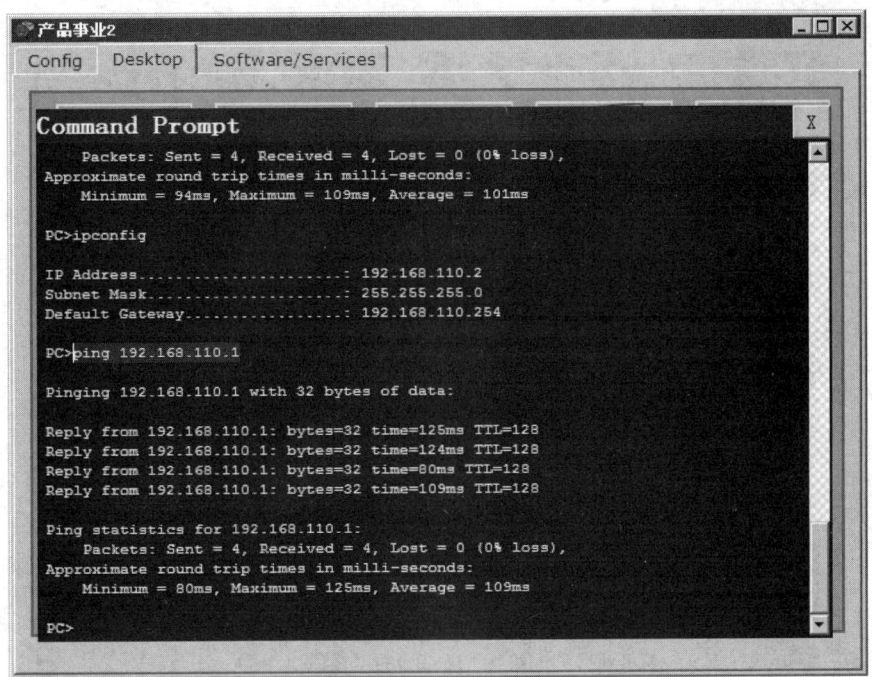

图 2.56　产品事业部 1 和产品事业部 2 内的主机可以互通

3. 测试财务部与其他业务部门及内网服务器间的连通性

利用 ping 命令，验证财务部与内网其他部门间的通信情况，如图 2.57 和图 2.58 所示。

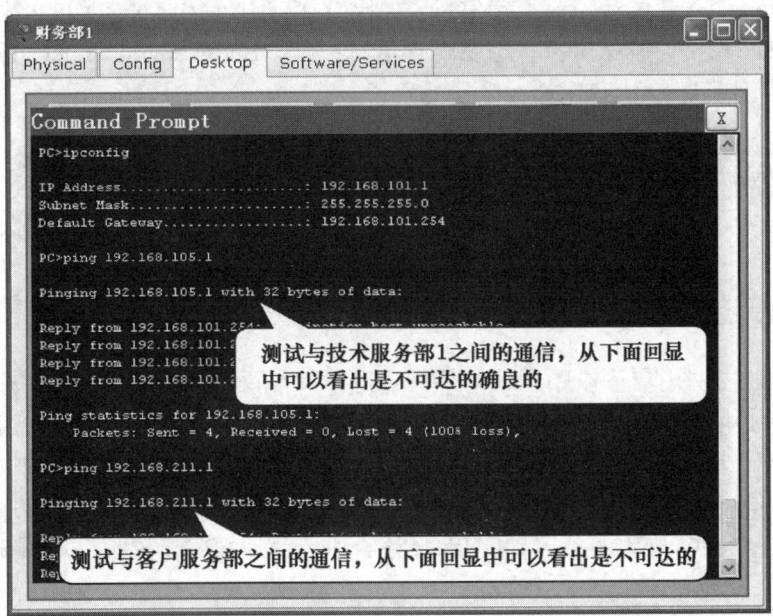

图 2.57　财务部与内网其他业务部门间的通信情况

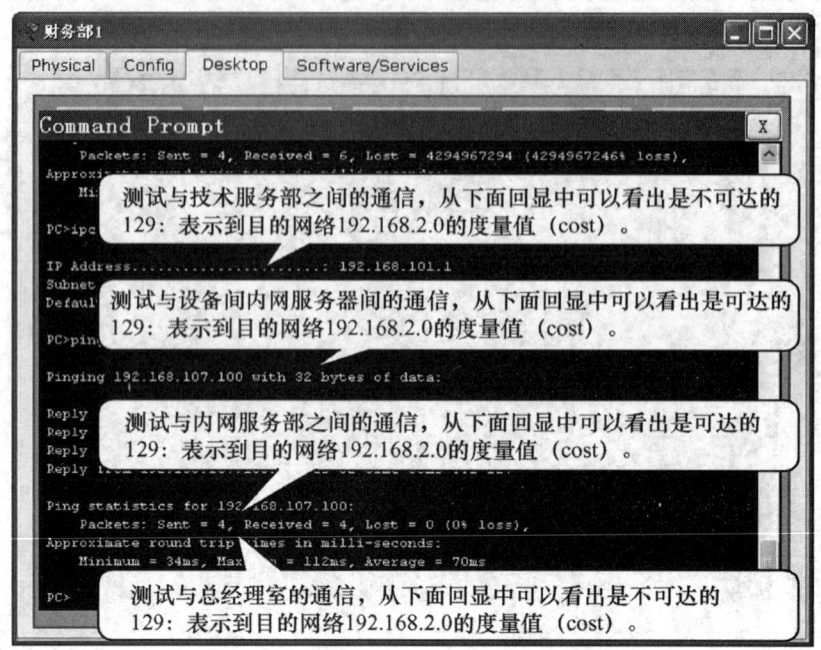

图 2.58　财务部与内网服务器间的通信情况

4. 检查交换机配置是否正确

利用 show run 命令，显示当前配置信息，如检查接口 IP、VLAN、DHCP 等配置是否正确；利用 show interface 命令，显示接口状态及配置信息；利用 Show etherchannel summary 命令显示 etherchannel 的详细信息。

2.5　广域网接入

2.5.1　任务分析

为能保证企业内网用户可以顺利访问外网资源，广域网接入路由上要有去往外网的路由；企业内网用户均使用私有 IP 地址，广域网接入路由器承担 NAT 转换功能；一般来说，中小型企业还有服务器对外提供 WWW 服务；企业网络管理人员可以实时通过网络中心的监控机远程对企业内网的设备进行管理。为了更好地验证广域网接入的功能，将本项目的 PT 拓扑图进行了完善，增加了一台 WWW 服务器、DNS 服务器和一台外部主机模拟互联网部分，如图 2.59 所示。

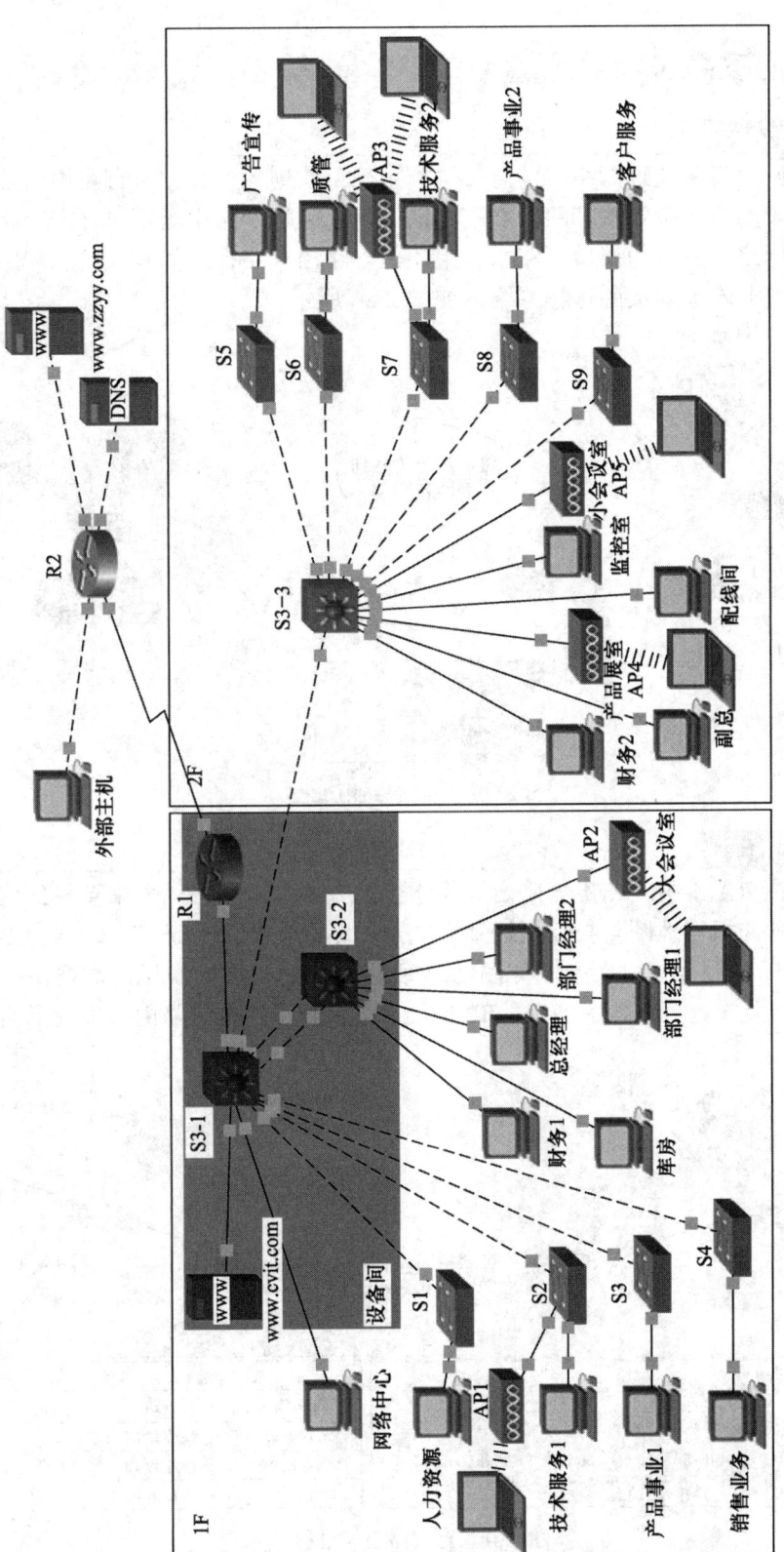

图 2.59 广域网接入拓扑

2.5.2 核心层路由器路由配置

1. 路由器的作用

路由，是指网络设备通过网络将信息传送到正确目的地的方式。所有路由器都必须作出路由决策，作出决策的方式是查找其路由表中存储的信息。每个路由器都包含一个路由表，列出所有本地连接的网络及所用的接口。路由表中还包含路由（路径）的有关信息，路由器可使用这些信息到达其他非本地连接的远程网络，如图 2.60 所示。

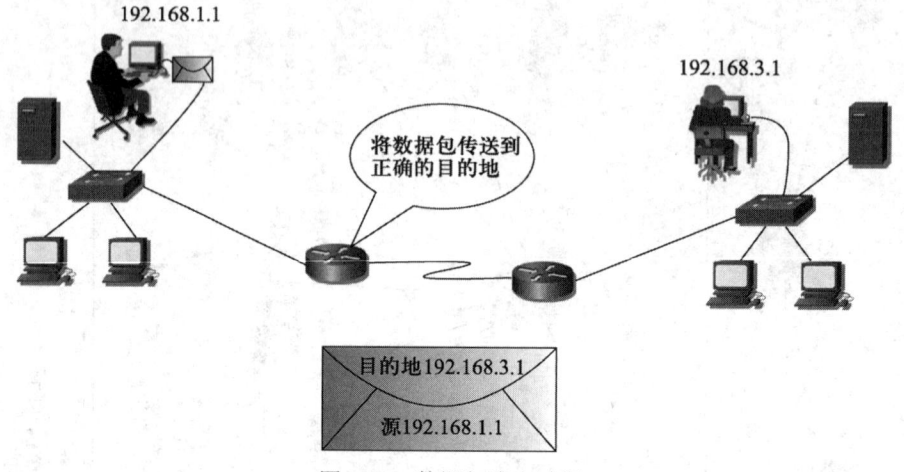

图 2.60 数据包路由过程

2. 路由表的作用

路由表存储在 RAM 中。路由器确定最佳路径的方式是根据路由表来查找到达指定目的地址的最佳路径，就像根据地图查找要到达某一地点的路线一样。对于 Cisco 路由器，IOS 命令 show ip route 可显示路由表中的路由。如图 2.61 所示，图中 A 给 B 发送的数据在经过 R1 和 R2 路由器时，路由器会检查数据包中的目的 IP 地址，然后查询各自的路由表来决定向哪里转发这个数据包。

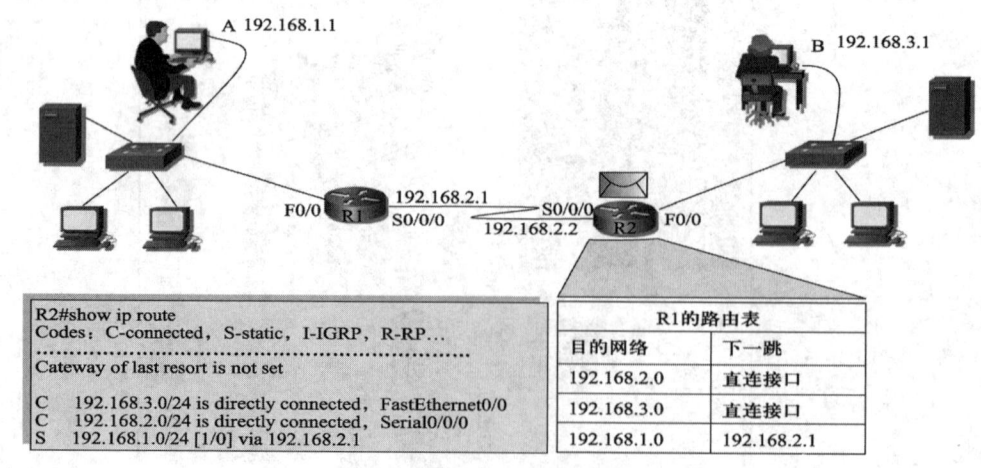

图 2.61 查找路由表过程

从图 2.61 中可以看出路由表包含一组路由，每条路由都说明了路由器需要使用哪个网关或接口来到达某一特定的网络。

一条路由主要包含 4 部分信息：目的网络地址、网络掩码、路由开销或度量和网关或接口地址。

3. 路由协议及其分类

路由协议用来确定到达目的网络的最佳路由的方法，又称为路由算法，如图 2.62 所示。

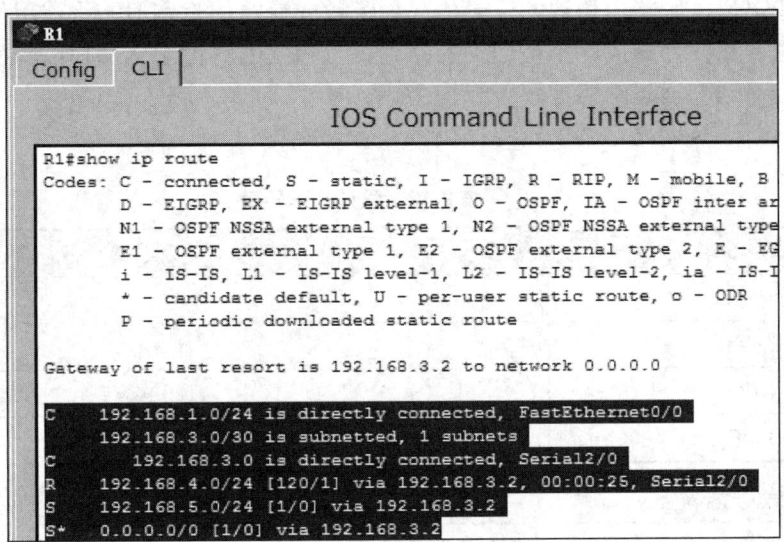

图 2.62　路由协议分类

（1）直连路由

打开路由器电源后，即会启用已配置的接口，随即路由器会将直接连接的本地网络地址存储为路由表中直接连接的路由。如果是 Cisco 路由器，这些路由在路由表中以前缀 C 标识。重新配置或关闭接口后，这些路由即会自动更新。

（2）静态路由

网络管理员可以手动配置通往特定网络的静态路由。若要更改静态路由，需由管理员重新手动配置。这些路由在路由表中以前缀"S"标识。默认路由是一种静态路由，指定当路由表不含到达目的网络的路由时应采用的路径。默认路由通常指向通往 Internet 服务提供商的路径中的下一台路由器。如果子网只有一台路由器，则该路由器自动成为默认网关，因为进出该本地网络的所有流量都只能通过该路由器，这些路由在路由表中以前缀"S*"标识。

（3）动态路由

动态路由是路由协议自动创建和维护的路由。路由协议通过在路由器上运行的程序来实施，它需要网络中的其他路由器来交换信息。在路由表中，动态更新的路由以创建路由时使用的路由协议对应的前缀来标识，如前缀"R"表示 RIP（路由信息协议）。

每一类路由都使用不同的方法来确定到达目的网络的最佳路由。如果网络中的所有路由器都已更新其路由表并正确反映新的路由，就视为这些路由器已经"收敛"。两台路由器之间为了能交换路由，必须使用相同的路由协议，因此也必须采用相同的路由算法。

4. 管理距离

管理距离是用来衡量接收来自相邻路由器上路由选择信息的可信度的。一个管理距离是一个 0～255 中的整数值，0 是最可信赖的，而 255 则意味着不会有业务量通过这个路由。

如果一台路由器接收到两个对同一远程网络的更新内容，路由器首先要检查的是管理距离，且选择较低的管理距离值的路由放置在路由表中。如果两个被通告的到同一网络的路由具有相同的管理距离值，则路由协议的度量值（如跳数或链路的带宽值）将被用作寻找到达远程网络最佳的依据。然而，如果两个被通告的路由具有相同的管理距离及相信的度量值，那么路由选择协议将会对这一远程网络使用负载均衡。

表 2.12 给出了 Cisco 路由器的常见路由默认管理距离。

表 2.12 默认管理距离

路由源	默认管理距离
直连接口	0
静态路由	1
RIP	120
OSPF	110

5. TTL 值相关知识

TTL 值是在每一个数据包中的 IP 头（三层头）部加的一个数值，最大是 255。加这个值的作用是防止数据包在找不到目的网络时，其会在网络中不断地循环跑下去，如果网络中找不到目的网络的包越来越多，就会导致网络堵塞。这就好比公路和汽车的关系，如果找不到目的地的汽车都在路上不断地行驶下去，并且不断有新的车上路，最终就会导致交通堵塞。

一个数据包被送到路由器的入接口后再从出口发出去，路由器会对这个数据包中的 TTL 值做减 1 处理，当这个值被减到 0 时，这个数据包就被当前的路由器丢弃，而不再继续转发。如图 2.63 所示，如果是 A 计算机给 C 计算机发一个包，这个包中会有 TTL 的标识，经过 R2 后会减 1；如果 A 发出这个包时的 TTL 值为 128，则数据包经过 R2 到达 R3 时这个值会变为 127，R3 再把这个包送到自己的出接口前，还会再做一个减 1 处理。也就是说，当 C 计算机收到 A 发过来的数据包中的 TTL 值由原来 A 始发的 128 变为 126。

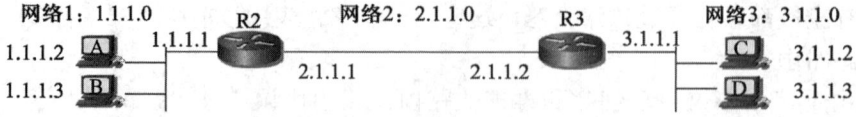

图 2.63 TTL 参数原理

6. RIP

RIP（Routing Information Protocol，路由信息协议）是应用较早、使用较普遍的内部网关协议（Interior Gateway Protocol，IGP），适用于小型同类网络的一个自治系统（Autonomous System，AS）内路由信息的传递。它是一种距离矢量路由协议，通过 UDP，使用端口 520 交换路由信息，每隔 30 s 向外发送一次更新报文，使用"跳数"，即 metric 来衡量到达目标地址的路由距离。

"内部网关协议"，可以这样理解，由于历史的原因，当前的互联网被分成一系列的自治系统，各自治系统通过一个核心路由器连到主干网上。而一个自治系统往往对应一个组织实体（如一个企业或学校）内部的网络与路由器集合。每个自治系统都有自己的路由技术。也就是说，不同的自治系统，其路由技术是不相同的。用于自治系统间接口上的路由协议称为"外部网关协议"（Exterior Gateway Protocol，EGP）；而用于自治系统内部的路由协议称为"内部网关协议"（Internal Gateway Protocol，IGP）。内部网关协议与外部网关协议不同，因为外部路由协议只有一个，而内部路由协议则是一族。各内部路由协议的区别在于距离度量标准不同及路由刷新算法不同。RIP 被设计用于使用同种技术的中型网络，因此适应于大多数的校园网和使用速率变化不大的连续的地区性网络。对于更复杂的环境，一般不使用 RIP，而普遍采用 OSPF 协议。关于 OSPF 协议会在后面的章节中介绍。

（1）RIP 工作原理

距离矢量路由算法在路由器之间定期传送路由表的副本。路由器之间通过这些定期更新来沟通拓扑的变化。由于路由器接收到的更新只是来自相邻路由器对于远程网络的确认信息，它并没有实地亲自去查找，所以这一方式被戏称为传言路由。

① 距离矢量算法使用两种基本标准评估从其他路由器接收到的路由信息，如图 2.64 所示。

➢ 距离：网络距离该路由器有多远？

➢ 矢量：数据包应往哪个方向发送才能到达该网络？

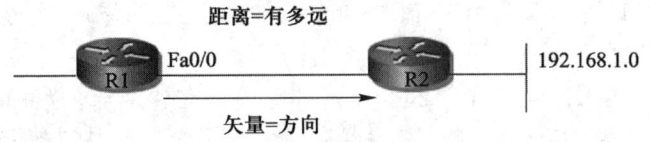

图 2.64　距离矢量算法

RIP 路由协议用"更新（UNPDATES）"和"请求（REQUESTS）"这两种分组来传输信息。每个具有 RIP 功能的路由器每隔 30 s 使用 UDP 520 端口向直接相连的设备发送一次路由表内容。通过路由毒化、毒性反转、水平分割和抑制来避免路由环路。管理距离为 120。

RIP 使用跳数（Hop Count）来衡量到达目的网络的距离。在 RIP 中，路由器到与它直接相连网络的跳数为 0，每个路由器在给相邻路由器发出路由信息时，都会给每个路径加上内部距离，通过一个路由器可达的网络的跳数为 1，其余依此类推。为限制收敛时间，RIP 规定 metric 的取值为 0～15 之间的整数，大于或等于 16 的跳数被定义为无穷大，即目的网络或主机不可达。由于这个限制，使得 RIP 不适合应用于大型网络。如图 2.65 所示，路由器 R1 直接与网络 10.1.0.0 和 10.2.0.0 相连。当它向路由器 R2 通告网络 10.1.0.0 的路径时，跳数增加 1。

与之相似，路由器 R2 向 R3 通告网络 10.1.0.0 的路径时，跳数增加到 2。

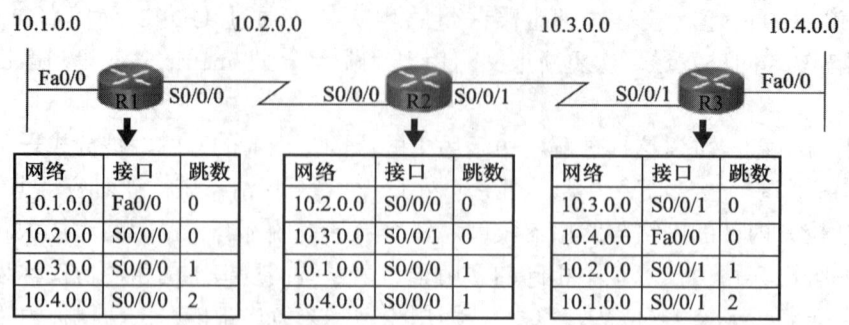

图 2.65　使用 RIP 收敛的路由表

② RIP 更新路由表的过程。

当路由器启动时，每个配置为使用 RIP 的接口都会发送请求信息。该信息请求所有的 RIP 邻居发送各自完整的路由表。启用了 RIP 的邻居就会发送响应信息。收到响应后，路由器会按以下标准更新路由条目。

如果路由条目是新的，则接收路由器将把该条目加入路由表中。

如果此路由条目已存在于路由表，但新的路由条目具有不同的来源，并且该条目具有更低的跳数，则路由表将用新的条目替换已存在的条目。

如果此路由条目已存在于路由表，并且两个条目的来源相同，则路由表将用新的条目替换已存在的条目，尽管两者的度量值一样。

（2）RIP 定时器

RIP 使用 4 种不同类型的定时器来管理其性能。

① 更新定时器：设置定时路由更新的时间间隔（默认为 30 s），在该定时器内，路由器发送一个自己路由表的完整拷贝到所有相邻的路由器。

② 失效定时器：用于决定一个时间长度，即路由器在认定一个路由成为无效路由之前所需要等待的时间（默认为 180 s）。如果路由器在这个期间内没有得到关于某个指定路由的任何更新信息，它将认为这个路由失效。当这一情况发生时，这台路由器将会给它所有的邻居发送一个更新信息，以通告它们这个路由已经无效。

③ 保持失效定时器：用于设置路由信息被抑制的时间（默认为 180 s），当收到指示某个路由为不可达的更新数据包时，路由器将会进入保持失效状态。这个状态将会一直持续到一个带有更好度量的更新数据包被接收到或者这个保持失效定时器到期。

④ 刷新定时器：用于设置某个路由成为无效路由并将它从路由表中删除的时间间隔（默认为 240 s），在将它从表中删除前，路由器会通告它的邻居这个路由即将消亡。

（3）路由环路

网络故障可能会引起路径与实际网络拓扑结构不一致而导致网络不能快速收敛，这时，可能会发生路由环路现象，如图 2.66 所示。图 2.66 用一个简单的网络拓扑说明了路由环路的产生。

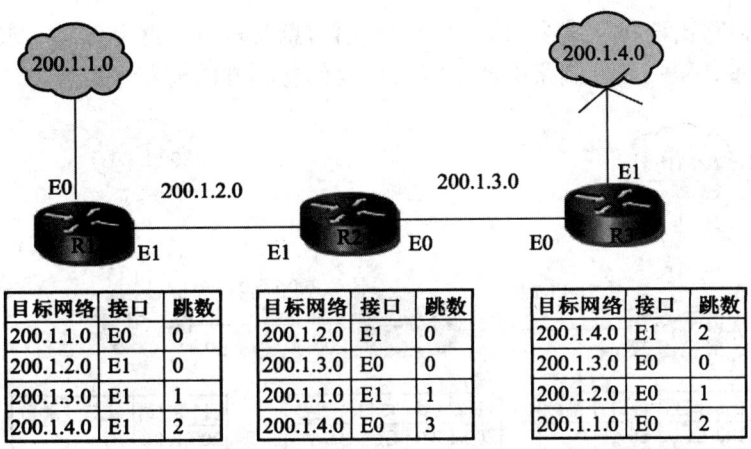

图 2.66 路由环路

如图 2.66 所示，在网络 200.1.4.0 发生故障之前，所有的路由器都具有正确一致的路由表，网络是收敛的。在本例中，路径开销用跳数来计算，所以每条链路的开销是 1。路由器 R3 与网络 200.1.4.0 直连，跳数为 0。路由器 R2 经过路由器 R3 到达网络 200.1.4.0，跳数是 1，路由器 R1 经过路由器 R2 到达网络 200.1.4.0，跳数是 2。

如果网络 200.1.4.0 出现故障，就可能会在路由器之间产生路由环路。下面是产生路由环路的步骤。

第 1 步：当网络 200.1.4.0 发生故障时，路由器 R3 最先收到故障信息，路由器 R3 把网络 200.1.4.0 设为不可达，并等待更新周期到来通告这一路由变化给相邻路由器 R2。如果，路由器 R2 的路由更新周期在路由器 R3 之前到来，那么路由器 R3 就会从路由器 R2 那里学习到去往 200.1.4.0 的新路由（实际上，这一路由已是错误路由）。这样，路由器 R3 的路由表中就记录了一条错误路由（经过路由器 R2，可去往网络 200.1.4.0，跳数为 2）。

第 2 步：路由器 R3 学习了一条错误信息后，它会将这样的路由信息再次通告给路由器 R2，根据通告原则，路由器 R2 也会更新这样一条错误路由信息，认为可以通告路由器 R3 去往网络 200.1.4.0，跳数为 3。这样，路由器 R2 认为可以通过路由器 R3 去往网络 200.1.4.0，路由器 R3 认为可以通过路由器 R2 去往网络 200.1.4.0，就形成了环路。

(4) 防止路由环路机制

为提高性能，防止产生路由环，RIP 路由协议采取了以下措施。

① 最大跳数。

路由环路问题可以简单地描述为无穷大计数，它是由于通告互联网络通信和传播的传言（广播）及错误信息所造成的。解决这个问题的一种方法是定义最大跳数。RIP 允许跳数最大可以达到 15，所以任何需要经过 16 跳到达的网络都被认为是不可达的。换句话说，在到达 15 跳的循环后，网络 200.1.4.0 被认为是不可达的。因此，在最大权值到达之前，路由环路还是会存在。也就是说，这个解决方案只是补救措施，不能避免环路产生，只能减轻路由环路产生的危害。

② 水平分割。

另一个解决路由环路的方案被称为水平分割，如图 2.67 所示。分析产生路由环路的原因，其中一条就是因为路由器将从某个邻居学到的路由信息又告诉了这个邻居。水平分割的思想就是在路由信息传递过程中，限制路由器不能按接收信息的方向去发送信息。

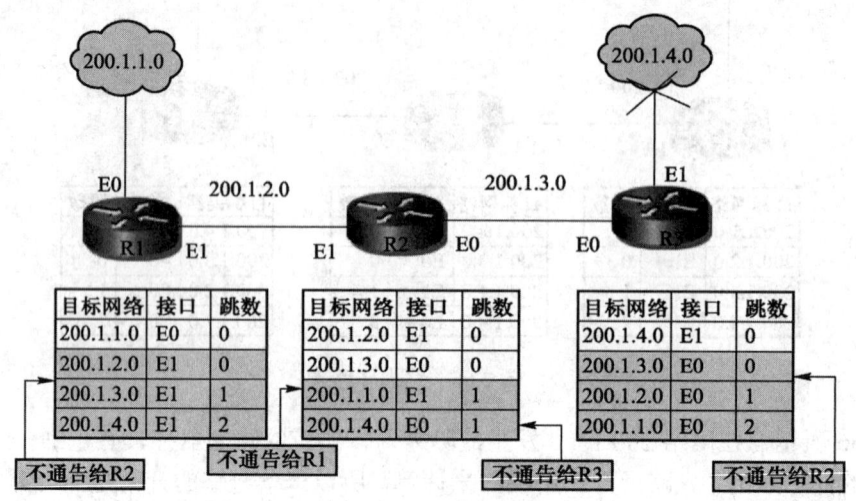

图 2.67 水平分割

如图 2.67 所示，路由器 R3 告诉路由器 R2 去往网络 200.1.4.0 的路由。路由器 R2 会将此路由信息传递给路由器 R1，同时，也会再传回给路由器 R3。网络 200.1.4.0 没有故障时，路由器 R3 不会接收路由器 R2 传递来的去往网络 200.1.4.0 的路由信息。因为，路由器 R3 有更小的度量值。

如果路由器 R3 到达网络 200.1.4.0 的路由崩溃了，路由器 R3 会接收路由器 R2 传递来的去往网络 200.1.4.0 的路由信息，尽管这条路由信息已经错误了，但是路由器 R3 并不知道这一点。这样，路由器 R2 认为可以通过路由器 R3 去往网络 200.1.4.0，路由器 R3 认为可以通过路由器 R2 去往网络 200.1.4.0，就形成了环路。

水平分割方法就是解决这样的问题，如图 2.67 所示中，路由器 R2 从路由器 R3 学习到去往网络 200.1.4.0 的路由。水平分割规定：路由器 R2 不再将去往网络 200.1.4.0 的路由信息传递回给路由器 R3，从而在一定程度上避免了环路的产生。

③ 路由中毒。

如图 2.67 所示，当网络 200.1.4.0 出现故障时，路由器 R3 可以通过输入到达网络 200.1.4.0 的跳数为 16（即不可达）的表项来引发一个路由中毒。

由于到达网络 200.1.4.0 的路由中毒，路由器 R2 将不再接收路由到网络 200.1.4.0 的错误更新。当路由器 R3 从路由器 R2 处接收了一个路由中毒时，它会发送一个中毒反转的更新，返回路由器 R3。这就保证了在这个网段中的所有路由器都可以接收到这个中毒的路由信息。

④ 抑制计时器。

抑制计时器可用来防止定期更新信息错误地恢复某条可能已经发生故障的路由。如图 2.67 所示，当网络 200.1.4.0 发生故障时，路由器 R3 抑制自己路由表中相应的路由项，也就是在路由表中使到达网络 200.1.4.0 的路径开销为无穷大，路由器 R2 从 R3 处接收到表明以前可以访问的网络 200.1.4.0 现在已不可访问的更新后，将该网络标记为 possibly down，同时启动抑制计时器，如果在抑制期间从任何相邻路由器接收到含有更小度量的有关该网络的更新，则恢复该网络并删除抑制计时器。如果在抑制期间从相邻路由器收到的更新包含的度量与之前相同或更大，则该更新将被忽略。路由器 R2 仍然会转发目的网络被标记为 possibly down 的数据包。通过这种方式，路由器便能克服连接断续所带来的问题。如果目的网络确实不可达，但路由器又转发了数据包，黑洞路由就会建立起来并持续到抑制计时器超时。

（5）RIP 版本

RIP 有两个版本：RIPv1 和 RIPv2。

① RIPv1。

● RIPv1 是有类别路由协议（Classful Routing Protocol），仅支持以广播方式发布协议报文，不支持认证。RIPv1 的协议报文中没有携带掩码信息，仅能识别 A、B、C 类这样的自然网段的路由，因此 RIPv1 无法支持路由聚合，也不支持不连续子网（Discontiguous Subnet）。

● RIPv1 基本配置。

➢ 启动 RIP

router(config)# **router rip**

➢ 指定网络

router(config-router)# **network** directly-connected-classful-address

// 各接口有类 IP 网络的地址，在 RIP 更新中进行通告

② RIPv2。

● RIPv2 是一种无分类路由协议（Classless Routing Protocol），与 RIPv1 相比，它有以下优势。

➢ 无类路由协议，支持 VLSM。
➢ 以组播（224.0.0.9）的形式发送更新报文。
➢ 增强安全性，支持明文和 MD5 的认证。

● RIPv2 基本配置。

默认情况下，Cisco 路由器上会运行 RIPv1，启用 RIPv2 通过如下命令：

router(config-router)# **version 2**

其他配置命令可参考 RIPv1 部分。

● RIPv2 中禁用自动总结。

默认情况下，RIPv2 与 RIPv1 一样都会在主网边界上自动总结，而且发送的是总结的有类网络地址。禁用自动总结后，RIPv2 不再在边界路由器上将网络总结为有类地址。RIPv2 将在路由更新中包含所有子网以及相应掩码。禁用自动总结通过如下命令：

router(config-router)# **no auto-summary**

● 校验和故障排错。

完成了路由器的设置后，需要对其进行验证。表 2.13 包含了在 Cisco 路由器上用于验证 RIP 的相关配置命令。

表 2.13 Cisco 路由器验证 RIP 的相关命令

命令	作用
show ip route	查看路由表信息
show ip protocols	查看计时器信息
debug ip rip	实时查看路由更新
show ip interface brief	查看接口信息

● RIP 邻居路由认证。

RIPv2 支持认证、密钥管理、路由汇总、CIDR 和 VLSM。默认情况下，Cisco IOS 软件可以同时接收 RIPv1 和 RIPv2 版本信息包，但是仅发送 RIPv1 版本数据包。可以使 IOS 软件仅接收和发送 RIPv1 或者 RIPv2 版本信息包。考虑到默认行为，可以配置一个接口仅发送哪个版本的 RIP 信息包，也可以控制一个接口仅接收哪个版本的 RIP 信息包。但 RIPv1 版本不支持身份认证。如果发送和接收 RIPv2 版本信息包，则可以在接口上启用 RIP 身份认证。方法如下：

```
router(config)#key chain haha                        //启用设置密钥链
router(config-keychain)#key 1
router(config-keychain-key)#key-string xixi          //设置密钥字串
router(config)#interface fastEthernet 0/0
router(config-if)#ip rip authentication key-chain haha
router(config-if)#ip rip authentication mode md5
//采用 MD5 模式认证，并选择已配置的密钥链
```

（6）禁止转发路由

如果不希望在 LAN 和 WAN 上到处传播所配置的 RIP 网络信息，最为简易的方式是使用 passive-interface 命令。该命令可以阻止 RIP 更新广播从指定的接口发送到外界，但并没有禁止接收。

```
router(config-router)# passive-interface interface-type interface-number
//阻止 RIP 更新从指定接口类型、指定接口转发出去
```

（7）典型 RIP 配置举例

本任务的实验拓扑及设备 IP 地址如图 2.68 所示。配置 RIP 路由，实现全网互通。R1、R2、R3 选用的均为 Cisco 2811 系列路由器。

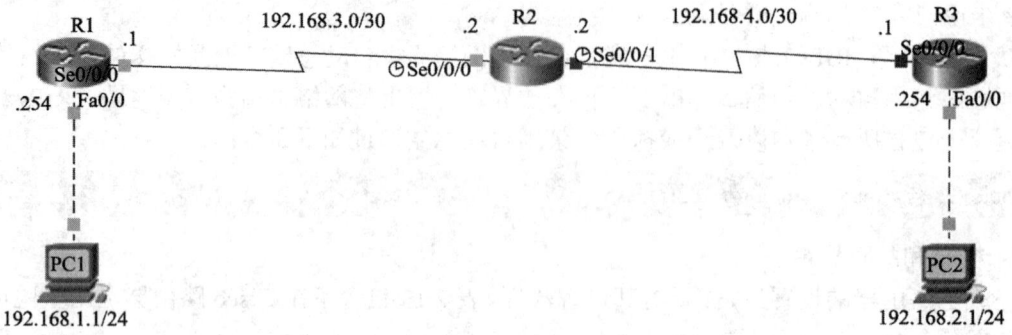

图 2.68 RIP 路由的配置拓扑

① 配置步骤。

路由器的命名及接口的基本配置，可参考"典型静态路由配置举例"，这里只给出 RIP 的相关配置。

➢ R1 上的配置

```
R1(config)#router rip
R1(config-router)# version 2
R1(config-router)# network 192.168.1.0
R1(config-router)# network 192.168.3.0
R1(config-router)# no auto-summary
```

➢ R2 上的配置

```
R2(config)#router rip
R2(config-router)# version 2
R2(config-router)# network 192.168.3.0
R2(config-router)# network 192.168.4.0
R2(config-router)# no auto-summary
```

➢ R3 上的配置

```
R3(config)#router rip
R3(config-router)# version 2
R3(config-router)# network 192.168.2.0
R3(config-router)# network 192.168.4.0
R3(config-router)# no auto-summary
```

② 检查路由表。

配置静态路由后，用 show ip route 命令查看路由表，如图 2.69 所示。可以看到配置了静态路由的网段，其标记为"R"。以 R1 为例：

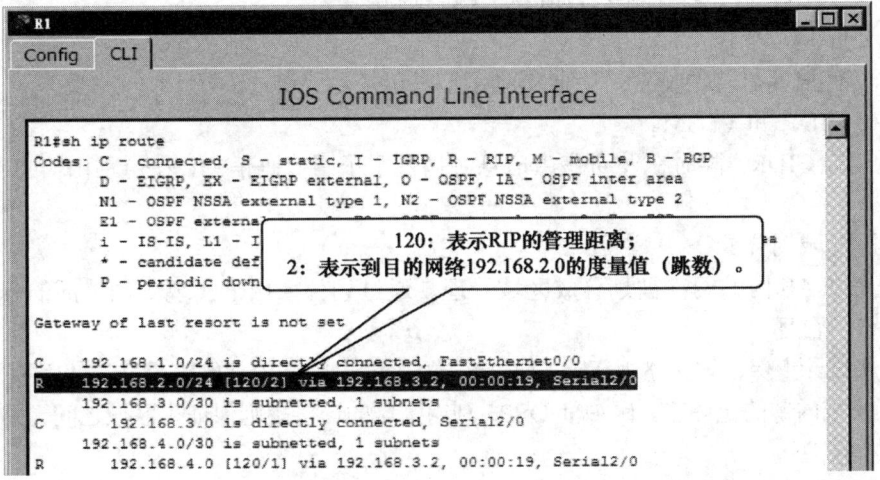

图 2.69　RIP 的路由表

③ 测试网络的连通性。

以 PC1（192.168.1.1）为例，测试与 PC2（192.168.2.1）的连通性，如图 2.70 所示。

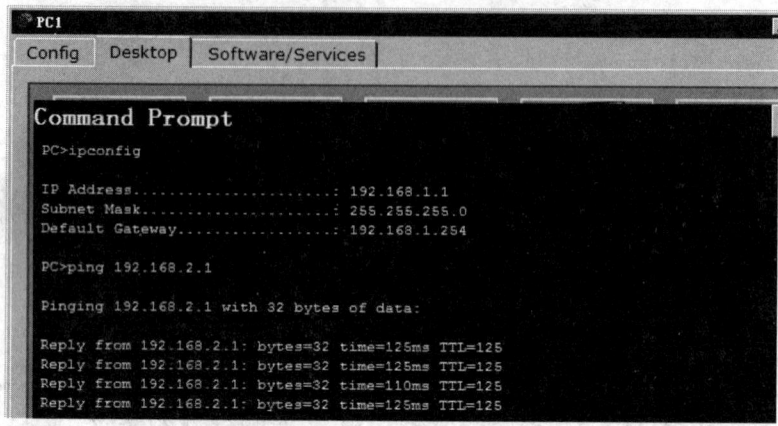

图 2.70　PC1 ping P C2

7. OSPF 协议

OSPF（Open Shortest Path Frist，开放最短路径优先）协议是一个开放标准的路由选择协议，它被各种网络开发商所广泛使用，用于在单一 AS 内决策路由。OSPF 协议也是链路状态路由协议，属于 IGP 内部网关路由协议，直接运行于 IP 之上，使用 IP 协议号 89，目前针对 IPv4 使用 OSPFv2。

（1）OSPF 工作原理

OSPF 通过使用 Dijkstra 算法工作。Dijkstra 算法通常被称为 SPF（最短路径优先）算法，但事实上，优先最短路径是所有路由算法的目的。

首先，构建一个最短路径树，然后使用最佳路径的计算结果来组建路由表。使用链路状态路由协议的路由器需要将网络的所有细节以泛洪的方式通告给其他所有路由器，然后，网络中的每台路由器都具有相同的网络信息，这些信息称为 LSDB（链路状态数据库）。

OSPF 在路由更新中通告的信息称为 LSA（链路状态通告）。OSPF 仅传播对端设备不具备的路由信息，网络收敛迅速，并有效避免了网络资源浪费。

（2）OSPF 基本特点

OSPF 具有很多显著的特点，因此得到了广泛的应用。

① 支持 CIDR 和 VLSM。

OSPF 支持 CIDR，同时在发布路由信息时携带了子网掩码信息，使得路由信息不再局限于有类网络。

② 支持区域划分。

OSPF 允许 AS 内的网络被划分成区域管理，通过划分区域来实现更加灵活的分级管理。

③ 无路由自环。

OSPF 从设计上保证了无路由环路。通过区域的划分，区域内部的路由器都使用 SPF 最短路径算法保证了区域内部的无环路。区域间 OSPF 利用区域的连接规则保证了区域之间无路由自环。

④ 路由收敛快。

OSPF 被设计为触发更新方式。当网络拓扑结构发生变化，新的链路状态信息会立刻泛洪，因此路由收敛速度快。

⑤ 支持多条等值路由。

当到达目的地有多条等值开销路径上，流量被均衡地分担在这些等开销路径上，实现了负载分担。

⑥ 支持报文的认证。

OSPF 路由器之间的报文可以配置成必须经过验证才能交换，通过验证可以提高网络的安全性。

（3）SPF 计算过程

每台路由器会自行确定通向拓扑中每个目的地的开销，最短路径≠最少跳数的路径，如图 2.71 所示，各条链路上的数字代表的是该条链路上的开销值。经过 SPF 算法，可以得出 R2 LAN 内的主机到达 R3 LAN 内的主机最短路径为：R2 至 R4(6)+R4 至 R3(5)+R3 至 LAN(3)=14。

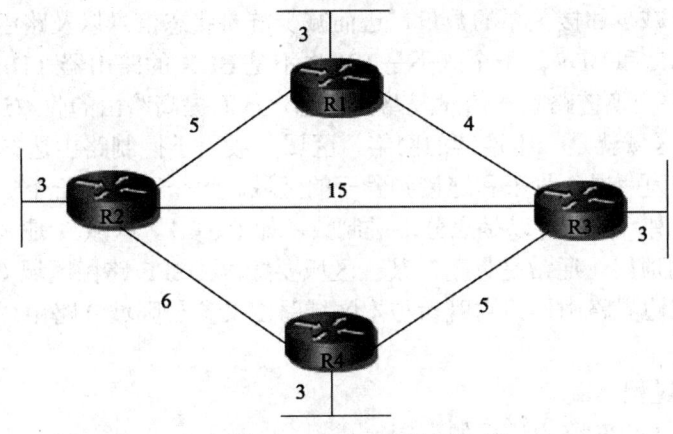

图 2.71　SPF 计算过程

表 2.14 为经过 SPF 算法计算后 R3 的最短路径树，每台路由器计算的最短路径树相当于网络中其他结点的路由表。这样，OSPF 路由器就能知道如何到达其他路由器。

表 2.14　R3 的最短路径树

目的地	最短路径	开销
R1 LAN	R3 至 R1	4
R2 LAN	R3 至 R1 再至 R2	12
R4 LAN	R3 至 R4	8

（4）OSPF 相关术语

① 链路：是路由器上的一个接口。

② 路由器 ID：即 RID，是一个用来标识此路由器的 IP 地址。RID 可以手工配置，也可以自动生成。如果没有通过命令指定 RID，将按照如下顺序自动生成一个 RID。通过使用所有被配置的环回接口中最高的 IP 地址，来指定此路由器 ID；如没有配置环回接口，将选择所有激活的物理接口中最高的 IP 地址为其 RID。

③ 邻居：可以是两台或更多的路由器，这些路由器都有某个接口连接到一个公共的网络

上，如两台连接在一个点到点串行链路上的路由器。

④ 邻接：是两台 OSPF 路由器之间的关系，OSPF 只与建立了邻接关系的邻居直接共享路由信息。并且并不是所有的邻居都可以成为邻接，这将取决于网络的类型和路由器上的配置。

⑤ Hello 协议：OSPF 通过此协议动态发现邻居，并维持邻居关系。Hello 数据包和链路状态通告（LSA）建立并维护着拓扑数据库。Hello 数据包的地址是 224.0.0.5。

⑥ 链路状态通告（LSA）：是一个 OSPF 数据包，包含 OSPF 路由器中共享的链路状态和路由信息。OSPF 路由器只与建立邻接关系的路由器交换 LSA 数据包。

⑦ 链路状态数据库（LSDB）：包含来自所有从某个地区接收到的 LSA 数据包中的信息。通过 LSDB，计算最短路径。

⑧ 指定路由器（DR）/备份指定路由器（BDR）：在 DR 和 BDR 出现之前，每一台路由器和其所有邻居成为完全网状的 OSPF 邻接关系。如有 N 台路由器相连，需要形成 $N(N-1)/2$ 个邻接关系。因此，基于减少邻接关系的数量，进而减少链路状态信息以及路由信息的交换次数的这种考虑，产生了 DR 和 BDR。一个既不是 DR 也不是 BDR 的路由器（DRother）只与 DR 和 BDR 形成邻接关系并交换链路状态信息及路由信息，从而提高路由的收敛速度。

⑨ 区域：一个区域就是一组连续的网络，区域一般用于控制路由选择信息何时以及如何通过网络。OSPF 分为两层：骨干和连接到骨干的区域。每个区域都给予一个唯一的编号，可以是单个十进制数，如 1；也可以是点分十进制数，如 0.0.0.1。区域 0 是一个特殊的区域，表示 OSPF 网络层次的顶层，通常是骨干。某一区域要接入 OSPF 路由区域 0，该区域必须至少有一台路由器为区域边界路由器，它既参与本区域路由又参与区域 0 路由。所有常规区域必须和骨干区域相连。

（5）OSPF 路由过程

如图 2.72 所示，OSPF 路由过程如下。

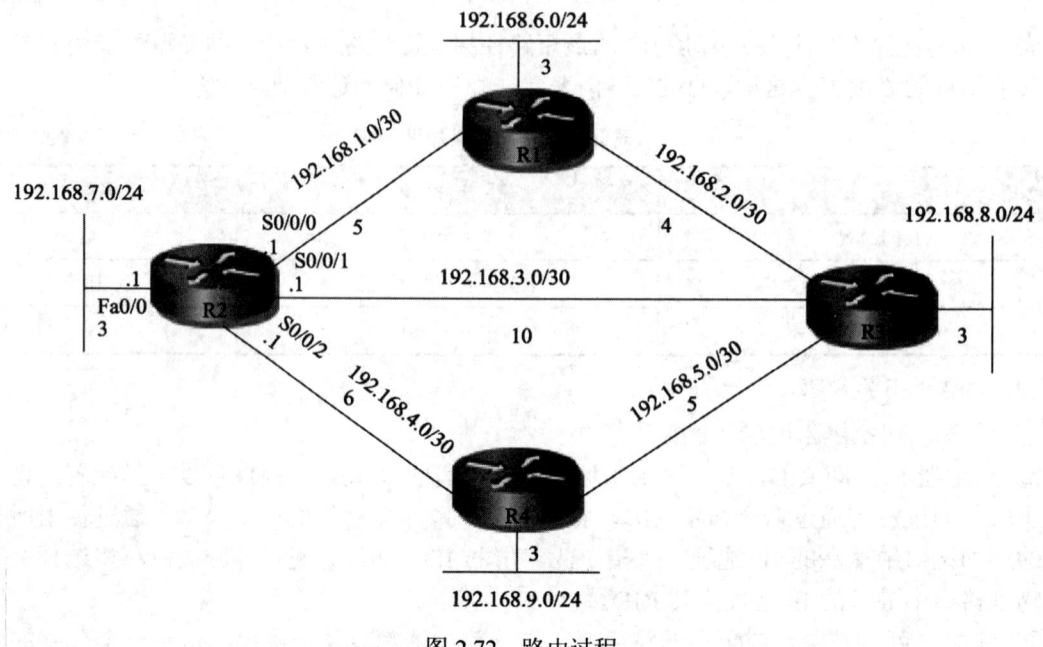

图 2.72　路由过程

① 每台路由器了解其自身的链路（即与其直连的网络）。以 R2 为例，链路信息如图 2.73 所示。

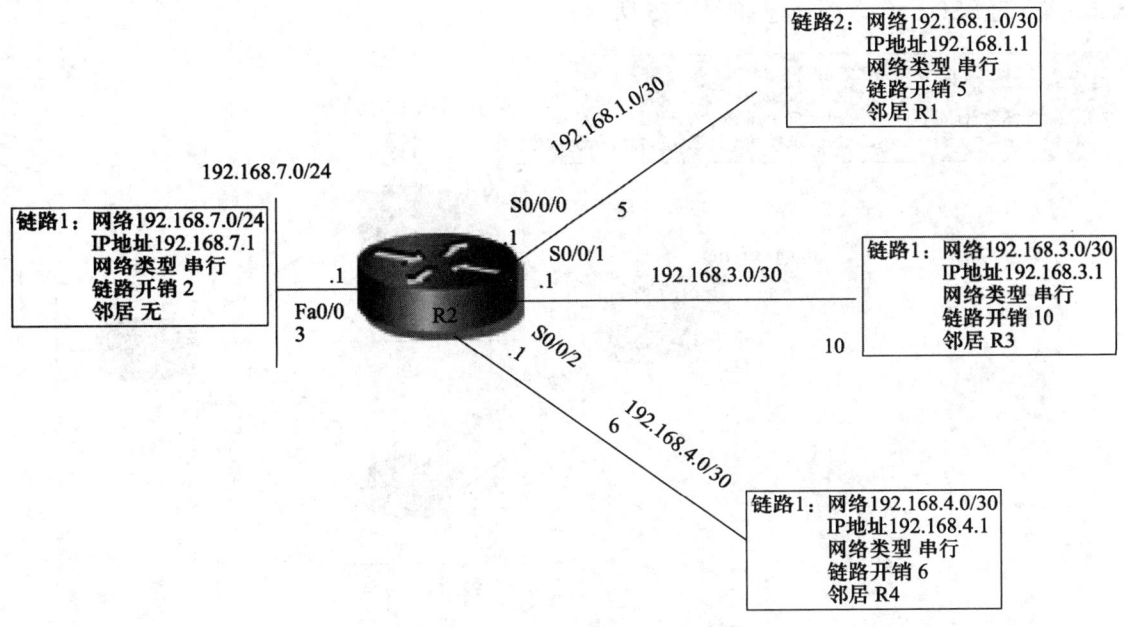

图 2.73　R2 链路状态

② 每台路由器负责"问候"直连网络中的相邻路由器。以 R2 为例，Hello 协议如图 2.74 所示。

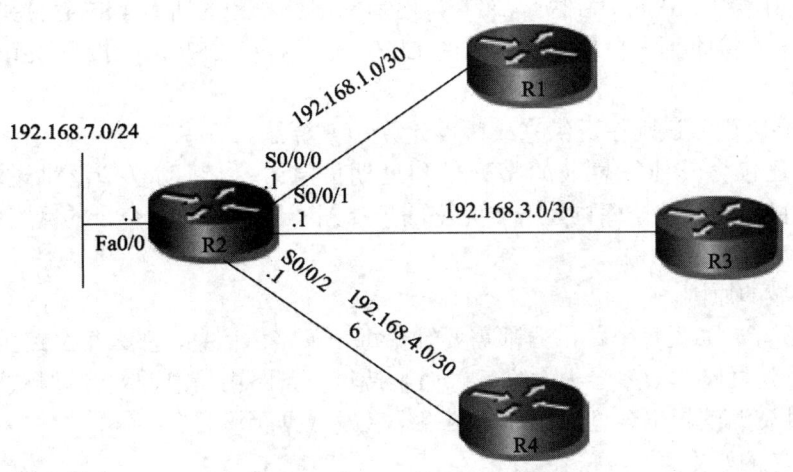

图 2.74　R2 向邻居发送 Hello 数据包

➢ 路由器使用 Hello 协议来发现其链路上的所有邻居。
➢ 两台链路状态路由器获悉它们是邻居时，将形成一种相邻关系。
➢ 这些小型 Hello 数据包持续在两个相邻的邻居之间互换，以此实现"保持生存"功能来监控邻居的状态。

③ 每台路由器创建一个链路状态数据包（LSP），其中包含与该路由器直连的每条链路的状态。R2 的 LSP 所包含的信息如图 2.75 所示。

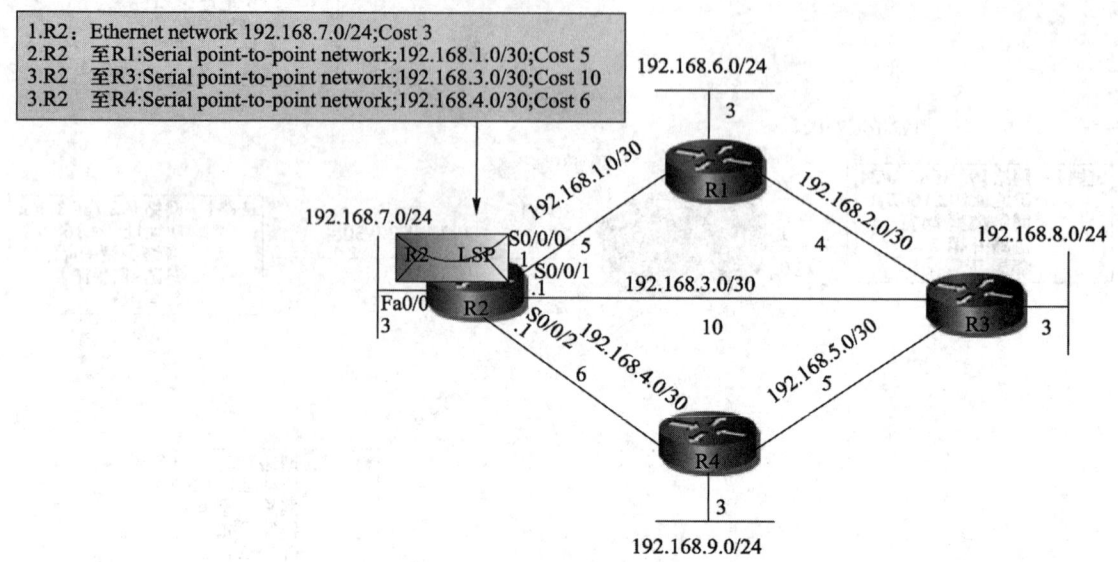

图 2.75　R2 创建链路状态数据包

➢ 路由器一旦建立了相邻关系，即可创建链路状态数据包（LSP）。
➢ 包含与该链路相关的链路状态信息。

④ 每台路由器将 LSP 泛洪到所有邻居，然后邻居将收到的所有 LSP 存储到数据库中。

➢ 路由器一旦接收到来自相邻路由器的 LSP，立即将该 LSP 从除接收该 LSP 的接口以外的所有接口发出。
➢ 链路状态路由协议则在泛洪完成后再计算 SPF 算法。
➢ LSP 中还包含其他信息（如序列号和过期信息），以帮助管理泛洪过程。

⑤ 每台路由器使用数据库构建一个完整的拓扑图并计算通向每个目的网络的最佳路径。

（6）OSPF 协议分层结构

① 划分区域的原因。

如图 2.76 所示，如果每个路由器都需要维持每一条路由信息，那么每个路由器需要维护的路由表太大了，这样路由效率会大大降低。而维持每一条路由信息，要经过频繁的 SPF 运算，对路由器的硬件资源消耗也会过大，造成网络中转发数据缓慢。

② 划分区域的好处。

如图 2.77 所示，划分 OSPF 网络区域是一个解决资源消耗的方法．在区域 1（Area1）上路由器的路由表发生了变化，只会把变化信息限制在区域 1 内，而不会转发到区域 0（Area0）甚至是区域 2（Area2）内。这样区域 0 和区域 2 的路由器不必关心区域 1 具体的哪条路由信息发生变化，从而减少了 LSA 的数据包，减少了 SPF 的运算，提高了路由转发的效率。

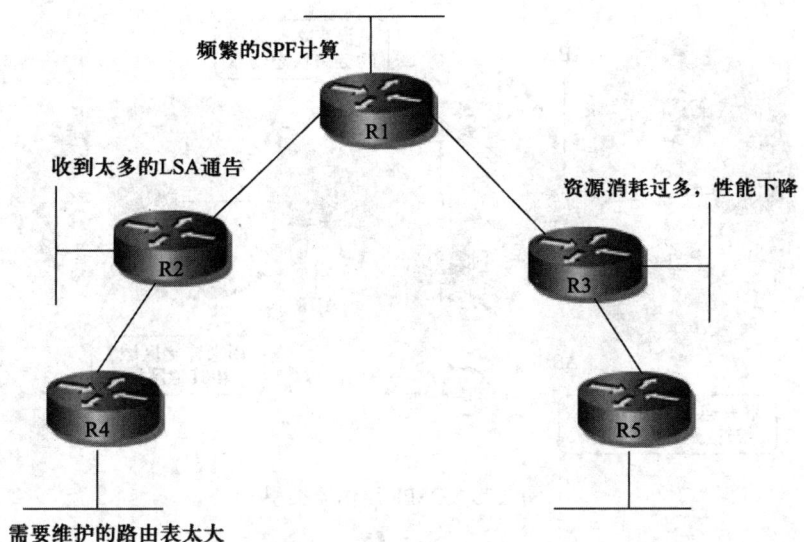

图 2.76　单区域存在的问题

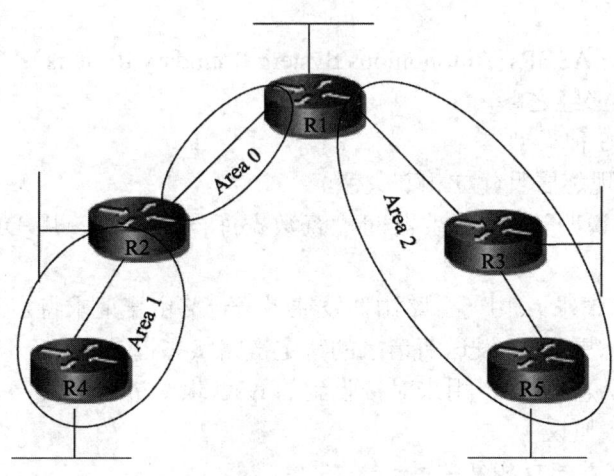

图 2.77　多区域的划分

③ OSPF 划分区域原则。

为了控制开销和便于管理，OSPF 支持将整个 AS 划分成域来管理。在划分区域时遵循以下几项原则。

- 所有非骨干区域必须与骨干区域保持连通。
- 骨干区域自身也必须保持连通。
- 当一台路由器配置两个以上区域时，必须有一个是骨干区域。

（7）OSPF 路由器类型

如图 2.78 所示，OSPF 的路由器类型划分如下。

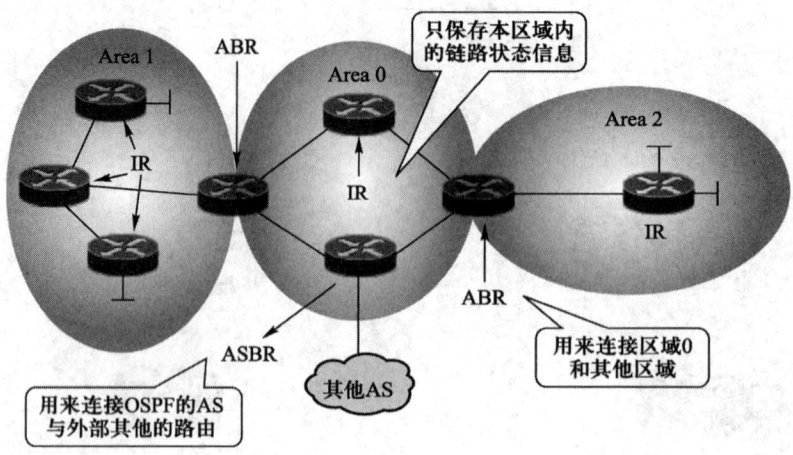

图 2.78 OSPF 路由器类型

➢ 内部路由器（IR，Internal Router）：该路由器的所有接口网络都属于一个区域。
➢ 区域边界路由器（ABR，Area Border Routers）：至少属于两个区域，而且其中一个必须为骨干区域。
➢ AS 边界路由器（ASBR，Autonomous System Boundary Routers）：OSPF 的路由器与外部路由器进行路由交换的必经之路。

（8）OSPF LSP 的 5 种类型
① Hello：用来发现邻居且建立相邻关系。
② DBD（数据库说明）：在路由器间检查数据库同步情况，用 DD 报文来描述自己的 LSDB。
③ LSR（链路状态请求）：由一台路由器发往另一台路由器请求特定的链路状态记录 LSA。
④ LSU（链路状态更新）：发送所请求的特定链路状态记录 LSA。
⑤ LSAck（链路状态确认）：用来对接收到的 LSU 报文进行确认。

（9）OSPF 的 Hello 协议
➢ 发现 OSPF 邻居并建立相邻关系。
➢ 通告两台路由器建立相邻关系所必须统一的参数。
➢ 在以太网和帧中继网络等多路访问网络中选举指定路由器（DR）和备用指定路由器（BDR）。
➢ SPF 路由器正在通过所有启用了 OSPF 的接口发送 Hello 数据包，以确定那些链路上是否存在邻居。
➢ OSPF Hello 中的信息包括发送方路由器的 OSPF 路由器 ID。
➢ 一个接口收到 OSPF Hello 数据包后，OSPF 即与该邻居建立相邻关系。
➢ 两台路由器在建立 OSPF 相邻关系之前，必须统一三个值：Hello 间隔、Dead 间隔和网络类型。
➢ OSPF Hello 数据包都会通过组播发送给 ALLSPFRouters 的专用地址 224.0.0.5。
➢ Cisco 路由器所用的默认断路间隔为 Hello 间隔的 4 倍。

（10）OSPF 网络类型

① 广播（多路访问）：如以太网，允许多台设备连接（或者访问）到同一个网络，通过投单一数据包到网络中所有的结点来提供广播能力。在 OSPF 中，每个广播多路访问网络都必须选出一个 DR 和一个 BDR。

② 非广播多路访问（Nonbroadcast Multi Access，NBMA）：如帧中继网络，为 OSPF 默认的网络类型。允许多路访问，但不具有广播能力。需要选举 DR 和 BDR，同时要手动指定邻居。

③ 点到点：如 PPP 链路，这种类型的网络不需选举 DR 或 BDR，且它们的邻居关系的发现也是自完成的。

④ 点到多点：如不完全连接的帧中继网络，这类网络中所有路由器的所有接口都共享这个属于同一网络的点到多点的连接。与点到点一样，无需 DR 或 BDR。

（11）DR 的选举过程

① 首先比较 Hello 报文中携带的优先级。

➢ 优先级高的路由器为 DR，优先级次高的被选举为 BDR。

➢ 优先级为 0 的不参与选举。

➢ 默认条件下，优先级为 1。

② 优先级相同的情况下，比较 Router ID。

➢ RID 以回环接口中最大 IP 为准。

➢ 若无回环接口，以物理接口最大 IP 为准。

BDR 会监控 DR 的状态，并在当前 DR 发生故障时接替其角色。同时 DRother 路由器进行竞争，RID 高的会成为新的 BDR。

（12）OSPF 验证

与其他路由协议相同，OSPF 的默认配置以纯文本格式在邻居之间交换信息。这样会给网络带来潜在的安全威胁。网络上的黑客可以使用数据包嗅探软件来截获并读取 OSPF 更新，从而获取网络信息。要消除这个安全隐患，可在路由器之间配置 OSPF 身份验证。在区域中启用身份验证机制后，则只有当身份验证信息匹配时，路由器才会共享信息。

① OSPF 验证类型。

➢ 明文验证：路由器发送一个 OSPF 包和密钥。

➢ MD5 难证：路由器将密钥、密钥 ID 和信息一起生成一个信息摘要，或进行 hash。信息摘要通过数据包发送，密钥不会发送。

② OSPF 验证配置。

在 OSPF 区域中配置身份验证应当首先在该区域所有参与验证的路由器上启用身份验证。

➢ 启用身份验证：

Router(config-router)# **area area-id authentication**[*message-digest*]
//message-digest 表示 MD5 验证方式，默认为明文验证

➢ 配置接口明文认证：

Router(config-if)#**ip ospf authentication-key***key*

➢ 配置接口 MD5 加密认证：

Router(config-if)# **ip ospf message-digest-key** *keyid* **md5 key**
//为路由器的接口单独配置的认证方式
Router(config-if)#**ip ospf authentication**[message-digest | null]
//null 表示取消认证，没有可选项参数时表示明文认证。如果没有为接口配置认证命令，则接口将使用区域认证方式

（13）OSPF 基本配置
① 启用 OSPF 使用以下命令。

router(config)#**router ospf** *process-id*

参数说明：

Process id，是一个介于 1 和 65535 之间的数字，且仅在本地有效，这意味着路由器之间建立相邻关系时无需匹配该值。
② 通告网段。

router(config-router)#**network** network-address wildcard-mask **area** area-id

参数说明：
➢ network：可以是网络地址、子网地址、接口地址。
➢ wildcard-mask（通配符掩码）：网络地址和通配符掩码一起，用于指定 network 命令启用的接口或接口范围。例如，192.168.1.0/24 的子网掩码为 255.255.255.0，反向掩码为 0.0.0.255。子网掩码为 1 的位，在反向掩码中为 0；子网掩码为 0 的位，在反向掩码中为 1。
➢ area：OSPF 区域是共享链路状态信息的一组路由器。OSPF 网络也可配置为多区域。
➢ area-id：如果所有路由器都处于同一个 OSPF 区域，则必须在所有路由器上使用相同的 area-id 来配置 network 命令，比较好的做法是在单区域 OSPF 中使用 area-id 0。

（14）验证 OSPF
① 显示 OSPF 邻居信息。

show ip ospf neighbor
//如果未显示相邻路由器的路由器 ID，或未显示 FULL 状态，则表明两台路由器未建立 OSPF 相邻关系，两台路由器未建立相邻关系，则不会交换链路状态信息

② 检查路由表。

show ip route
//可用于检验路由器是否正在通过 OSPF 发送和接收路由，"O"表示路由来源为 OSPF，OSPF 不会自动在主网络边界总结

③ 显示 OSPF 信息。

show ip ospf

//显示运行在该路由器上的一个或全部 OSPF 进程

④ 显示所有与接口相关的 OSPF 信息。

show ip ospf interface
//显示的数据是关于 OSPF 所有接口或指定接口的

⑤ 调试 OSPF。
- **debug ip ospf packet**
// 显示在路由器上被发送和接收的 Hello 数据包
- **debug ip ospf hello**
// 显示在路由器上被发送和接收的 Hello 数据包，显示比 debug ip ospf packet 的输出更详细的内容
- **debug ip ospf adj**
// 显示在广播和非广播多路访问网络上的 DR 和 BDR 选举

（15）典型 OSPF 配置举例

本任务的实验拓扑及设备 IP 地址如图 2.79 所示。R1 的 RID 为 1.1.1.1，R2 的 RID 为 2.2.2.2，R3 的 RID 为 3.3.3.3。R1、R2、R3 选用的均为 Cisco 2811 系列路由器。

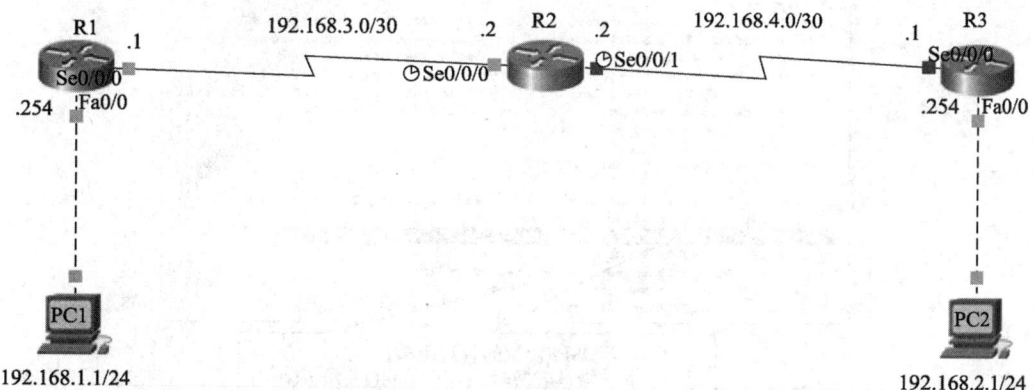

图 2.79　OSPF 路由的配置拓扑

① 配置步骤。

路由器的命名及接口的基本配置，可参考"典型静态路由配置举例"，这里只给出 OSPF 协议的相关配置。

- R1 上的配置

```
R1(config)#router ospf 1
R1(config-router)# router-id 1.1.1.1
R1(config-router)# network 192.168.1.0 0.0.0.255 area 0
R1(config-router)# network 192.168.3.0 0.0.0.3 area 0
```

➢ R2 上的配置

R2(config)#router ospf 1
R2(config-router)# router-id 2.2.2.2
R2(config-router)# network 192.168.4.0 0.0.0.3 area 0
R2(config-router)# network 192.168.3.0 0.0.0.3 area 0

➢ R3 上的配置

R3(config)#router ospf 1
R3(config-router)# router-id 3.3.3.3
R3(config-router)# network 192.168.2.0 0.0.0.255 area 0
R3(config-router)# network 192.168.4.0 0.0.0.3 area 0

② 检查路由表。

配置静态路由后，用 show ip route 查看路由表，如图 2.80 所示，可以看到配置了静态路由的网段，其标记为"O"。

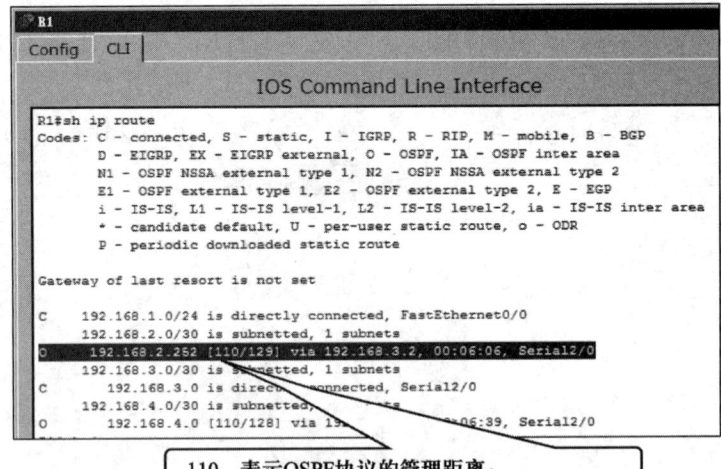

图 2.80　OSPF 协议的路由表

③ 检查邻居状态。

以 R1 为例，如图 2.81 所示。

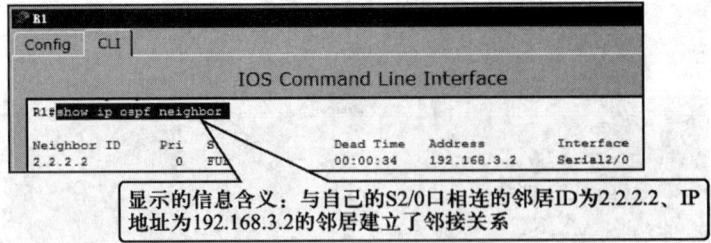

图 2.81　R1 的邻居信息

④ 测试网络的连通性。

以 PC1（192.168.1.1）为例，如图 2.82 所示，测试与 PC2（192.168.2.1）的连通性。

8. 核心层路由器路由配置

（1）工作任务分析

由于本项目中位于核心层的设备有 S3-1 和 R1 路由器，通过这两个设备对内部网络和互联网相连接，所以可以采用动态路由，但从性能和可靠性上考虑，这里配置静态路由更为优化。R1 的配置如下。

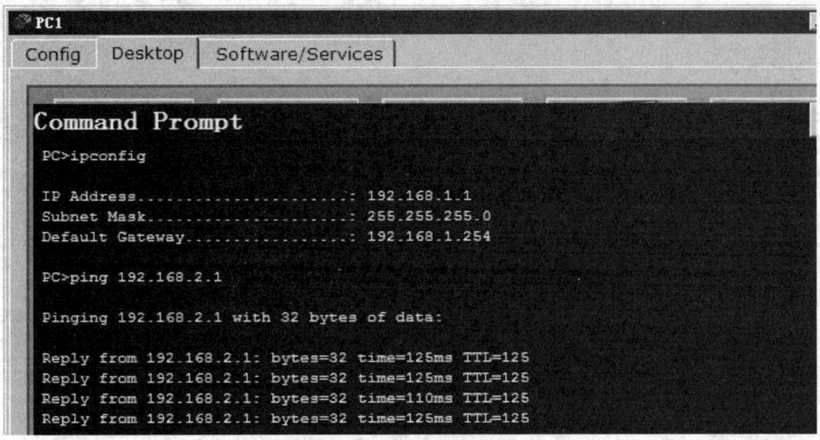

图 2.82　PC 间测试成功

① 配置内网接口地址为 192.168.100.1/30。
② 配置外网接口地址为 222.161.98.109/30（ISP 提供）。
③ 配置到内部各网段的路由（聚合路由 192.168.0.0）。
④ 配置到外部网络的默认路由。

（2）任务的实施

① Cisco 核心路由器 R1 路由的配置（PT 实现）。

➢ R1 路由器配置

```
R1#show run
!
hostname R1
!
enable password cvit
!
interface FastEthernet0/0
 ip address 192.168.100.1 255.255.255.0
!
interface  Serial0/0/0
 ip address 222.161.98.109 255.255.255.252
```

```
!
ip route 192.168.0.0 255.255.0.0 192.168.100.2         //至内网的路由
ip route 0.0.0.0 0.0.0.0 222.161.98.110                //至外网的路由
!
line vty 0 4
  password p@ssw0rd
  login
!
end
```

➢ R2 路由器配置

```
R2#show run
!
Hostname R2
!
interface FastEthernet0/0                              //连接外部主机
  ip address 222.168.82.254 255.255.255.0
!
interface FastEthernet0/1                              //连接外部 WWW 服务器
  ip address 222.168.81.130 255.255.255.252
!
interface Serial0/0/0
  ip address 222.161.98.110 255.255.255.252
  duplex auto
  speed auto
!
ip route 0.0.0.0 0.0.0.0    222.161.98.109             //默认路由
!
end
```

② H3C 核心层路由器 R1 路由配置。

```
[R1]display current-configuration
#
version 5.20，Release 1205P02，Basic                   //设备版本号
#
sysname R1       //设备系统名称
#
interface GigabitEthernet0/0
  port link-mode route
  ip address 192.168.100.1 255.255.255.252             //内网接口
#
interface GigabitEthernet0/1                           //外网接口
```

```
port link-mode route
ip address 222.161.98.109 255.255.255.252
#
ip route-static 0.0.0.0 0.0.0.0 222.161.98.110          //默认出口路由
ip route-static 192.168.0.0 255.255.0.0 192.168.100.2   //内网路由
#
user-interface vty 0 4
  user privilege level 3
  set authentication password simple p@ssw0rd
#
```

2.5.3 核心路由器 NAT 配置

1. 了解 NAT 技术

（1）NAT 技术提出的背景

IP 地址即互联网地址，用来标识互联网终端的逻辑地址，具有唯一性，相当于生活中家庭地址的门牌号码。现有互联网使用的 IP 是一种名为 IPv4 的 32 位地址，总容量为 43 亿个左右。但现代社会，许多网民不仅使用台式机上网，还使用笔记本式计算机、平板计算机、智能电话等移动终端进入互联网，引发数字拥堵。而这种拥堵的结局便是互联网 IP 地址全部用完。

实现 NAT（Network Address Translation，地址转换）的最初目的是将内部地址转换成合法的 IP 地址在 Internet 上使用。以缓解可用 IP 地址空间的消耗。

（2）NAT 技术原理

如 RFC1631 所描述，NAT 是将 IP 数据报报头中的 IP 地址转换为另一个 IP 地址的过程。在实际应用中，NAT 主要用于实现私有网络访问外部网络的功能。私有 IP 地址是由 RFC1918 文档定义的，具体地址范围如下。

RFC1918 为私有网络预留出了三个 IP 地址块，分别如下。

A 类：10.0.0.0～10.255.255.255。

B 类：172.16.0.0～172.31.255.255。

C 类：192.168.0.0～192.168.255.255。

上述三个范围内的地址不会在 Internet 上被分配，因而可以不必向 ISP 或注册中心申请，而在公司或企业内部自由使用。

如图 2.83 所示，源主机 192.168.1.1 希望访问远程 Web 服务器 218.62.14.85，通过 NAT 转换的流程如下。

① 内部主机（192.168.1.1）希望与外部 Web 服务器（218.62.14.85）通信。它发送数据包给配置了 NAT 的网络边界网关 R1。

② R1 读取数据包的目的 IP 地址，并检查数据包是否符合规定的转换标准。

③ R1 有一个 ACL，它确定内部网络中可进行转换的有效主机。因此，R1 将内部本地 IP 地址转换成内部全局 IP 地址，本例中为 200.1.1.1。它将此本地与全局地址映射关系存储在 NAT 表中。

④ R1 将数据包发送到目的地。

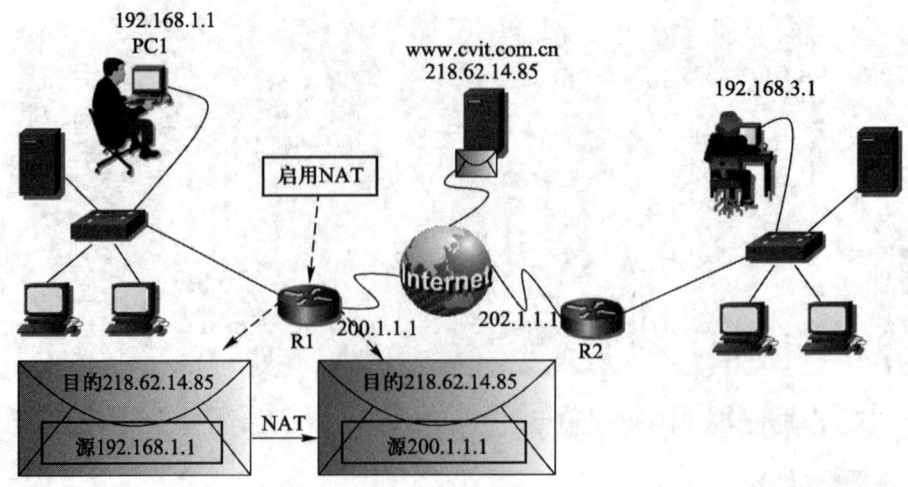

图 2.83 NAT 地址转换的过程

⑤ 当 Web 服务器回应时，数据包回到 R1 的全局地址（200.1.1.1）。

⑥ R1 参考 NAT 表，发现这是原先转换的 IP 地址。因此，它将内部全局地址转换成内部本地地址，然后将数据包转发给 IP 地址为 192.168.1.1 的 PC1。如果它没有找到映射关系，数据包将被丢弃。

NAT 有很多用途，但最主要的用途是让网络使用私有 IP 地址以节省 IP 地址；NAT 将不可路由的私有内部地址转换成可路由的公有地址；NAT 还能在一定程度上增加网络的私密性和安全性，因为它对外部网络隐藏了内部 IP 地址；NAT 可以按照用户的需要，在局域网内部提供给外部 FTP、Web、TELNET 等服务。

（3）NAT 相关术语

① 内部本地地址。

内部本地地址通常不是服务器提供商分配的 IP 地址，而是 RFC 1918 私有地址。如图 2.83 中 IP 地址 192.168.1.1 即为内部本地地址。

② 内部全局地址。

内部全局地址是当内部主机流量流出 NAT 路由器时分配给内部主机的有效公有地址。当来自 PC1 的流量发往 Web 服务器 218.62.14.85 时，路由器 R1 必须进行地址转换。本例中，PC1 的内部全局地址使用 IP 地址 200.1.1.1。

③ 外部全局地址。

分配给 Internet 上主机的可达 IP 地址。例如，Web 服务器的可达 IP 地址为 218.62.14.85。

④ 外部本地地址。

分配给外部网络上主机的本地 IP 地址。大多数情况下，此地址与外部设备的外部全局地址相同。

2. NAT 类型

（1）静态 NAT

静态 NAT 使用本地地址与全局地址的一对一映射，这些映射保持不变。静态 NAT 对于可从互联网访问的 Web 服务器或主机特别有用。这些内部主机可能是企业服务器或网络设备。图 2.84 所示为静态 NAT 的应用案例。

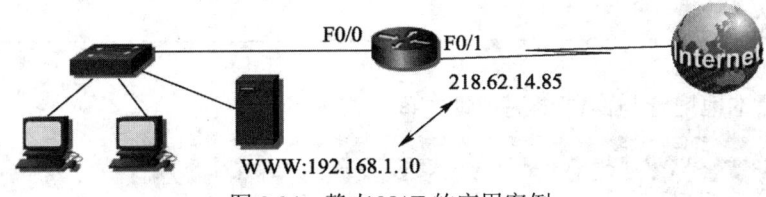

图 2.84 静态 NAT 的应用案例

（2）动态 NAT

动态 NAT 使用公有地址池，并以先到先得的原则分配这些地址。当具有私有 IP 地址的主机请求访问 Internet 时，动态 NAT 从地址池中选择一个未被其他主机占用的 IP 地址进行映射。图 2.85 所示为动态 NAT 的应用案例。

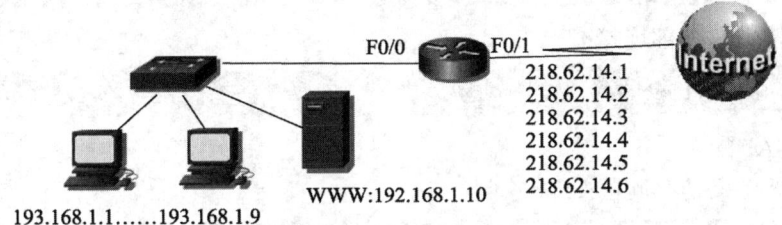

图 2.85 动态 NAT 的应用案例

（3）NAT 过载

NAT 过载也称端口超载 NAT（Port NAT，PAT），这种方式下多个私有地址可以对应公网一个 IP 地址。多个内部私有地址变换为统一的外部公有地址，仅有一个公有 IP 地址时，过载配置通常把该公有地址分配给连接到 ISP 的外部接口。所有内部地址离开该外部接口时，均被转换为该地址。

为了同时通信，对公有地址动态配置不同的端口号与多个内部私有地址进行映射。这种应用在公有 IP 数少时使用（1 个公网 IP 地址可以对应 64512（65536～1024）个连接可能性），这也是在防火墙和路由器上应用最多的 NAT 类型，也称为 PAT。图 2.86 所示为 NAT 过载应用案例，192.168.1.1～192.168.1.254 对应 200.1.1.1:1024～65535 的 PAT 转换。

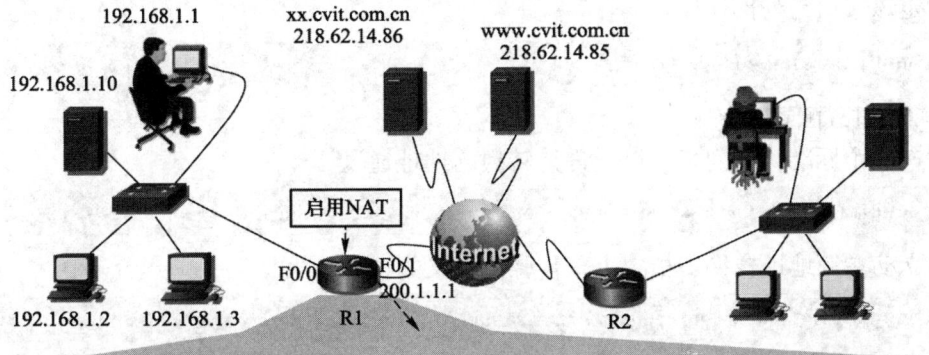

NAT超载转换表			
内部本地IP地址	内部全局IP地址	外部全局IP地址	外部本地IP地址
192.168.1.2:2022	200.1.1.1:2053	218.62.14.85:80	218.62.14.85:80
192.168.1.3:3112	200.1.1.1:2054	218.62.14.86:80	218.62.14.86:80

图 2.86 NAT 过载的应用案例

3. NAT 基本配置

（1）静态 NAT 配置

① 建立内部本地地址与内部全局地址之间的静态转换。

router(config)#**ip nat inside source static** *local-ip global-ip*

参数说明：

local-ip：内部本地地址。

global-ip：转换后的内部全局地址。

② 指定该接口与内部连接。

router(config-if)#**ip nat inside**

③ 指定该接口与外部连接。

router(config-if)#**ip nat outside**

（2）动态 NAT 配置

① 根据需要定义待分配的全局地址。

router(config)#**ip nat pool name** *start-ip end-ip*{**netmask** *netmask*| **prefix-length** *prefix-length*}

② 定义一个标准访问列表，以允许待转换的地址通过。

router(config)#**access-list** access-list-number **permit** source[source-wildcard]

③ 建立动态源地址转换，指定上一步骤中定义的访问列表。

router(config)#**ip nat inside source list** *access-list-number* **pool** *name*

④ 指定该接口与内部连接。

router(config-if)#**ip nat inside**

⑤ 指定该接口与外部连接。

router(config-if)#**ip nat outside**

（3）NAT 过载配置

① 定义一个标准访问列表，以允许待转换的地址通过。

router(config)#**access-list** access-list-number **permit** source[source-wildcard]

② 建立动态源地址转换，指定上一步骤中定义的访问列表。

router(config)#**ip nat inside source list** *access-list-number* **interface** *interface* **overload**

使用 interface 关键字来标识外部 IP 地址，因此没有定义 NAT 池。利用 overload 关键字，可以将端口号添加到转换中。

③ 指定该接口与内部连接。

router(config-if)#**ip nat inside**

④ 指定该接口与外部连接。

router(config-if)#**ip nat outside**

（4）检验 NAT

① 显示 NAT 分配的详细情况，显示所有已配置的静态转换和所有流量创建的动态转换。

Show ip nat translations

② 显示活动转换总数、NAT 配置参数、池中的地址数量以及已分配的地址数量。

Show ip nat statistics

③ 清除转换的条目。

Clear ip nat translation

④ 显示关于被路由器转换的每个数据包的信息，检验 NAT 功能的运作。

debug ip nat

4. 典型 NAT 配置举例

（1）静态 NAT 配置举例

本实验的拓扑如图 2.87 所示，要求外部主机能够访问内网的 Web 服务器。R1、ISP 选用的均为 Cisco 2811 系列路由器。

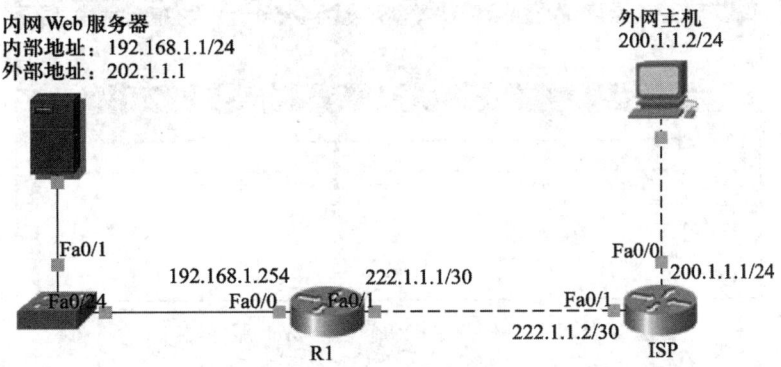

图 2.87 静态 NAT 配置组网图

① 配置步骤。

➢ R1 的配置

router(config)#hostname R1
R1(config)#interface f0/0
R1(config-if)#ip address 192.168.1.254 255.255.255.0
R1(config-if)#no shut
R1(config-if)#ip nat inside
R1(config-if)#exit
R1(config)#interface f0/1
R1(config-if)#ip address 222.1.1.1 255.255.255.252

```
R1(config-if)#no shut
R1(config-if)#ip nat outside
R1(config-if)#exit
R1(config)#ip nat inside source static 192.168.1.1 202.1.1.1
R1(config)#ip route 0.0.0.0 0.0.0.0 222.1.1.2
```

> ISP 的配置

```
router(config)#hostname ISP
ISP(config)#interface f0/0
ISP(config-if)#ip address 200.1.1.1 255.255.255.0
ISP(config-if)#no shut
ISP(config-if)#exit
ISP(config)#interface f0/1
ISP(config-if)#ip address 222.1.1.2 255.255.255.252
ISP(config-if)#no shut
ISP(config-if)#exit
ISP(config)#ip route 0.0.0.0 0.0.0.0 222.1.1.1
```

② 验证。

内网 Web 服务器及外部主机按图 2.87 所示配置相应的 TCP/IP 参数后，打开外部主机的"Web Browser"，输入http://202.1.1.1，会出现如图 2.88 所示的界面，表明访问成功。

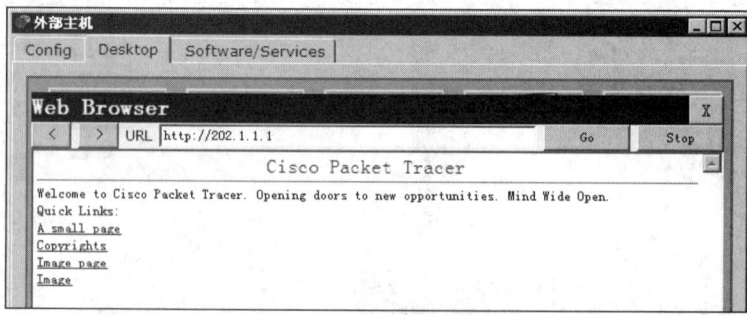

图 2.88　外部主机访问内网 Web 服务器

通过在 R1 上执行"show ip nat translations"命令，可以看到静态转换的信息，如图 2.89 所示。

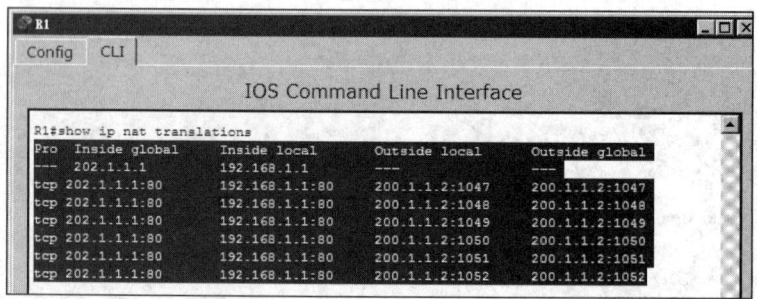

图 2.89　显示 NAT 分配的详细情况

（2）动态 NAT 配置举例

本实验的拓扑如图 2.90 所示，要求内部主机能够访问外网的 Web 服务器。R1、ISP 选用的均为 Cisco 2811 系列路由器。

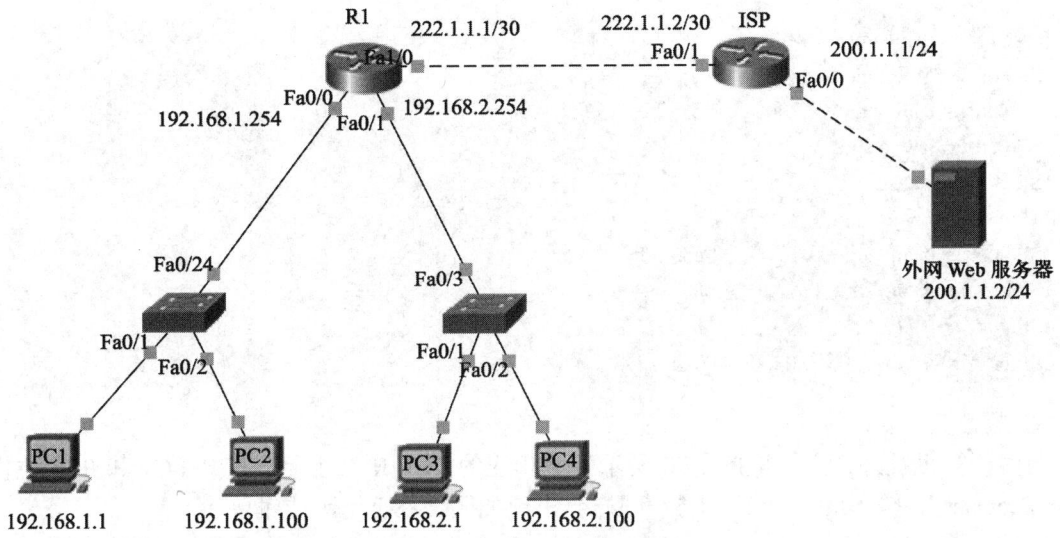

图 2.90 动态 NAT 配置组网图

① 配置步骤。
➢ R1 的配置

```
router(config)#hostname R1
R1(config)#interface f0/0
R1(config-if)#ip address 192.168.1.254 255.255.255.0
R1(config-if)#ip nat inside
R1(config-if)#no shut
R1(config)#interface f0/1
R1(config-if)#ip address 192.168.2.254 255.255.255.0
R1(config-if)#ip nat inside
R1(config-if)#no shut
R1(config-if)#exit
R1(config)#interface f1/0
R1(config-if)#ip address 222.1.1.1 255.255.255.252
R1(config-if)#ip nat outside
R1(config-if)#no shut
R1(config-if)#exit
R1(config)#access-list 1 permit 192.168.1.0 0.0.0.255
R1(config)#access-list 2 permit 192.168.2.0 0.0.0.255
R1(config)#ip nat pool natpool 222.1.2.1 222.1.2.10 netmask 255.255.255.0
```

R1(config)#ip nat inside source list 1 pool natpool
R1(config)#ip nat inside source list 2 pool natpool
R1(config)#ip route 0.0.0.0 0.0.0.0 222.1.1.2

➢ ISP 的配置

router(config)#hostname ISP
ISP(config)#interface f0/0
ISP(config-if)#ip address 200.1.1.1 255.255.255.0
ISP(config-if)#no shut
ISP(config-if)#exit
ISP(config)#interface f0/1
ISP(config-if)#ip address 222.1.1.2 255.255.255.252
ISP(config-if)#no shut
ISP(config-if)#exit
ISP(config)#ip route 0.0.0.0 0.0.0.0 222.1.1.1

② 验证。

内网计算机及外部主机按图 2.90 所示配置相应的 TCP/IP 参数后，打开 PC1 和 PC3 主机的"Web Browser"，输入http://200.1.1.2，同样会出现如图 2.88 所示的界面。

通过在 R1 上执行"show ip nat translations"命令，可以看到动态转换的信息，如图 2.91 所示。

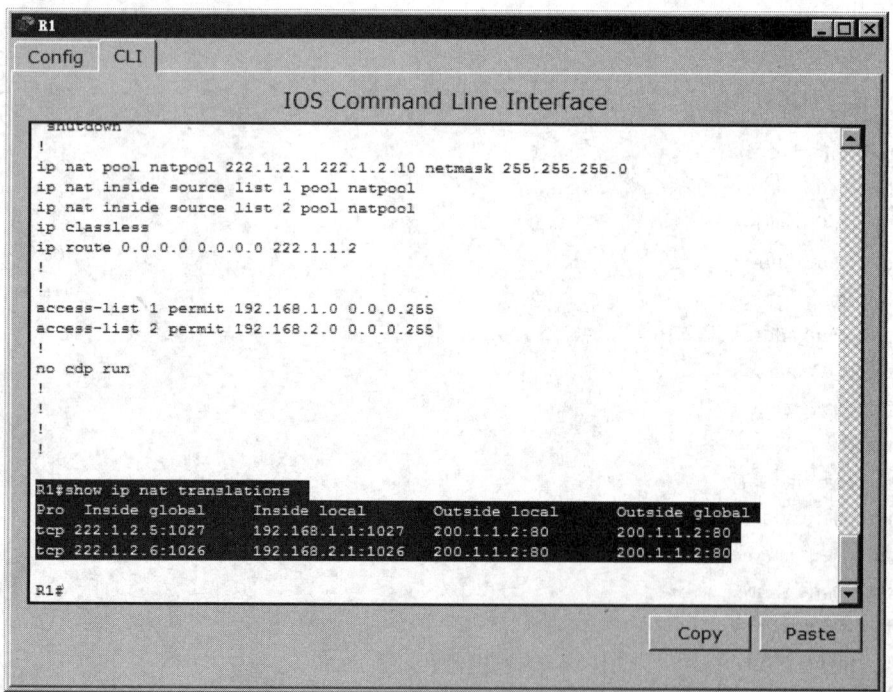

图 2.91　显示 NAT 分配的详细情况

（3）PAT 配置举例

本实验的拓扑如图 2.92 所示，要求内部主机能够访问外网的 Web 服务器。R1、ISP 选用的均为 Cisco 2811 系列路由器。

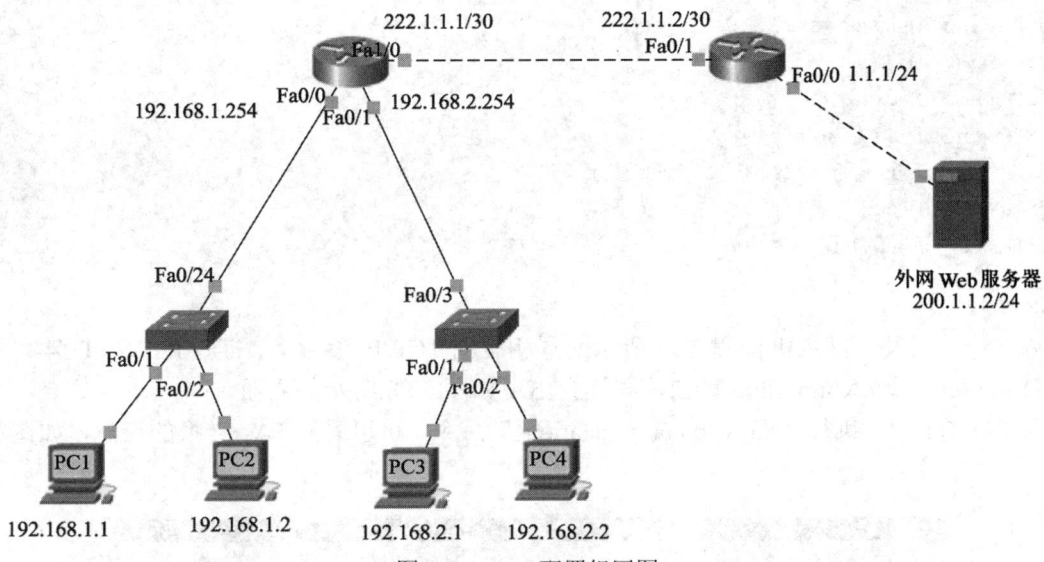

图 2.92　PAT 配置组网图

① 配置步骤。

➢ R1 的配置

```
router(config)#hostname R1
R1(config)#interface f0/0
R1(config-if)#ip address 192.168.1.254 255.255.255.0
R1(config-if)#ip nat inside
R1(config-if)#no shut
R1(config)#interface f0/1
R1(config-if)#ip address 192.168.2.254 255.255.255.0
R1(config-if)#ip nat inside
R1(config-if)#no shut
R1(config-if)#exit
R1(config)#interface f1/0
R1(config-if)#ip address 222.1.1.1 255.255.255.252
R1(config-if)#ip nat outside
R1(config-if)#no shut
R1(config-if)#exit
R1(config)#access-list 1 permit 192.168.1.0 0.0.0.255
R1(config)#access-list 2 permit 192.168.2.0 0.0.0.255
R1(config)#ip nat inside source list 1 interface FastEthernet1/0 overload
R1(config)#ip nat inside source list 2 interface FastEthernet1/0 overload
R1(config)#ip route 0.0.0.0 0.0.0.0 222.1.1.2
```

➢ ISP 的配置

router(config)#hostname ISP
ISP(config)#interface f0/0
ISP(config-if)#ip address 200.1.1.1 255.255.255.0
ISP(config-if)#no shut
ISP(config-if)#exit
ISP(config)#interface f0/1
ISP(config-if)#ip address 222.1.1.2 255.255.255.252
ISP(config-if)#exit
ISP(config-if)#no shut

② 验证。

内网计算机及外部主机按图 2.92 所示配置相应的 TCP/IP 参数后，打开 PC2 和 PC4 主机的"Web Browser"，输入http://200.1.1.2，同样会出现如图 2.88 所示的界面。

通过在 R1 上，执行"show ip nat translations"命令，可以看到 PAT 转换的信息，如图 2.93 所示。

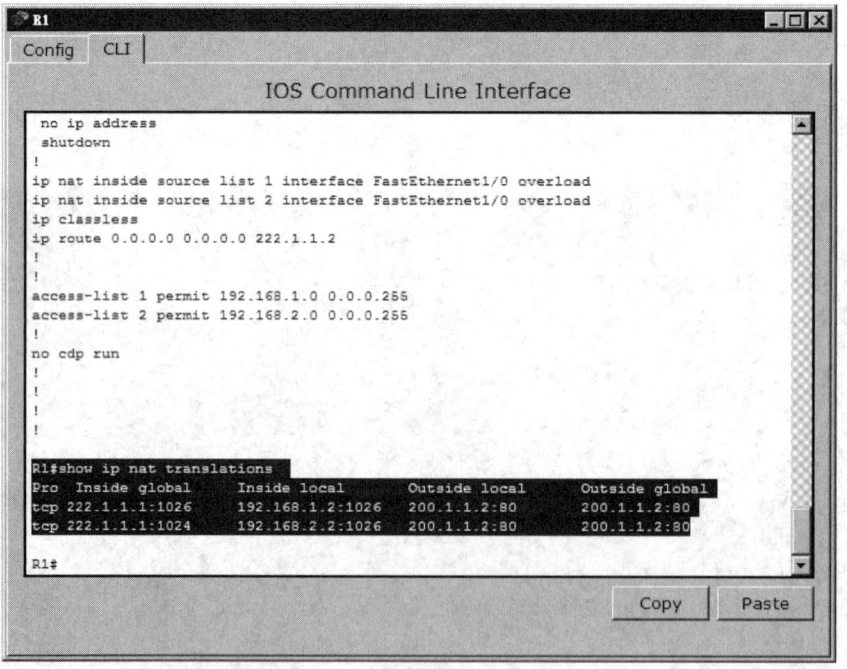

图 2.93　显示 NAT 分配的详细情况

5. H3C MSR30 系列路由器的配置命令

（1）nat static

nat static[*acl-number*]*local-ip*[**vpn-instance** *local-name*]*global-ip*[**vpn-instance** *global-name*]

nat static 命令用于配置一对一静态地址转换映射。

```
//系统视图下，配置内网 IP 地址 192.168.1.1 到外网 IP 地址 2.2.2.2 的静态地址转换
<Sysname> system-view
[Sysname]nat static 192.168.1.1 2.2.2.2
//配置静态地址转换，允许内网用户 192.168.1.1 访问外网网段 3.3.3.0/24 时，使用外网 IP 地址 2.2.2.2
<Sysname>system-view
[Sysname]acl number 3001
[Sysname-acl-adv-3001]rule permit ip destination 3.3.3.0 0.0.0.255
[Sysname-acl-adv-3001]quit
[Sysname]nat static 3001 192.168.1.1 2.2.2.2
```

（2）nat address-group

nat address-group group-number[start-address end-address]

nat address-group 命令用来配置 NAT 转换使用的地址池。

```
//配置一个从 202.110.10.10 到 202.110.10.15 的地址池，地址池索引号为 1
<Sysname>system-view
[Sysname]nat address-group 1 202.110.10.10 202.110.10.15
//创建地址组 2，并在该地址组视图下添加一个从 10.1.1.1 到 10.1.1.15 的地址组成员
<Sysname>system-view
[Sysname]nat address-group 2
[Sysname-nat-address-group-2]address 10.1.1.1 10.1.1.15
```

（3）动态地址转换配置举例

一个公司拥有 202.38.1.1/24~202.38.1.3/24 三个公网 IP 地址，内部网址为 10.110.0.0/16，需要实现如下功能：内部网络中 10.110.10.0/24 网段的用户可以访问 Internet，其他网段的用户不能访问 Internet。使用的公网地址为 202.38.1.2 和 202.38.1.3。对源地址为 10.110.10.100 的用户按目的地址进行统计，限制用户连接数的上限值为 1000，下限值为 200，即要求与外部服务器建立的连接数不超过 1000，不少于 200。

```
//配置 IP 地址池 1，包括两个公网地址 202.38.1.2 和 202.38.1.3
<Router>system-view
[Router]nat address-group 1 202.38.1.2 202.38.1.3
//配置访问控制列表 2001，仅允许内部网络中 10.110.10.0/24 网段的用户可以访问 Internet
[Router]acl number 2001
[Router-acl-basic-2001]rule permit source 10.110.10.0 0.0.0.255
[Router-acl-basic-2001]rule deny
[Router-acl-basic-2001]quit
//在出接口 GigabitEthernet1/2 上配置 ACL 2001 与 IP 地址池 1 相关联，并实现 NAPT
[Router]interface gigabitethernet 1/2
[Router-GigabitEthernet1/2]nat outbound 2001 address-group 1
```

```
[Router-GigabitEthernet1/2]quit
//配置连接限制策略 1，对源地址为 10.110.10.100 的用户按照目的地址进行统计，限制用户连接数的上限
值为 1000，下限值为 200
[Router]acl number 2002
[Router-acl-basic-2002]rule permit source 10.110.10.100 0.0.0.0
[Router-acl-basic-2002]rule deny
[Router-acl-basic-2002]quit
[Router]connection-limit policy 1
[Router-connection-limit-policy-1]limit 0 acl 2002 per-destination amount 1000 200
[Router-connection-limit-policy-1]quit
//配置连接限制策略 1 与 NAT 模块绑定
[Router]nat connection-limit-policy 1
```

（4）普通内部服务器配置举例

某公司内部对外提供 Web、FTP 和 SMTP 服务，而且提供两台 Web 服务器。公司内部网址为 10.110.0.0/16。其中，内部 FTP 服务器地址为 10.110.10.3/16，内部 Web 服务器 1 的 IP 地址为 10.110.10.1/16，内部 Web 服务器 2 的 IP 地址为 10.110.10.2/16，内部 SMTP 服务器的 IP 地址为 10.110.10.4/16。公司拥有 202.38.1.1/24～202.38.1.3/24 三个 IP 地址。需要实现如下功能：外部的主机可以访问内部的服务器；选用 202.38.1.1 作为公司对外提供服务的 IP 地址，Web 服务器 2 对外采用 8080 端口。

```
//进入接口 GigabitEthernet1/2
<Router>system-view
[Router]interface gigabitethernet 1/2
//设置内部 FTP 服务器
[Router-GigabitEthernet1/2]nat server protocol tcp global 202.38.1.1 21 inside 10.110.10.3 ftp
//设置内部 Web 服务器 1
[Router-GigabitEthernet1/2]nat server protocol tcp global 202.38.1.1 80 inside 10.110.10.1 www
//设置内部 Web 服务器 2
[Router-GigabitEthernet1/2]nat server protocol tcp global 202.38.1.1 8080 inside 10.110.10.2 www
//设置内部 SMTP 服务器
[Router-GigabitEthernet1/2]nat server protocol tcp global 202.38.1.1 smtp inside 10.110.10.4 smtp
[Router-GigabitEthernet1/2]quit
```

6. 核心层路由器 NAT 配置

（1）工作任务分析

对于企业内网用户，要想访问外网，需要将私有 IP 地址进行转换。另外，外部主机要想实现对企业内网 Web 服务器的访问，也要进行 NAT 地址的转换。R1 的配置如下。

① 把内部私有 IP 地址转换为 ISP 提供的公有 IP 地址 222.161.98.109/30，（即 R1 的 F1/0 接口），利用 NAT 技术中的 PAT 技术实现。

② 将 ISP 分配的另一个合法 IP 地址分配给企业内网 Web 服务器，供外部用户访问。

（2）任务的实施

① Cisco 核心层路由器 R1 上 NAT 的配置（PT 实现）。

➤ R1 路由器配置

```
R1#show run
!
hostname R1
!
enable password cvit
!
interface FastEthernet0/0
 ip address 192.168.100.1 255.255.255.0
 ip nat inside
!
interface Serial0/0/0
 ip address 222.161.98.109 255.255.255.252
 ip nat outside
!
ip nat inside source list 1 interface FastEthernet1/0 overload
ip nat inside source static 192.168.107.100    222.161.98.1
!
access-list 1 permit 192.168.0.0 0.0.255.255
!
line vty 0 4
 password p@ssw0rd
 login
!
end
```

② H3C 核心层路由器 R1 上 NAT 配置。

```
[R1]display current-configuration
#
version 5.20，Release 1205P02，Basic              //设备版本号
#
sysname R1                                        //设备系统名称
#
firewall enable                                   //启用防火墙
#
acl number 2001                                   //创建访问控制列表，定义可以上网的内网网段
 rule 0 permit source 192.168.0.0 0.0.0.255
#
interface GigabitEthernet0/0
```

```
port link-mode route
ip address 192.168.100.1 255.255.255.252        //内网接口
#
interface GigabitEthernet0/1                    //外网接口
port link-mode route
nat outbound 2001                               //匹配 acl 2001 上网
nat server protocol tcp global 222.161.98.1 www inside 192.168.107.100 www   //端口映射
ip address 222.161.98.109 255.255.255.252
#
user-interface vty 0 4
  user privilege level 3
  set authentication password simple p@ssw0rd
#
```

2.5.4 广域网专线方式接入

区别一个网络是广域网（WAN）而不是局域网（LAN），通过情况下，LAN 设备是属于一个企业内部私有的，而 WAN 设备一般是从服务提供商租用的。理解 WAN 技术的关键是熟悉各种 WAN 术语和服务提供商通常使用的将网络连接在一起的连接类型。

1. WAN 术语

① 用户驻地设备（Customer Premises Equipment，CPE）：是用户方拥有的设备，位于用户驻地一侧，通常是路由器，也就是 DTE（数据终端设备）。如果 DTE 直接连接到服务提供商网络，那么 DTE 也可以是终端、计算机、打印机或传真机。

② 分界点（Demarcation Point）：是服务提供商的最后负责点，也是 CPE 的开始，通常是最靠近电信的设备，并且由电信公司拥用和安装。通常是连接到 CSU/DSU（信道服务单元/数据服务单元）或 ISDN 接口，也就是 DCE，用于将来自 DTE 的用户数据转换为 WAN 服务提供商传输链路所能接收的格式。图 2.94 所示为 DTE 并行传输到 DCE 端的串行传输的转换示例。

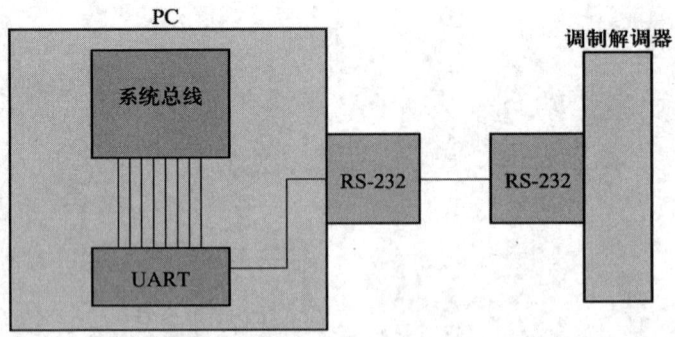

图 2.94　DTE 与 DCE 之间的并串转换

③ 本地回路（local loop）：连接分界点到称为中心局的最近交换局。

④ 中心局（central office，CO）：这个点连接用户到服务提供商的交换网络。中心局有时指呈现点（POP）。

⑤ 长途网络（toll network）：WAN 提供商网络中的中继线路。长途网络是属于 ISP 的交换机和设备的集合。

2. WAN 连接类型

① 租用线路：典型的是指点到点连接或专线连接，租用线路是从本地 CPE 经过 DCE 交换机到远程 CPE 的一条预先建立的 WAN 通信路径。允许 DTE 网络在任何时候不用设置就可以传输数据进行通信。租用线路使用同步串行线路，通常使用 HDLC 和 PPP 封装类型。

② 电路交换：这种类型的最大优势是成本低，在建立端到端连接之前，不能传输数据。电路交换使用拨号调制器或 ISDN，用于低带宽数据传输。在一些广域网的新技术上同样可以使用电路交换。

③ 包交换：一种 WAN 交换方法，其允许和其他公司共享带宽以节省资金。可以将包交换想象为一种看起来像租用线路，但费用更像电路交换的一种网络。如果是偶然的或突发性的数据传输，那么包交换可以满足需要。帧中继就是包交换技术。

3. 电缆连接串行广域网

为了能使广域网连接顺畅，必须熟悉各种 WAN 串行连接方式。Cisco 串行连接几乎支持 WAN 服务的任何类型。典型的 WAN 连接是使用 HDLC、PPP 和帧中继的专线。

所有 WAN 都使用串行传输，WAN 串行连接器使用串行传输，即一个信道一次只传输一位。在使用这种电缆连接器之前，一定要确定路由器上确实有这种类型的接口。电缆另一端的连接器类型，依赖于服务提供商或所需的终端设备。各种可用的终端设备如图 2.95 所示。

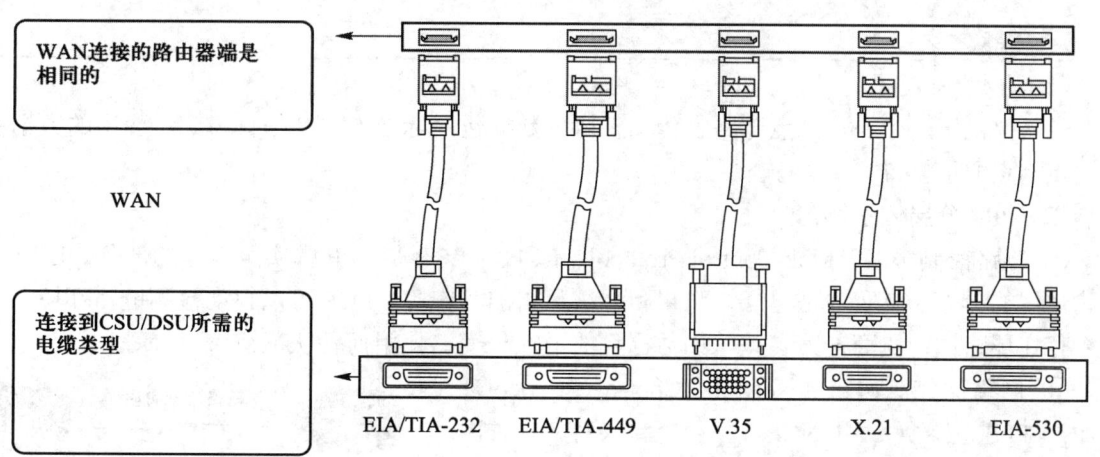

图 2.95　串行连接器

4. WAN 帧为何要封装

如图 2.96 所示，主机 PC1 与主机 PC2 进行通信，数据包通过默认网关路由器 R1 离开 LAN。R1 会解开以太网帧，然后将数据重新封装为适合该 WAN 的正确帧类型。R2 的 WAN 接口将收到的帧转换为以太网帧格式，然后才让该帧流入本地网络。此处路由器扮演的是介质转换器的角色，因为它将数据链路层帧格式转换为适合特定接口的格式。

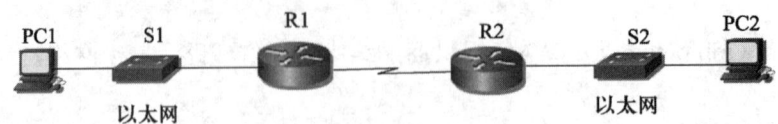

图 2.96　WAN 帧封装

5. HDLC 协议

（1）了解 HDLC

要确保使用正确的协议，需要配置适当的第 2 层封装类型，协议的选择取决于 WAN 技术和通信设备。HDLC（High-Level Data Link Control，高级数据链路控制）是由国际标准化组织（ISO）开发、面向比特的同步数据链路层协议。HDLC 协议定义的第 2 层帧结构采用确认机制进行流量控制和错误控制。HDLC 使用帧定界符（或标志）来标记每个帧的开头和结尾。Cisco HDLC 是 Cisco 设备在同步串行线路上使用的默认封装方法。

（2）HDLC 配置及校验

① 启用 HDLC。

router(config-if)#**encapsulation hdlc**

② 串行接口故障排除。

Show interface serial

6. PPP

（1）了解 PPP

PPP 提供了一个在点到点链路上传输多协议数据包的标准方法，是目前广泛应用的数据链路层点到点通信协议。

（2）PPP 分层体系结构

① 链路控制协议（Link Control Protocol，LCP），LCP 是 PPP 中实际工作的部分。LCP 位于物理层的上方，其职责是建立、配置和测试数据链路连接。LCP 可以自动检测链路环境，如是否存在环路由；协商链路参数，如数据包的最大长度，使用何种认证协议，等等。

② 网络层控制协议（Network Control Protocol，NCP）。PPP 定义了一组 NCP，每一个协议对应一种网络层协议，用于协调网络层地址等参数。

（3）PPP 会话建立

当 PPP 连接开始时，链路经过 3 个会话建立阶段，如图 2.97 所示。

① 链路建立阶段。

PPP 发送 LCP 帧以配置和测试数据链路。LCP 帧包

图 2.97　PPP 会话过程

含配置选项字段，该字段会协商一些选项，如最大传输单位（MTU）、压缩和链路验证。如果缺少配置选项，则使用默认值。"链路验证"和"链路质量确认测试"是链路建立阶段的可选参数。"链路质量确认测试"用于确定链路质量是否足以运行网络层协议。诸如此类的可选参数必须在收到配置确认帧之前完成。收到配置确认帧标志着链路建立阶段完成。

② 认证阶段。

在 PPP 会话中，验证是可选的。如果需要验证，则须通信双方的路由器交换彼此的验证信息。可以选择使用密码认证协议（PAP）或询问握手认证协议（CHAP），但在一般情况下，CHAP 是首选协议。

③ 网络层协议阶段。

PPP 发送 NCP 数据包来选择并配置一个或多个网络层协议，如 IP 或 IPX。如果 LCP 关闭链路，它会通知网络层协议以便协议采取相应的措施。使用 show interfaces 命令，可显示 LCP 和 NCP 状态。

PPP 链路建立后会一直保持活动状态，直到 LCP 或 NCP 帧关闭链路或活动计时器过期为止。该链路也可由用户终止。

（4）PPP 认证方法

① 密码认证协议（Password Authentication Protocol，PAP）。

PAP 为远程设备提供了一种证实自己身份的简单方法。口令以明文发送，且 PAP 只在初始链路建立时执行。PAP 使用双向握手来发送其用户名和口令，如图 2.98 所示。验证方的设备将查找被验证方设备的用户名，检查其发送的口令与自己数据库中存储的是否一致。如果两个口令匹配，则验证成功。

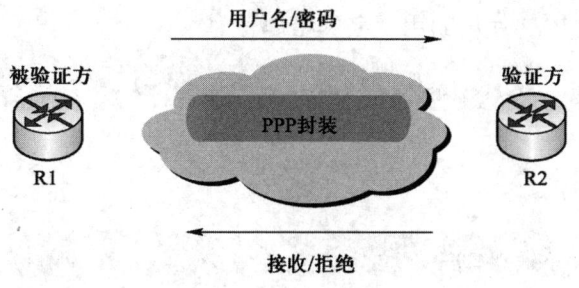

图 2.98 PAP 认证过程

PAP 以明文方式通过链路反复传送用户名/口令，直到收到验证的确认信息或连接结束为止。此验证方法无法防止用户名和口令被数据包嗅探器窃取。

② 询问握手认证协议（Challenge Authentication Protocol，CHAP）。

与 PAP 相比，CHAP 可以提供更高的安全性，是一种使用加密方式发送密码信息的认证方式，如图 2.99 所示。验证方发送"challenge"（挑战）到被验证方；被验证方根据这个"challenge"和共享密钥，利用一个单向散列函数计算一个散列值并发回给验证方；验证方把这个数字和自己计算出来的数据进行比较，如果匹配，则确认；否则，否认。在连接建立后，会随机地重复上述过程。

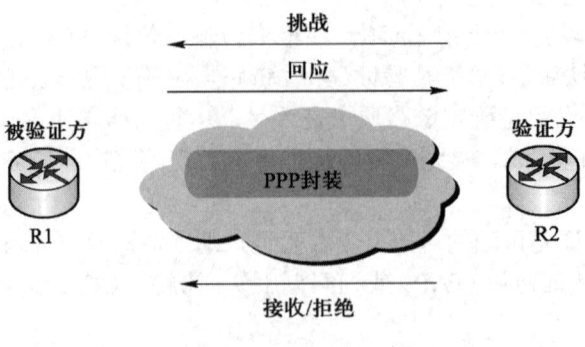

图 2.99 CHAP 认证过程

(5) PPP 基本配置
① 启用 PPP。

router(config-if)#**encapsulation ppp**

② PAP 配置。
➢ 创建一个 PPP 用户

router(config)#**username** *R1* **password** *hello*

➢ 开启 PAP 认证

router(config-if)#**ppp authentication pap**

➢ 在被认证方配置 PAP 使用的用户名和密码信息

router(config-if)#**ppp pap sent-username** *R1* **password** *hello*

③ CHAP 配置。
➢ 创建一个 PPP 用户

router(config)#**username** *R1* **password** *hello*

➢ 开启 PAP 认证

router(config-if)#**ppp authentication chap**

④ 验证 PPP 封装。
➢ 显示接口状态

Show interface serial *interface-number*

➢ 诊断 PPP 的协商过程

debug ppp negotiation

➢ 诊断 PPP 认证

debug ppp authentication

（6）典型 PPP 配置举例
① PAP 认证配置。
本实验的拓扑如图 2.100 所示，R1 和 R2 之间以串行线连接，在该链路上采用 PPP 进行封装，并采用 PAP 认证机制。R1、R2 选用的均为 Cisco 2811 系列路由器。

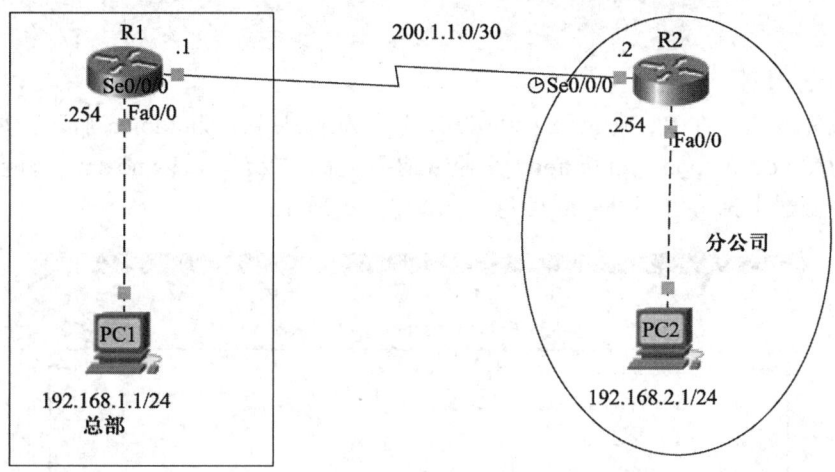

图 2.100　PPP 配置拓扑

➢ R1 的配置

router(config)#hostname R1
R1(config)#username R2 password 0 cisco2   //建立本地数据库以验证对端路由器
R1(config)#interface f0/0
R1(config-if)#ip address 192.168.1.254 255.255.255.0
R1(config-if)#no shut
R1(config-if)#exit
R1(config)#interface s0/0/0
R1(config-if)#ip address 200.1.1.1 255.255.255.252
R1(config-if)#encapsulation ppp
R1(config-if)#ppp authentication pap
R1(config-if)#ppp pap sent-username R1 password 0 cisco1//发送 username 和 password
R1(config-if)#no shut
R1(config-if)#exit

➢ R2 的配置

router(config)#hostname R2
R2(config)#username R1 password 0 cisco1

```
R2(config)#interface f0/0
R2(config-if)#ip address 192.168.2.254 255.255.255.0
R2(config-if)#exit
R2(config)#interface s0/0/0
R2(config-if)#ip address 200.1.1.2 255.255.255.252
R2(config-if)#encapsulation ppp
R2(config-if)#ppp authentication pap
R2(config-if)#ppp pap sent-username R1 password 0 cisco1
R2(config-if)#exit
```

➤ PAP 验证过程

上述配置完成后，在 R1 或 R2 的 s0/0/0 口上人为地将链路 shutdown 后，在每台路由器上启动 debug 功能（debug ppp negotiation）来监视协商过程。接着，再以 no shut 将链路重新激活。此时，两个路由器上都将出现 debug 信息，如图 2.101 所示。

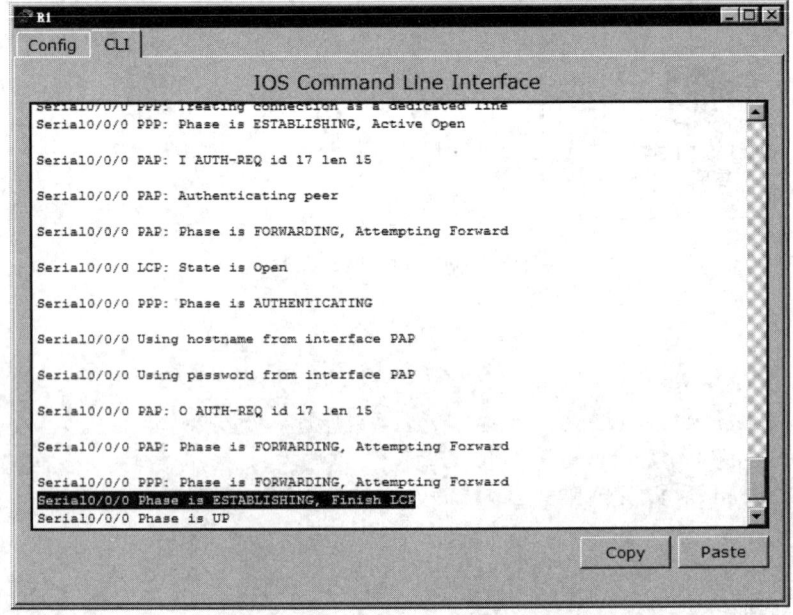

图 2.101　PAP 验证成功

只要将 R1 或 R2 的某个用户名和密码与认证服务器上的配置不一致，就可以看到认证没通过时的情况。这里将 R2 的 PAP 验证使用的密码改为"cisco3"，即：

```
R2(config-if)#ppp pap sent-username R2 password 0 cisco3
```

在 R1 上启动 debug 功能（debug ppp authentication）来监视认证过程，诊断 PPP 认证。将 R2 的 s0/0/0 口上人为地将链路 shutdown 后，接着，再以 no shut 将链路重新激活。会发现认证在不断进行中，如图 2.102 所示。

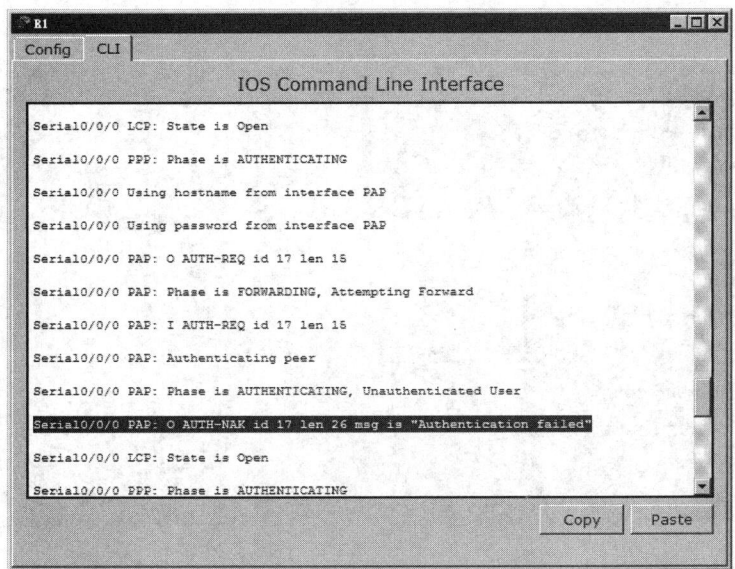

图 2.102　PAP 验证失败

➤ PC 间测试

在 PC1 和 PC2 两台计算机之间通过 ping 命令检查网络连通性，如图 2.103 所示。

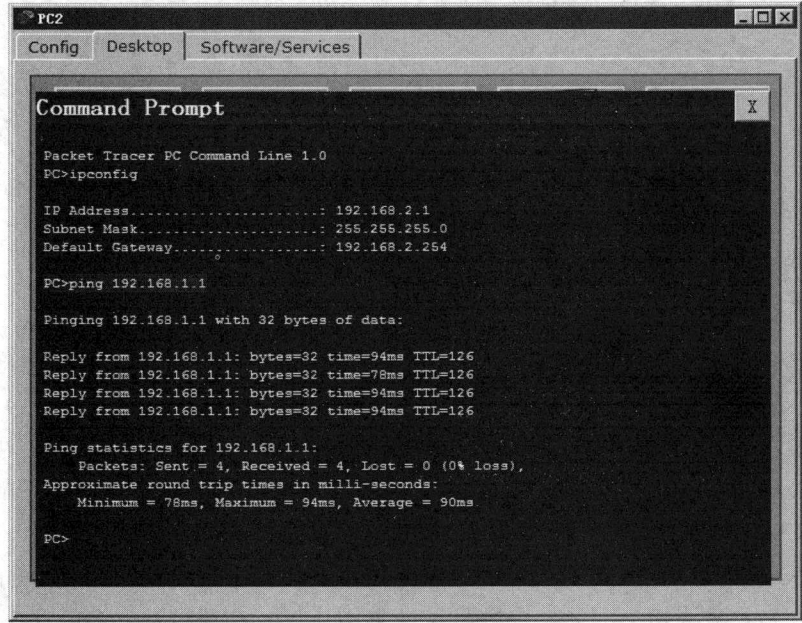

图 2.103　计算机间测试成功

② CHAP 认证配置。

拓扑结构不变，RT1 和 RT2 之间以串行线相连，并在该链路上封装 PPP，采用 CHAP 认证机制。

➢ R1 的配置

```
router(config)#hostname R1
R1(config)#username R2 password 0 cisco2
R1(config)#interface f0/0
R1(config-if)#ip address 192.168.1.254 255.255.255.0
R1(config-if)#no shut
R1(config-if)#exit
R1(config)#interface s0/0/0
R1(config-if)#ip address 200.1.1.1 255.255.255.252
R1(config-if)#encapsulation ppp
R1(config-if)#ppp authentication chap
R1(config-if)#no shut
R1(config-if)#exit
```

➢ R2 的配置

```
router(config)#hostname R2
R2(config)#username R1 password 0 cisco1
R2(config)#interface f0/0
R2(config-if)#ip address 192.168.2.254 255.255.255.0
R2(config-if)#exit
R2(config)#interface s0/0/0
R2(config-if)#ip address 200.1.1.2 255.255.255.252
R2(config-if)#encapsulation ppp
R2(config-if)#ppp authentication chap
R2(config-if)#exit
```

➢ CHAP 验证过程

上述配置完成后，按照上面介绍的方法，监视认证过程。

2.5.5 广域网分组交换接入

1. FR 协议

FR（Frame Relay，帧中继）是数据链路层的封装协议，是一种高效而灵活的 WAN 技术。

（1）了解 FR

它是一种快速的分组交换技术，采用虚电路技术，即帧中继传送数据使用的是传输链路，是逻辑连接而不是物理连接。因此帧中继是统计复用协议，实现带宽资源的动态分配。帧中继默认情况为非广播多路访问（NBMA）网络。帧中继不提供纠错机制，帧中继节点在检测到错误时只是丢弃数据包，而不发出任何通知；帧中继在单个物理电路上提供多个逻辑连接，允许网络通过这些连接将数据发送到目的地。图 2.104 所示为帧中继网络。

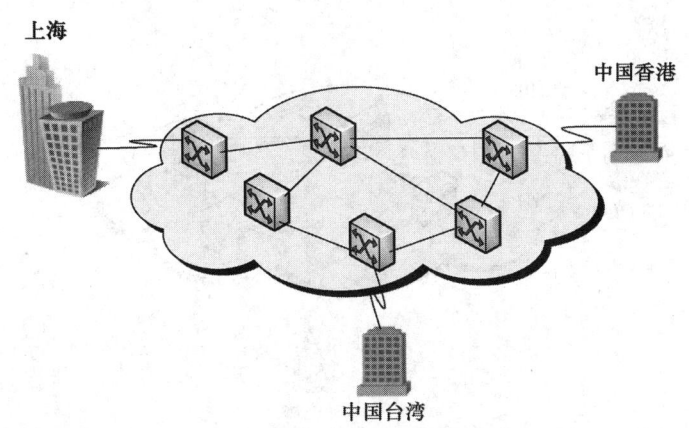

图 2.104　帧中继网络

（2）FR 相关术语

① 承诺信息率（CIR）。

帧中继提供商同时为许多不同的客户提供包交换网络。然而，帧中继是基于假定不是所有客户都需要同时持续传送数据这一情况的。

帧中继为每个用户提供部分专用带宽工作，并在运营商网络有可用资源的情况下允许用户超过其所保证的带宽。基本上，帧中继提供商允许客户购买稍低于其真正需要的带宽。帧中继有两种带宽规范。

> 访问速率帧中继接口可以传输的最大速率。
> CIR 数据传输承诺的最大速率。实际上这是服务提供商承诺传输的平均速率。

如果这两个值相等，帧中继连接就像租线路了。然而，两者也可以设置为不同的值。

② 虚电路。

帧中继使用虚电路工作方式。所谓"虚"是相对于租用线路使用的真正电路而言的。这些虚电路是由连接到提供商"网云"上的几千台设备构成的链路。帧中继为两台 DTE 设备之间建立虚电路，使它们就像通过一条电路连接起来一样，实际上将帧放入一个很大的共享设施里。因为有了虚电路，用户永远都不会看到网络内部所发生的复杂操作。

> 永久虚电路（permanent virtual circuits，PVC）：是目前最常用的类型，永久的意思是运营商公司在内部创建映射，并且只要一直付费，虚电路就一直有效。
> 交换虚电路（switched virtual circuits，SVC）：当数据需要传输时，建立虚电路，数据传输完成后，拆除虚电路，如电话呼叫。

③ 数据链路连接标识符（DLCI）。

帧中继 PVC 使用数据链路连接标识符（data link connection identifiers，DLCI）标识 DTE 设备。如图 2.105 所示。帧中继服务提供商分配 DLCI 值，帧中继用 DLCI 值区分网络上的不同虚电路。因为在一个多点帧中继接口上可以有多个虚电路，所以这种接口可以有多个 DLCI。

DLCI 仅具有本地意义，FR 网络用户接口上最多可支持 1 024 条虚电路，其中用户可用的 DLCI 的范围为 16～1007。由于 FR 虚电路是面向连接的，本地不同的 DLCI 连接着不同的对端设备，所以可认为本地 DLCI 就是对端设备的"帧中继地址"。

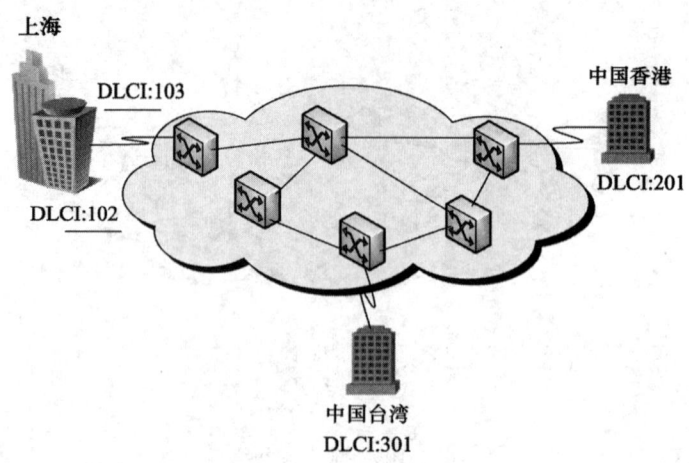

图 2.105　FR 的虚电路 DLCI

④ 本地管理接口（LMI）。

LMI（Local management interface，本地管理接口）用来监控永久虚电路状态。LMI 是一种 keepalive（保持连接）的机制，提供路由器（DTE）和帧中继交换机（DCE）之间的帧中继连接的状态信息。终端设备周期性轮询网络。Cisco 路由器支持 Cisco、Ansi 和 q933a 三种 LMI。

⑤ 帧中继地址映射。

帧中继地址映射是将对端设备的协议地址与本地到达对端设备的 DLCI 关联起来。帧中继主要用来承载 IP，在发送 IP 报文时，根据路由表只知道报文的下一跳地址。发送前必须由该地址确定它对应的 DLCI。

⑥ IARP。

IARP（Inverse ARP，反向地址解析协议）将 DLCI 映射到 IP 地址，这一点同 ARP 类似。ARP 将 MAC 地址映射到 IP 地址，IARP 是不可配置的，但可以禁用，如图 2.106 所示。IARP 在帧中继路由器上运行，它为帧中继映射 DLCI（到 IP 地址），以便知道如何到达帧中继交换机。IARP 的这种自动发现功能简化了帧中继的配置。如果网络中有不支持 IARP 的非 Cisco 路由器，就可以使用 frame-relay map 命令静态提供 IP 到 DLCI 的映射。

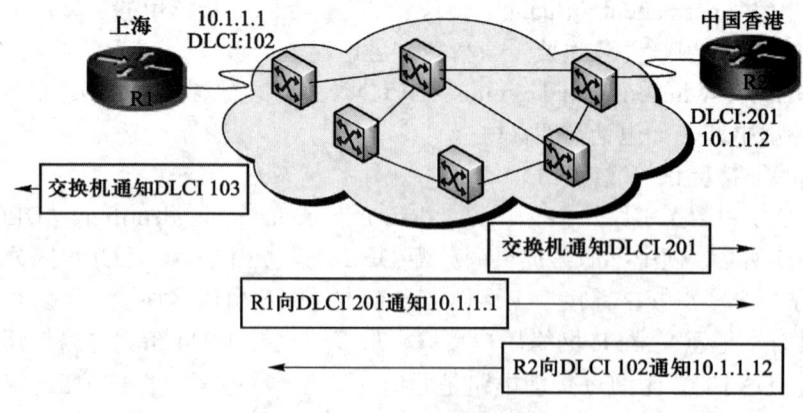

图 2.106　IARP 基本过程

2. FR 的映射原理

简要地说，帧中继就是通过帧中继映射表和帧中继交换表实现数据报文的传输的。

（1）帧中继映射表

由帧中继映射条目组成，每一条映射条目都是由下一跳的 IP 地址与该接口上的 DLCI 号的映射而成。每台路由器上都有帧中继映射表；映射条目可以通过静态配置或 inverse-arp 自动生成。帧中继映射表保存在用户路由器上。

（2）帧中继交换表

帧中继交换表由帧中继交换条目组成，每一条交换条目由帧中继交换机某个入口的 DLCI 到某个出口的 DLCI 映射而成。由于 FR 一般都采用了 PVC，因此这些映射表是静态指定的。帧中继交换表保存在帧中继交换机上。

（3）交换过程

具体来说，当与帧中继网络相连的路由器接收到一个数据包时，它首先根据目的地址查找它的路由表，并找到下一跳路由器；然后根据下一跳路由器查找帧中继映射表，找到可以到达下一跳路由器的对应虚链路的 DLCI 号；接着把数据包从此虚链路中传送出去。当帧中继交换机接收到后，它根据数据包进来的端口和 DLCI 号，查找帧中继交换表并找到出去的端口和 DLCI 号；然后将数据包交换到出口的 DLCI 上去，完成数据包的传递工作。在 FR 网络中的其他交换机也做类似的处理，最后达到下一跳路由器上，完成帧中继网络的中继功能。

3. FR 的基本配置

（1）启用帧中继封装

router(config-if)#**encapsulation frame-relay**

（2）设置接口的类型

router(config-if)# **frame-relay inft-type**[dte|dce]

（3）配置 LMI 类型（可选）

router(config-if)# **frame-relay lmi-type**[Cisco|Ansi|q933a]

（4）建立一条交换记录

router(config-if)# **frame-relay map ip** *ip-addressdlci* **broadcast**

（5）验证 FR

① 查看虚电路（在帧中继交换机上）。

show frame-relay pvc

② 查看映射表（在用户路由器上）。

show frame-relay map

③ 查看 LMI 信息（在用户路由器上）。

show frame-relay lmi

④ 查看交换表（只在 FR 交换机上用）。

show frame-relay route

4. 在 FR 中使用子接口

在同一个物理接口中存在多条 VC 的情况下，根据水平分割机制，不同 VC 之间的路由更新信息无法进行相互更新，从而引起路由更新问题。解决这个问题的方法是在物理接口上创建子接口来实现。另外，使用子接口也可以使一个物理接口能够承接多条 PVC 从而提高物理链路的利用率。

子接口为逻辑创建的模拟物理接口的实体，它的功能与物理接口的功能没有什么区别，因此可以在一个物理端口上建立多个逻辑接口。这样，每一个接口在功能上等价与一个物理接口，因此可以打破水平分割的原理限制。

子接口有点对点（point-to-point）和多点（multipoint）模式两种模式。

① 点对点模式。一个单独子接口建立一条 PVC，这 PVC 连接到远端路由器一个子接口或物理端口，每个子接口就可以有自己独立的 DLCI。

② 多点模式。一个单独子接口可建立多条 PVC，不过加入的接口都应该处在同一子网。这种情况下，每个子接口与不划分子接口直接采用物理接口的情况相似，但其好处在于可以提高物理链路的利用率，还可以简化 NBMA 拓扑下的 OSPF 的配置。

5. 典型 FR 配置举例

本实验的拓扑如图 2.107 所示，某银行有 3 个不同的网点，分别为网点 1、网点 2 和网点 3，广域网链路上通过帧中继网络互连起来。R1、R2、R3 选用的均为 Cisco 2811 系列路由器。

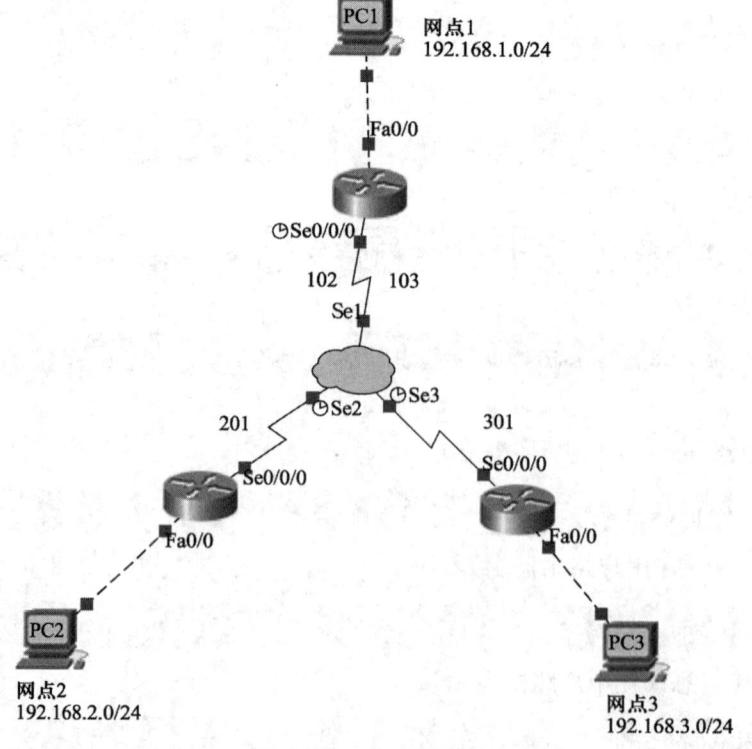

图 2.107　FR 组网环境

(1) 动态反转的 ARP 配置

① 帧中继云配置。

在帧中继云中配置 DLCI 映射关系建立 PVC 通道。首先在帧中继的 S0 口创建 2 个 DLCI 分别为 102 和 103，在 S1 口创建 DLCI 为 201，在 S2 口创建 DLCI 为 301。然后建立 2 条 PVC 通道。

➢ 单击"帧中继云"，在弹出的窗口中选择"Config"菜单，在打开的"帧中继云"窗口中选中"INTERFACE"选项组中的 Serial0（S0）选项，在右边的"DLCI"文本框中输入 102，在"Name"文本框中也输入 102，单击"Add"按钮。用同样的方法添加 103。再用同样的方法在 S1 中添加 201，在 S2 中添加 301。图 2.108 所示为 S0 口创建的 DLCI。

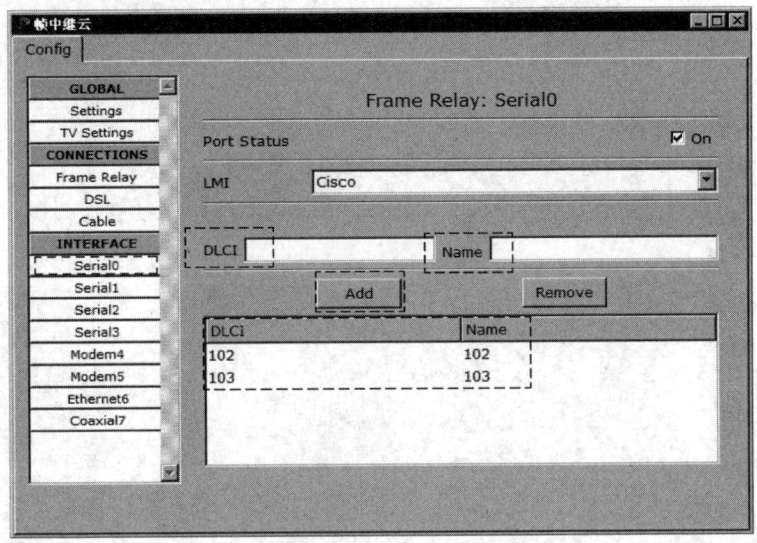

图 2.108　S0 口创建 DLCI

➢ 选择"CONNECTIONS"选项组中的"Frame Relay"选项，在窗口的右边将 S0 的 102 和 S1 的 201 建立映射关系，将 S0 的 103 和 S2 的 301 建设映射关系，也就是建立两条 PVC 通道。可以看出将路由器 R1 的 S0/0/0 物理接口分成了 2 个不同的逻辑通道，如图 2.109 所示。

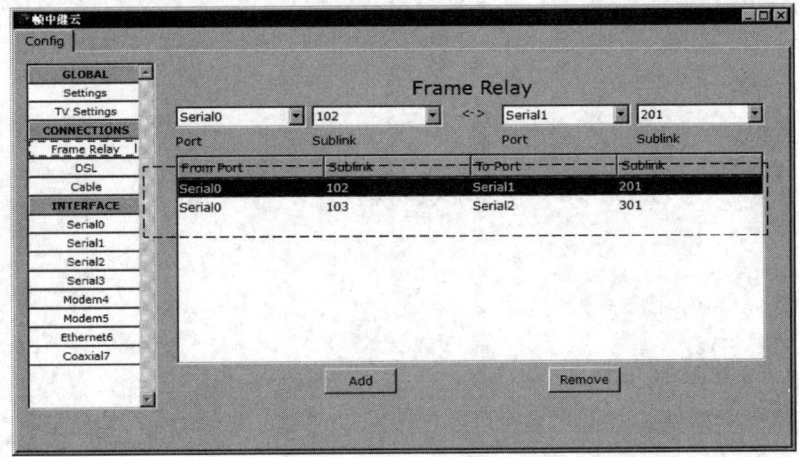

图 2.109　S0 口创建 PVC

② R1 上的配置。

```
Router(config)#host R1
R1(config)#int f 0/0
R1(config-if)#ip add 192.168.1.254 255.255.255.0
R1(config-if)#no shut
R1(config-if)#int s 0/0/0
R1(config-if)#ip add 10.1.1.1 255.255.255.0
R1(config-if)#no shut
R1(config-if)#encapsulation frame-relay        //封装帧中继协议
R1(config-if)#exit
R1(config)#router rip
R1(config-router)#net 192.168.1.0
R1(config-router)#net 10.1.1.0
R1(config-router)#version 2
R1(config-router)#no auto-summary
```

③ R2 上的配置。

```
Router(config)#host R2
R2(config)#int f 0/0
R2(config-if)#ip add 192.168.2.254 255.255.255.0
R2(config-if)#no shut
R2(config-if)#int s 0/0/0
R2(config-if)#ip add 10.1.1.2 255.255.255.0
R2(config-if)#no shut
R2(config-if)#encapsulation frame-relay        //封装帧中继协议
R2(config-if)#exit
R2(config)#router rip
R2(config-router)#net 192.168.2.0
R2(config-router)#net 10.1.1.0
R2(config-router)#version 2
R2(config-router)#no auto-summary
```

④ R3 上的配置。

```
Router(config)#host R3
R3(config)#int f 0/0
R3(config-if)#ip add 192.168.3.254 255.255.255.0
R3(config-if)#no shut
R3(config-if)#int s 0/0/0
R3(config-if)#ip add 10.1.1.3 255.255.255.0
R3(config-if)#no shut
R3(config-if)#encapsulation frame-relay        //封装帧中继协议
R3(config-if)#exit
R3(config)#router rip
R3(config-router)#net 192.168.3.0
```

R3(config-router)#net 10.1.1.0
R3(config-router)#version 2
R3(config-router)#no auto-summary

⑤ 验证。

➢ 查看路由器中帧中继动态映射表。图 2.110 所示为 R1 的动态映射表。

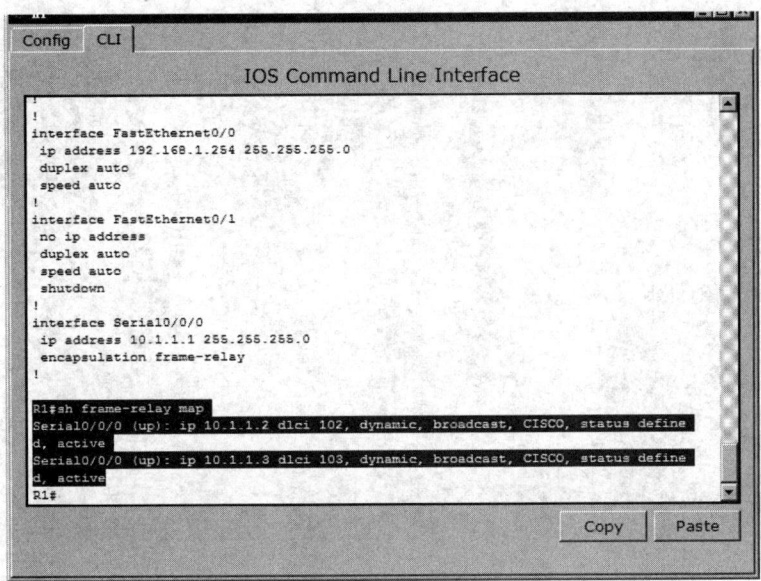

图 2.110　R1 的帧中继动态映射表

➢ 查看 R1 的路由表，会看到通过 RIP 学习到的两条到网点 2 和网点 3 的路由条目，如图 2.111 所示。

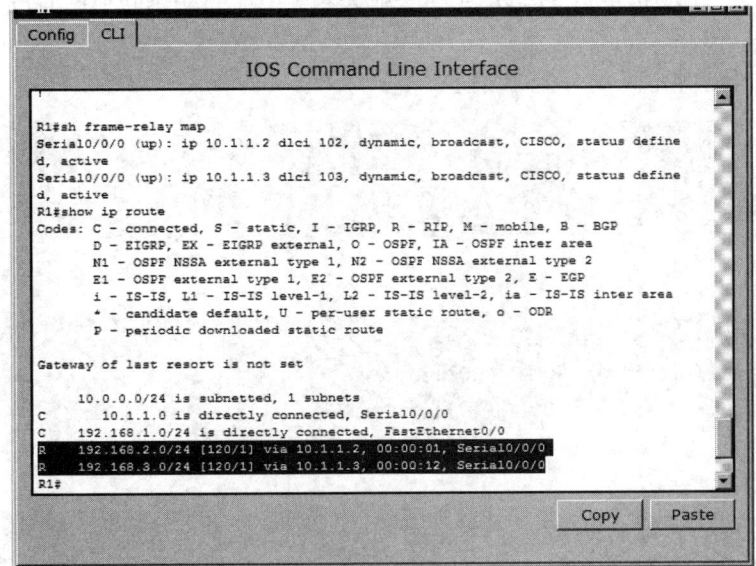

图 2.111　R1 路由表

➢ 分别测试从网点 1 的 PC1 到网点 2 的 PC2 以及到网点 3 的 PC3 间通信，如图 2.112 所示。

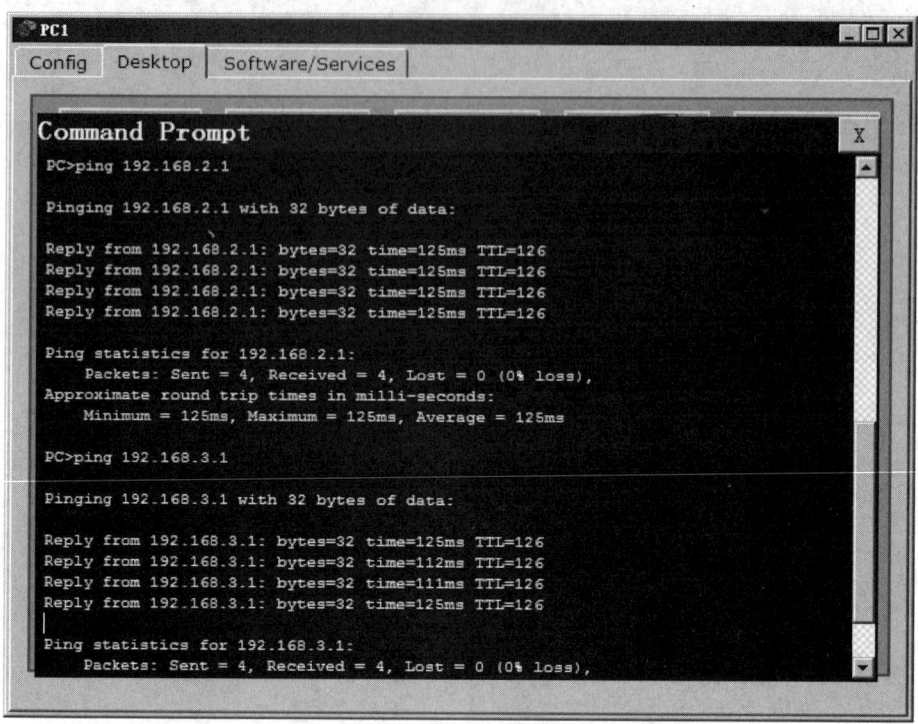

图 2.112　测试网点 1 与网点 2、网点 3 间的通信

（2）IP 和 DLCI 的静态映射配置

拓扑结构不变，手动指定 IP 和 DLCI 的映射关系。在前面动态映射配置的基础上继续完成下面的配置。

① 清空路由器中的帧中继动态映射表。

```
R1#clear frame-relay inarp
R2#clear frame-relay inarp
R3#clear frame-relay inarp
```

② R1 的配置。

```
R1(config)#int s0/0/0
R1(config-if)#frame-relay map ip 10.1.1.2 102 broadcast
R1(config-if)#frame-relay map ip 10.1.1.3 103 broadcast
```

③ R2 的配置。

```
R2(config)#int s0/0/0
R2(config-if)#frame-relay map ip 10.1.1.1 201 broadcast
```

④ R3 的配置。

R3(config)#int s0/0/0
R3(config-if)#frame-relay map ip 10.1.1.1 301 broadcast

⑤ 验证。

查看路由器中帧中继动态映射表。图 2.113 所示为 R1 的帧中继静态映射表。

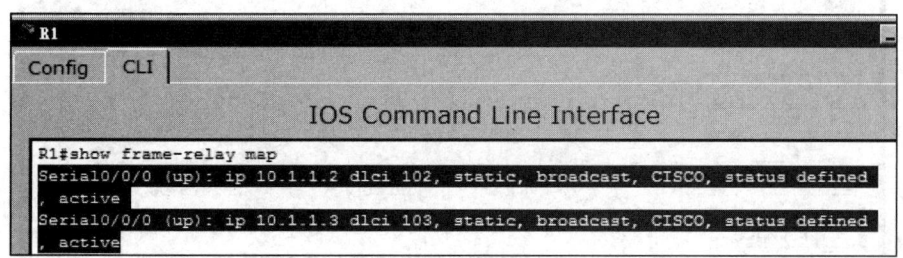

图 2.113 R1 的帧中继静态映射表

建立好静态映射表后就可以进行网络连通性测试了，同样分别测试从网点 1 的 PC1 到网点 2 的 PC2 以及到网点 3 的 PC3 间通信，结果会发现网络是可达的。

2.5.6 广域网接入功能测试

1. 内网用户访问外网

以财务部 1 为例，测试至外网 Web 服务器 222.168.81.129（www.zzyy.com）的连通性。外网 Web 服务器和 DNS 服务器的 IP 地址配置如图 2.114 所示。

以下是 DNS 服务器的配置要点，如图 2.115 和图 2.116 所示。

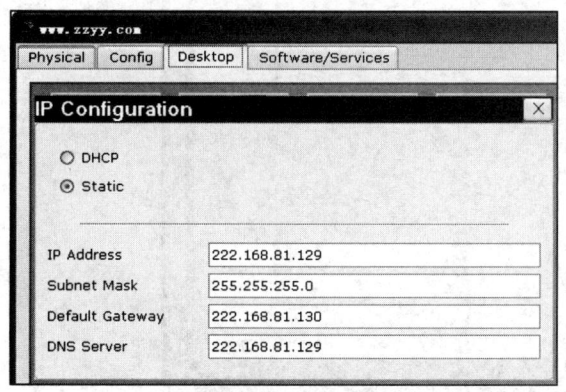

图 2.114 外网 Web 服务器 IP 地址配置

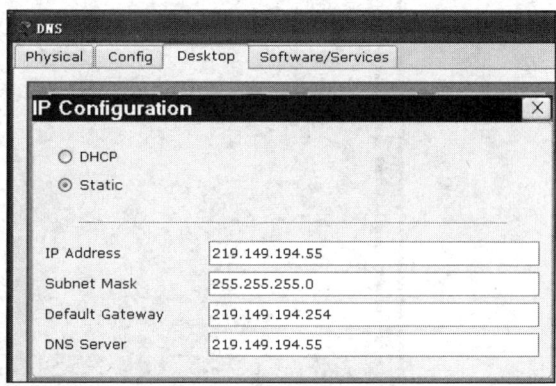

图 2.115 DNS 服务器 IP 地址配置

财务部 1 的计算机已经自动获取 IP 地址等相关参数，测试与外网 Web 服务器的连通性，如图 2.117 所示。

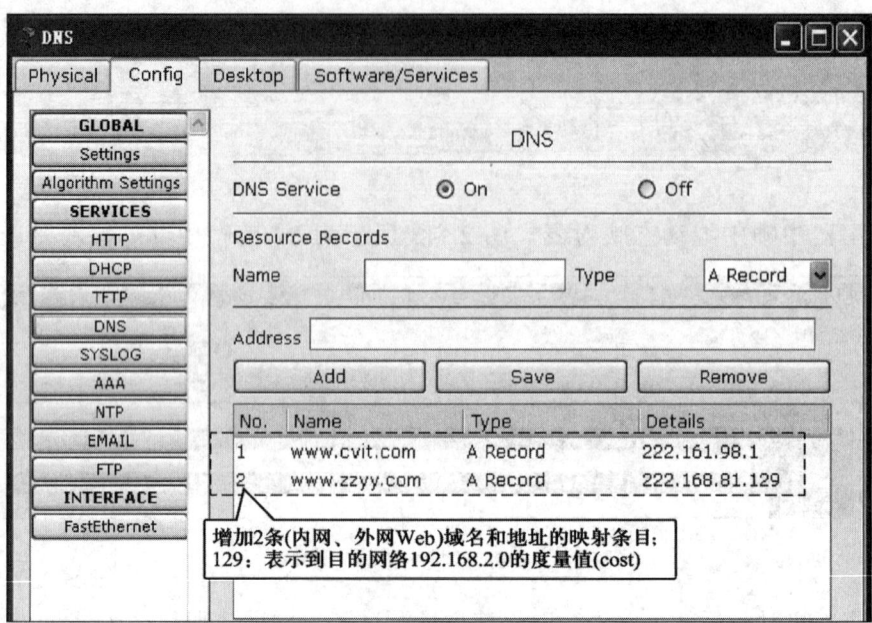

图 2.116　DNS 服务器的配置

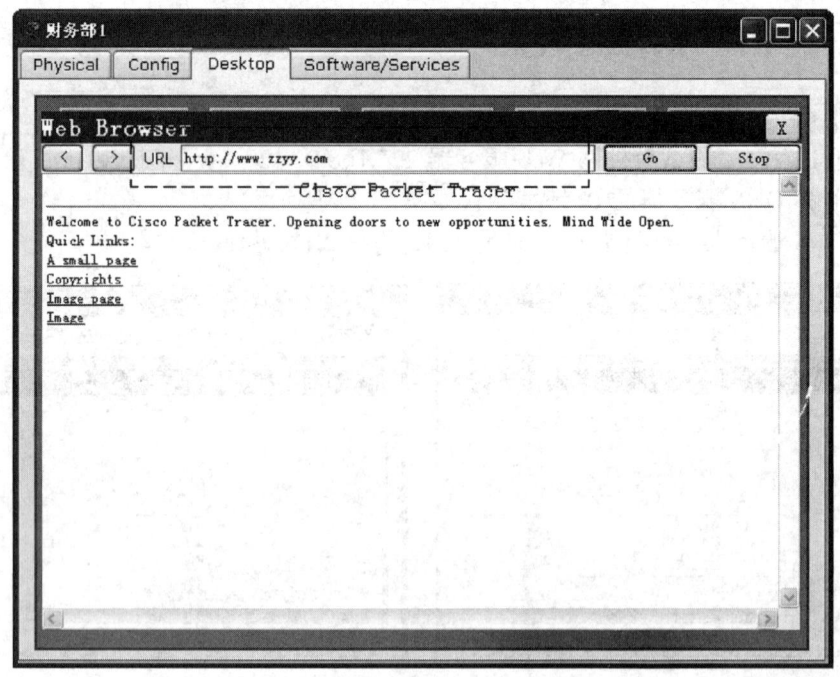

图 2.117　财务部 1 成功访问外网 Web

2. 外网用户访问内网

以外部主机为例，测试至内网 Web 服务器 222.161.98.1（www.cvit.com）的连通性。DNS 服务器的配置要点可参照图 2.111。外部主机的 IP 地址配置如图 2.118 和图 2.119 所示。

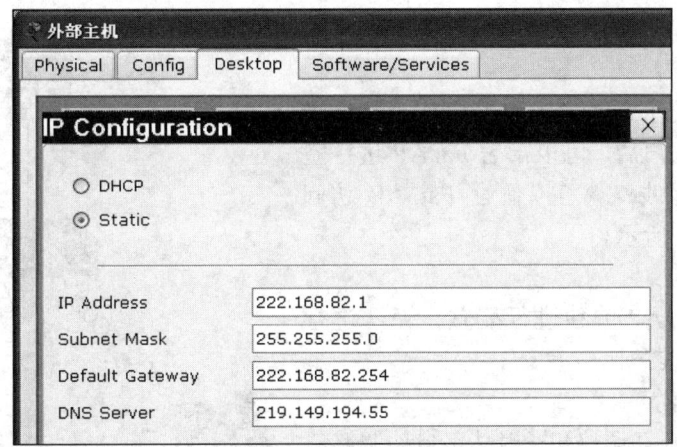

图 2.118　外部主机的 IP 地址配置

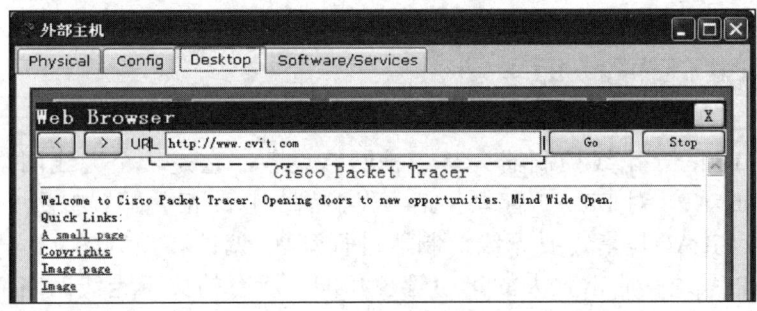

图 2.119　外部主机成功访问内网 Web

2.6　无线网络组建

2.6.1　任务分析

针对本项目中的无线网络主要以大会议室、小会议室和产品展室为主，其特点是要求可以通过交换机接入现有的有线网络并能使接入的无线设备自动获取 TCP/IP 相关参数，进而可以访问局域网和互联网。

本项目中选择的是 802.11g 或 802.11b 标准、Infrastructure 模式中的"无线 AP+无线网卡"模式。

2.6.2　无线设备配置

1. Fat AP 组网

（1）了解 Fat AP

通常业界将 AP 分为胖 AP 和瘦 AP，Fat AP（Access Point），即胖 AP，是 WLAN 网络中的重要组成部分，其工作机制类似有线网络中的集线器（Hub），无线终端可以通过 Fat AP 进行终端之间的数据传输，也可以通过 AP 的 WAN 口与有线网络互通。

Fat AP 普遍应用于 SOHO 家庭网络或小型无线局域网，有线网络入户后，可以部署 Fat AP 进行室内无线覆盖，室内无线终端可以通过 Fat AP 访问 Internet，如图 2.120 所示。

（2）Fat AP 特点

① 需要为每台 AP 单独进行配置，无法进行集中配置，管理和维护比较复杂。

② 支持二层漫游。

③ 不支持信道自动调整和发射功率自动调整。

④ 集安全、认证等功能于一体，支持能力较弱，扩展能力不强。

⑤ 在漫游切换时存在很大的时延。

图 2.120　Fat AP 组网

2. WLAN Controller+Fit AP 组网

（1）了解 WLAN Controller +Fit AP

WLAN Controller（无线控制器）是一种网络设备，它是一个无线网络的核心，负责管理无线网络中的 AP，对 Fit AP 管理包括下发配置、修改相关配置参数、射频智能管理、接入安全控制等。Fit AP 是指需要无线控制器进行管理、调试和控制的 AP。Fit AP 和 WLAN Controller +Fit AP 系统有非常强大的集中管理功能，所有的关于无线网络的配置都可以通过配置无线控制器器统一完成。例如开通、管理、维护所有 AP 设备以及移动终端，包括无线电波频谱、无线安全、接入认证、移动漫游以及接入用户等所有功能，如图 2.121 所示。

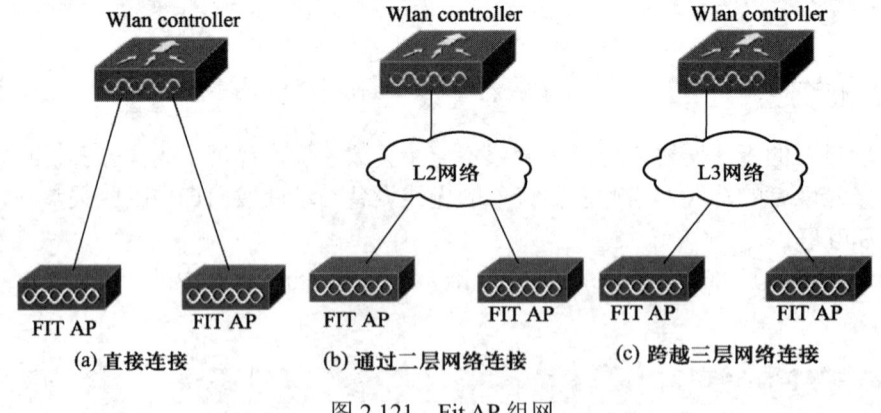

图 2.121　Fit AP 组网

① 直接连接：此链接方式最为简单，只需要将 Fit AP 与 WLAN Controller 直接连接即可。

② 二层网络连接方式：可通过 L2 交换机扩展端口数量，实现较多数量的 Fit AP 与 WLAN

Controller 实现二层连接，但保证无线控制器与 Fit AP 间为二层网络结构。

③ 三层网络连接方式：此链接方式不仅可实现大量 AP 的链接，而且可实现 WLAN Controller 与 Fit AP 间跨越三层网络的连接，只要 Fit AP 与 WLAN Controller 间三层路由。

（2）WLAN Controller+Fit AP 系统构成特点

① 由 WLAN Controller 和 Fit AP 在有线网的基础上构成的。

② Fit AP 零配置。

③ Fit AP 和无线客户端由 WLAN Controller 集中管理。

④ Fit AP 和 WLAN Controller 之间的流量被私有协议加密。

⑤ 可以在任何现有的二层或三层网络中部署。

3. 无线设备配置

企业内部网络已经完成了局域网内的互连互通配置，且企业内网用户可以访问广域网上的服务器。本任务将在原网络的基础上配置无线网络。

（1）Cisco AP 组网的实现（PT）

① 无线 AP 配置要点。

以技术服务部 1 为例，介绍无线 AP 的配置情况，如图 2.122 所示。

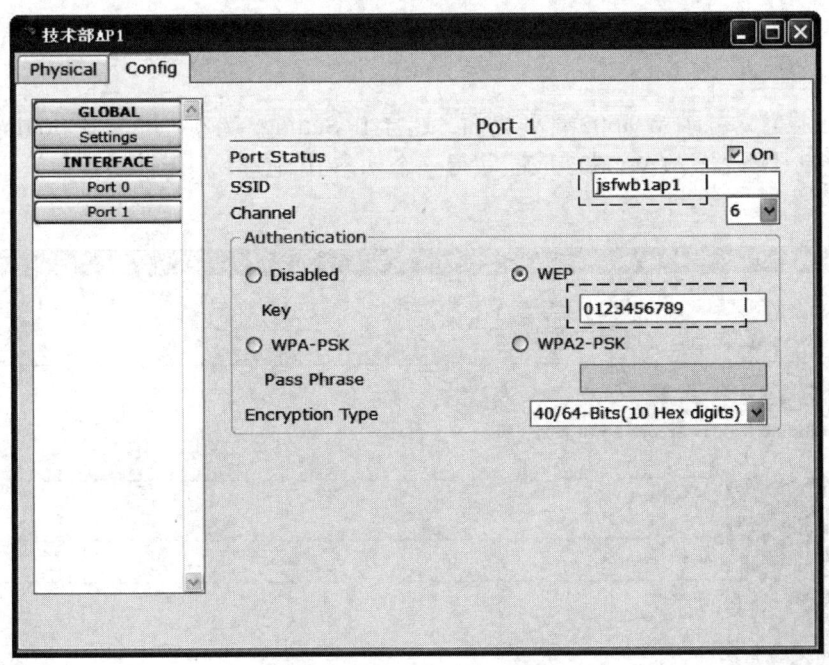

图 2.122　技术部 1 无线 AP 的配置

② 移动用户配置要点。

需要注意的是在同一个无线网络中的设备使用的 SSID 必须一致，WEP 提供的密码必须一致，如图 2.123 所示。

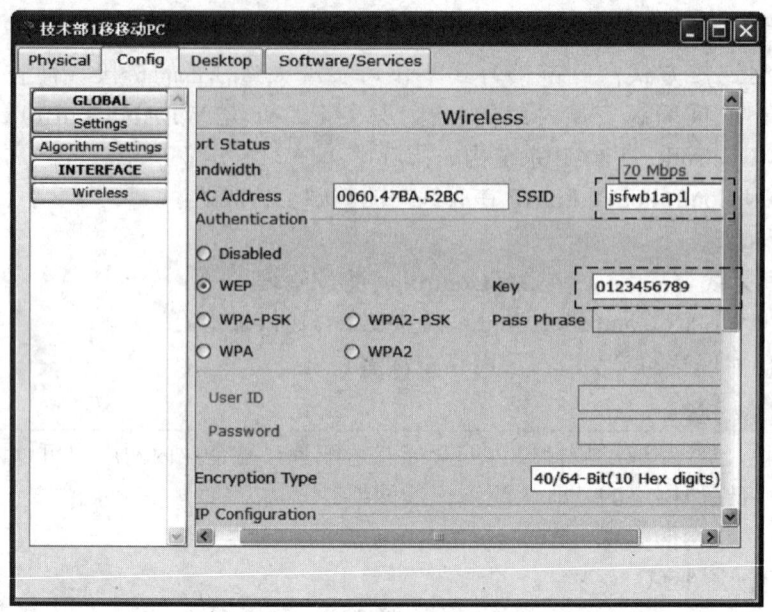

图 2.123　技术部 1 移动 PC 的配置

（2）NETGEAR WG602 无线 AP 配置

无线 AP 配置要点。

➢ IP 地址设置。登录 WG602 管理界面，选择 IP Settings 选项，进入 IP Setting 页面。由于网络中有 DHCP 服务器，故 WG602 应能获得一个动态 IP 地址，则无需做任何设置，如图 2.124 所示。

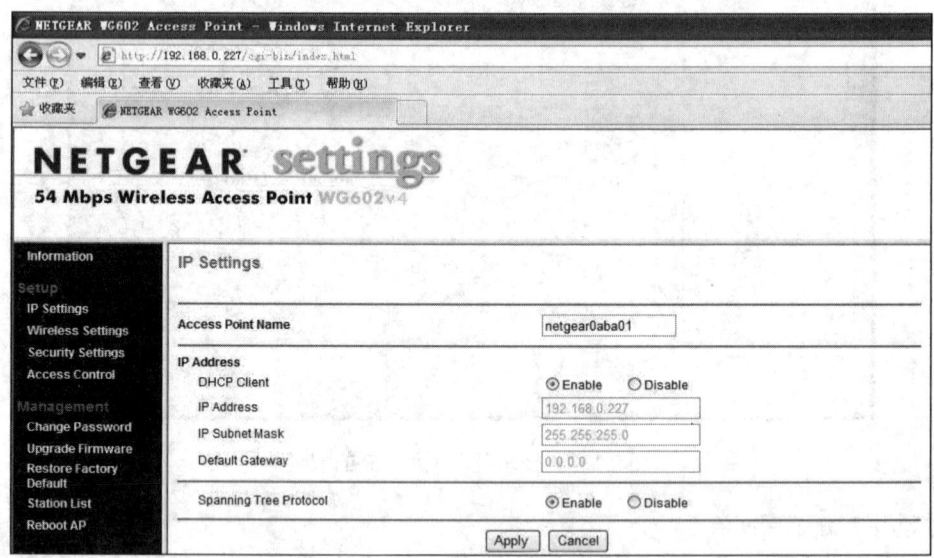

图 2.124　WG602 IP 地址的配置

➢ 无线参数设置。选择 Wireless Settings 选项，进入 Wireless Settings 页面。Channel/Frequency 是关于信道的设置，默认为 11，如有无线干扰，可选择信道 1 或者 6，如图 2.125 所示。

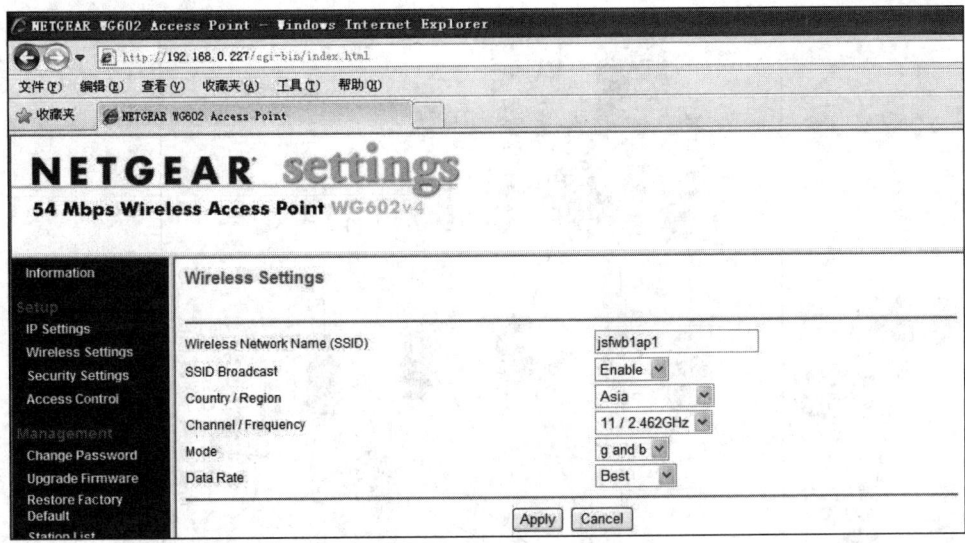

图 2.125　WG602 无线参数的配置

➢ 安全设置。选择 Security Settings 选项，进入 Security Settings 页面。Security Type 密码验证方式根据需求选择认证方式，如图 2.126 所示。

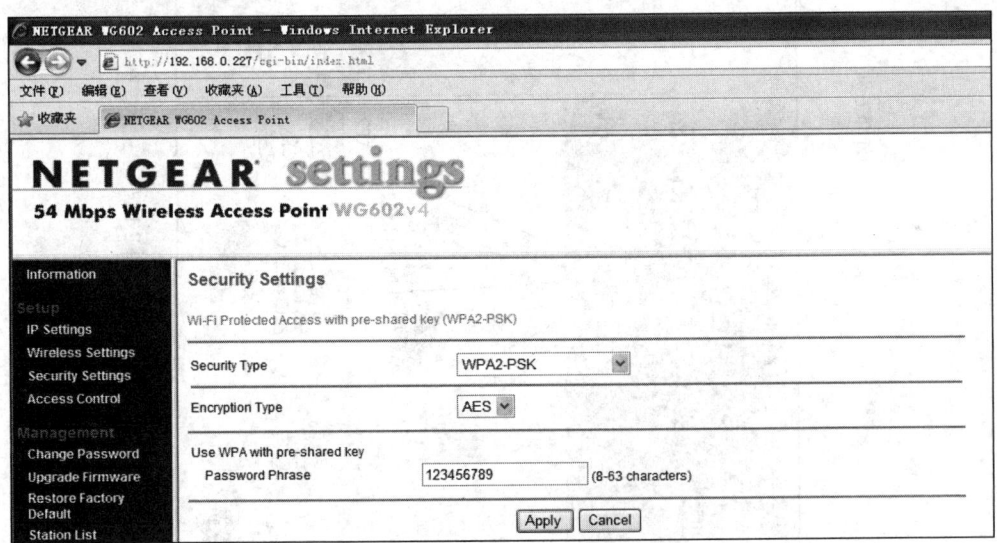

图 2.126　WG602 安全设置

2.6.3　功能测试

（1）基本连通性测试

① Cisco AP 组网的实现（PT）。

通过 SSID 和密码能够连到无线 AP，如图 2.127 所示。

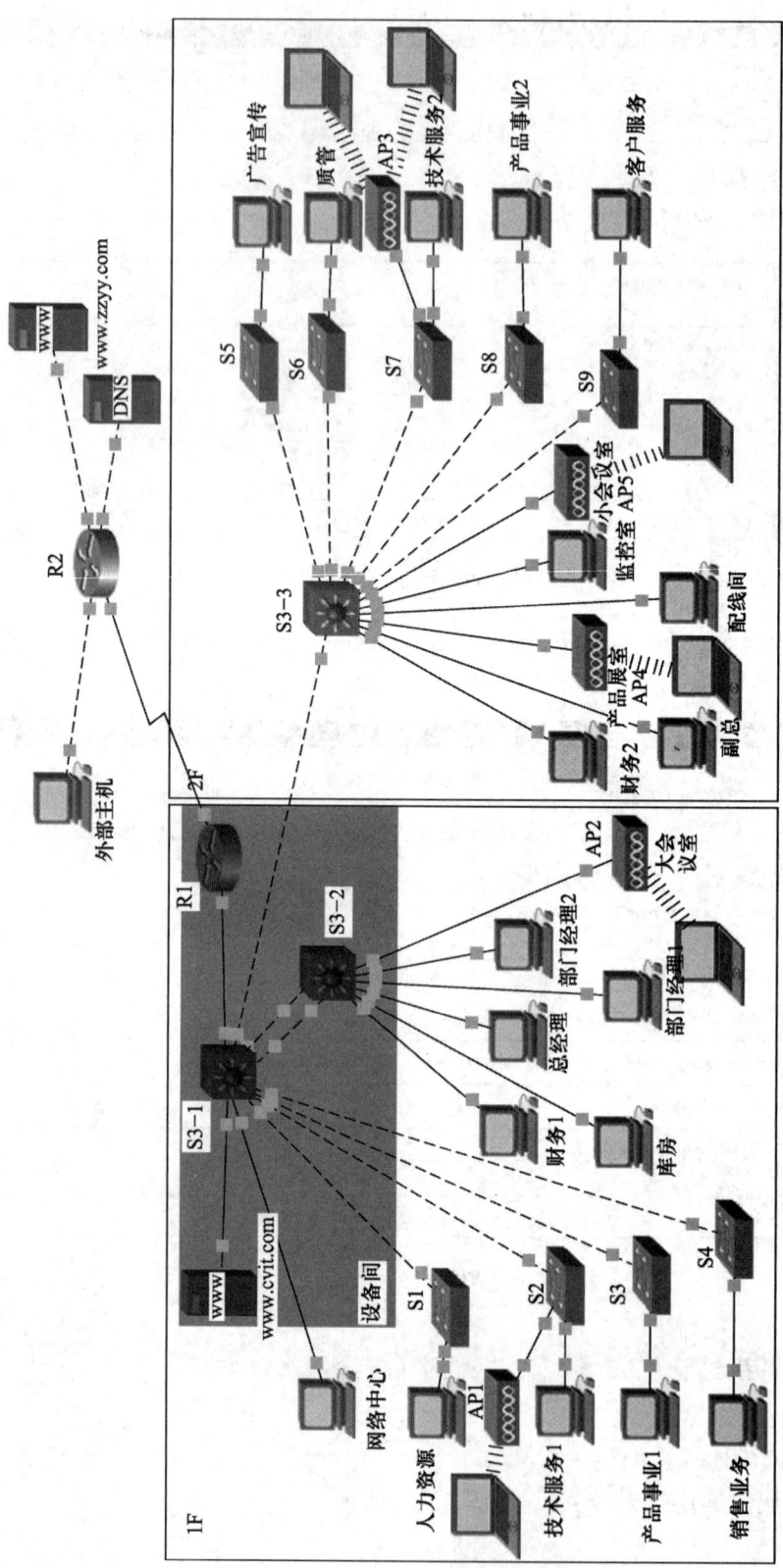

图 2.127 PT 无线网络基本连通性测试

② NETGEAR WG602 无线 AP 配置。

选择设置的 SSID 值为 jsfwb1ap1 进行连接。输入设置的安全密钥 123456789，如图 2.128 所示。

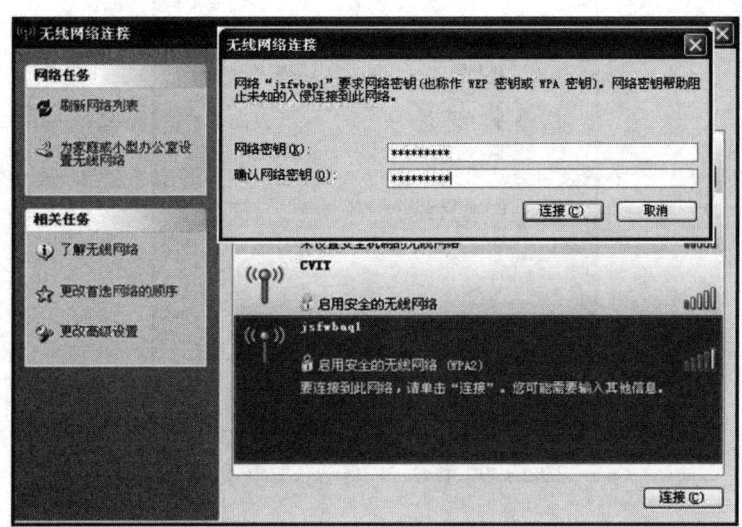

图 2.128　无线网络基本连通性测试

（2）功能性测试

① Cisco AP 组网的实现（PT）。

技术部 1 内的移动 PC 可以自动获取到 IP 地址，并能够访问模拟互联网中的服务器，如图 2.129 所示。

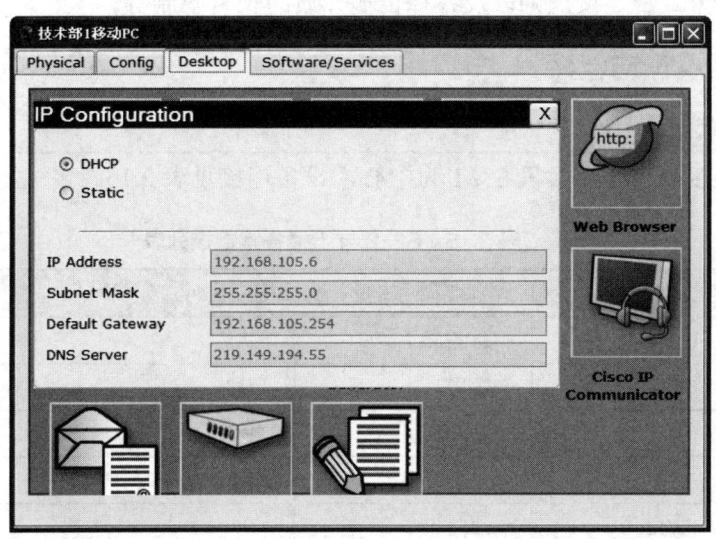

图 2.129　PT 中移动 PC 自动获取 IP 地址

② NETGEAR WG602 无线 AP 配置。

通过配置 NETGEAR WG602，移动 PC 可自动获取 IP 地址等参数，如图 2.130 所示。

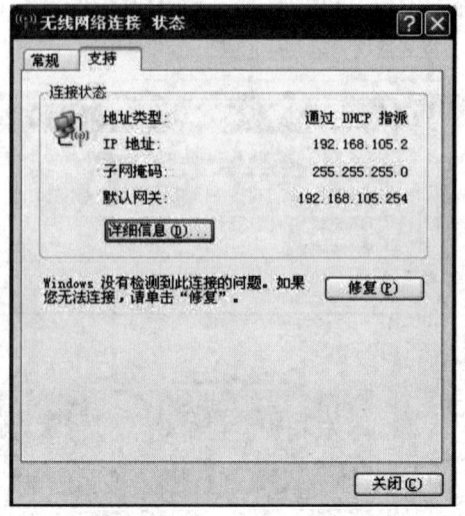

图 2.130　移动 PC 自动获取 IP 地址

2.7　网络设备连接

2.7.1　任务分析

在设计网络系统设备的连接时，需要考虑的方面比较多，如网络设备的主要作用、所处位置、所支持的连接方式、连接规则以及各种传输介质的长度限制等。

2.7.2　网络设备的连接

1. PT 设备的连接

网络设备的连接以核心交换机 S3-1 为中心，设备连接见表 2.15。

表 2.15　S3-2 与 1 楼各室连接列表

序号	S3-2	下连部门	设备类型	备注
1	F0/1- F0/2	财务部 1	PC	直通线
2	F0/3- F0/6	库房	PC	直通线
3	F0/7- F0/8	总经理室	PC	直通线
4	F0/9- F0/10	大会议室	AP	直通线
5	F0/11- F0/12	部门 1	PC	直通线
6	F0/13- F0/14	部门 2	PC	直通线
7	F0/23- F0/24	—	S3-1:F0/21- F0/22	交叉线

S3-3 与 2 楼各室有交换机和无交换机的部门的计算机直相连接，设备连接见表 2.16。

表 2.16　S3-3 与 2 楼各室连接列表

序号	S3-3	下连部门	设备类型	备注
1	F0/1-F0/4	财务部 2	PC	直通线
2	F0/5	广告宣传部	S5:F0/24	交叉线
3	F0/6-F0/7	副总经理室	PC	直通线
4	F0/8	质管部	S6:F0/24	交叉线
5	F0/9-F0/10	产品展室	AP4	直通线
6	F0/11-F0/13	配线间	服务器	备注
7	F0/14-F0/16	监控室	PC	直通线
8	F0/17	产品事业部 2	S8:F0/24	交叉线
9	F0/18	小会议室	AP5	直通线
10	G0/1	技术服务部 2	S7:G1/1	交叉线
11	G0/2	客户服务部	S9:G1/1	交叉线

S3-1 端口连接见表 2.17。

表 2.17　S3-1 端口连接列表

序号	S3-1 端口	下连部门	设备类型	下连设备端口	备注
1	F0/1	—	R1	F0/0	直通线
2	F0/2-4	设备间服务器	PC	—	备用
3	F0/5	人力资源	S1	S1:F0/24	交叉线
4	G0/1	技术服务部 1	S2	S2:G1/1	交叉线
5	F0/6	网络中心	PC		备用
6	F0/7	产品事业部 1	S3	S3:F0/24	交叉线
7	G0/2	销售业务部	S4	S4:G1/1	交叉线
8	F0/21-F0/22	—	S3-2:F0/23-F0/24	交叉线	交叉线
9	F0/23-F0/24	—	S3-3:F0/23-F0/24	交叉线	交叉线

2. H3C 设备的连接

网络设备的连接以核心交换 H3C S5500-28C-PWR-EI 为中心，设备连接见表 2.18。

表 2.18 设备间（1F）的交换机 S3610 与 1 楼各室连接列表

序号	交换机 S3610 端口	下连部门	设备类型	备注
1	Ethernet1/0/1	财务部 1	计算机	超五类双绞线连接
2	Ethernet1/0/2	财务部 1	计算机	超五类双绞线连接
3	Ethernet1/0/3	库房	计算机	超五类双绞线连接
4	Ethernet1/0/4	库房	计算机	超五类双绞线连接
5	Ethernet1/0/5	库房	计算机	备用
6	Ethernet1/0/6	库房	计算机	备用
7	Ethernet1/0/7	总经理室	计算机	超五类双绞线连接
8	Ethernet1/0/8	总经理室	计算机	备用
9	Ethernet1/0/9	大会议室	无线 AP	超五类双绞线连接
10	Ethernet1/0/10	大会议室	无线 AP	备用
11	Ethernet1/0/11	部门经理室 1	计算机	超五类双绞线连接
12	Ethernet1/0/12	部门经理室 1	计算机	备用
13	Ethernet1/0/13	部门经理室 2	计算机	超五类双绞线连接
14	Ethernet1/0/14	部门经理室 2	计算机	备用
15	Ethernet1/0/15 到 Ethernet1/0/24 端口备用			
16	GigabitEthernet1/1/1 和 GigabitEthernet1/1/2 上连至核心交换 H3C S5500 端口，配置链路聚合，使用六类双绞线连接			

配线间（2F）的交换机 S3610 与 2 楼各室有交换机和无交换机的部门的计算机直相连接，设备连接见表 2.19、表 2.20。

表 2.19 配线间（2F）的交换机 S3610 与 2 楼各室连接列表

序号	交换机 S3610 端口	下连部门	设备类型	备注
1	Ethernet1/0/1	财务部 2	计算机	超五类双绞线连接
2	Ethernet1/0/2	财务部 2	计算机	超五类双绞线连接
3	Ethernet1/0/3	财务部 2	计算机	备用
4	Ethernet1/0/4	财务部 2	计算机	备用
5	Ethernet1/0/5	广告宣传部	交换机	六类双绞线连接
6	Ethernet1/0/6	副总经理室	计算机	超五类双绞线连接
7	Ethernet1/0/7	副总经理室	计算机	备用
8	Ethernet1/0/8	质管部	交换机	六类双绞线连接
9	Ethernet1/0/9	产品展室	无线 AP	六类双绞线连接
10	Ethernet1/0/10	产品展室	无线 AP	备用

续表

序号	交换机 S3610 端口	下连部门	设备类型	备注
11	Ethernet1/0/11	配线间	计算机	备用
12	Ethernet1/0/12	配线间	计算机	备用
13	Ethernet1/0/13	配线间	计算机	备用
14	Ethernet1/0/14	监控室	计算机	超五类双绞线连接
15	Ethernet1/0/15	监控室	计算机	备用
16	Ethernet1/0/16	监控室	计算机	备用
17	Ethernet1/0/17	产品事业部 2	交换机	六类双绞线连接
18	Ethernet1/0/18	小会议室	无线 AP	六类双绞线连接
19	Ethernet1/0/19	小会议室	无线 AP	备用
20	Ethernet1/0/20 到 Ethernet1/0/24 端口备用			
21	GigabitEthernet1/1/1	技术服务部 2	交换机	六类双绞线连接
22	GigabitEthernet1/1/2	客户服务部	交换机	六类双绞线连接
23	GigabitEthernet1/1/4 上连至核心交换 H3C S5500 端口 GigabitEthernet1/0/26 配置 VLAN TRUNK，使用多模光纤连接			

表 2.20　核心交换 H3C S5500 端口连接列表

序号	H3C S5500 端口	下连部门	设备类型	下连设备端口	备注
1	GigabitEthernet1/0/1	1F 设备间	交换机 S3610	GigabitEthernet1/1/1	备用
2	GigabitEthernet1/0/2	1F 设备间	交换机 S3610	GigabitEthernet1/1/2	
3	GigabitEthernet1/0/3	1F 设备间	服务器	千兆以太网接口	六类双绞线连接
4	GigabitEthernet1/0/4	1F 设备间	服务器	千兆以太网接口	备用
5	GigabitEthernet1/0/5	1F 设备间	服务器	千兆以太网接口	备用
6	GigabitEthernet1/0/6	人力资源部	交换机 S3100	GigabitEthernet1/1/1	六类双绞线连接
7	GigabitEthernet1/0/7	技术服务部 1	交换机 S3100	GigabitEthernet1/1/1	六类双绞线连接
8	GigabitEthernet1/0/8	销售业务部	交换机 S3100	GigabitEthernet1/1/1	六类双绞线连接
9	GigabitEthernet1/0/9	产品事业部 1	交换机 S3100	GigabitEthernet1/1/1	六类双绞线连接
10	GigabitEthernet1/0/10	网络中心	监控计算机	千兆以太网接口	配置端口镜像
11	GigabitEthernet1/0/11 到 GigabitEthernet1/0/24 端口备用				
12	GigabitEthernet1/0/25	1F 设备间	接入路由器	Ethernet0/0	互联网接入
13	GigabitEthernet1/0/26	2F 配线间	交换机 S3610	GigabitEthernet1/1/4	多模光纤

其他设备的连接参照项目一中的一个局域网的连接，网络通信介质的选择参照逻辑网络结构图，主要有超五类双绞线、六类双绞线和多模光纤。

2.8　网络测试与故障诊断

根据网络规划方案，在完成网络连接与配置后，要进行网络性能的测试，可以使用操作系统自带的 ping、tracert 等网络调试命令。与终端设备相似，在网络设备上可以使用 ping 和 traceroute 命令验证第 3 层的连通性。在对网络异常、连接故障、性能问题和其他异常行为进行排错的时候，Cisco IOS 命令 show 和 debug 是非常重要的工具。

2.8.1　故障排除方法及步骤

1. 基本故障排除步骤

要高效地诊断和解决网络故障，网络管理人员必须要清楚网络的设计以及网络在正常运行情况下应具备的性能。通常情况下，一个网络故障的排除流程可分为以下 3 个阶段。

第 1 阶段，收集故障信息——故障排除的第 1 步是从网络、终端系统及用户收集故障症状并加以记录。此外，网络管理人员还应确定哪些网络组件受到了影响，以及网络的功能发生了哪些变化。

第 2 阶段，隔离故障——直到确定了单个故障或一组相关故障后，才能真正隔离故障。

第 3 阶段，解决故障——隔离故障并查明其原因后，网络管理人员通过实施、测试和记录解决方案设法解决故障。

2. 故障排除方法

逻辑网络模型（如 OSI、TCP/IP 模型）将网络功能分为若干个模块化的层。排除故障时，可以对物理、网络、应用、这些分层模型来隔离网络故障。可按照如下的步骤和方法进行。

（1）搜集有助于查找故障原因的详细信息

要想对网络故障做出准确的分析，首先应该了解故障表现出来的各种现象，因此网络管理人员要搜集如下一些信息。

① 网络故障表现形式（故障影响的用户范围）。

② 网络结构或配置是否最近修改过？即问题出现是否与网络变化有关？

③ 与网络正常情况下的记录进行比较的结果。

④ 根据故障描述性质，使用各种工具搜集网络情况，如相关网络命令、协议分析软件等。

（2）确定排错范围

利用收集到的数据，并根据自己以往的故障处理经验和所掌握的的知识，确定一个排错范围。这样就只需注意某一故障或与故障情况相关的那一部分设备、介质和主机。确定排错范围的常用处理方法有如下几类。

① 分段法。

在确认用户网络故障点时，分段故障处理法是工程师优先采用的方法，也是高效的方法，人们通常使用 ping 命令来判定一些关键信息。
- 主机到自身所在网段网关三层设备 LAN 接口的这一段是否可 ping 通？
- 主机到出口路由器 LAN/WAN 接口的这一段是否可 ping 通？
- 出口路由器到 ISP 运营商接口的这一段是否可 ping 通？
- 主机到 ISP 运营商接口的这一段是否可 ping 通？

注意：目前从安全因素考虑，许多网络设备启用了禁 ping 功能，此时会误导对故障的分析。

② 分层法。

当 OSI 模型的所有低层结构工作正常时，它的高层结构才能正常工作。在确信所有低层结构都正常运行之前，解决高层结构问题完全是浪费时间。各层次常见故障的关注点如下。
- 物理层：线缆、连接头、网络接口。
- 数据链路层：接口封装模式的不一致是最常见原因。
- 网络层：地址和子网掩码配置错误；网络中的地址重复；路由协议。
- 传输层：NAT 工作是否正常？应用软件使用的 TCP/UDP 端口是否受到屏蔽？

③ 分块法。

即网络设备的配置是以全局配置、物理接口配置、逻辑接口配置、路由配置等方式编排的。当出现一个故障现象时，可以把它归入上述某一类或某几类中，从而有助于缩减故障定位范围。
- 管理部分（设备名称、口令、服务、日志等）。
- 端口部分（地址、封装、速率/双工模式等）。
- 路由协议部分（静态路由、浮动路由等）。
- 接入部分（主控制台、Telnet 登录等）。
- 其他应用部分（NAT 配置、VPN 配置、安全配置等）。

④ 替换法。

在检查硬件是否存在问题时最常用的方法。此方法依赖于替换部件、组件的可用性并且需要经常性地备份配置文件。
- 当怀疑是网线问题时，更换一根确定是好的网线测试。
- 当怀疑是用户 PC 问题时，更换一台确定是好的 PC 测试。
- 当怀疑是接口模块有问题时，更换一个其他接口模块测试。

⑤ 故障细化。

实际故障排查中，网络管理人员可根据实际情况灵活使用各种排查方法，使用各种排查方法的目的是将故障可能的原因所构成的一个大集合缩减（或隔离）成几个小的子集，从而使问题的复杂度迅速下降。通过上述几种方法，常见网络故障细化为以下 4 类。
- 用户终端问题（网络配置错误、网卡异常、系统异常、应用程序工作异常等）。
- 服务器问题（网络配置错误、网卡异常、系统异常等）。
- 网络设备问题（硬件故障、网络设备软件故障、配置问题等）。
- 外界因素（出口带宽、病毒攻击等）。

（3）排查网络设备的硬件故障

① 排查网络设备的硬件故障（初次开箱使用）。

网络设备在出厂前已做过严格的检验，所以此时的故障绝大部分是由运输、仓储等环节的环境不满足要求所至；少部分是由插拔模块或电缆不当导致接插件硬件故障引起；极少部分是由软件不能正常引导引起。可能发生的故障点如下。
- 硬件无法启动：电源电压不稳/未供电、设备供电模块损坏等。
- 死机时：软件问题、电源电压不稳、设备供电模块损坏、机房环境恶劣等。
- 设备自检失败：软件自身故障、存储器故障等。
- 网口通信不正常：网口硬件故障、网线等。

② 排查网络设备的硬件故障（投入使用后）。

此阶段的硬件故障除人为造成的硬件损坏外，可能是由以下几方面引起。
- 电源、接地和防护方面不符合要求，在有电压漂移或雷击时造成设备损坏。
- 线路质量不好，线路老化易受到干扰或线路中断。
- 中间传输设备硬件故障（光端机，ADSL Modem）。
- 环境的温湿度、洁净度、静电等指标超出使用范围。

在故障定位的过程中，可把不必要的相连设备先去掉，缩小故障定位的范围，从而有利于快速准确地定位故障。

（4）排查网络设备升级错误引起的故障

将不同型号网络设备对应的升级软件相混淆是一个易犯的错误。升级版本不配套或升级异常中断的故障现象是设备启动异常，如反复重启或设备状态灯报警。此时要求重新加载软件。

（5）排查病毒攻击引起的故障

网络环境的日趋复杂，病毒攻击已经成为网络排错和维护不得不考虑的因素。在目前的网络环境中，病毒主要造成两种类型的故障。

① DDoS 类型的病毒主要造成用户访问外网时速度缓慢或频繁掉线。

② ARP 欺骗类型的病毒主要造成一个网段，确切的说是在同一个 VLAN 内的用户无论访问内部网络资源还是访问外部网络时，都会出现网络频繁掉线或中断。

根据病毒类型在网络设备上通过一些配置，减轻病毒对网络应用造成的影响，一般会起到一定的效果。当然，最根本的解决方法是本地进行彻底地杀毒。

（6）排查网络设备配置错误引起的故障

① 在网络设备初次部署中，出现网络设备功能与预期规划不一致时，在排除物理故障后，首先判断设备配置是否正确。

② 在网络使用过程中，用户反馈故障产生前修改过设备配置或调整过网络拓扑时，在排除物理故障后，首先判断设备配置是否正确。

判断配置问题最有效的方式：在网络设备上执行 show run 命令，捕获设备的当前运行信息，并分析诊断；如果用户有故障前的设备配置信息，可以对比分析。对配置准确的分析要求网络管理人员对协议有精深的理解，充分了解自己目前维护的网络与网络设备，及时进行故障处理的文档记录和经验总结。

（7）循环进行故障排查过程

根据所列出的可能故障原因制定排查计划，分析最有可能的原因后，确定一次只对一个可能原因进行操作。对某一原因执行了排错方案后，需要判断问题是否解决？是否引入了新的问题？如果没有解决问题，那么就需要再次进行到故障排查过程。进行下一循环排错之前必须做的就是将网络恢复到实施上一方案前的状态。循环排错可以有两个切入点。

① 当针对某一可能原因的排错方案没有达到预期目的，循环进入下一可能原因制定排错方案并实施。

② 当所有可能原因列表的排错方案均没有达到排错目的，重现故障环境，收集相关信息以分析新的可能原因。

2.8.2 应用端口镜像技术分析

在进行网络故障排查、网络数据流量分析的过程中，有时需要对网络节点或骨干交换机的某些端口进行数据流量监控分析，而在交换机中设置镜像（SPAN）端口，可以对某些可疑端口进行监控，同时又不影响被监控端口的数据交换。通常为了部署 IDS（入侵检测）产品需要监听网络流量，但是在目前广泛采用的交换网络中监听所有流量有相当大的困难，因此需要通过配置交换机来把一个或多个端口（VLAN）的数据转发到某一个端口来实现对网络的监听。

1. 端口镜像技术

（1）了解端口镜像技术

交换机端口镜像的作用主要是为了给某种网络分析器提供网络数据流。它既可以实现一个 VLAN 中若干个源端口向一个监控端口镜像数据，也可以从若干个 VLAN 向一个监控端口镜像数据。一般镜像目的端口会接入数据检测设备，用户利用这些设备对镜像过来的报文进行分析，进行网络监控和故障排除等。如果交换机提供端口镜像功能，则允许管理人员自行设置一个监视管理端口来监视被监视端口的数据。监视到的数据可以通过 PC 上安装的网络分析软件来查看，如科来网络分析系统，通过对数据的分析就可以实时查看被监视端口的情况。

大多数三层交换机和部分两层交换机均具备端口镜像功能，不同的交换机或不同的型号，镜像配置方法和支持程度可能有些区别。当网络中的交换机具备端口镜像功能时，可在交换机上配置好端口镜像，再安装网络分析系统即可以捕获整个网络中所有的数据通信，进行网络监控和故障排除。

（2）端口镜像数据流

端口镜像会话支持以下三种类型的网络流量。

① 输入数据流：指被源端口接收进来，其数据副本发送至监控端口的数据流。

② 输出数据流：指从源端口发送出去，其数据副本发送至监控端口的数据流。

③ 双向数据流：即为以上两种的综合。

默认情况下，本地 SPAN 监控所有的网络流量。

（3）端口镜像的分类

① 本地 SPAN（Switched Port Analyzer，交换端口分析器）。

本地 SPAN 包括在相同的 Catalyst 交换机上配置源端口、源 VLAN 和目标端口。本地 SPAN 包括将单个或多个 VLAN 配置为 SPAN 会话源，又称为 VSPAN。源 VLAN 中的所有端口将成为 VSPAN 的源端口。本地 SPAN 将任何 VLAN 中的单个或多个端口（或者从单个或多个 VLAN）中的网络流量复制到用于分析的目标端口。如图 2.131 所示，交换机将进出端口 F0/1 的所有流量复制到端口 F0/24，端口 F0/24 连接运行数据包捕获应用的工作站。

② 远程 SPAN（Remote SPAN，RSPAN）。

类似于 SPAN，但其支持不同交换机上的源端口、源 VLAN 和目标端口，进而有助于跨越网络远程监控多台交换机。每个 SPAN 会话在用户指定的 RSPAN VLAN 上承载 SPAN 流量。RSPAN 源端口可以是承载 RSPAN VLAN 的干道。RSPAN 源端口或源 VLAN 可能是不同源交换机上的不同部分，但各个 RSPAN 源交换机上的所有源必须是相同的。如图 2.132 所示，接入交换机 A 和 B 担当 RSPAN 源，汇聚交换机 C 担当中间交换机，核心交换机 D 担当 RSPAN 目标交换机，且交换机 D 连接有分析器。如果没有 RSPAN，用户就会亲自到每台换机前，配置本地 SPAN 来监控流量。对于地理分隔的交换机，SPAN 显然不具有扩展性。通过使用 RSPAN，网络管理人员能够从核心交换机上监控这些远程端口。

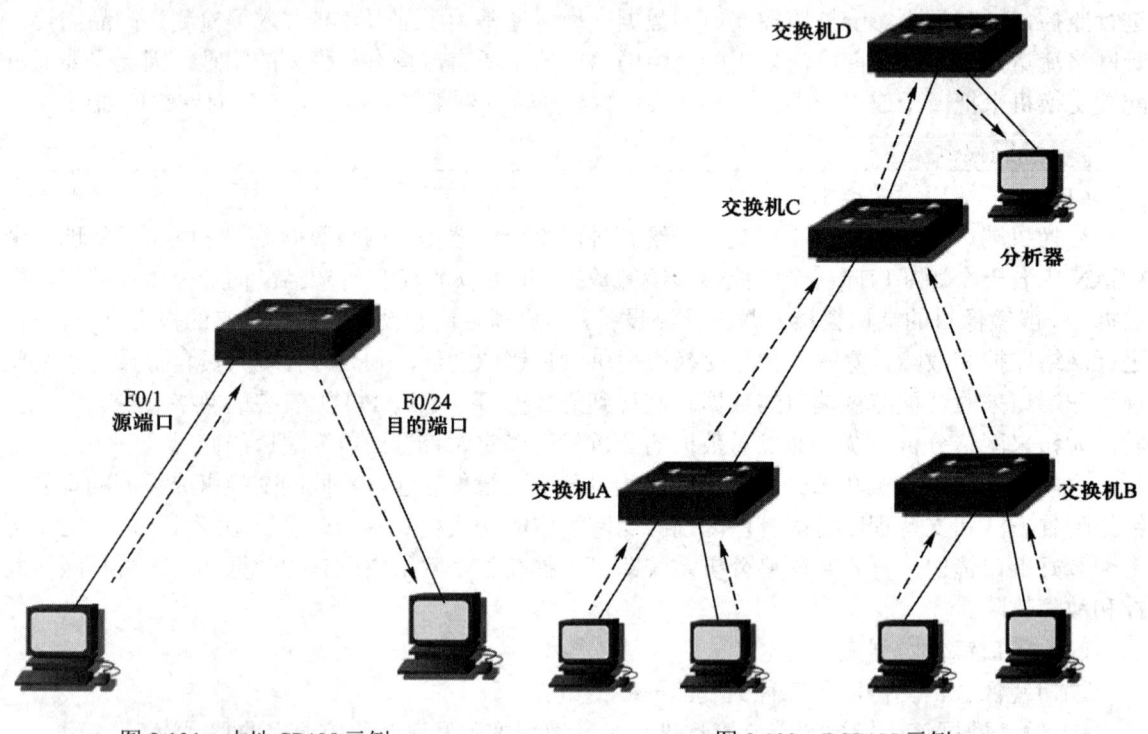

图 2.131　本地 SPAN 示例　　　　　　图 2.132　RSPAN 示例

2. 端口镜像基本配置命令

（1）本地 SPAN 基本配置命令

① 配置镜像的源端口。

Switch(config)#**monitor session***session***source**{**interface***interface-id*|**vlan***vlan-id*[,][-] {**rx**|**tx**|**both**}
//多个 source：连续端口或 VLAN 用横杆"-"，非连续端口 VLAN 用逗号","；rx 表示进入端口的流量，tx 表示出端口的流量，both 表示进出的流量

② 配置镜像的目的端口。

Switch(config)#monitor session*session*destination{interface*interface-id*[encapsulation {dot1q|isl}][ingress vlan*vlan-id*]
// ingress 入端口的流量

（2）RSPAN 基本配置命令
① 源交换机配置。

Switch(config)#monitor session*session*source{interface*interface-id*|vlan*vlan-id*[,][-] {rx|tx|both}
Switch(config)#monitor session*session*destination remote vlan *vlan-id*

② 目标交换机配置。

Switch(config)#monitor session*session*source remote vlan *vlan-id*
Switch(config)#monitor session*session*destination{interface*interface-id*[encapsulation {dot1q|isl}][ingress vlan*vlan-id*]

（3）显示和验证 SPAN 配置

Switch#show monitor session *session*

3. 典型端口镜像配置举例

本实验的拓扑如图 2.133 所示，公司内部通过交换机实现各部门之间的互连，研发部通过端口 Ethernet 1/0/1 接入 Switch C；市场部通过端口 Ethernet 1/0/2 接入 Switch C；数据监测设备连接在 Switch C 的 Ethernet 1/0/3 端口上。网络管理人员希望通过数据监测设备对研发部和市场部收发的报文进行监控，使用本地端口镜像功能实现该需求。

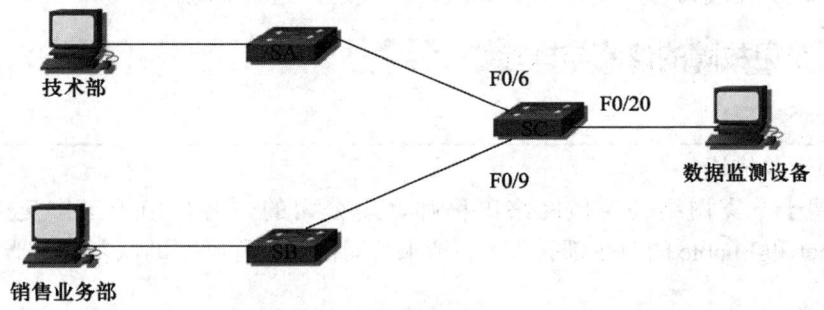

图 2.133 配置本地端口镜像组网图

配置步骤

端口 F0/6 和 F0/9 为镜像源端口；连接数据监测设备的端口 F0/20 为镜像目的端口。由于 PT 中的交换机不支持端口镜像功能，下面给出的是在 Catalyst3750 上端口镜像的相关配置。
① SC 配置。

SC(config)#monitor session 1 source interface fastEthernet 0/6，fastEthernet 0/9
//配置镜像源端口
SC(config)#monitor session 1 destination interface fastEthernet 0/20

//配置镜像目的端口

② 验证 SPAN 配置。

在 SC 上通过"show monitor sessinon 1"查看配置结果。

```
SC# show monitor sessinon 1
Session 1
-----------
Source Ports:
    RX Only:        None
    TX Only:        None
    Both:           Fa0/6, Fa0/9
Source VLANs:
    RX Only:        None
    TX Only:        None
    Both:           None
Destination Ports: F0/20
Filter VLANs:      None
```

配置完成后,网络管理人员就可以在数据监测设备上通过工具软件监控技术服务部和销售业务部收发的所有报文。

【补充说明】

在配置镜像端口(SPAN)过程中,还应考虑到数据流量过大时,设备的处理速度及端口数据缓存的大小,要尽量减少被监控数据包的丢失。镜像一般都可以实现高速率端口镜像低速率端口,如 1 000 M 端口可以镜像 100 M 端口,反之则无法实现。

2.8.3　常见故障的诊断与排除

1. 故障现象一

(1) 故障现象描述

小王受聘于一家网络公司做网络工程师,现公司的一客户由于工作交接将路由器的 Console、Telnet 和 Enable 的口令都丢失了,请求公司网络工程师帮助恢复路由器口令或清除路由器的口令。

(2) 故障分析定位

作为网络工程师,在进行口令恢复之前必须理解与安装 IOS 有关的一些概念。口令恢复的两个关键是:rommon 使用户能够重新设置寄存器,使得控制台用户能够在路由器加电后第 1 个 60 s 期间通过按组合键 Ctrl+Break 进入 rommon 模式;分别重新设置寄存器使用户能够登录路由器(忽略 NVRAM)以及让控制台用户查阅或改变未加密或加密的口令。

(3) 排除过程

① 准备工作。

本工作任务的网络拓扑如图 2.134 所示,按图连接硬件和设置 IP 地址,路由器选用 Cisco

2811 系列路由器。通过反转线将路由器的 Console 口和 PCA 的 COM 连接起来，采用交叉线将路由器的 F0/0 和 PCA 的网卡的接口连接起来，PCA 是配置计算机又作 TFTP 服务器。

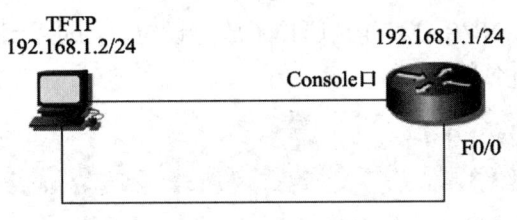

图 2.134 口令恢复的拓扑

② 实施过程。

步骤 1：将一台终端 PC 或者带有终端模拟软件的 PC 接到路由器的主控台接口上，发出 show version 命令。输出显示的最后一行将有配置寄存器的值。出厂默认的配置寄存器值一般为 0x210。

步骤 2：关闭路由器，然后再打开。

步骤 3：在打开路由器的 60 s 内按下终端上的 Ctrl+Break 组合键。

出现不带路由器名称的 > 提示符。如果没有出现这个提示符，那么是终端 PC 没有正确地发送 Break 信号。在这种情况下，要检查终端或者终端模拟程序的设置。

步骤 4：在 rommon>提示符下输入 confreg 命令。记下命令输出中虚拟配置寄存器的当前值。出现以下提示：Do you wish to change configuration［y/n］？

步骤 5：输入 yes 并且按 Enter 键。

步骤 6：接受随后问题的默认回答，直到出现以下提示为止：ignore system config inf［y/n］？

步骤 7：输入 yes。

步骤 8：对随后问题输入 no，直到出现以下提示为止：Change boot characteristics［y/n］？

步骤 9：输入 yes。出现以下提示：enter to boot：

步骤 10：在这个提示下，如果有 Flash 内存，那么输入 2 并按 Enter 键，如果 Flash 内存被清除了，那么就输入 1 并按 Enter 键。显示一份配置汇总信息，然后出现以下提示：Do you wish to change configuration［y/n］？

步骤 11：输入 no 并按 Enter 键。出现以下提示：rommon>。

注意：可以通过在 rommon>提示符后输入 confreg 0x2142 命令简化步骤 4～步骤 11 的过程。

步骤 12：在特权级的 rommon>提示符下输入 reset 命令，或者关闭路由器后再重新加电。

步骤 13：在路由器引导的过程中，对所有的设定问题都输入 no，直到出现以下提示为止：Router>。

步骤 14：输入 enable 命令，进入特权模式（enable mode）。出现 Router#提示符。

步骤 15：选择以下项之一。

如果口令没有加密，要查看口令可以输入 show sartup-config 命令。

要改变口令（如查它没有被加密），输入以下命令。

Router # **copy startup-config running-config**

```
Router # configure terminal
Router(config) # enable secret 1234abcd
```

步骤 16：因为忽略了 NVRAM 并且选择了放弃设定，因此会让所有接口处于关闭状态，用 no shutdown 命令启动所有的接口。

```
Router(config) # interface fastEthernet 0/0
Router(config-if) # no shutdown
```

步骤 17：用以下命令把新口令保存起来。

```
Router(config-if) # ctrl-z
Router # copy running-config startup-config
```

注意：enable secret 命令通过使用一个不可逆的加密函数保存加密的特权口令，从而增加了安全性，不过，用户不能恢复一个丢失的加密口令。

步骤 18：在提示符下输入 configure terminal 命令。

步骤 19：输入 config-refister 命令，以及在步骤 1 中拷贝到的原始值。

步骤 20：按 Ctrl-Z 退出配置编辑器。

步骤 21：在提示符下输入 reload 命令。

注意：在一台路由器上每次进入配置模式时就设置一个标志，确保在重新加载路由器之前已经将配置保存起来。当用户改变了配置寄存器时，不需要保存配置，但是路由器会在用户发出 reload 命令进提示用户这么做。如果不想保存配置就在它提示时输入 no。

2. 故障现象二

（1）故障现象描述

通过超级终端对路由器进行配置，现将两台路由器通过 Serial 口或以太网口相连，连接完成后在超级终端窗口中无任何反应。

（2）故障分析定位

用 show 命令查看端口状态，物理口始终 down 状态。以太网口或串口出现连通性问题时，为了排除接口故障，一般是从 show interface ethernet/serial 命令开始，分析它的屏幕输出报告内容，找出问题之所在。

（3）排除过程

① 屏幕输出为："ethernet0 is administratively down, line protocol is down"，表示端口被手动 shutdown，用 no shutdown 激活即可解决。

② 屏幕输出为："ethernet0 is up, line protocol is down"，表示连接的介质类型错误或未连接。连接或更换正确的线缆。

③ 屏幕输出为："serial 0 is administratively down, line protocol is down"，解决的方法同第①种情况。用 no shutdown 激活即可。

④ 屏幕输出为："serial 0 is down, line protocol is down"，表示串口直连的地方串口未激活导致或是线缆未连接，以太网不会出现这种问题。

⑤ 屏幕输出为:"serial 0 is up, line protocol is down",表示 DCE 端未配置时钟,不能同步或数据封装格式不同。解决方法一是检查时钟设置情况,二是检查两侧链路层封装协议是否一致。

3. 故障现象三

(1) 故障现象描述

两台设置了静态路由及 NAT 技术的路由器,同时为 VLAN 100 及 VLAN 200 的用户提供 DHCP 功能,目前存在的问题是 VLAN 100 及 VLAN 200 的用户均无法获取合法地址,也就无法访问外网 WWW 服务器及 VLAN 间的路由通信。网络拓扑如图 2.135 所示。

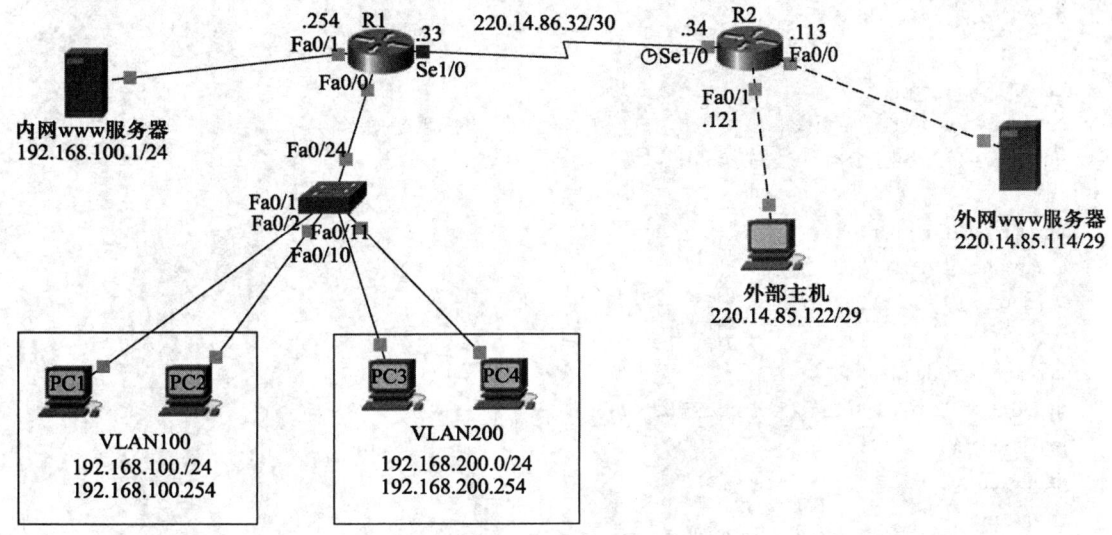

图 2.135 路由器实现 VLAN 间通信

(2) 故障分析定位

图 2.135 为用路由器实现 VLAN 间通信的模型图,其中,路由器使用 1 个以太网接口连接到 1 台交换机的 2 个不同的 VLAN 中,主机的 IP 网关配置成路由器接口的 IP 地址,就可实现 VLAN 间的路由。因为主机与其网关处于同一个 VLAN 中,所以主机发出的数据帧能够到达网关,也就是相应的路由器接口。路由器接口将数据帧解封装,得到其中的 IP 报文后,查找路由表,转发到另一个接口。另一个接口连接到另外一个 VLAN,经过封装过程,将 IP 报文封装成数据帧,在另一个 VLAN 中发送。

为了避免物理端口和线缆的浪费,简化连接方式,可以使用 802.1Q 封装和子接口,通过一条物理链路实现 VLAN 间路由,这种方式也被形象地称为"单臂路由"。其原理是利用 Trunk 链路允许多个 VLAN 的数据帧通过而实现的。

图 2.135 中 PC1 和 PC2 属于 VLAN 100,PC3 和 PC4 属于 VLAN 200。交换机通过 802.1q 封装的 Trunk 链路连到路由器的快速以太接口 F0/0 上,在路由器上则为 F0/0 配置子接口,每个子接口配置了属于相应 VLAN 网段的 IP 地址,并且配置了相应的标签值以允许对应的 VLAN 数据帧通过。

（3）排除过程

① 查看 R1 上的配置。

```
hostname R1
!
ip dhcp pool vlan 100
  network 192.168.1.0 255.255.255.0
  default-router 192.168.1.254
ip dhcp pool vlan 200
  network 192.168.2.0 255.255.255.0
  default-router 192.168.2.254
!
interface FastEthernet0/0.1
  encapsulation dot1Q 1 native            //配置了错误的 VLAN 标签
  ip address 192.168.1.254 255.255.255.0
!
interface FastEthernet0/0.2
  encapsulation dot1Q 200
  ip address 192.168.2.254 255.255.255.0
!
interface FastEthernet0/1
  ip address 192.168.100.254 255.255.255.0
  ip nat inside
  duplex auto
  speed auto
!
interface Serial1/0
  ip address 220.14.86.33 255.255.255.252
  ip nat outside
//
ip nat inside source list 1 interface Serial1/0 overload
ip nat inside source static 192.168.100.1 220.14.85.104
ip classless
ip route 0.0.0.0 0.0.0.0 220.14.86.34
!
access-list 1 permit 192.168.1.0 0.0.0.255
access-list 1 permit 192.168.2.0 0.0.0.255
//
```

② 正确的 R1 配置。

```
//
interface FastEthernet0/0.1
  encapsulation dot1Q 100
```

```
   ip address 192.168.1.254 255.255.255.0
!
interface FastEthernet0/0.2
   encapsulation dot1Q 200
   ip address 192.168.2.254 255.255.255.0
//
```

③ 验证 DHCP 功能。

查看 VLAN 100 与 VLAN 200 组成员获取地址情况，如图 2.136 所示。

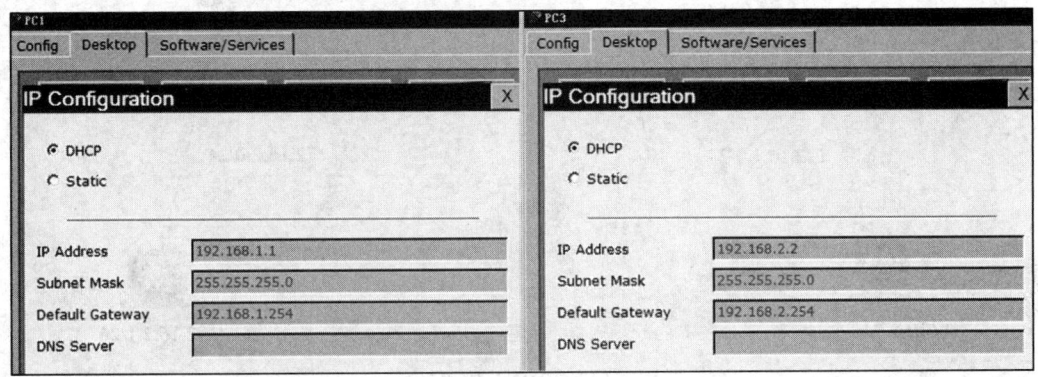

图 2.136　多个 VLAN 成员成功获取地址

④ 测试 VLAN 间通信

测试 VLAN 100 与 VLAN 200 组成员间的通信，如图 2.137 所示。

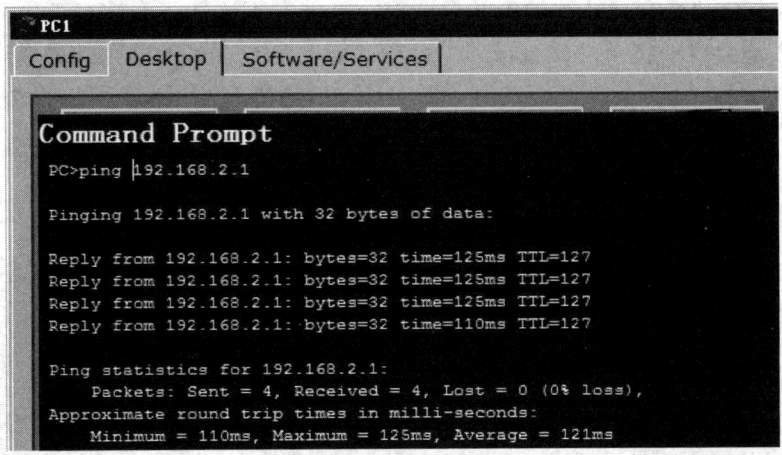

图 2.137　VLAN 间路由

采用"单臂路由"方式进行 VLAN 间路由时，数据帧需要在 Trunk 链路上往返发送，从而引入了一定的转发延迟；同时，路由器是软件转发 IP 报文的，如果 VLAN 间路由数据量较大会消耗路由器大量的 CPU 和内存资源，造成转发性能的下降。

三层交换机在功能上实现了 VLAN 的划分、VLAN 内部的二层交换和 VLAN 间路由。对于管理人员来说，只需要为三层 VLAN 接口配置相应的 IP 地址，即可实现 VLAN 间路由。

4. 故障现象四

（1）故障现象描述

两台设置了 RIPv1 的路由器，无法实现 PC1 与 PC2 之间的通信，两台路由器的路由表中都没有 RIP 路由，网络拓扑如图 2.138 所示。

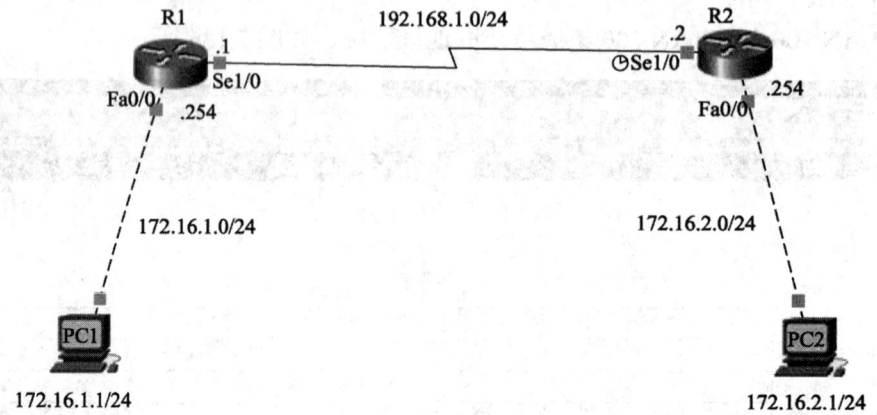

图 2.138　RIPv1 故障拓扑

（2）故障分析定位

两台配置 RIPv1 协议的路由器间不能互通的问题，根据拓扑中所配置的网络地址，经分析可能是 RIPv1 拓扑局限性——不连续子网之间的通信存在问题。

RIP 路由具有自动聚合功能，RIP 的自动聚合功能在不连续子网情况下容易造成路由学习错误。RIP v1/v2 都会自动将子网聚合成自然掩码（对 A/B/C 类）的路由向外发送。RIP v1 由于不支持 VLSM，即子网掩码不包含在路由更新中且主网边界总结网络，所以无法关闭自动聚合。解决办法：合理规划子网，将 RIPv1 改为 RIPv2。

（3）排除过程

① 查看 R1 上的配置。

```
hostname R1
interface FastEthernet0/0
  ip address 172.16.1.254 255.255.255.0
//
interface Serial1/0
  ip address 192.168.1.1 255.255.255.0
//
router rip
  network 172.16.0.0
  network 192.168.1.0
//
```

② 查看 R2 上的配置。

```
hostname R2
interface FastEthernet0/0
 ip address 172.16.2.254 255.255.255.0
//
interface Serial1/0
 ip address 192.168.1.2 255.255.255.0
 clock rate 19200
//
router rip
 network 172.16.0.0
 network 192.168.1.0
//
```

③ 查看 R1 上的配置。

```
hostname R1
interface FastEthernet0/0
 ip address 172.16.1.254 255.255.255.0
//
interface Serial1/0
 ip address 192.168.1.1 255.255.255.0
//
router rip
 version 2
 network 172.16.0.0
 network 192.168.1.0
 no auto-summary
//
```

④ 查看 R2 上的配置。

```
hostname R2
interface FastEthernet0/0
 ip address 172.16.2.254 255.255.255.0
//
interface Serial1/0
 ip address 192.168.1.2 255.255.255.0
 clock rate 19200
//
router rip
 version 2
 network 172.16.0.0
 network 192.168.1.0
```

no auto-summary
//

⑤ 查看路由器上的路由表。

➢ 查看 R1 的路由表，如图 2.139 所示。

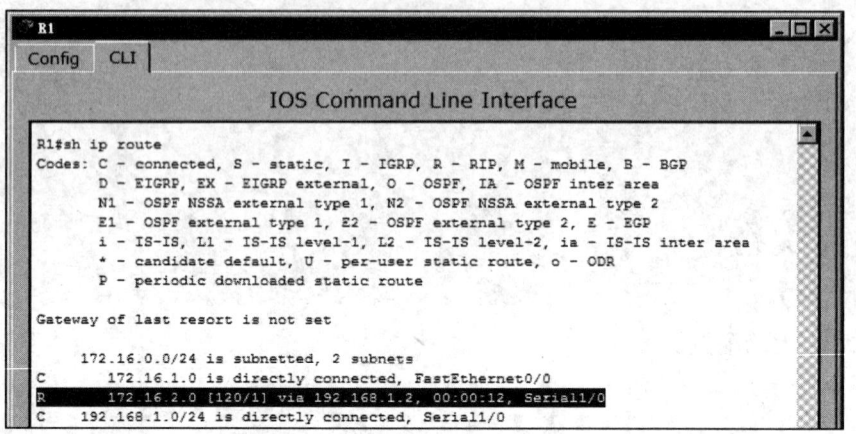

图 2.139　R1 学习的 RIP 路由

➢ 查看 R2 的路由表，如图 2.140 所示。

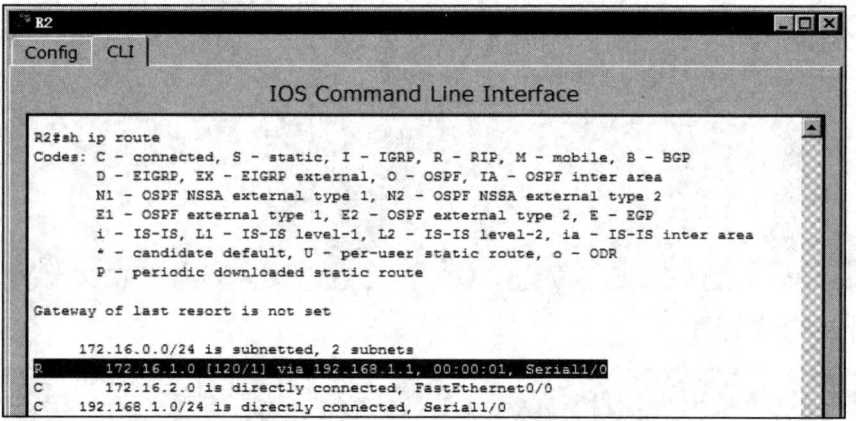

图 2.140　R2 学习的 RIP 路由

经修改后故障排除，从而实现了 PC1 与 PC2 之间的通信。当然解决此问题的另一种方法就是将两台路由器通过串口相连的网段改为 172.168.3.0/30，从而保证子网的连续性。

5. 故障现象五

（1）故障现象描述

两台设置了 OSPF MD5 身份验证的路由器，无法实现 PC1 与 PC2 之间的通信，两台路由器的路由表中都没有 OSPF 路由，网络拓扑如图 2.141 所示。

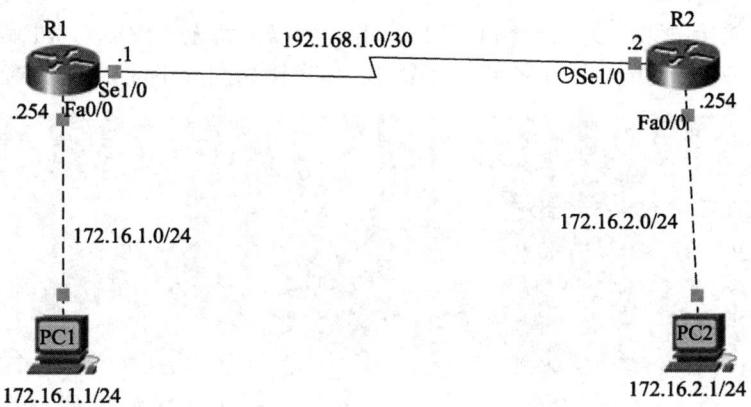

图 2.141　OSPF 故障拓扑

（2）故障分析定位

在路由器上配置邻居路由器身份验证后，路由器将对收到的每个路由选择更新分组的信源进行身份验证。要使用 OSPF MD5 身份验证，需要在每台路由器上配置密钥 ID 和密钥。但在同一个网络中，所有邻接路由器都必须使用相同密钥 ID 和密钥，这样才能交换 OSPF 信息。根据上面的故障现象描述，可以先从排除 MD5 身份验证入手。

（3）排除过程

① 在 R1 和 R2 上分别使用 "show ip ospf neighbor" 命令，查看两者是否建立了邻接关系。

② 通过显示结果，R1 与 R2 间未建立起邻接关系，接下来检查 OSPF MD5 验证的配置，检查两者的密钥 ID 和密钥是否相同。

➢ R1 的 MD5 验证配置

```
//
interface Serial1/0
  ip address 192.168.1.1 255.255.255.0
  ip ospf authentication message-digest
  ip ospf message-digest-key 1 md5 cisco
//
```

➢ R2 的 MD5 验证配置

```
//
interface Serial1/0
  ip address 192.168.1.2 255.255.255.0
  ip ospf authentication message-digest
  ip ospf message-digest-key 11 md5 csco
  clock rate 19200
//
```

③ 通过显示结果，R1 和 R2 的串行接口 Serial1/0 上都配置了 MD5 身份验证，但前者使用的密钥 ID 为 1，密钥为 Cisco；而后者使用的密钥 ID 为 11，密钥为 Cisco，两台路由器将不

能通过链路建立邻接关系，无法传输 OSPF 分组，所以也就无法生成 OSPF 路由。

④ 更改 R1 或 R2 的配置，使两者的密钥 ID 和密钥相同，下面以更改 R2 为例。

```
//
interface Serial1/0
  ip address 192.168.1.2 255.255.255.0
  ip ospf authentication message-digest
  ip ospf message-digest-key 1 md5 cisco
  clock rate 19200
//
```

⑤ 在路由器上使用"show ip ospf neighbor"命令，查看邻接关系，如图 2.142 所示。

⑥ 在路由器上使用"show ip route ospf"命令，查看 OSPF 路由表，如图 2.143 所示。

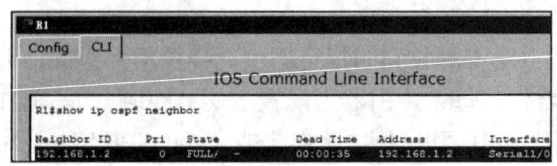 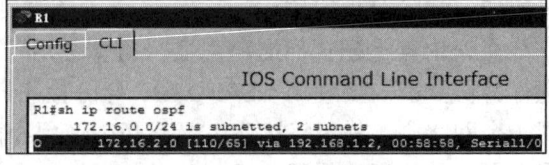

图 2.142　R1 和 R2 建立了邻接关系　　　　图 2.143　R1 路由器 OSPF 路由

⑦ 测试 PC1 与 PC2 间的通信，效果如图 2.144 所示。

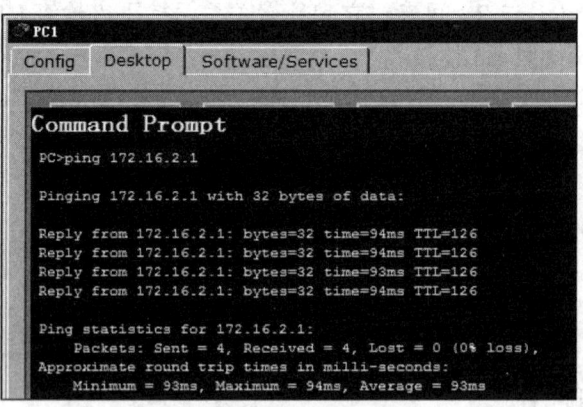

图 2.144　PC1 成功 ping 通 PC2

2.9　拓展项目训练

1. 基于安全的考虑，网络管理员要对网络设备的配置信息和 IOS 进行备份，以便于当网络设备配置丢失或错误而引发故障时能快速恢复。备份配置文件同时也为网络的后期管理与维护提供了方便。在核心层设备上又做了配置更新，为了确保交换机或路由器配置发生故障时能够快速恢复，请将已经配置好的 H3C S5500 交换机和 H3C MSR30-20 路由器上的配置文件进行备份。

2. 随着网络的发展，功能需求越来越多，如果需要将新的特性部署到网络设备上，很多时候就需要对 IOS 的版本进行升级。要求：将 H3C MSR30-20 原版本 CMW520-R1718-SI 升级为 CMW520-R1719-SI（升级版本提供网站：http://www.h3c.com）。

3. 作为公司的网络管理员，为了防止非法用户接入交换机的指定端口，保证网络的安全性，在交换机上常采用端口绑定技术，现有工作任务为：在核心交换机 H3C S5500 的连接内网服务器的 GigabitEthernet1/0/3 端口及网络管理工作站的 GigabitEthernet1/0/23 端口上配置端口绑定，并进行测试。

4. 一个规模近 300 人的轨道交通设备有限公司，目前有 19 个部门，其中管理人员近 70 人，各部门及人数的分配情况见表 2.21。

表 2.21 部门人员分布表

部门	人数
董事长	1
总经理	1
副总经理 1	1
副总经理 2	1
综合管理部	3
财务总监	1
财务部	4
技术部	15
质检部	7
物资部	7
库房 1	2
库房 2	2
库房 3	2
生产部	6
车间办公室 1	2
车间办公室 2	2
车间办公室 3	2
营销部	5
售后服务部	5
网络运营部	2

ISP 经常接到客户的电话，抱怨电子邮件有问题且 Internet 访问速度有时很低。ISP 相关技术人员到现场勘察时绘制了该公司的现有网络拓扑图，如图 2.145 所示，并了解到公司内的所有计算机都处在同一 C 类网段：192.168.1.0。为了利于管理及提高网络的性能，ISP 的网络设计人

员要求该公司重新制定 IP 编址方案，并进行 VLAN 的合理规则。作为网络管理员，如何实现此项工作任务？

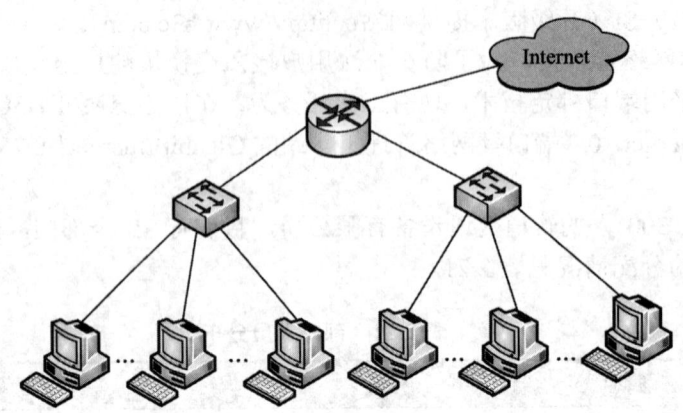

图 2.145　轨道交通设备有限公司的网络拓扑图

5．通过资源共享的方式可以节省各种计算机外围设备的购置和使用费用。对于一些利用率并不是很高的外围设备，完全可以通过局域网对资源进行共享，同时也实现了资源备份的目的，参考本学习情境，根据"VLAN 与 IP 规划表（表 2.4 和表 2.5）"与"2 楼和 3 楼逻辑网络结构图（图 2.5）"，作为网络管理人员，如何实现部门经理 1（213 室，VLAN 110）与部门经理 2（215 室，VLAN 111）间 VLAN 通信（此两个 VLAN 在同一台二层交换机），实现网络打印机的共享和数据备份呢？

6．为便于网络管理员进行网络管理与维护，可通过远程配置维护交换机的方法，某企业的设备连接分支拓扑图如图 2.146 所示。

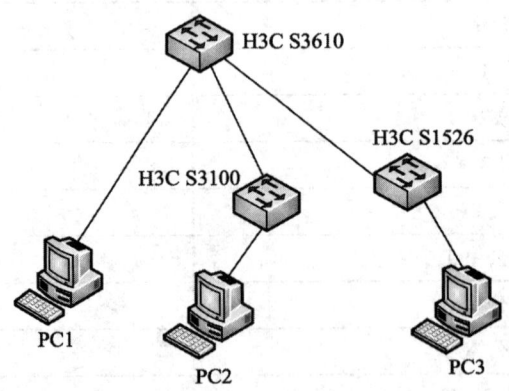

图 2.146　某企业设备连接拓扑图

设备配置信息见表 2.22。现有如下需求：H3C S3610 只允许 192.168.1.0/24 网段的地址的 PC Telnet 访问；H3C S3100 允许其他任意网段的地址 Telnet 访问。设置通过 VTY 口令登录交换机的 Telnet 用户进行 Password 认证，并设置用户的认证口令为密文方式，口令为 xyzabc。作为网络管理人员，如何实现任务中的需求？

表 2.22　网络环境配置参数

设备	接口	IP 地址	子网掩码	默认网关	上连交换机的端口
H3C S3610	VLAN 10	192.168.1.1	255.255.255.0	—	—
	VLAN 20	192.168.2.1	255.255.255.0	—	—
	VLAN 30	192.168.3.1	255.255.255.0	—	—
H3C S3100	VLAN 20	192.168.2.2	255.255.255.0	—	Ethernet1/0/11
H3C S1526	E1/0/1	—	—	—	Ethernet1/0/12
PC1	NIC	192.168.1.10	255.255.255.0	192.168.1.1	Ethernet1/0/10
PC2	NIC	192.168.2.10	255.255.255.0	192.168.2.1	—
PC3	NIC	192.168.3.10	255.255.255.0	192.168.3.1	—

7. 某企业的技术部与售后部，位于同一楼层两个相邻的房间，两部门的接入设备均连在设备间 H3C S5500 核心交换机上。原网络采用静态 IP 地址分配方式，两部门属于不同的 VLAN（VLAN 10 和 VLAN 20），H3C S5500 的 VLAN 10 接口地址为 10.1.1.1/24，VLAN 20 接口地址为 10.1.2.1/24。任务拓扑图如图 2.147 所示。

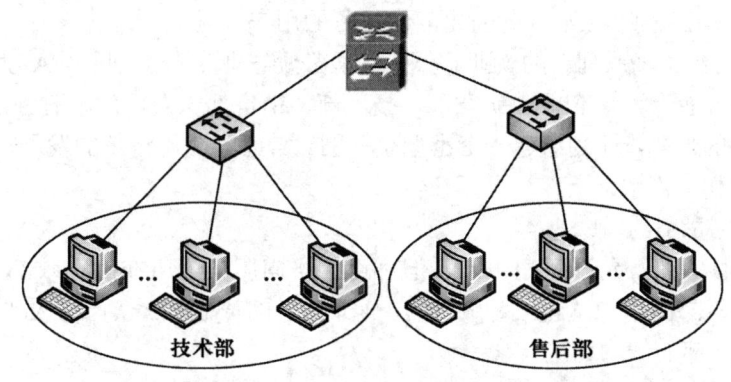

图 2.147　某企业的技术部与售后部的网络拓扑图

两个部门的工作人员都经常会遇到"提示 IP 地址冲突"的现象，作为网络管理人员，如何解决此问题，并避免此类现象的发生，同时为使用移动设备的用户接入网络获得 IP 地址信息时提供方便。

8. 如图 2.148 所示，某公司有一台以太网交换机、服务器（包括 FTP 服务器、Web 服务器和 Mail 服务器），综合管理部和质检部的用户都连接到这台交换机上，并有以下规定：

① 综合管理部的用户在下班时间（9:00～17:00 以外）不允许访问 FTP 服务器，但可以随时访问 Web 和 Mail 服务器。

② 综合管理部的用户不允许访问 Internet，但综合管理部主任（IP 地址为 192.168.0.100）可以随时访问 Internet 和所有服务器。

③ 质检部可以随时访问 Internet 和所有服务器。

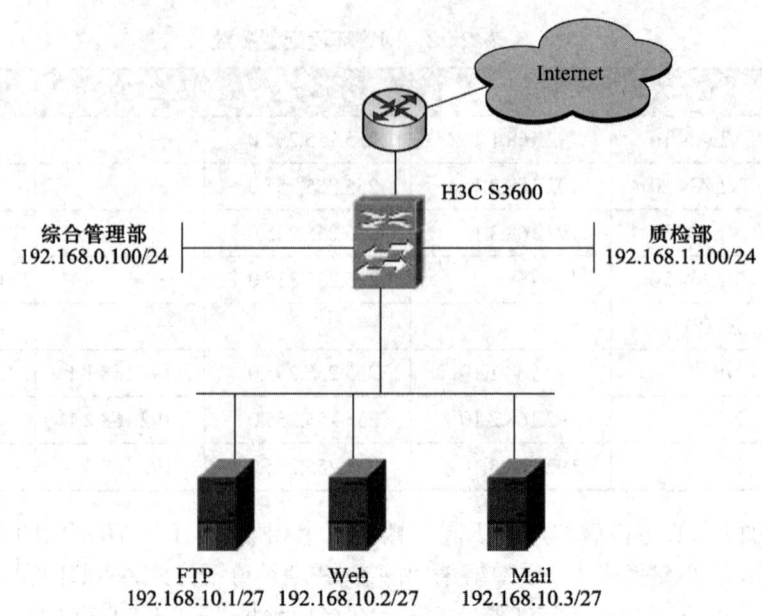

图 2.148 某公司的拓扑图

作为组建网络的工程师,如何实现此工作任务的用户需求?

9. 最近国家出台了一系列新的就业政策,积极鼓励毕业生自主创业,A 大学的几位应届毕业生预筹建一科研性企业,该企业由研发部、技术部、销售部、人事部、财务部和行政部组成。为了适应社会发展的形势,计划组建一个小型企业网。考虑到公司将来的发展规模和机密信息的安全性问题,提出如下需求:

① 初期投资尽量节约。
② 研发部和财务部不允许互相访问,但都可以访问服务器所在的行政部。
③ 企业内部各部门用户均能自动获取 IP 地址、子网掩码、默认网关及 DNS 地址等信息。
④ 拒绝来自外部的一切访问。
⑤ 允许内部用户访问外网。

为了满足用户的需求,请完成此小型企业网络的组建工作,包括网络方案规划、设备配置与调试和网络性能测试。

10. 诚信科技公司坐落在高新开发区硅谷计算机城,公司主要经营网络产品业务,业务涵盖国内外 OEM 和零售批发业务,因为业务的增长和部门的增加现在已初具规模,拥有店面、门市、业务和财务办公室。公司业务部有 10 余台计算机,加上库房、财务和店面总共 30 余台计算机。随着业务的推广扩大,公司内部信息量日益增多,公司原有的办公条件急需改善。公司在参考一些其他公司的情况后,决定组建自己的办公网络。

公司的环境比较复杂,业务和财务还有店面及仓库都不在一个集中的区域,分散在三个楼层,其周边还有一些个别店面需要通过交换机共享网络。考虑距离的原因、管理成本、办公空间,公司决定将机柜放在店面内。考虑到经常有客户带便携式计算机来公司,公司还决定在店面和办公室安装无线网络。公司要求网络方案不仅速度要快还要稳定,能保证办公网络的防攻击和防病毒能力，还要有很强大的权限控制功能实现分组网络访问权限。用户方代表提出如下需求：

① 实现公司内部资源共享，架设内部邮件服务。
② 互联网接入具有良好的可扩展性和可升级性。
③ 对用户有一定权限的管理，上班时间不能玩网络游戏、使用 BT、浏览非法网页等。
④ 划分 VLAN，隔离广播风暴，提高网络宽带利用率。
⑤ 办公区域内能实现无线接入。
⑥ 简单易用，维护方便。

根据以上需求，请完成此科技公司的网络组建工作，包括网络方案规划、设备配置与调试和网络功能测试。

学习情境 3
跨地区企业网络组建与互联

  对于一个大中型企业而言，往往在外地设置有分公司或办事处，这些分支机构的内部网络与总部的内部网络不仅需要连接到互联网访问公网中的资源，还需要形成了一个跨地区异地互联的远程互联的企业网络，以满足远程分支员工对总部网络中关键服务器的访问。本情境将以 A 公司总部、A 公司上海分公司、A 公司长春办事处为例，系统地介绍典型企业网络的组建与互联的配置过程。

  本学习情境源于一个真实的企业网络组建与互联案例，经过对项目案例的教学转化后的项目也是对前面所学内容的一个综合，建议通过 PT 的模拟配置后，利用实训室内的真实设备，以小组协作方式完成此工程项目的配置，同时可以根据实训室实际真实设备进行调整。

3.1 学习目标

1. 知识目标
① 理解不同规模网络的组建与互联架构。
② 理解网络组建与互联的关键设备及技术。
③ 理解小型企业网络、中小企业网络、大中型企业网络组建与互联的规范性。
④ 掌握不同规模网络组网方案的规范和需求。
⑤ 通过拓展任务学习企业网络的远程异地互联技术。

2. 能力目标
① 能够基于典型的项目案例绘制网络拓扑图。
② 能够基于典型的项目案例进行整体规划与分析。
③ 能够基于典型的项目案例实施地址规划。
④ 能够基于典型的项目案例实施网络设备的配置。
⑤ 具备不同规模企业网络的规划、配置与实施能力。

3. 素质目标
① 对所学知识与技能进行综合运用能力。
② 形成规范操作的良好习惯。
③ 具备严谨细心的工作态度和工作精神。
④ 学会根据所学知识进行自主学习与探索学习的能力。

3.2 工作任务描述

学习情境描述

现有 A 公司要组建三处不同规模的企业内部网络，并将这三处网络都连接到互联网，以实现对公网资源的访问。A 公司总部位于北京，员工在 500 人以上，需要组建一个大中型企业网络；A 公司的上海分公司员工在 100 人以上，需要组建一个中小型企业网络；A 公司的长春办事处，员工 20 多人，需要组建一个小型的办公网络。通过以上的了解，可以知道这是一个典型的企业网络组建及互联项目案例。为了对各网络组建以及与互联网连接的理解，项目案例中引入了模拟的互联网部分（在利用 PT 完成项目的模拟时需要）。

因此，A 公司的三地网络组建与互联项目案例共分为 4 个部分的网络区域：模拟互联网络（W 网络）、A 公司北京总部（X 网络）、A 公司上海分公司（Y 网络）、公司长春办事处（Z 网络），各部分功能、规模及作用各有所不同，对于理解不同规模网络的组建与互联网接入相关技术具有很强的代表性。并且基于这样的整体项目案例为背景，能够方便学习者对全局的把握，从而加强对网络组建与互联相关技术、产品布局、关联性等方面的理解。也是对前面所学内容的一个综合应用。网络结构图如图 3.1 所示。

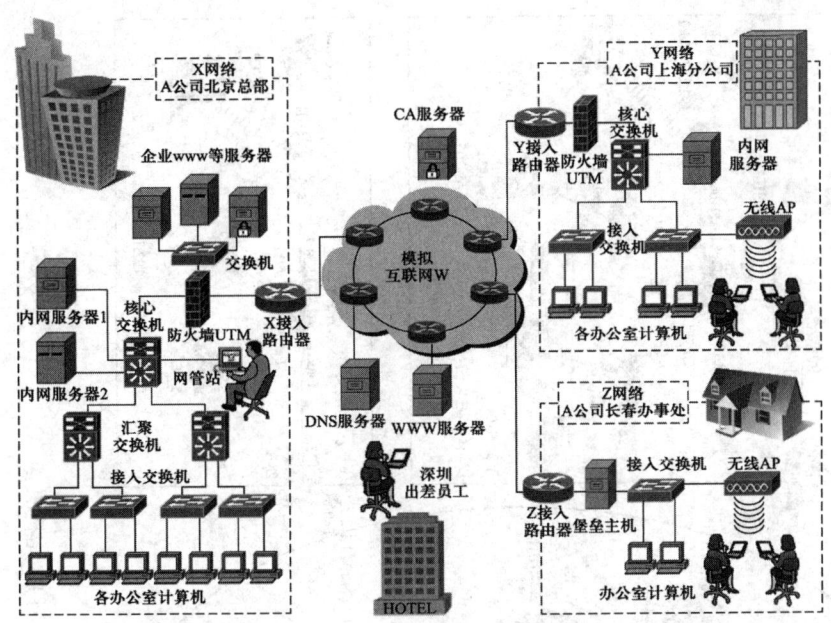

图 3.1　A 公司三地企业内网与接入互联网结构图

图 3.1 中的防火墙 UTM、堡垒主机、CA 服务器等，是后续网络安全相关课程需要介绍的，这里提出来是考虑到保持项目案例中网络的整体性。各设备标识如图 3.2 所示。

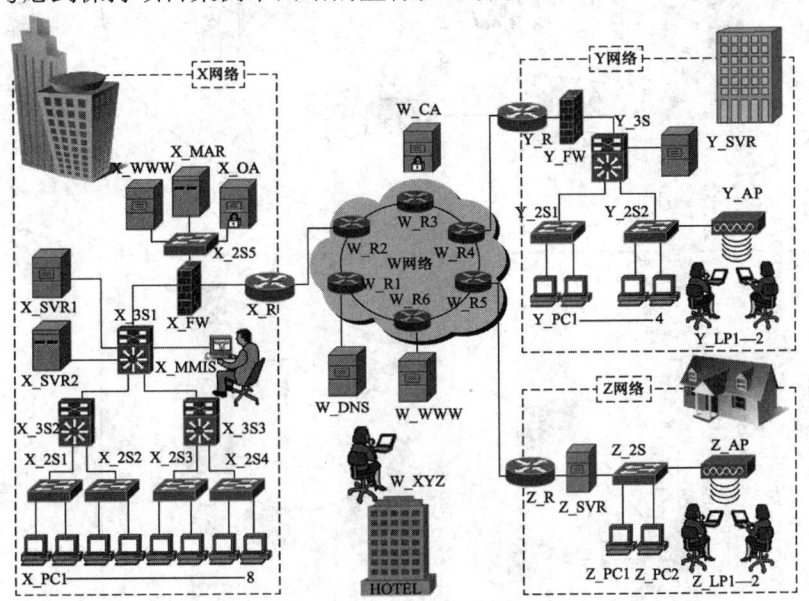

图 3.2　A 公司三地企业内网与接入互联网带标识结构图

这里将介绍如何在 Packet Tracer 中进行整体实现。建议学习者利用 Packet Tracer 完成全部网络的组建与配置，然后以小组合作的方式利用各自实训室的现有真实网络设备组建类似规模的网络。

利用 Packet Tracer 绘制的网络规划及拓扑图，如图 3.3 所示。

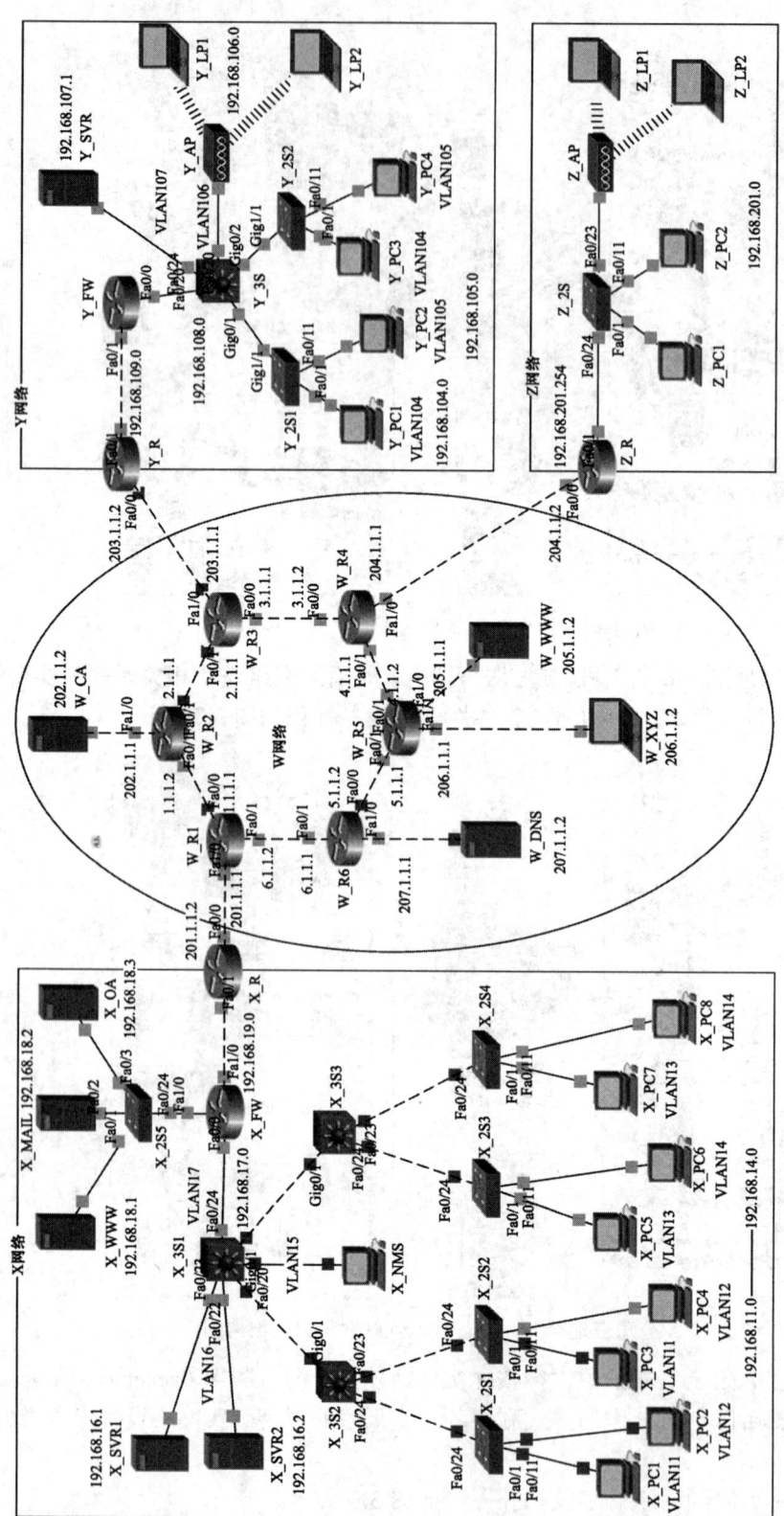

图 3.3　A 公司三地企业内网与接入互联网 PT 结构图

3.3 A 企业长春办事处网络组建与互联

3.3.1 任务分析

A 公司长春办事处 Z 网络需要将员工的办公设备连接到模拟的互联网络中去。A 公司长春办事处 Z 网络是一个小型 SOHO 办公网络的主体架构，通过接入路由器与堡垒主机（在 PT 中省略去堡垒主机）将内部的接入交换网络及无线网络用户连接到模拟互联网。Z 网络中设计有 20 个以上连接点。需要进行基本的网络连通性配置，如 DHCP、NAT、默认路由、无线 AP 等。

3.3.2 需求分析

根据 A 公司长春办事处现状、工作需求等因素，网络组建与接入需求如下：
① 由于公网只能分配一个有效的公网地址，所以要在接入路由器上配置 NAT 转换。
② 内部网络中要采用私有地址，即 192.168 开头的 C 类地址。
③ 考虑员工不懂如何配置 IP 等信息，要能自动分配 IP 地址等信息。
④ 接入路由器需要配置路由、接口地址等信息。
⑤ 长春办事处位于一个写字楼的办公区，考虑经济性及变动性，采用超 5 类双绞线进行连接。

A 公司长春办事处内部网络 Z 网络中设备名称及配套要点见表 3.1。

表 3.1 A 公司长春办事处内部网络 Z 网络中设备名称及配置要点

序号	设备类型	名称	功能及作用	配置要点	备注
1	路由器	Z_R	Z 网络接入路由器	NAT、默认路由、DHCP 等	
2	堡垒主机	Z_SVR	Z 网络堡垒主机	配置安全访问控制功能	在 PT 中省略
3	交换机	Z_2S	Z 网络接入层交换机	基本的二层交换网络连接	
4	无线 AP	Z_AP	Z 网络会议室无线 AP	无线 AP 连接	
5	移动 PC	Z_LP1-2	Z 网络会议室移动 PC	Z 网络会议室移动 PC	
6	台式 PC	Z_PC1-4	Z 网络内网台式 PC	Z 网络员工 PC	

3.3.3 方案设计

1. 方案规划表

根据对 A 企业长春办事处的需求分析，设备连接规划见表 3.2。

表 3.2　A 公司长春办事处网络规划表

设备	接口范围	所属 VLAN	IP 地址或网段	连接设备	地址配置	备注
Z_2S	F0/1-F0/22	默认 VLAN 1	192.168.201.253	Z_PC 若干	动态获取	
Z_2S	F0/23	默认 VLAN 1	192.168.201.253	Z_AP–Z_LP 若干	动态获取	
Z_2S	F0/24	默认 VLAN 1	192.168.201.253	Z_R:F0/1	192.168.201.254	
Z_R	F0/0	—	204.1.1.2	W_R4:F1/0	204.1.1.1	

2. A 企业长春办事处部分的 PT 拓扑图，如图 3.4 所示

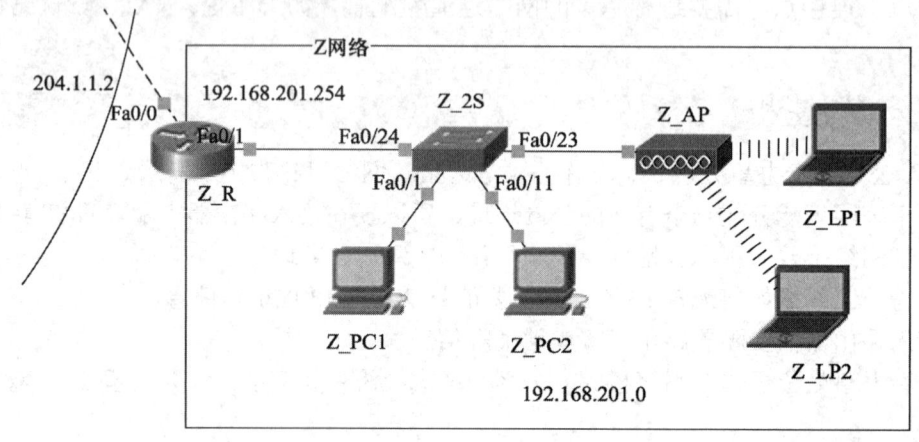

图 3.4　A 企业长春办事处部分的 PT 拓扑图

3. 具体配置要点

① 配置交换机主机名为 Z_2S，配置交换机管理 IP 与网关，以便于远程管理（需开启远程管理）。
② 配置路由器主机名为 Z_R（根据需要确定是否开启远程管理）。
③ 配置路由器 Z_R 各接口地址 F0/1：192.168.201.1；F0/0:204.1.1.2。
④ 配置路由器 Z_R 默认路由，下一跳指向 IP 地址，不指向接口。
⑤ 配置 DHCP 服务，地址池名为 poolz，为内网分配 192.168.201.0 255.255.255.0 网段的地址，网关 192.168.201.254，DNS 服务器为 207.1.1.2。
⑥ 定义一个访问控制列表，用于 NAT 地址转换，列表号为 10；在 10 列表中定义对 192.168.201.0 到任何地址的访问都要做 NAT 转换。
⑦ 定义基于接口的 NAT 超载转换，并分别在接口下定义好 NAT 内部与外部接口。

3.3.4　任务实施

1. Z_R 路由器的基本配置（Z_SVR 服务器不在 PT 中配置）

```
hostname Z_R
ip dhcp pool poolz                    //定义一个地址池名为 poolz 用于为内网分配地址
```

```
    network 192.168.201.0 255.255.255.0       //定义分配的地址范围
    default-router 192.168.201.254            //定义分配的网关地址
    dns-server 207.1.1.2                      //定义分配的 DNS 地址
interface FastEthernet0/0
    ip address 204.1.1.2 255.255.255.0
    ip nat outside                            //配置此接口为 NAT 转换的外部接口
interface FastEthernet0/1
    ip address 192.168.201.254 255.255.255.0
    ip nat inside                             //配置此接口为 NAT 转换的内部接口
ip nat inside source list 10 interface FastEthernet0/0 overload
                                              //定义基于接口超载的 NAT 转换
ip route 0.0.0.0 0.0.0.0 204.1.1.1            //配置默认路由
access-list 10 permit 192.168.201.0 0.0.0.255 //定义需要 NAT 转换的内部地址
```

2. Z_2S 交换机的基本配置

```
hostname Z_2S
interface Vlan1
    ip address 192.168.201.253 255.255.255.0  //配置 VLAN 1 接口地址用于管理
ip default-gateway 192.168.201.254            //配置交换机的默认网关用于远程管理
```

3. Z_AP 功能与配置

Z_AP 中位于办事处办公区内，用于连接办公区内的移动 PC，当前为默认配置，可以配置无线安全 WEP 等加密与认证措施。

3.3.5 任务测试

以上配置已经在 A 公司三地企业网络组建与接入互联网 Packet Tracer 结构图中完成测试。Z 网络是典型的小型 SOHO 网络，适合于企业 20 人左右的办公室网络。可以按以下步骤进行测试。

- ◆ 测试自动获取 IP 地址等信息的正确性。
- ◆ 测试内网 PC 之间的连通性。
- ◆ 测试便携式计算机是否能通过无线 AP 连接到局域网络中来。
- ◆ 测试内网 PC 与路由器内网接口地址（192.168.201.254）之间的连通性。
- ◆ 测试内网 PC 与路由器外网接口地址（204.1.1.2）的连通性。
- ◆ 在完成互联网部分的配置后，测试内网 PC 与公网路由器（204.1.1.1）的连通性。
- ◆ 在完成互联网部分的配置后，测试内网 PC 与公网上服务器的连通性。
- ◆ 查看路由器 NAT 转换状态表。

以上的测试都应该能正确测试成功。

① 测试自动获取 IP 地址等信息的正确性，如图 3.5 所示。

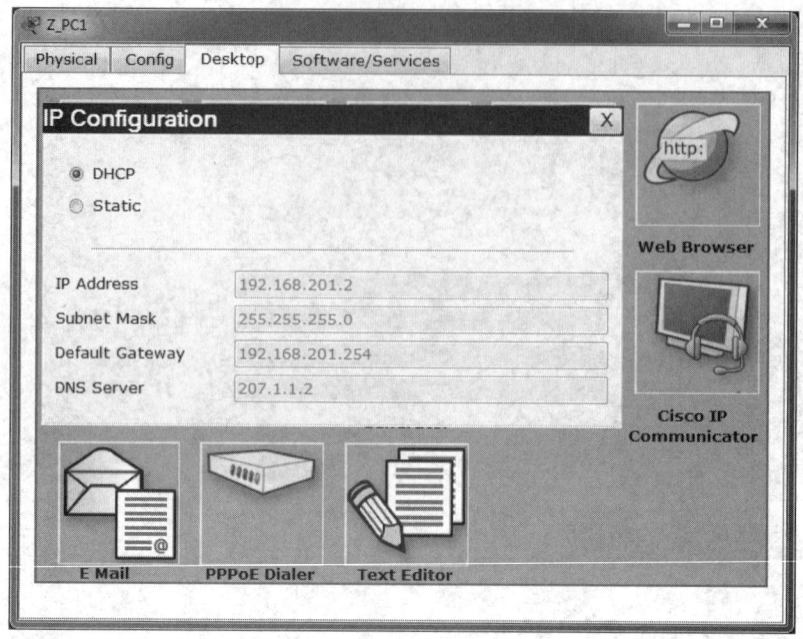

图 3.5 自动获取 IP 地址测试结果

② 测试内网计算机之间的连通性，结果如图 3.6 所示。

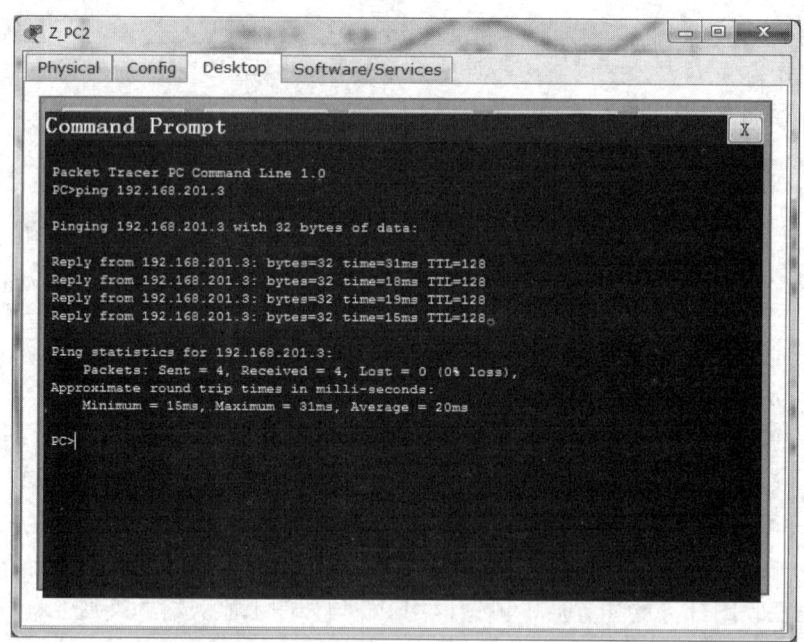

图 3.6 测试内网 Z_PC 与其他 PC 之间的连通性结果

③ 测试便携式计算机是否能通过无线 AP 连接到局域网络，结果如图 3.7 所示。

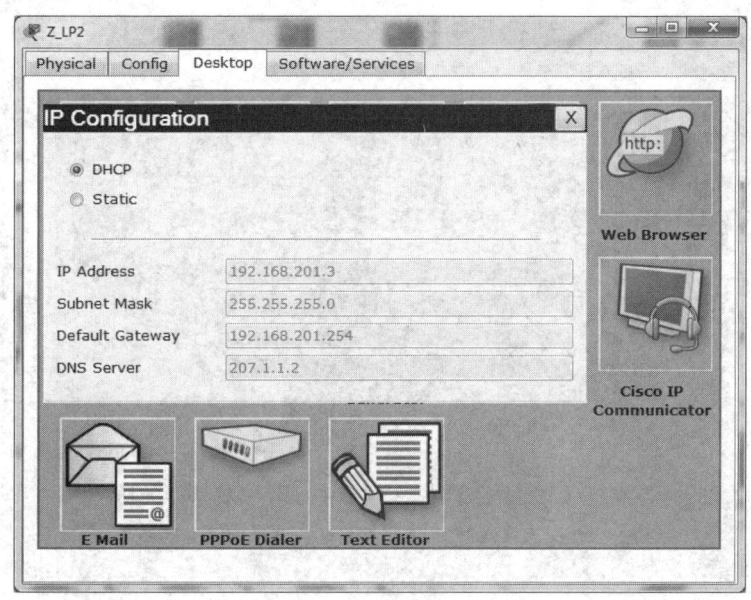

图 3.7　无线连接测试结果

④ 测试内网 PC 与路由器内网接口地址（192.168.201.254）之间的连通性，结果如图 3.8 所示。

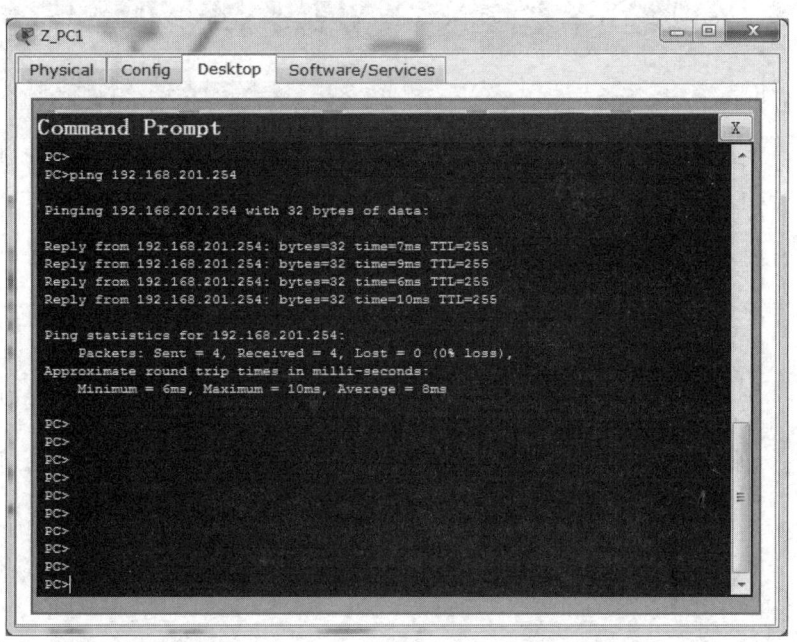

图 3.8　内网 PC 与网关之间的连通性测试结果

⑤ 测试内网 PC 与路由器 Z_R 外网接口地址（204.1.1.2）的连通性，结果如图 3.9 所示。

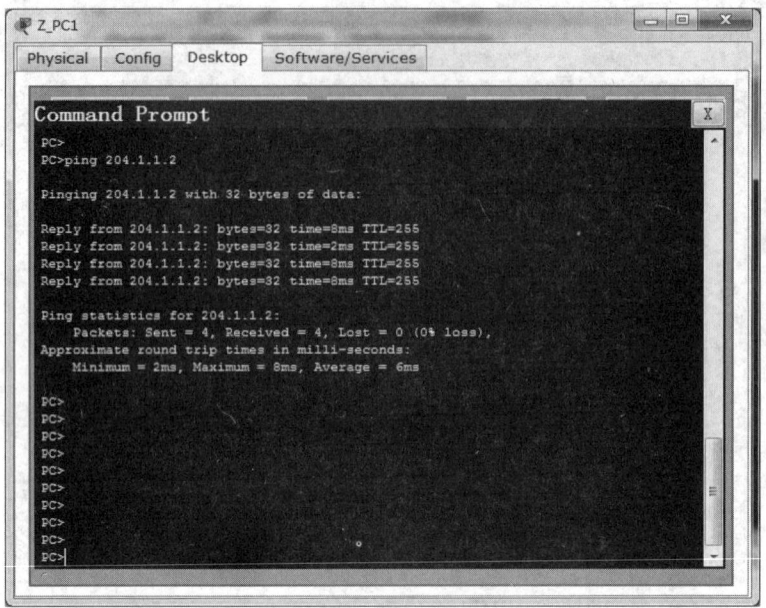

图 3.9　内网 PC 与路由器 Z_R 外网接口地址连通性测试结果

⑥ 测试内网 PC 与公网路由器（204.1.1.1）的连通性，结果如图 3.10 所示。

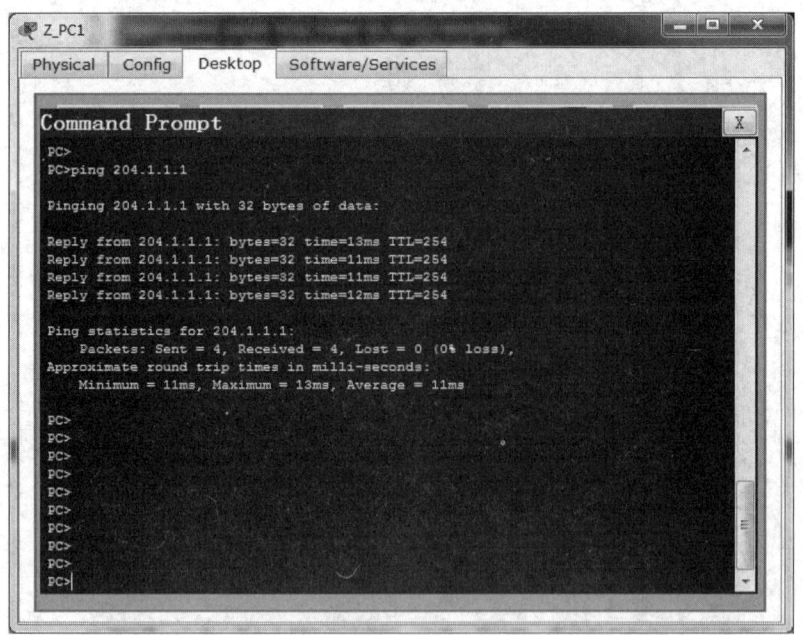

图 3.10　测试内网 PC 与公网路由器（204.1.1.1）的连通性结果

⑦ 测试内网 PC 与公网上服务器的连通性，结果如图 3.11 所示。

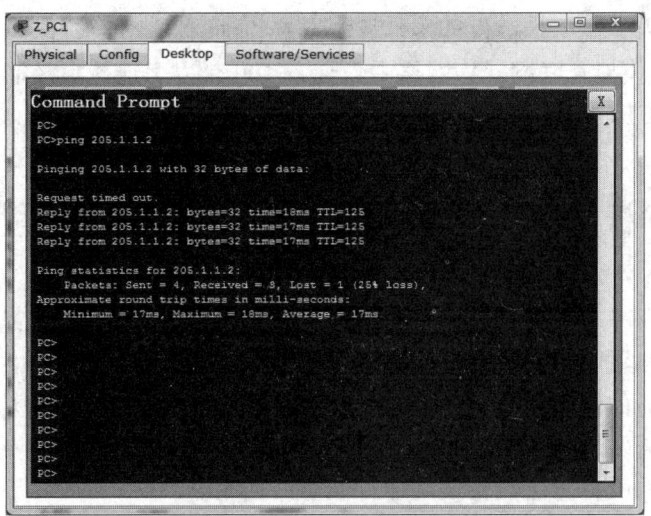

图 3.11　测试内网 PC 与公网上服务器的连通性结果

⑧ 查看路由器 NAT 转换状态表，结果如图 3.12 所示。

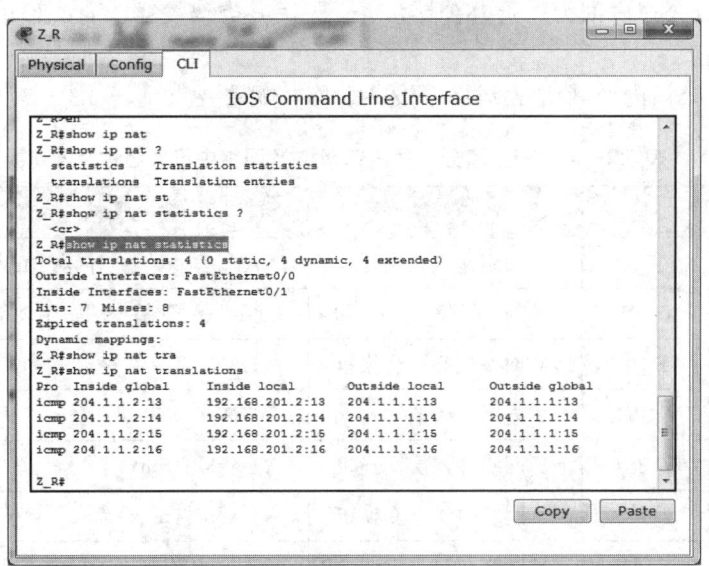

图 3.12　路由器 NAT 转换状态表

3.4　A 企业上海分公司网络组建与互联

3.4.1　任务分析

A 企业上海分公司网络 Y 是一个中小型企业网络主体架构，由接入层与核心层交换机构成内部交换网络，内网核心交换机连接一台内网服务器和接入层交换机。接入层交换机上连接有无线 AP，为会议室内无线用户提供连接。核心交换机通过防火墙（此处只配置基本路由功能）及接入路由器连接到模拟互联网。Y 网络中设计有 100 个以上连接点。需要做的是基本的网络连通性配置，如 DHCP、NAT、默认路由、内网动态路由 RIP、VLAN、访问控制列表 ACL、无线 AP 等。

3.4.2 需求分析

根据 A 企业上海分公司的现状、工作需求等因素，网络组建与接入需求如下：

① 由于公网只分配了 4 个有效的公网地址，所以在接入路由器上配置地址池的 NAT 转换。
② 内部网络中要采用私有地址，即 192.168 开头的 C 类地址。
③ 考虑员工不懂如何配置 IP 地址等信息，要能自动分配 IP 地址等信息。
④ 接入路由器需要配置 NAT、路由、接口地址等信息。
⑤ 内部网络中的所有三层设备之间运行动态路由 RIP。
⑥ Y_FW 模拟的是防火墙，仅配置路由基本功能即可。
⑦ 考虑上海分公司内部员工较多，为了优化网络，并便于对网络的管理，根据需要划分 VLAN。
⑧ 考虑上海分公司内部为一层办公楼，主干采用 6 类双绞线，接入部分连接线缆采用超 5 类双绞线进行连接。

A 公司上海分公司内部网络 Y 网络中设备名称及配置要点见表 3.3。

表 3.3 A 公司上海分公司内部网络 Y 网络中设备名称及配置要点

序号	设备类型	名称	功能及作用	配置要点	备注
1	路由器	Y_R	Y 网络接入路由器	NAT、默认路由、内网 RIP 等	
2	防火墙	Y_FW	控制 Y 网络内外网访问	此处只配置基本的路由功能	用路由器代替
3	交换机	Y_3S	Y 网络核心层交换机	VLAN、Trunk 等	
4	服务器	Y_SVR	Y 内网服务器	WWW、FTP 等服务	
5	交换机	Y_2S1	Y 网络接入层交换机	VLAN、Trunk 等	
6	交换机	Y_2S2	Y 网络接入层交换机	VLAN、Trunk 等	
7	无线 AP	Y_AP	Y 网络会议室无线 AP	无线 AP 连接	
8	移动 PC	Y_LP1-2	Y 网络会议室移动 PC	Y 网络会议室移动 PC	
9	台式 PC	Y_PC1-8	Y 网络内网台式 PC	Y 网络用户计算机	

3.4.3 方案设计

1. 方案规划表

根据对 A 企业上海分公司的需求分析，设备连接规划见表 3.4。

表 3.4　A 公司上海分公司网络规划表

设备	接口范围	所属 VLAN	IP 地址或网段	连接设备	地址配置	备注
Y_R	F0/0	—	203.1.1.2	W_R3:F1/0	203.1.1.1	
Y_R	F0/1	—	192.168.109.1	Y_FW:F0/1	192.168.109.2	
Y_FW	F0/0	—	192.168.108.1	Y_3S:F0/24	192.168.108.2	
Y_3S	F0/23	VLAN 107	192.168.107.254	Y_SVR:以太网口	192.168.107.1	
Y_3S	F0/20	VLAN 106	192.168.106.254	Y_AP: 以太网口	—	
Y_3S	G0/1	TRUNK	—	Y_2S1:G1/1	—	
Y_3S	G0/2	TRUNK	—	Y_2S2:G1/2	—	
Y_3S	—	VLAN 104	192.168.104.254	—	—	
Y_3S	—	VLAN 105	192.168.105.254	—	—	
Y_LP	无线	—	192.168.106.0	Y_AP	—	
Y_2S1	F0/1-10	VLAN 104	192.168.104.253	Y_PC	192.168.104.0	
Y_2S1	F0/11-20	VLAN 105	192.168.105.253	Y_PC	192.168.105.0	
Y_2S2	F0/1-10	VLAN 104	192.168.104.253	Y_PC	192.168.104.0	
Y_2S2	F0/11-20	VLAN 105	192.168.105.253	Y_PC	192.168.105.0	

2. A 企业上海分公司部分的 PT 拓扑图，如图 3.13 所示

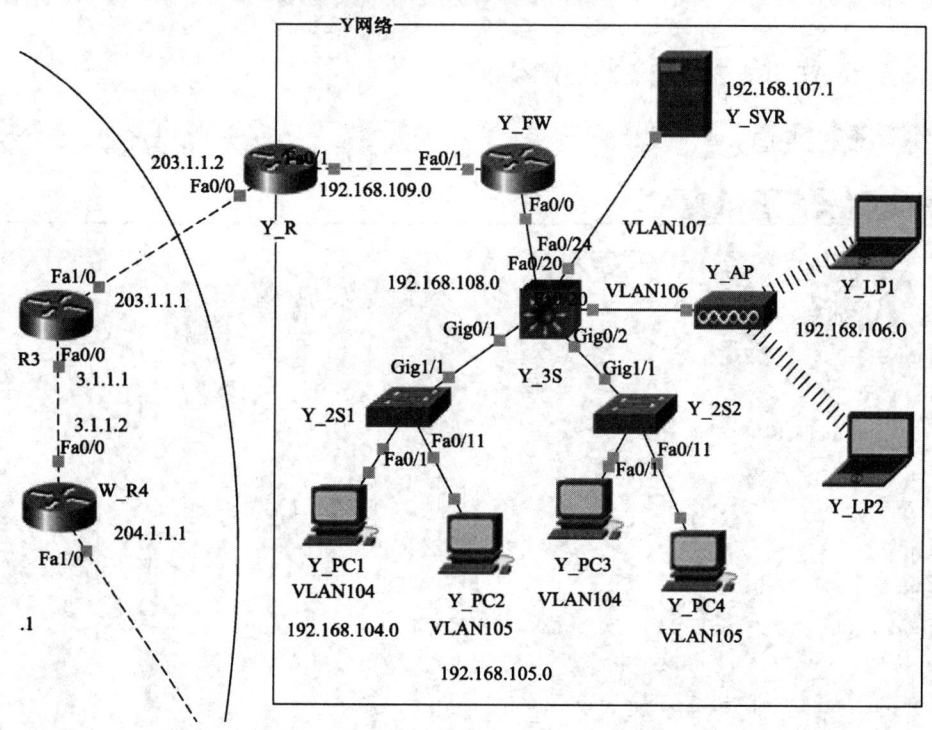

图 3.13　A 企业上海分公司部分的 PT 拓扑图

3. 具体配置要点

① 配置交换机主机名为 Y_2S1 和 Y_2S2，配置交换机管理 IP 与网关，以便于远程管理（需开启远程管理）。

② 配置交换机 VLAN 104 和 VLAN 105，并设置对应的千兆接口为 TRUNK。

③ 配置路由器主机名为 Y_R（可根据需要确定是否开启远程管理）。

④ 配置路由器 Y_R 各接口地址 F0/1: 192.168.109.1；F0/0:203.1.1.2。

⑤ 配置路由器 Y_R 默认路由，下一跳指向 IP 地址，不指向接口。

⑥ 配置路由器 Y_R 内部网络中的动态路由 RIP。

⑦ 配置 Y_FW 防火墙的基本路由功能，接口地址和动态路由 RIP，具体参见规划表。

⑧ 在 Y_3S 上配置 DHCP，地址池名为 poolx104，为内网分配 192.168.104.0 255.255.255.0 网段的地址，网关为 192.168.104.254，DNS 服务器为 207.1.1.2；poolx105 为内网分配 192.168.105.0 255.255.255.0 网段的地址，网关为 192.168.105.254，DNS 服务器为 207.1.1.2；poolx106 为内网分配 192.168.106.0 255.255.255.0 网段的地址，网关为 192.168.106.254，DNS 服务器为 207.1.1.2。

⑨ 在 Y_3S 上配置内部网络中的动态路由 RIP、VLAN 及 TRUNK。

⑩ 配置路由器 Y_R 定义一个访问控制列表，用于 NAT 地址转换，列表号为 10；在 10 列表中要对 192.168.104.0、192.168.105.0、192.168.106.0、192.168.107.0、192.168.108.0、192.168.109.0 到任何地址的访问都要做 NAT 转换。

⑪ 配置路由器 Y_R 基于地址池的 NAT 超载转换，并分别在接口下定义好 NAT 内部与外部接口。

⑫ 配置无线 AP 基本安全及无线连接参数。

3.4.4 任务实施

1. Y_R 路由器的基本配置

```
hostname Y_R
interface FastEthernet0/0
  ip address 203.1.1.2 255.255.255.0
  ip nat outside                          //配置此接口为 NAT 转换的外部接口
interface FastEthernet0/1
  ip address 192.168.109.1 255.255.255.0
  ip nat inside                           //配置此接口为 NAT 转换的内部接口
router rip                                //配置动态 RIP 路由协议
  network 192.168.109.0                   //只发布内部接口网段
ip nat pool poolnaty 203.1.1.2 203.1.1.5 netmask 255.255.255.0
                                          //定义 NAT 转换公网地址池
ip nat inside source list 10 pool poolnaty overload
                                          //定义基于地址池超载的 NAT 转换
```

```
ip route 0.0.0.0 0.0.0.0 203.1.1.1              //配置默认路由
access-list 10 permit 192.168.104.0 0.0.0.255   //定义需要 NAT 转换的内部地址
access-list 10 permit 192.168.105.0 0.0.0.255   //定义需要 NAT 转换的内部地址
access-list 10 permit 192.168.106.0 0.0.0.255   //定义需要 NAT 转换的内部地址
access-list 10 permit 192.168.107.0 0.0.0.255   //定义需要 NAT 转换的内部地址
access-list 10 permit 192.168.108.0 0.0.0.255   //定义需要 NAT 转换的内部地址
access-list 10 permit 192.168.109.0 0.0.0.255   //定义需要 NAT 转换的内部地址
```

2. Y_FW 防火墙的基本配置

PT 中用路由器代替。

```
hostname Y_FW
interface FastEthernet0/0
  ip address 192.168.108.1 255.255.255.0
interface FastEthernet0/1
  ip address 192.168.109.2 255.255.255.0
router rip                                      //配置动态 RIP 路由协议
  network 192.168.108.0                         //只发布内部接口网段
  network 192.168.109.0                         //只发布内部接口网段
ip route 0.0.0.0 0.0.0.0 192.168.109.1          //配置默认路由
```

3. Y_3S 交换机的基本配置

```
hostname Y_3S
ip dhcp pool pooly104           //定义一个地址池名为 pooly104 用于为 VLAN 104
                                //内主机分配地址
  network 192.168.104.0 255.255.255.0   //定义分配的地址范围
  default-router 192.168.104.254        //定义分配的网关地址
  dns-server 207.1.1.2                  //定义分配的 DNS 地址
ip dhcp pool pooly105
//定义一个地址池名为 pooly105 用于为 VLAN 105 内主机分配地址
  network 192.168.105.0 255.255.255.0   //定义分配的地址范围
  default-router 192.168.105.254        //定义分配的网关地址
  dns-server 207.1.1.2                  //定义分配的 DNS 地址
ip dhcp pool pooly106           //定义一个地址池名为 pooly106 用于为 VLAN 106 内主机
                                //分配地址
  network 192.168.106.0 255.255.255.0   //定义分配的地址范围
  default-router 192.168.106.254        //定义分配的 DNS 地址
  dns-server 207.1.1.2                  //定义分配的 DNS 地址
ip routing                              //启用三层交换机路由转发功能
interface FastEthernet0/23
```

```
    switchport access vlan 107            //配置此接口属于接入 VLAN 107
interface FastEthernet0/24
    switchport access vlan 108            //配置此接口属于接入 VLAN 108
interface GigabitEthernet0/1
    switchport trunk encapsulation dot1q  //配置此接口 Trunk 封装协议为 802.1q
    switchport mode trunk                 //配置此接口为 Trunk 模式，默认允许所有
                                          //VLAN 通过
interface GigabitEthernet0/2
    switchport trunk encapsulation dot1q  //配置此接口 Trunk 封装协议为 802.1q
    switchport mode trunk                 //配置此接口为 Trunk 模式，默认允许所有
                                          //VLAN 通过
interface Vlan104                         //配置 VLAN 104 接口地址
    ip address 192.168.104.254 255.255.255.0
interface Vlan105                         //配置 VLAN 105 接口地址
    ip address 192.168.105.254 255.255.255.0
interface Vlan106                         //配置 VLAN 106 接口地址
    ip address 192.168.106.254 255.255.255.0
interface Vlan107                         //配置 VLAN 107 接口地址
    ip address 192.168.107.254 255.255.255.0
interface Vlan108                         //配置 VLAN 108 接口地址
    ip address 192.168.108.2 255.255.255.0
router rip                                //配置动态 RIP 路由协议
    network 192.168.104.0                 //只发布内部接口网段
    network 192.168.105.0                 //只发布内部接口网段
    network 192.168.106.0                 //只发布内部接口网段
    network 192.168.107.0                 //只发布内部接口网段
    network 192.168.108.0                 //只发布内部接口网段
ip route 0.0.0.0 0.0.0.0 192.168.108.1    //配置默认路由
```

4. Y_2S1 交换机的基本配置

```
hostname Y_2S1
interface Range FastEthernet0/1 - 10      //配置这些接口属于接入 VLAN 107
    switchport access vlan 104
interface Range FastEthernet0/11 - 20     //配置这些接口属于接入 VLAN 107
    switchport access vlan 105
                                          //配置此接口为 Trunk 模式，默认允许所有 VLAN 通过
interface GigabitEthernet1/1
    switchport mode trunk                 //配置此接口为 Trunk 模式，默认允许所有 VLAN 通过
interface Vlan104
```

```
    ip address 192.168.104.253 255.255.255.0
    ip default-gateway 192.168.104.254
```

5. Y_2S2 交换机的基本配置

```
hostname Y_2S2
interface Range FastEthernet0/1 - 10
    switchport access vlan 104              //配置这些接口属于接入 VLAN 104
interface Range FastEthernet0/11 - 20
    switchport access vlan 105              //配置这些接口属于接入 VLAN 105
interface GigabitEthernet1/1
    switchport mode trunk                   //配置此接口为 Trunk 模式，默认允许所
                                            //有 VLAN 通过
interface Vlan104                           //配置 VLAN 104 接口地址
    ip address 192.168.104.253 255.255.255.0
    ip default-gateway 192.168.104.254      //配置交换机默认网关
```

6. Y_SVR、Y_AP 功能与配置

Y_SVR 为 Y 网络内部的一台服务器；Y_AP 是位于分公司会议室，用于连接开会用户的移动 PC，当前为默认配置。

3.4.5 任务测试

以上配置已经在 A 公司三地企业网络组建与接入互联网 Packet Tracer 结构图中完成测试。Y 网络是典型的中小型企业网络，适合于企业 100 人以上的企业网络。可以按以下步骤进行测试。

- ◆ 测试自动获取 IP 地址等信息的正确性，并且与对应的 VLAN 相匹配。
- ◆ 测试内网各网段中 PC 之间的连通性。
- ◆ 测试便携式计算机是否能通过无线 AP 连接到局域网络中来。
- ◆ 测试内网 PC 与 Y_R 路由器内网接口地址（192.168.109.1）之间的连通性。
- ◆ 测试内网 PC 与 Y_R 路由器外网接口地址（203.1.1.2）的连通性。
- ◆ 在完成互联网部分的配置后，测试内网 PC 与公网路由器（203.1.1.1）的连通性。
- ◆ 在完成互联网部分的配置后，测试内网 PC 与公网上服务器的连通性。
- ◆ 查看三层交换机的路由表及接口状态表。
- ◆ 查看路由器 NAT 转换状态表。

以上的测试都应该能正确测试成功。

基本的连通性测试图可参考长春办事处的测试结果图，除参数不同外原理基本相同，下面仅给出查看路由表的图，如图 3.14 所示。

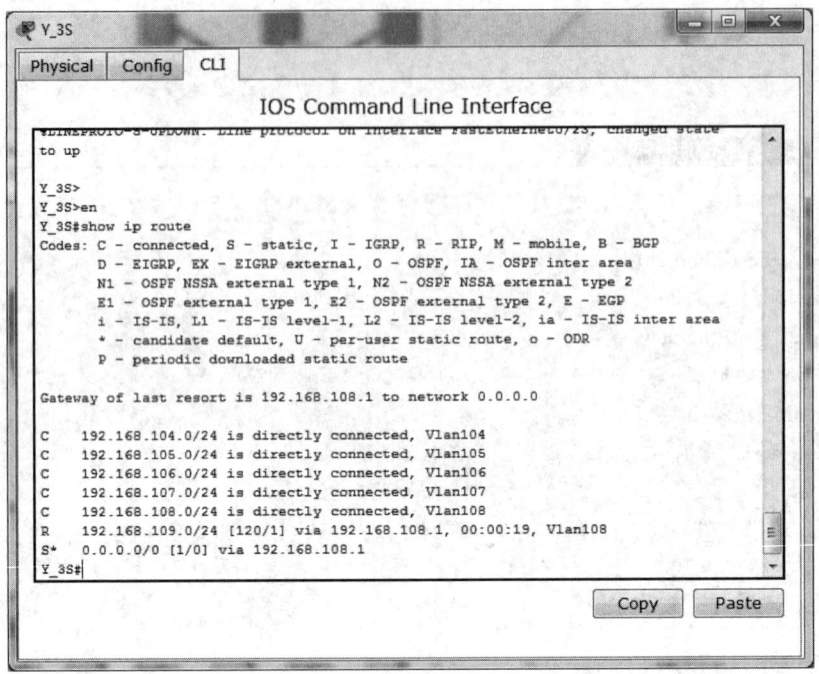

图 3.14　查看三层交换机的路由表

3.5　A 企业北京总部网络组建与互联

3.5.1　任务分析

A 企业总部 X 网络是典型大中型园区网络主体架构，分别由接入层、汇聚层到核心层交换机构成内部三层交换网络，内网核心交换机连接有两台内网服务器。核心交换机通过防火墙及接入路由器连接到模拟的互联网，防火墙旁接有三台对外服务器。X 网络中设计有 500 个以上连接点。

A 企业总部 X 网络需要做的也是基本的网络设备连通性配置，如 DHCP、NAT、默认路由、内网动态路由 OSPF、VLAN、链路聚合、访问控制列表 ACL、无线 AP 等。

3.5.2　需求分析

根据 A 企业总部的现状、工作需求等因素，网络组建与接入需求如下。

① 由于公网只能分配 5 个有效的公网地址，所以也要在接入路由器上配置 NAT 转换；另外内网中的三台服务器要能被外网也能访问到，三台服务器的 WWW、MAIL、OA 应用都是基于 Web 实现，即 HTTP 协议访问，所以也需要配置 NAT 静态转换。

② 内部网络中要采用私有地址，即 192.168 开头的 C 类地址。

③ 要求内部网络中的所有路由器交换机网络设备可以远程管理。

④ 考虑员工不懂如何配置 IP 等信息，要能自动分配 IP 地址等信息。
⑤ 接入路由器需要配置路由、接口地址等信息。
⑥ 内部网络中所有的三层设备都运行动态路由 OSPF。
⑦ Y_FW 模拟的是防火墙，仅配置路由基本功能即可。
⑧ 考虑上海分公司内部员工较多，为了优化网络，并便于对网络的管理，要划分 VLAN。
⑨ 考虑上海分公司内部为一层办公楼，主干采用 6 类双绞线，接入部分连接线缆采用超 5 类双绞线进行连接。

A 公司内部网络 Y 网络中设备名称及配置要点见表 3.5。

表 3.5 A 公司北京总部内部网络 Y 网络中设备名称及配置要点

序号	设备类型	名称	功能及作用	配置要点	备注
1	路由器	X_R	X 网络接入路由器	NAT、默认路由、内网 OSPF	
2	防火墙	X_FW	控制 X 网络内外网访问	只配置基本的路由功能	路由器代替
3	交换机	X_2S5	二层交换连接	交换连接	
4	服务器	X_WWW	A 公司 WWW 服务器	Web 服务器等	内外网
5	服务器	X_MAIL	A 公司 MAIL 服务器	MAIL 服务器等	内外网
6	服务器	X_OA	A 公司 OA 服务器	OA 办公自动化服务器等	内外网
7	交换机	X_3S1	X 网络核心层交换机	内网 OSPF、VLAN、Trunk 等	
8	服务器	X_SVR1	X 内网 WINDOWS 服务器	WWW、FTP 等服务	
9	服务器	X_SVR2	X 内网 LINUX 服务器	WWW、FTP 等服务	
10	工作站	X_NMS	X 内网网络管理工作站	内网管理功能	
11	交换机	X_3S2	X 网络汇聚层交换机	VLAN、Trunk 等	
12	交换机	X_3S3	X 网络汇聚层交换机	VLAN、Trunk 等	
13	交换机	X_2S1	X 网络接入层交换机	VLAN、Trunk 等	
14	交换机	X_2S2	X 网络接入层交换机	VLAN、Trunk 等	
15	交换机	X_2S3	X 网络接入层交换机	VLAN、Trunk 等	
16	交换机	X_2S4	X 网络接入层交换机	VLAN、Trunk 等	
17	台式 PC	X_PC1-8	X 网络内网用户	X 网络内网用户计算机	

3.5.3 方案设计

1. 方案规划表

根据对 A 企业北京总部的需求分析，设备连接规划见表 3.6。

表 3.6　A 公司北京总部网络规划表

设备	接口范围	所属 VLAN	IP 地址或网段	连接设备	地址配置	备注
X_R	F0/0	—	201.1.1.2	W_R1:F1/0	202.1.1.1	
X_R	F0/1		192.168.19.1	X_FW:F0/1	192.168.19.2	
X_FW	F0/0	—	192.168.17.1	X_3S1:F0/24	192.168.17.2	
X_FW	F0/24	—	192.168.18.1	X_2S5:F0/24	192.168.18.0	
X_WWW	以太网口	—	192.168.18.1	X_2S5:F0/1	—	
X_MAIL	以太网口	—	192.168.18.2	X_2S5:F0/2	—	
X_OA	以太网口	—	192.168.18.3	X_2S5:F0/3	—	
X_SVR1	以太网口	VLAN 16	192.168.16.1	X_3S1:23	192.168.16.254	
X_SVR2	以太网口	VLAN 16	192.168.16.2	X_3S1:22	192.168.16.254	
X_3S1	G0/1	Trunk	—	X_3S1: G0/1	—	
X_3S1	G0/2	Trunk	—	X_3S2: G0/1	—	
X_3S1	F0/20	VLAN 15	192.168.15.254	X_NMS:以太网接口	192.168.15.1	
X_3S2	F0/24	Trunk	—	X_2S1: F0/24	—	
X_3S2	F0/23	Trunk	—	X_2S2: F0/24	—	
X_3S3	F0/24	Trunk	—	X_2S3: F0/24	—	
X_3S3	F0/23	Trunk	—	X_2S4: F0/24	—	
X_2S1	F0/1-10	VLAN 11	192.168.11.251	X_PC:以太网接口	192.168.11.0	
X_2S1	F0/11-20	VLAN 12	—	X_PC:以太网接口	192.168.12.0	
X_2S2	F0/1-10	VLAN 11	192.168.11.252	X_PC:以太网接口	192.168.11.0	
X_2S2	F0/11-20	VLAN 12	—	X_PC:以太网接口	192.168.12.0	
X_2S3	F0/1-10	VLAN 13	192.168.13.251	X_PC:以太网接口	192.168.13.0	
X_2S3	F0/11-20	VLAN 14	—	X_PC:以太网接口	192.168.14.0	
X_2S4	F0/1-10	VLAN 13	192.168.13.252	X_PC:以太网 接口	192.168.13.0	
X_2S4	F0/11-20	VLAN 14	—	X_PC:以太网 接口	192.168.14.0	

2. A 企业北京总部网络部分的 PT 拓扑图，如图 3.15 所示

3. 具体配置要点

① 配置各交换机对应主机名，配置交换机管理 IP 与网关，以便于远程管理，开启 Telnet 远程管理。

② 配置各交换机对应 VLAN 及接口地址，并设置对应的接口为 TRUNK。

③ 配置各路由器主机名，开启 Telnet 远程管理。

④ 配置路由器 Y_R 各接口地址 F0/1: 192.168.19.1；F0/0:201.1.1.2。

⑤ 配置路由器 Y_R 默认路由，下一跳指 IP 地址，不指接口。

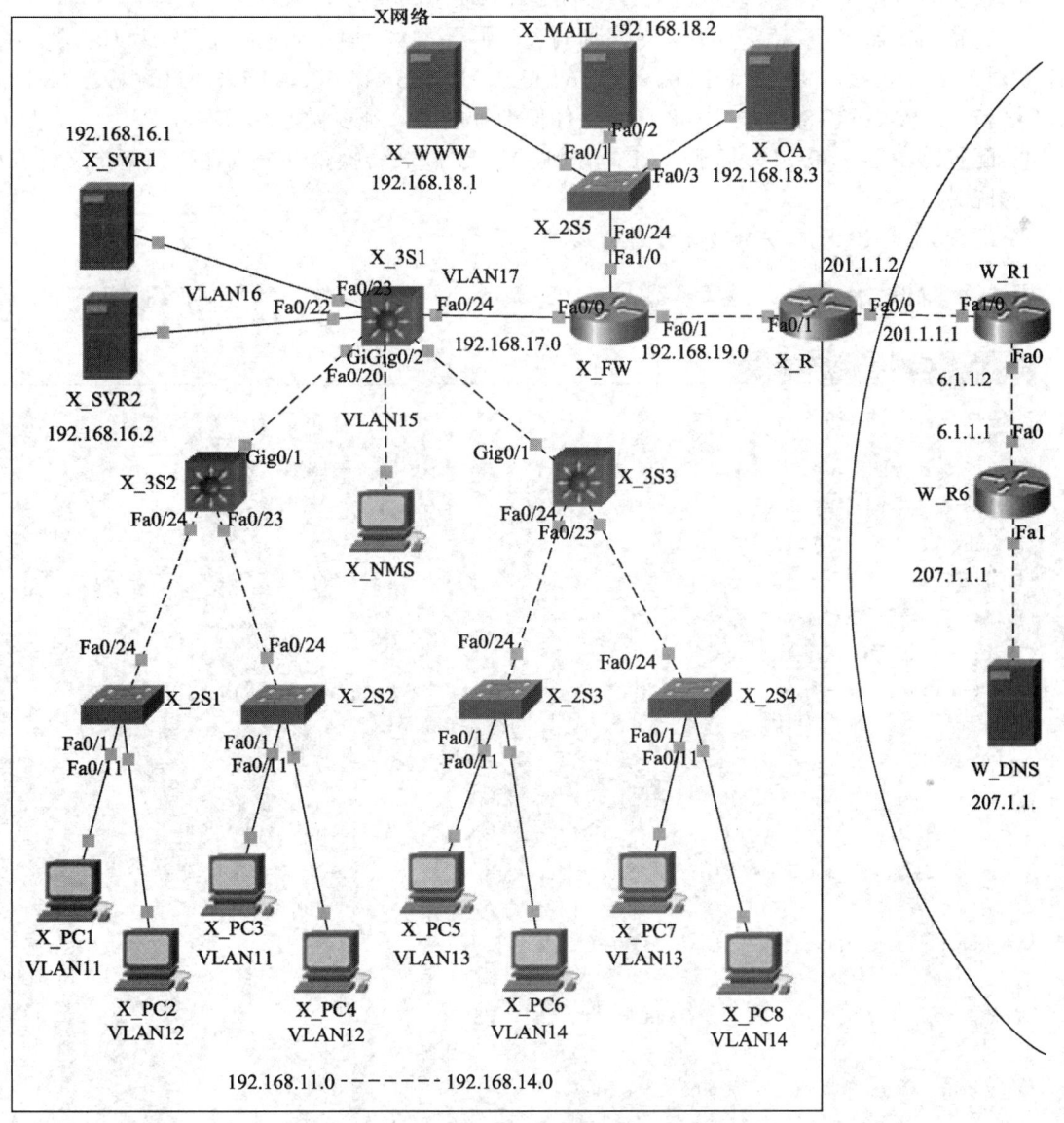

图 3.15　A 企业北京总部网络部分的 PT 拓扑图

⑥ 配置路由器 Y_R 内部网络中的动态路由 OSPF。

⑦ 配置 X_FW 防火墙的基本路由功能，接口地址和动态路由 OSPF，具体参见规划表。

⑧ 配置三层交换机 X_3S2 的 DHCP，地址池名为 poolx11，为内网分配 192.168.11.0 255.255.255.0 网段的地址，网关 192.168.11.254，DNS 服务器为 207.1.1.2；poolx12 为内网分配 192.168.12.0 255.255.255.0 网段的地址，网关 192.168.12.254，DNS 服务器为 207.1.1.2。

⑨ 配置三层交换机 X_3S3 的 DHCP，地址池名为 poolx13，为内网分配 192.168.13.0 255.255.255.0 网段的地址，网关 192.168.13.254，DNS 服务器为 207.1.1.2；poolx14 为内网分配 192.168.14.0 255.255.255.0 网段的地址，网关 192.168.14.254，DNS 服务器为 207.1.1.2。

⑩ 在所有内网中的三层设备上配置内部网络的动态路由 OSPF。

⑪ 配置路由器 X_R 定义一个访问控制列表，用于 NAT 地址转换，列表号为 10；在 10 列表中要对 192.168.11.0、192.168.12.0、192.168.13.0、192.168.14.0、192.168.15.0、192.168.16.0、192.168.17.0、192.168.18.0、192.168.19.0 到任何地址的访问都要做 NAT 转换。

⑫ 配置路由器 Y_R 定义基于 NAT 地址池的 NAT 超载转换，并分别在接口下定义好 NAT 内部与外部接口。

⑬ 配置无线 AP 基本安全及无线连接参数。

3.5.4 任务实施

1. X_R 路由器的基本配置

```
hostname X_R
enable password cisco                    //配置特权级别访问及管理密码
interface FastEthernet0/0
  ip address 201.1.1.2 255.255.255.0
  ip nat outside                         //配置此接口为 NAT 转换的外部接口
interface FastEthernet0/1
  ip address 192.168.19.1 255.255.255.0
  ip nat inside                          //配置此接口为 NAT 转换的内部接口
router ospf 1                            //配置动态 OSPF 路由协议
  network 192.168.19.0 0.0.0.255 area 0  //只发布内部接口网段
ip nat inside source static tcp 192.168.18.1 80 201.1.1.4 80
                                         //内网 WWW 服务器到公网的 HTTP 转换
ip nat inside source static tcp 192.168.18.2 80 201.1.1.5 80
                                         //内网 MAIL 服务器到公网的 HTTP 转换
ip nat inside source static tcp 192.168.18.3 80 201.1.1.6 80
                                         //内网 OA 服务器到公网的 HTTP 转换
ip nat pool poolnatx 201.1.1.2 201.1.1.3 netmask 255.255.255.0
                                         //定义 NAT 转换公网地址池
ip nat inside source list 10 pool poolnatx overload
                                         定义基于地址池超载的 NAT 转换
ip route 0.0.0.0 0.0.0.0 201.1.1.1       //配置默认路由
```

```
access-list 10 permit 192.168.11.0 0.0.0.255
                                              //定义需要 NAT 转换的内部地址
access-list 10 permit 192.168.12.0 0.0.0.255  //定义需要 NAT 转换的内部地址
access-list 10 permit 192.168.13.0 0.0.0.255  //定义需要 NAT 转换的内部地址
access-list 10 permit 192.168.14.0 0.0.0.255  //定义需要 NAT 转换的内部地址
access-list 10 permit 192.168.15.0 0.0.0.255  //定义需要 NAT 转换的内部地址
access-list 10 permit 192.168.16.0 0.0.0.255  //定义需要 NAT 转换的内部地址
access-list 10 permit 192.168.17.0 0.0.0.255  //定义需要 NAT 转换的内部地址
access-list 10 permit 192.168.18.0 0.0.0.255  //定义需要 NAT 转换的内部地址
access-list 10 permit 192.168.19.0 0.0.0.255  //定义需要 NAT 转换的内部地址
line vty 0 4                                  //配置开启 5 个用户的虚终端登录线路
  password cisco                              //配置用户的虚终端登录密码
  login                                       //配置允许登录，默认登录方式为 Telnet
```

2. X_FW 防火墙的基本配置

PT 中用路由器代替，仅配置基本的路由功能。

```
hostname X_FW
enable password cisco                         //配置特权级别访问及管理密码
interface FastEthernet0/0
  ip address 192.168.17.1 255.255.255.0
interface FastEthernet0/1
  ip address 192.168.19.2 255.255.255.0
interface FastEthernet1/0
  ip address 192.168.18.254 255.255.255.0
router ospf 1                                 //配置动态 OSPF 路由协议
  network 192.168.17.0 0.0.0.255 area 0       //只发布内部接口网段
  network 192.168.18.0 0.0.0.255 area 0       //只发布内部接口网段
  network 192.168.19.0 0.0.0.255 area 0       //只发布内部接口网段
ip route 0.0.0.0 0.0.0.0 192.168.19.1
line vty 0 4                                  //配置开启 5 个用户的虚终端登录线路
  password cisco                              //配置用户的虚终端登录密码
  login                                       //配置允许登录，默认登录方式为 Telnet
```

3. X_2S5 交换机的基本配置

```
hostname X_2S5
enable password cisco                         //配置特权级别访问及管理密码
interface Vlan1                               //配置 VLAN 1 接口地址
  ip address 192.168.18.253 255.255.255.0
ip default-gateway 192.168.18.254             //配置交换机默认网关
line vty 0 4                                  //配置开启 5 个用户的虚终端登录线路
  password cisco                              //配置用户的虚终端登录密码
```

login	//配置允许登录，默认登录方式为 Telnet

4. X_3S1 交换机的基本配置

hostname X_3S1	
enable password cisco	//配置特权级别访问及管理密码
ip routing	//启用三层交换机路由转发功能
interface FastEthernet0/20	
switchport access vlan 15	//配置此接口属于接入 VLAN 15
interface FastEthernet0/21	
interface FastEthernet0/22	
switchport access vlan 16	//配置此接口属于接入 VLAN 16
interface FastEthernet0/23	
switchport access vlan 16	//配置此接口属于接入 VLAN 16
interface FastEthernet0/24	
switchport access vlan 17	//配置此接口属于接入 VLAN 17
interface GigabitEthernet0/1	
switchport trunk encapsulation dot1q	//配置此接口 Trunk 封装协议为 802.1q
switchport mode trunk	//配置此接口为 Trunk 模式，默认允许所
	//有 VLAN 通过
interface GigabitEthernet0/2	
switchport trunk encapsulation dot1q	//配置此接口 Trunk 封装协议为 802.1q
switchport mode trunk	
	//配置此接口为 Trunk 模式，默认允许所
	//有 VLAN 通过
interface Vlan11	//配置 VLAN 11 接口地址
ip address 192.168.11.254 255.255.255.0	
interface Vlan12	//配置 VLAN 12 接口地址
ip address 192.168.12.254 255.255.255.0	
interface Vlan13	//配置 VLAN 13 接口地址
ip address 192.168.13.254 255.255.255.0	
interface Vlan14	//配置 VLAN 14 接口地址
ip address 192.168.14.254 255.255.255.0	
interface Vlan15	//配置 VLAN 15 接口地址
ip address 192.168.15.254 255.255.255.0	
interface Vlan16	//配置 VLAN 16 接口地址
ip address 192.168.16.254 255.255.255.0	
interface Vlan17	//配置 VLAN 17 接口地址
ip address 192.168.17.254 255.255.255.0	
router ospf 1	//配置动态 OSPF 路由协议
network 192.168.11.0 0.0.0.255 area 0	//只发布内部接口网段
network 192.168.12.0 0.0.0.255 area 0	//只发布内部接口网段

```
  network 192.168.13.0 0.0.0.255 area 0       //只发布内部接口网段
  network 192.168.14.0 0.0.0.255 area 0       //只发布内部接口网段
  network 192.168.15.0 0.0.0.255 area 0       //只发布内部接口网段
  network 192.168.16.0 0.0.0.255 area 0       //只发布内部接口网段
  network 192.168.17.0 0.0.0.255 area 0       //只发布内部接口网段
ip route 0.0.0.0 0.0.0.0 192.168.17.1         //配置默认路由
line vty 0 4                                  //配置开启 5 个用户的虚终端登录线路
  password cisco                              //配置用户的虚终端登录密码
  login                                       //配置允许登录，默认登录方式为 Telnet
```

5. X_3S2 交换机的基本配置

```
hostname X_3S2
enable password cisco         //配置特权级别访问及管理密码
ip dhcp pool poolx11          //定义一个地址池名为 poolx11 用于为 VLAN 11 内主
                              //机分配地址
  network 192.168.11.0 255.255.255.0    //定义分配的地址范围
  default-router 192.168.11.254         //定义分配的网关地址
  dns-server 207.1.1.2                  //定义分配的 DNS 地址
ip dhcp pool poolx12          //定义一个地址池名为 poolx12 用于为 VLAN 12 内主
                              //机分配地址
  network 192.168.12.0 255.255.255.0    //定义分配的地址范围
  default-router 192.168.12.254         //定义分配的网关地址
  dns-server 207.1.1.2                  //定义分配的 DNS 地址
ip routing                              //启用三层交换机路由转发功能
interface FastEthernet0/23
  switchport trunk encapsulation dot1q  //配置此接口 Trunk 封装协议为 802.1q
  switchport mode trunk                 //配置此接口为 Trunk 模式，默认允许所
                                        //有 VLAN 通过
interface FastEthernet0/24
  switchport trunk encapsulation dot1q  //配置此接口 Trunk 封装协议为 802.1q
  switchport mode trunk                 //配置此接口为 Trunk 模式，默认允许所
                                        //有 VLAN 通过
interface GigabitEthernet0/1
  switchport trunk encapsulation dot1q  //配置此接口 Trunk 封装协议为 802.1q
  switchport mode trunk                 //配置此接口为 Trunk 模式，默认允许所
                                        //有 VLAN 通过
interface Vlan11                        //配置 VLAN 11 接口地址
  ip address 192.168.11.253 255.255.255.0
interface Vlan12                        //配置 VLAN 12 接口地址
  ip address 192.168.12.253 255.255.255.0
ip route 0.0.0.0 0.0.0.0 192.168.11.254 //配置默认路由
line vty 0 4                            //配置开启 5 个用户的虚终端登录线路
```

password cisco	//配置用户的虚终端登录密码
login	//配置允许登录，默认登录方式为 Telnet

6. X_3S3 交换机的基本配置

hostname X_3S3	
enable password cisco	//配置特权级别访问及管理密码
ip dhcp pool poolx13	//定义一个地址池名为 poolx13 用于为 VLAN 13 内主 //机分配地址
network 192.168.13.0 255.255.255.0	//定义分配的地址范围
default-router 192.168.13.254	//定义分配的网关地址
dns-server 207.1.1.2	//定义分配的 DNS 地址
ip dhcp pool poolx14	//定义一个地址池名为 poolx14 用于为 VLAN 14 内主 //机分配地址
network 192.168.14.0 255.255.255.0	//定义分配的地址范围
default-router 192.168.14.254	//定义分配的网关地址
dns-server 207.1.1.2	//定义分配的 DNS 地址
ip routing	//启用三层交换机路由转发功能
interface FastEthernet0/23	
switchport trunk encapsulation dot1q	//配置此接口 Trunk 封装协议为 802.1q
switchport mode trunk	//配置此接口为 Trunk 模式，默认允许所 //有 VLAN 通过
interface FastEthernet0/24	
switchport trunk encapsulation dot1q	//配置此接口 Trunk 封装协议为 802.1q
switchport mode trunk	//配置此接口为 Trunk 模式，默认允许所 //有 VLAN 通过
interface GigabitEthernet0/1	
switchport trunk encapsulation dot1q	//配置此接口 Trunk 封装协议为 802.1q
switchport mode trunk	//配置此接口为 Trunk 模式，默认允许所 //有 VLAN 通过
interface Vlan13	//配置 VLAN 13 接口地址
ip address 192.168.13.253 255.255.255.0	
ip route 0.0.0.0 0.0.0.0 192.168.13.254	//配置默认路由
line vty 0 4	//配置开启 5 个用户的虚终端登录线路
password cisco	//配置用户的虚终端登录密码
login	//配置允许登录，默认登录方式为 Telnet

7. X_2S1 交换机的基本配置

hostname X_2S1	
enable password cisco	//配置特权级别访问及管理密码
interface Range FastEthernet0/1 - 10	

```
  switchport access vlan 11              //配置这些接口属于接入 VLAN 11
interface Range FastEthernet0/11 - 20
  switchport access vlan 12              //配置这些接口属于接入 VLAN 12
interface FastEthernet0/24
  switchport mode trunk                  //配置此接口为 Trunk 模式,默认允许所有
                                         //VLAN 通过
interface Vlan11                         //配置 VLAN 11 接口地址,用于管理交换机
  ip address 192.168.11.251 255.255.255.0
ip default-gateway 192.168.11.254        //配置交换机默认网关
line vty 0 4                             //配置开启 5 个用户的虚终端登录线路
  password cisco                         //配置用户的虚终端登录密码
  login                                  //配置允许登录,默认登录方式为 Telnet
```

8. X_2S2 交换机的基本配置

```
hostname X_2S2
enable password cisco                    //配置特权级别访问及管理密码
interface Range FastEthernet0/1 - 10
  switchport access vlan 11              //配置这些接口属于接入 VLAN 11
interface Range FastEthernet0/11 - 20
  switchport access vlan 12              //配置这些接口属于接入 VLAN 12
interface FastEthernet0/24
  switchport mode trunk                  //配置此接口为 TRUNK 模式,默认允许所有
                                         //VLAN 通过
interface Vlan11                         //配置 VLAN 11 接口地址,用于管理交换机
  ip address 192.168.11.252 255.255.255.0
ip default-gateway 192.168.11.254        //配置交换机默认网关
line vty 0 4                             //配置开启 5 个用户的虚终端登录线路
  password cisco                         //配置用户的虚终端登录密码
  login                                  //配置允许登录,默认登录方式为 Telnet
```

9. X_2S3 交换机的基本配置

```
hostname X_2S3
enable password cisco                    //配置特权级别访问及管理密码
interface Range FastEthernet0/1 - 10
  switchport access vlan 13              //配置这些接口属于接入 VLAN 13
interface Range FastEthernet0/11 - 20
  switchport access vlan 14              //配置这些接口属于接入 VLAN 14
interface FastEthernet0/24
  switchport mode trunk                  //配置此接口为 Trunk 模式,默认允许所有
                                         //VLAN 通过
```

```
interface Vlan13                        //配置 VLAN 13 接口地址,用于管理交换机
  ip address 192.168.13.251 255.255.255.0
  ip default-gateway 192.168.13.254     //配置交换机默认网关
  line vty 0 4                          //配置开启 5 个用户的虚终端登录线路
  password cisco                        //配置用户的虚终端登录密码
  login                                 //配置允许登录,默认登录方式为 Telnet
```

10. X_2S4 交换机的基本配置

```
hostname X_2S4
enable password cisco                   //配置特权级别访问及管理密码
interface Range FastEthernet0/1 - 10
  switchport access vlan 13             //配置这些接口属于接入 VLAN 13
interface Range FastEthernet0/11 - 20
  switchport access vlan 14             //配置这些接口属于接入 VLAN 14
interface FastEthernet0/24
  switchport mode trunk                 //配置此接口为 TRUNK 模式,默认允许所有
                                        //VLAN 通过
interface Vlan13                        //配置 VLAN 13 接口地址,用于管理交换机
  ip address 192.168.13.252 255.255.255.0
  ip default-gateway 192.168.13.254     //配置交换机默认网关
  line vty 0 4                          //配置开启 5 个用户的虚终端登录线路
  password cisco                        //配置用户的虚终端登录密码
  login                                 //配置允许登录,默认登录方式为 Telnet
```

11. X 网络中的主机与服务器

X 网络中的 X_SVR1 和 X_SVR2 为内网服务器,仅供 A 公司内网用户访问;X 网络中的 X_WWW 服务器、X_MAIL 服务器、X_OA 服务器可以同时被内网及外网访问,即为对外公网服务器。X 网络中的 X_NMS 为内网管理工作站,提供网络管理等功能。

3.5.5 任务测试

以上配置已经在 A 公司三地企业网络组建与接入互联网 Packet Tracer 结构图中完成测试。X 网络是典型的大中型企业网络,企业规模在 500 人以上。测试可以按以下步骤进行。

- ◆ 测试自动获取 IP 地址等信息的正确性,并且与对应的 VLAN 相匹配。
- ◆ 测试内网各网段中 PC 之间的连通性。
- ◆ 测试内网 PC 与 X_R 路由器内网接口地址(192.168.19.1)之间的连通性。
- ◆ 测试内网 PC 与 X_R 路由器外网接口地址(201.1.1.2)的连通性。
- ◆ 在完成互联网部分的配置后,测试内网 PC 与公网路由器(201.1.1.1)的连通性。
- ◆ 在完成互联网部分的配置后,测试内网 PC 与公网上服务器的连通性。
- ◆ 查看三层交换机的路由表及接口状态表。

◆ 查看路由器 NAT 转换状态表。

以上的测试应该都能正确测试成功。

基本的连通性测试图可参考长春办事处的测试结果图，除参数不同外原理基本相同，下面仅给出查看 X_3S1 路由表的图，如图 3.16 所示。

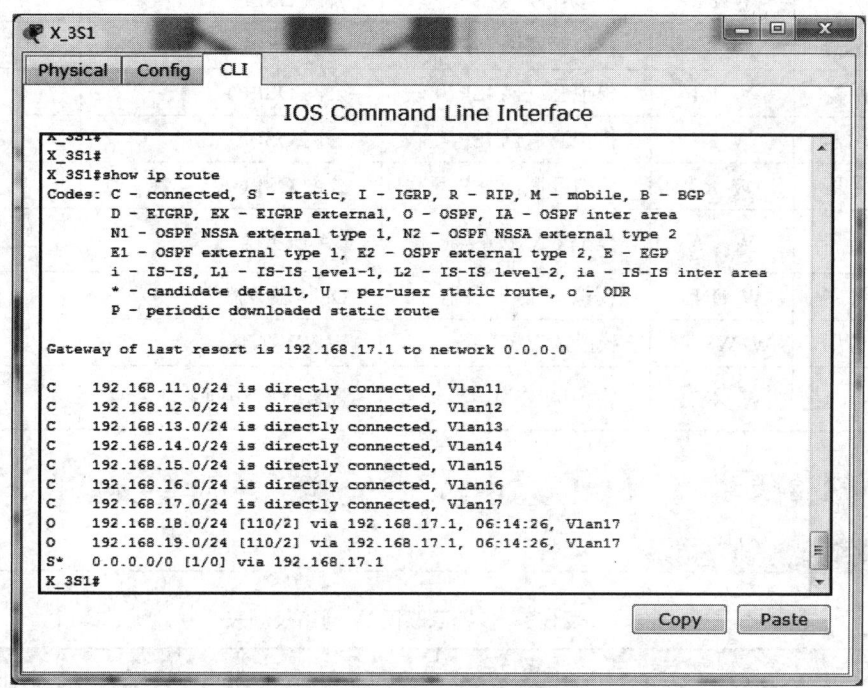

图 3.16 查看 X_3S1 三层交换机的路由表

3.6 模拟互联网络组建与互联

3.6.1 任务分析

W 网络用于模拟互联网，是为了便于对 A 公司总部及两个异地机构互联的理解而引入的。W 网络由 6 台路由器连接 3 台公网服务器组成，还连接了 A 公司的三个处于不同地理位置的企业网接入路由器，各公司出差员工直接连接到模拟的互联网络（如出差在酒店，不处于公司三地的内部网络中）。

3.6.2 需求分析

互联网 W 网络是为了掌握不同规模企业网络如何接入互联网而引入的,此处仅配置基本的接口地址和动态路由，各服务器进行基本的服务功能的配置，见表 3.7。

表 3.7 模拟互联网 W 网络中设备名称及配置

序号	设备类型	名称	功能及作用	配置要点	备注
1	路由器	W_R1	模拟互联网 ISP 互联	公网 OSPF	
2	路由器	W_R2	模拟互联网 ISP 互联	公网 OSPF	
3	路由器	W_R3	模拟互联网 ISP 互联	公网 OSPF	
4	路由器	W_R4	模拟互联网 ISP 互联	公网 OSPF	
5	路由器	W_R5	模拟互联网 ISP 互联	公网 OSPF	
6	路由器	W_R6	模拟互联网 ISP 互联	公网 OSPF	
7	服务器	W_CA	模拟 CA 服务器	CA 服务器	属于网络安全技术
8	服务器	W_DNS	模拟 DNS 服务器	DNS 服务器	
9	服务器	W_WWW	模拟 WWW 服务器	WWW 服务器	
10	移动 PC	W_XYZ	模拟 A 公司出差员工	需要远程访问总部内网	属于网络安全技术

3.6.3 方案设计

1. 方案规划表,见表 3.8

表 3.8 模拟互联网 W 网络规划表

设备	接口范围	所属VLAN	IP 地址或网段	连接设备	地址配置	备注
W_R1	F0/0	—	1.1.1.1	W_R2:F0/0	1.1.1.2	
W_R1	F1/0	—	201.1.1.1	X_R:F0/0	201.1.1.2	
W_R2	F1/0	—	202.1.1.1	W_CA:以太网接口	202.1.1.2	
W_R2	F0/1	—	2.1.1.1	W_R3: F0/1	2.1.1.2	
W_R3	F1/0	—	203.1.1.1	Y_R:F0/0	203.1.1.2	
W_R3	F0/0	—	3.1.1.1	W_R4:F0/0	3.1.1.2	
W_R4	F0/1	—	4.1.1.1	W_R5:F0/1	4.1.1.2	
W_R4	F1/0	—	204.1.1.2	Z_R:F0/0	204.1.1.1	
W_R5	F0/0	—	5.1.1.1	W_R6:F0/0	5.1.1.2	
W_R5	F1/0	—	205.1.1.1	W_WWW: 以太网接口	205.1.1.2	
W_R5	F1/1	—	206.1.1.1	W_XYZ: 以太网接口	206.1.1.2	
W_R6	F0/1	—	6.1.1.1	W_R1:F0/1	6.1.1.2	
W_R6	F1/0	—	207.1.1.1	W_DNS:以太网接口	207.1.1.2	

2. 模拟互联网 W 网络部分的 PT 拓扑图，如图 3.17 所示

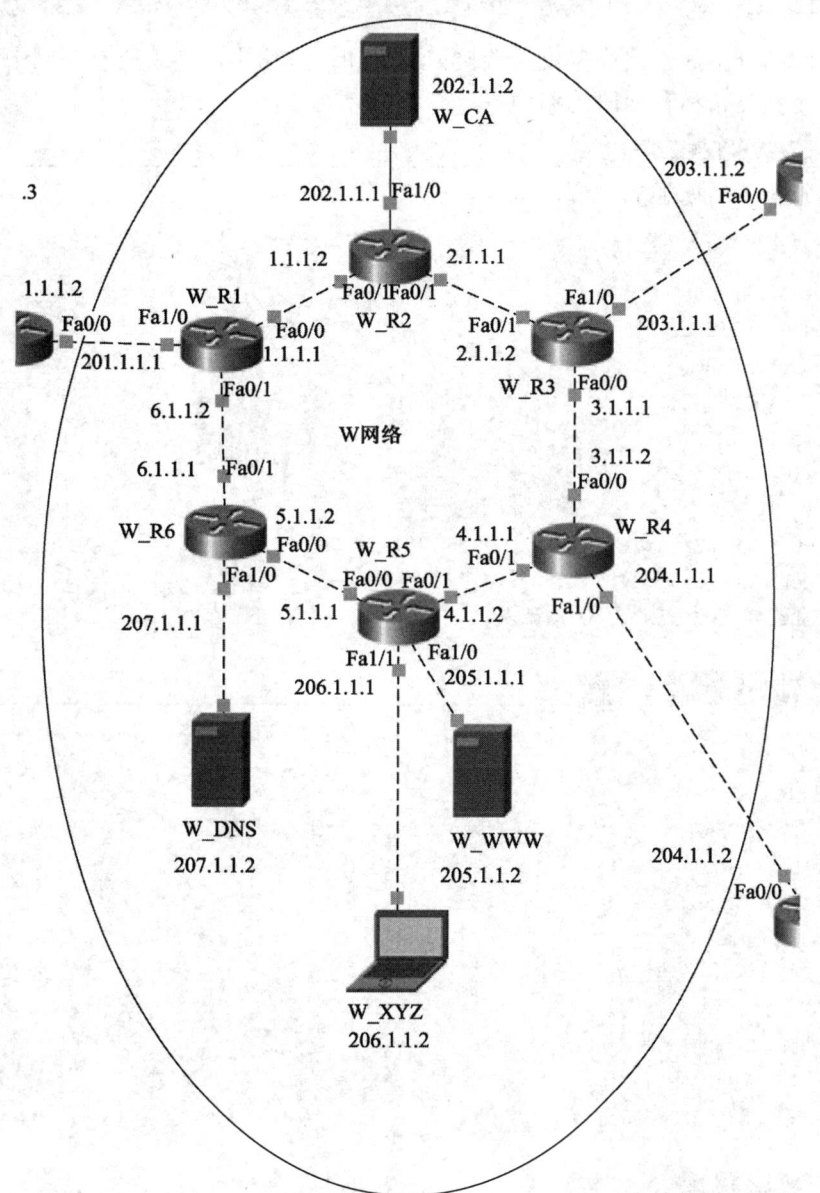

图 3.17 模拟互联网 W 网络部分的 PT 拓扑图

3. 具体配置要点

① 配置 W 网络中各路由器和服务器主机名。
② 配置 W 网络中各路由器和服务器接口 IP 与网关。
③ 配置 W 网络中各路由器 OSPF 动态路由。

3.6.4 任务实施

模拟互联网部分中 6 台路由器仅配置接口地址和动态路由,实现所有公网中各网段的互连互通(不能接收和发布私有网段的路由条目)。

1. W_R1 路由器的基本配置

只保留缺省配置后增加的配置,下同。

```
hostname W_R1
interface FastEthernet0/0
 ip address 1.1.1.1 255.255.255.0
interface FastEthernet0/1
 ip address 6.1.1.2 255.255.255.0
interface FastEthernet1/0
 ip address 201.1.1.1 255.255.255.0
router ospf 1
 network 1.1.1.0 0.0.0.255 area 0
 network 6.1.1.0 0.0.0.255 area 0
 network 201.1.1.0 0.0.0.255 area 0
```

2. W_R2 路由器的基本配置

```
hostname W_R2
interface FastEthernet0/0
 ip address 1.1.1.2 255.255.255.0
interface FastEthernet0/1
 ip address 2.1.1.1 255.255.255.0
interface FastEthernet1/0
 ip address 202.1.1.1 255.255.255.0
router ospf 1
 network 1.1.1.0 0.0.0.255 area 0
 network 2.1.1.0 0.0.0.255 area 0
 network 202.1.1.0 0.0.0.255 area 0
```

3. W_R3 路由器的基本配置

```
hostname W_R3
interface FastEthernet0/0
 ip address 3.1.1.1 255.255.255.0
interface FastEthernet0/1
 ip address 2.1.1.2 255.255.255.0
interface FastEthernet1/0
 ip address 203.1.1.1 255.255.255.0
router ospf 1
```

```
  network 3.1.1.0 0.0.0.255 area 0
  network 2.1.1.0 0.0.0.255 area 0
  network 203.1.1.0 0.0.0.255 area 0
```

4. W_R4 路由器的基本配置

```
hostname W_R4
interface FastEthernet0/0
  ip address 3.1.1.2 255.255.255.0
interface FastEthernet0/1
  ip address 4.1.1.1 255.255.255.0
interface FastEthernet1/0
  ip address 204.1.1.1 255.255.255.0
router ospf 1
  network 3.1.1.0 0.0.0.255 area 0
  network 4.1.1.0 0.0.0.255 area 0
  network 204.1.1.0 0.0.0.255 area 0
```

5. W_R5 路由器的基本配置

```
hostname W_R5
interface FastEthernet0/0
  ip address 5.1.1.21 255.255.255.0
interface FastEthernet0/1
  ip address 4.1.1.2 255.255.255.0
interface FastEthernet1/0
  ip address 205.1.1.1 255.255.255.0
interface FastEthernet1/1
  ip address 206.1.1.1 255.255.255.0
router ospf 1
  network 5.1.1.0 0.0.0.255 area 0
  network 4.1.1.0 0.0.0.255 area 0
  network 205.1.1.0 0.0.0.255 area 0
  network 206.1.1.0 0.0.0.255 area 0
```

6. W_R6 路由器的基本配置

```
hostname W_R6
interface FastEthernet0/0
  ip address 5.1.1.2 255.255.255.0
interface FastEthernet0/1
  ip address 6.1.1.1 255.255.255.0
interface FastEthernet1/0
  ip address 207.1.1.1 255.255.255.0
```

```
router ospf 1
 network 5.1.1.0 0.0.0.255 area 0
 network 6.1.1.0 0.0.0.255 area 0
 network 207.1.1.0 0.0.0.255 area 0
```

以上 6 台路由器仅配置了主机名、接口地址和 OSPF 动态路由，配置完成后，6 台路由器的路由表中会有到达所有公网网段的路由（公网网段包括：1.1.1.0、2.1.1.0、3.1.1.0、4.1.1.0、5.1.1.0、6.1.1.0、201.1.1.0、202.1.1.0、203.1.1.0、204.1.1.0、205.1.1.0、206.1.1.0、207.1.1.0）。

7. 三台服务器：W_CA、W_WWW、W_DNS

三台服务器配置有接口 IP、网关和相应服务，其中 W_CA 服务器将在后续课程中学习。

8. A 公司的出差员工：W_XYZ

A 公司的出差员工特点是：处于公网 W 中，可以访问到 X_WWW 等公网资源；出差地点不确定，即 IP 地址不是固定网段的；需要通过 VPN 安全访问总部内网资源；出差人员可以是 A 公司总部、分公司、办事处人员，人数不确定。

3.6.5 任务测试

查看各公网中路由器的路由表，如图 3.18 所示。

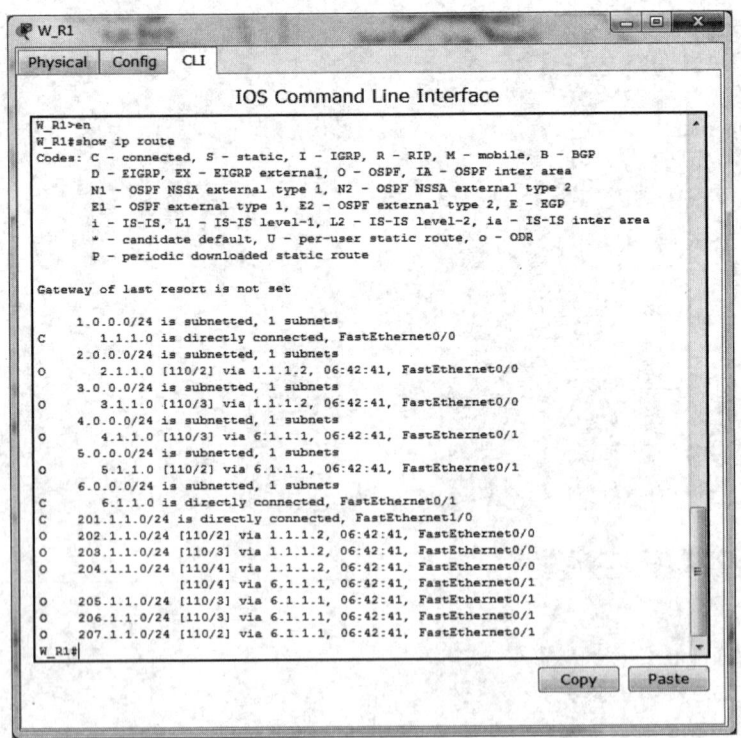

图 3.18 公网中路由器的路由表

完成以上各部分的学习后，可以进行项目的综合 PT 测试，即根据各部分需求完成测评。

3.7 拓展项目训练

对于 A 公司这样的跨区域互联的网络可能经常会有这样的需求：分公司或办事处的用户通过公网（W 网络）去访问总部内网服务器中数据文档的需求，此需求可以通过隧道技术连接分公司与总部；或者办事处也可以通过隧道技术连接分公司。即通过 GRE 方式来实现，如图 3.19 所示。

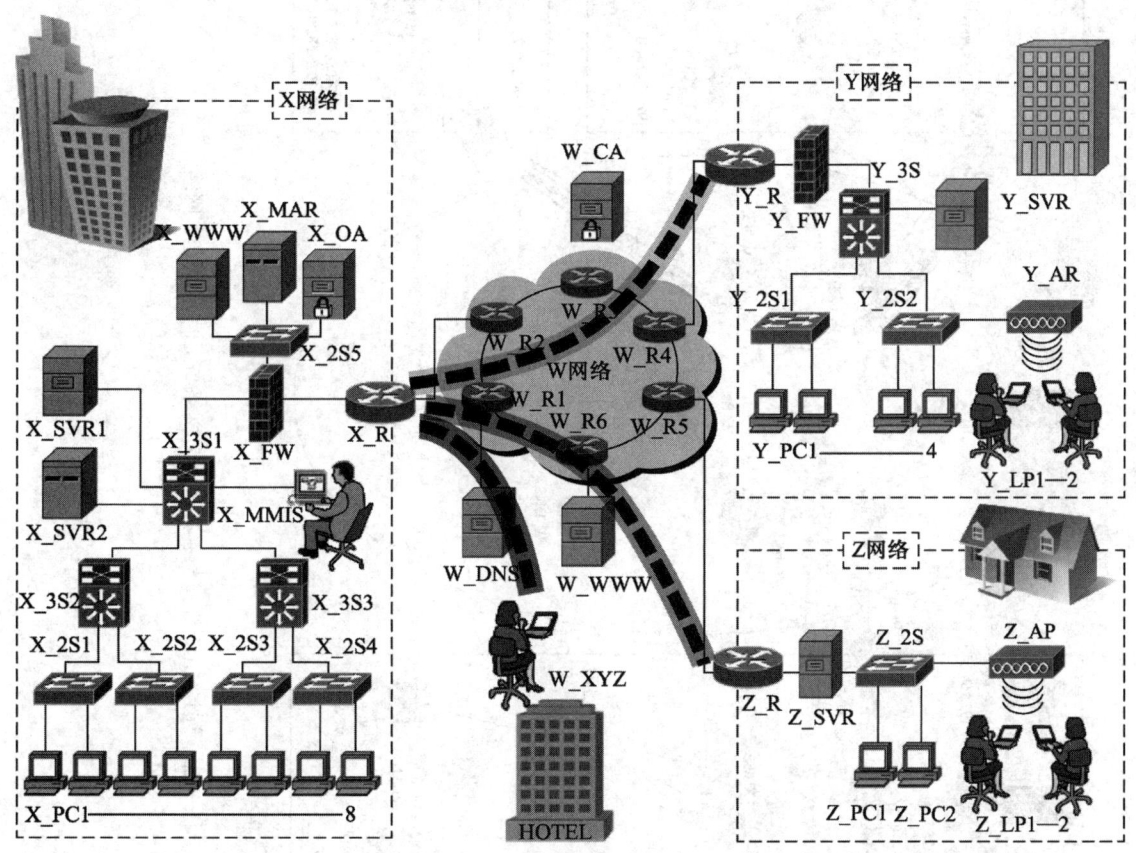

图 3.19 实现分公司与出差员工通过公网连接到总部结构图

为了简化对网络的配置，本例通过 GRE 连接长春办事处 Z 网络与上海分公司 Y 网络，以实现内网间的互相访问。在 PT 下实现，如图 3.20 所示。

配置 GRE 的相关知识可以参考网上资源。具体配置如下。

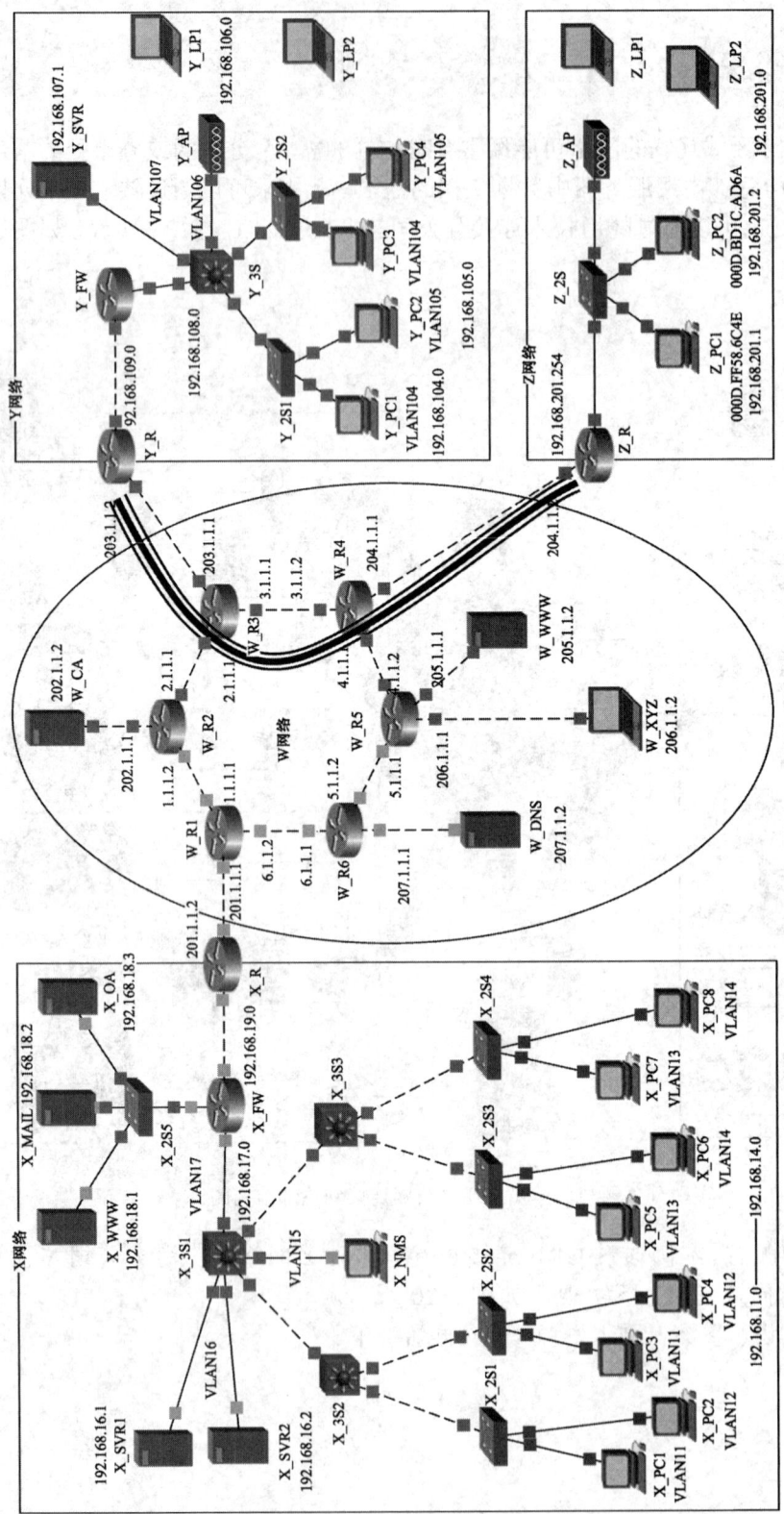

图 3.20 通过 GRE 连接长春办事处 Z 网络与上海分公司 Y 网络

1. 上海分公司 Y 网络的配置

```
Y_R#show run              //配置 GRE 之后
hostname Y_R
interface Tunnel0         //配置用于连接分公司和办事处接入路由器的隧道接口
  ip address 11.1.1.2 255.0.0.0
                          //配置此隧道接口的地址，此地址仅作为标识隧道使用
  tunnel source FastEthernet0/0
                          //配置此隧道接口的源（即用于封装的公网源地址）
  tunnel destination 204.1.1.2
                          //配置此隧道接口的目的（即用于封装的公网目的地址）
interface FastEthernet0/0
  ip address 203.1.1.2 255.255.255.0
  ip nat outside
interface FastEthernet0/1
  ip address 192.168.109.1 255.255.255.0
  ip nat inside
router rip
  network 192.168.109.0
ip nat pool poolnaty 203.1.1.2 203.1.1.5 netmask 255.255.255.0
ip nat inside source list 10 pool poolnaty overload
ip route 0.0.0.0 0.0.0.0 203.1.1.1
ip route 192.168.201.0 255.255.255.0 11.1.1.1
                          //配置走隧道的静态路由，用于触发隧道
access-list 10 permit 192.168.104.0 0.0.0.255
access-list 10 permit 192.168.105.0 0.0.0.255
access-list 10 permit 192.168.106.0 0.0.0.255
access-list 10 permit 192.168.107.0 0.0.0.255
access-list 10 permit 192.168.108.0 0.0.0.255
access-list 10 permit 192.168.109.0 0.0.0.255
end
```

2. 长春办事处 Z 网络的配置

```
Z_R#show run              //配置 GRE 之后
hostname Z_R
ip dhcp pool poolz
  network 192.168.201.0 255.255.255.0
  default-router 192.168.201.254
  dns-server 207.1.1.2
interface Tunnel0         //配置用于连接分公司和办事处接入路由器的隧道接口
  ip address 11.1.1.1 255.0.0.0
                          //配置此隧道接口的地址，要与对端在同一网段
  tunnel source FastEthernet0/0
                          //配置此隧道接口的源（即用于封装的公网源地址）
```

```
    tunnel destination 203.1.1.2
                         //配置此隧道接口的目的（即用于封装的公网目的地址）
interface FastEthernet0/0
  ip address 204.1.1.2 255.255.255.0
  ip nat outside
interface FastEthernet0/1
  ip address 192.168.201.254 255.255.255.0
  ip nat inside
ip nat inside source list 10 interface FastEthernet0/0 overload
ip route 0.0.0.0 0.0.0.0 204.1.1.1
ip route 192.168.107.0 255.255.255.0 11.1.1.2
                         //配置走隧道的静态路由，用于触发隧道
access-list 10 permit 192.168.201.0 0.0.0.255
end
```

3. 在 Z 网络中的 PC 测试到 Y 网络中的 PC 是否可以通过公网进行私有地址间的互访

测试结果如图 3.21 所示，表示可能通过互联网实现私网间的通信（虽然公网没有私网的路由），因为此时私网到私网的数据包被封装在一个公网数据包中，因此能够通过公网实现互通。

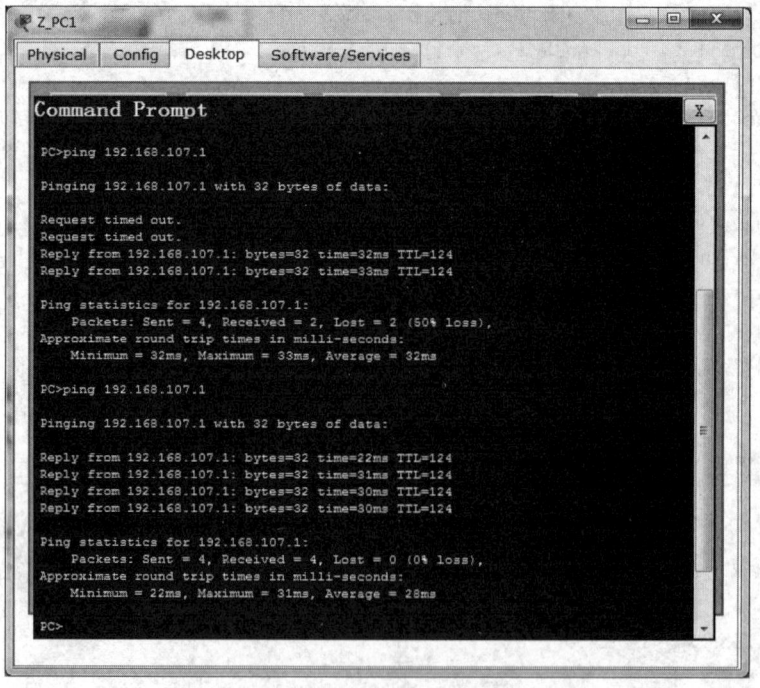

图 3.21　GRE 测试结果

另外，可以进一步在 PT 模拟分析状态下查看数据包在不同位置时的封装变化情况，可以看到在数据包从 Z_R 发送出去后在原有的数据包头前面多了一个新的公网头。

学习情境 4
校园网络组建与互联

校园网络组建与互联主要分为硬件资源与软件资源建设，硬件资源建设主要包括交换机、路由器、防火墙、IPS、服务器、UPS 等网络设备；软件资源建设主要以服务器下应用平台软件为主，如校园网设备管理软件、校园网 OA、校园网 WWW 等基于 Internet 服务项目。

校园网建设应本着长远规划、层次递进、周期性发展、分布实施的原则，充分体现系统的技术先进性、高度的安全可靠性，同时具有良好的开放性、可扩展性。校园网的目的是为广大师生提供宽松、开放、易用的网络环境，通过开通多种 Internet 服务，实现学院的信息资源共享，满足行政办公、教学、科研、实训等工作对信息资源的需求，也从应用上推进教育信息化建设的水平。

因此选择一个合适的组网方案并进行实施，合理让无线网络与有线网络有效并行提供网络服务，提供良好的软件环境让校园网更好的为广大师生服务是校园网建设的基石。

4.1 学习目标

1. 知识目标

① 明确校园网设计目标。
② 知道各种网络拓扑结构的优缺点。
③ 清楚网络层次划分的原则和方法。
④ 清楚组网方案的书写规范和要求。
⑤ 知道交换机和路由器的基本命令及其功能。
⑥ 知道网络拓扑分析的方法,并准确叙述 VLAN、静态路由、动态路由的工作原理。
⑦ 知道无线网络布署的工作方式。

2. 能力目标

① 能进行网络需求的调查与分析。
② 能根据需求制定 IP 规划及绘制网络拓扑结构图。
③ 会选用网络设备并且能调试安装。
④ 会对选用的二层交换机、三层交换机、路由器进行配置。
⑤ 会配置并组建无线网络。
⑥ 能运用网络软件进行网络运行状况监测和分析。
⑦ 会运用网络命令对组建的网络进行调试。
⑧ 能判断和排除网络中存在的故障。

3. 素质目标

① 培养良好的合作观念、业务洽谈和沟通能力。
② 培养良好的规范操作、安全操作的能力。
③ 培养学生严谨细心的工作态度和追求完美的工作精神。
④ 培养学生具有自我展示能力和查阅资料能力并养成团队合作精神。

4.2 工作任务描述

 学习情境描述

某职业技术学院现有近 12 000 教职员工,校园网共有信息点 6 818 个,共有教学楼、办公楼、体育馆、图书馆、学生公寓、专家公寓、宾馆、服务楼、食堂等 21 余栋建筑物。网络中心设在主教学楼八楼,网络出口拟采用双网光纤接入,核心层设备拟采用双核心万兆下连,在各楼主设备间均放置汇聚层三层网络设备,各楼通过接入层网络设备与汇聚层三层网络设备相连,实现万兆主干千兆到桌面。具体要求如下。

① 实现光纤双网接入。
② 校园网的所有计算机或终端设备均可通过网络中心连接到 Internet,从而最大限度地利

用网络资源。
③ 实现校园网 1 000 Mbit/s 到桌面的网络数据传输。
④ 实现校园网对内、外网服务器的安全访问。

4.3 网络规划方案

校园网规划设计上本着对网络的实用性、高可用性、安全性、先进性、易用性、可扩展性等原则进行设计，从需求分析、可行性分析、网络方案的详细说明等综合考虑，在设备选型上包括厂商的选择、扩展性考虑、根据方案实际需要选型、选择性能价格比高、质量过硬的产品，给出具体的可行性方案并付诸实施。

校园网规划要依据分层设计思想从核心层设计、汇聚层设计、接入层设计等进行考虑。在整体设计思想上尽量采用同一厂商设备。但由于每个学院校园网建设都是分批分层次进行设计的，存在各种各样的厂商设备就不足为奇了，兼容性、扩展性是选择设备的重点之一。

4.3.1 任务分析

作为项目的负责人，针对本项目给出的职业技术学院校园网网络建设的具体要求，对项目进行设备需求分析，并在此基础上进行组网方案设计，绘制网络拓扑图、进行网络设备的选型，形成需求分析及方案设计文档。

4.3.2 需求分析

1. 校园网络基本需求

本项目中，客户的基本需求如下。
① 用户通过认证方式访问 Internet。
② 互联网接入采用百兆光纤双网接入。
③ 用户通过认证后能够自动获取 IP、网关及 DNS 地址。
④ 校园内实现无线上网。
⑤ 满足当前主流网络设计的原则。

2. 校园网络规划建设目标

通过与用户沟通，进行需求分析整理。本次项目的目的就是建设一个先进的校园网，根据网络应用需求分析，职业技术学院校园网络规划建设目标应有以下几点。

① 构建稳定高效的万兆核心骨干网，具有弹性扩展能力，支持 IPv6，保护投资。职业技术学院骨干网采用双核心双链路的网络架构，通过万兆光纤链路互联组成万兆以太网，核心层之间设备互为备份，保证骨干网的高性能和高稳定。

② 无线覆盖通过本校园区网，实现全校无线覆盖，方便移动办公。满足了用户在校园网络室内、外无线覆盖，在一些公共场所如办公室、会议室、图书馆阅览室等室内指定地点覆盖的需求。室外覆盖全院场所，通过 Portal 认证，保证了无线网络的安全。

③ 对全网进行运营管理，保证入网用户的合法性。构建安全的用户认证管理系统，通过

IEEE802.1x 认证用户身份确认技术和 H3C IMC 的网管平台，建立了统一的、功能完备的网络用户管理系统，加强校园网用户认证管理。

④ 提高整网的安全性，防止病毒、网络攻击等行为对网络的影响。通过采用双核心双链路的架构、区域汇聚双归属设计、路由协议冗余备份、BT 限流、多元绑定技术、恶意用户追查、防病毒攻击、认证用户身份等相关技术，保证校园网络、关键数据、关键应用的安全以及关键业务部门的安全，保证校园网络及其应用系统的安全高效运行。

目前职业技术学院校园网共有 6 818 个信息点，楼宇信息点分布情况见表 4.1，分为 A 楼 200 个信息点（教学楼 A1、A2、A3 区），B 楼 220 个信息点，C 楼 188 个信息点，D 楼 70 个信息点，E 楼 224 个信息点，F 楼 187 个信息点，G 楼 163 个信息点，H 楼 526 个信息点，体育馆、图书馆 319 个信息点，宾馆 494 个信息点，专家公寓 40 个信息点，学生公寓 4 栋楼合计 2 696 个信息点，服务楼 15 个信息点，食堂 100 个信息点，汽车分院 662 个信息点，综合楼 484 个信息点，轨道 230 个信息点，其中主要教学办公区及体育馆、图书馆、几个重要的会议室等要求覆盖无线网络。

表 4.1 楼宇信息点分布情况

序号	楼宇	实际信息点	需交换机台数	无线
1	A1	116	5	有
2	A2、A3	84	4	无
3	B	220	10	有
4	C	188	8	有
5	D	70	3	有
6	E	224	10	有
7	F	187	8	有
8	G	163	7	有
9	H	526	22	无
10	宾馆	494	20	无
11	专家公寓	40	2	有
12	学生公寓 1	674	29	无
13	学生公寓 2	674	29	无
14	学生公寓 3	674	29	无
15	学生公寓 4	674	29	无
16	服务楼	15	1	无
17	食堂	100	5	有
18	体育馆、图书馆	319	14	有
19	汽车分院	662	28	有
20	综合楼	484	20	有
21	轨道	230	10	有
合计		6 818	293	

4.3.3 方案设计

1. 网络层次化模型的设计

通过对复杂校园网络的层次化设计，使网络结构更加清晰，便于规划和维护、增强网络稳定性、增强网络可扩展性。

局域网络设计按功能层次划分，一般分为接入层、汇聚层和核心层三层结构。

（1）接入层

提供大量的接入端口以及各种接入端口类型。实现接入安全控制、接入速率控制、基于策略的分类、数据包标记等。

在接入层，采用 H3C E528/E552 产品，通过在 H3C E528/E552 上配置千兆电接口进行链路聚合与汇聚交换机 H3C S5800 进行链接，这样将会进一步扩大带宽。H3C E528/E552 能够提供 4 个 SFP 接口，有效解决了在单台设备上多个千兆链路上行同时接入千兆服务器的需求，极大地节省了用户对设备的投资。

（2）汇聚层

将接入层数据汇集起来，依据策略对数据、信息等实施控制；路由汇聚、路由策略、ACL 等功能通常在该层实现。在汇聚层，由于网络的二级区域存在密集度高的大量用户，为了保证数据传输和交换的效率，需在每一个大型的接入点的上端配置汇聚层设备，采用 H3C S5800 提供灵活的千兆接入端口及上行万兆端口扩展能力，从而提高了网络的安全性和稳定性。

（3）核心层

对来自汇聚层的数据进行尽可能快速地交换，具备高可靠性和高稳定性。通常核心层设备都有设备的备份设计及线路的备份设计。

在核心层，核心层采用 H3C S9512 作为核心交换机，在核心的 S9512 与 Cisco 的 6509 运行 VRRP 协议，实行实时的热备份，在正常情况下，业务从汇聚层通过万兆链路上行到 H3C S9512，当万兆网络意外中断时，数据从汇聚层设备通过千兆链路上行到 Cisco 的 S6509。保证业务在通信的不间断性。双核心的建设保证了链路带宽的扩容，同时也充分利用网络资源，保护了用户的投资，同时 H3C S9512 万兆交换机其背板容量 1.8 Tbit/s，交换容量 720 Gbit/s，包转发率 432 Mp/s，具有 14 个插槽，包括 12 个业务插槽，H3C S9512 万兆核心交换机采用 Crossbar 体系结构所有端口均线速转发。核心层应当重点考虑如何提高核心的组网架构，因此在实际的应用的过程当中采用双核心的架构方式，双核心的模式进一步提高了核心网的安全性以及稳定性。

2. 服务器专区设计

鉴于服务器区域的重要性，把服务器区域单独隔离，确保稳定与安全。同时可以在服务器区域单独部署策略，实现高速地转发服务器数据。服务器区到核心设备之间，有冗余线路备份机制，保证服务器等关键应用的持续运营。

3. 无线网络的设计

无线网络覆盖需求为行政办公区、主广场、体育场、实训中心和宿舍区等，为了实现校内用户利用无线灵活地接入网络，自由地访问校内外资源，且在安装无线设备时，保证对校园建筑的无丝毫破损，同时要与有线网络实现良好的兼容，需要完成全方位、立体式无线覆盖。无线的覆盖可以分为室内的无线覆盖和室外的无线覆盖，目前业界无线局域网普遍采用 IEEE 802.11 系列标准，为了保障用户对无线带宽的要求，无线网络设计采用了支持 IEEE 802.11g 系列的无线产品，且支持 IEEE 802.1x 安全认证方式；采用非独立型的无线网络结构；采用 H3C 的 FIT WLAN 的模式，通过配置核心 H3C S9512E 无线控制业务插卡，无线终端设备的接入方式非常方便。

为了阻止非授权用户访问无线网络，以及防止对无线局域网数据流的非法侦听，无线网络要具有相应的安全手段，主要包括物理地址（MAC）过滤、服务区标识符（SSID）匹配、有线等效保密（WEP）、二层隔离、WPA 支持等。

设计的无线局域网的用户认证支持集中认证（Web Portal 认证方式）和 IEEE 802.1x 安全认证方式（支持受保护的 PEAP（Protected EAP）），AP、访问控制系统及认证计费系统必须要配合通过验证，便于用户的使用及维护，达到一次认证，移动使用的目的。

4. 用户认证、计费管理设计

随着网络的互连，网络规模和网络用户增长比较快，作为全网认证系统，要满足对 5 000 个以上用户进行认证的需求，同时还应不对网络的性能产生影响，因此所提供的认证计费系统应当能够实现高效分布式认证，保障网络的高效畅通。

5. 网管平台设计

为提高网络管理的效率，减轻网络维护的压力，组网采用 IMC 网管系统进行全网设备的统一管理。IMC 网络管理软件是 H3C 推出的下一代业务智能管理产品。基于灵活的组件化结构，以业务管理及流程模型为核心，实现客户网络业务的端到端管理；管理架构可灵活扩展，将认证、授权、计费、审计等全部功能模块整合，在统一平台上融合管理，提升了网管效率。

6. 用户行为审计系统设计

用户行为审计系统可根据用户需要，通过各种条件的组合对网络日志进行快速分析。针对不同的日志类型，管理员可以获得不同的用户行为审计信息。

本次组网采用的用户行为审计系统是深信服上网用户行为审计系统，通过对网络流量的信息统计与分析，实现对用户的上网行为进行时时审计，并能及时了解各种业务所消耗的网络带宽，及时帮助网络管理员在网络规划、监控、优化、故障诊断等方面做出客观准确的决策。

7. 端点准入防御体系设计

网络安全问题的解决，三分靠技术，七分靠管理，严格管理是免受网络安全威胁的重要手段。如何有效管理校园网网络安全，确保校园网网络安全是每一个网络管理员不得不面对的挑战。但现有技术、产品对于网络安全问题的解决，通常是被动防御，事后补救。

为了解决现有网络安全管理中存在的不足、应对网络安全威胁，组网采用了端点准入防御（EAD）解决方案是 H3C 公司推出的一种通用接入安全解决方案。它从网络用户终端准入控制入手，具有很强的灵活性和适应性，可以配合交换机、路由器、VPN 网关等网络设备，实现对局域网接入、无线接入、VPN 接入、关键区域访问等多种组网方式的安全防护。

iNode（EAD）客户端具备丰富的身份和安全认证功能，是 EAD 解决方案中用户安全状态的感知点，可以采集用户终端的安全状态信息并上报安全策略服务器进行安全状态评估，同时接收安全策略服务器的控制指令，提醒或强制用户进行系统补丁升级、卸载非法软件等。iNode（EAD）客户端可以与第三方防病毒客户端进行联动，根据安全策略的定义，提醒或自动对用户终端实施查杀病毒、版本升级和病毒库更新等安全操作。

8. IP规划设计

某职业技术学院校园网接入用户采用基于 IEEE 802.1q 协议划分，将学院校园网 IP 地址充分利用私有 IP 进行规划网段，表 4.2 列出了 172.16 网段规划网络设备管理 IP 互联。

表 4.2 职业技术学院校园网网络设备管理 IP 地址规划一览表

位置	楼层	设备型号	管理地址
主机房	八楼	H3C SR6608	172.16.0.11
	八楼	深信服	172.16.0.22
	八楼	H3C S9512E	172.16.0.1
	八楼	CISCO C6509	172.16.0.2
	八楼	H3C S9512E-AC	172.16.0.3
汽车分院	四楼	H3C S5800	172.16.1.1
		H3C E528	172.16.1.41
		H3C E528	172.16.1.42
	二楼	H3C E528	172.16.1.21
	九楼	H3C E528	172.16.1.91
		H3C E528	172.16.1.92
综合楼	二楼	H3C S5800	172.16.2.1
		H3C E528	172.16.2.21
	三楼	H3C E528	172.16.2.31
		H3C E528	172.16.2.32
	四楼	H3C E528	172.16.2.41
	五楼	H3C E528	172.16.2.51
	六楼	H3C E528	172.16.2.61
	七楼	H3C E528	172.16.2.71
	八楼	H3C E528	172.16.2.81
		H3C E528	172.16.2.82
	九楼	H3C E528	172.16.2.91
A1	二楼	H3C S5800	172.16.3.1
		H3C E528	172.16.3.21
	…	…	…

续表

位置	楼层	设备型号	管理地址
A2	二楼	H3C S5800	172.16.4.1
		H3C E528	172.16.4.21
		H3C E528	172.16.4.22
	…	…	…
轨道	二楼	H3C S5800	172.16.5.1
		H3C E528	172.16.5.21
	…	…	…
B	二楼	H3C S5800	172.16.6.1
		H3C E528	172.16.6.21
	…	…	…
…	…	…	…

在接入层交换机划分若个 VLAN，各 VLAN 由于都是通过 DHCP 服务器自动获取 IP，为简单易行 VLAN 内部均采取 24 位掩码，各 VLAN 之间通过本楼汇聚交换机进行路由转化，表 4.3 列出了利用 10 网段规划业务 IP 网段。

表 4.3 某职业技术学院业务 IP 地址规划一览表

楼宇	楼层	业务 IP 地址段
汽车分院	一楼	10.11.0.0/16
	二楼	10.12.0.0/16
	三楼	10.13.0.0/16
	四楼	10.14.0.0/16
	五楼	10.15.0.0/16
	六楼	10.16.0.0/16
	七楼	10.17.0.0/16
	八楼	10.18.0.0/16
	九楼	10.19.0.0/16
	十楼	10.110.0.0/16
	十一楼	10.111.0.0/16
	十二楼	10.112.0.0/16
综合楼	一楼	10.21.0.0/16
	二楼	10.22.0.0/16
	三楼	10.23.0.0/16
	四楼	10.24.0.0/16
	五楼	10.25.0.0/16
	六楼	10.26.0.0/16
	七楼	10.27.0.0/16

续表

楼宇	楼层	业务 IP 地址段
综合楼	八楼	10.28.0.0/16
	九楼	10.29.0.0/16
A1	一楼	10.31.0.0/16
	二楼	10.32.0.0/16
	三楼	10.33.0.0/16
	四楼	10.34.0.0/16
	五楼	10.35.0.0/16
A2	一楼	10.41.0.0/16
	二楼	10.42.0.0/16
	…	…
轨道	一楼	10.51.0.0/16
	二楼	10.52.0.0/16
	…	…
B	一楼	10.61.0.0/16
	二楼	10.62.0.0/16
	…	…
…	…	…

4.3.4 拓扑图绘制

对于校园网来说，按功能划分由核心层、汇聚层和接入层三个层次组成，确保整个校园网真正达到稳定可靠、安全可信的强劲架构。

1. 核心层的功能

① 连接各区域汇聚设备。
② 提供路由管理、网络管理、网络服务。
③ 快速收敛和扩展性。
④ 完成高速转发。

2. 汇聚层的功能

① 承上启下，汇总各栋楼设备的流量。
② 高速无阻塞地转发给核心层设备。
③ 提供链路负载平衡、快速收敛和扩展性。
④ 完成路由选择。

3. 接入层的功能

① 连接桌面 PC，灵活扩展。
② 作为网络接入安全控制。

职业技术学院网络总体设计以高性能、高可靠性、高安全性、良好的可扩展性、可管理性和统一的网管系统及可靠组播为原则，以及考虑到技术的先进性、成熟性，并采用模块化的设计方法。校园网络拓扑图如图 4.1 所示。

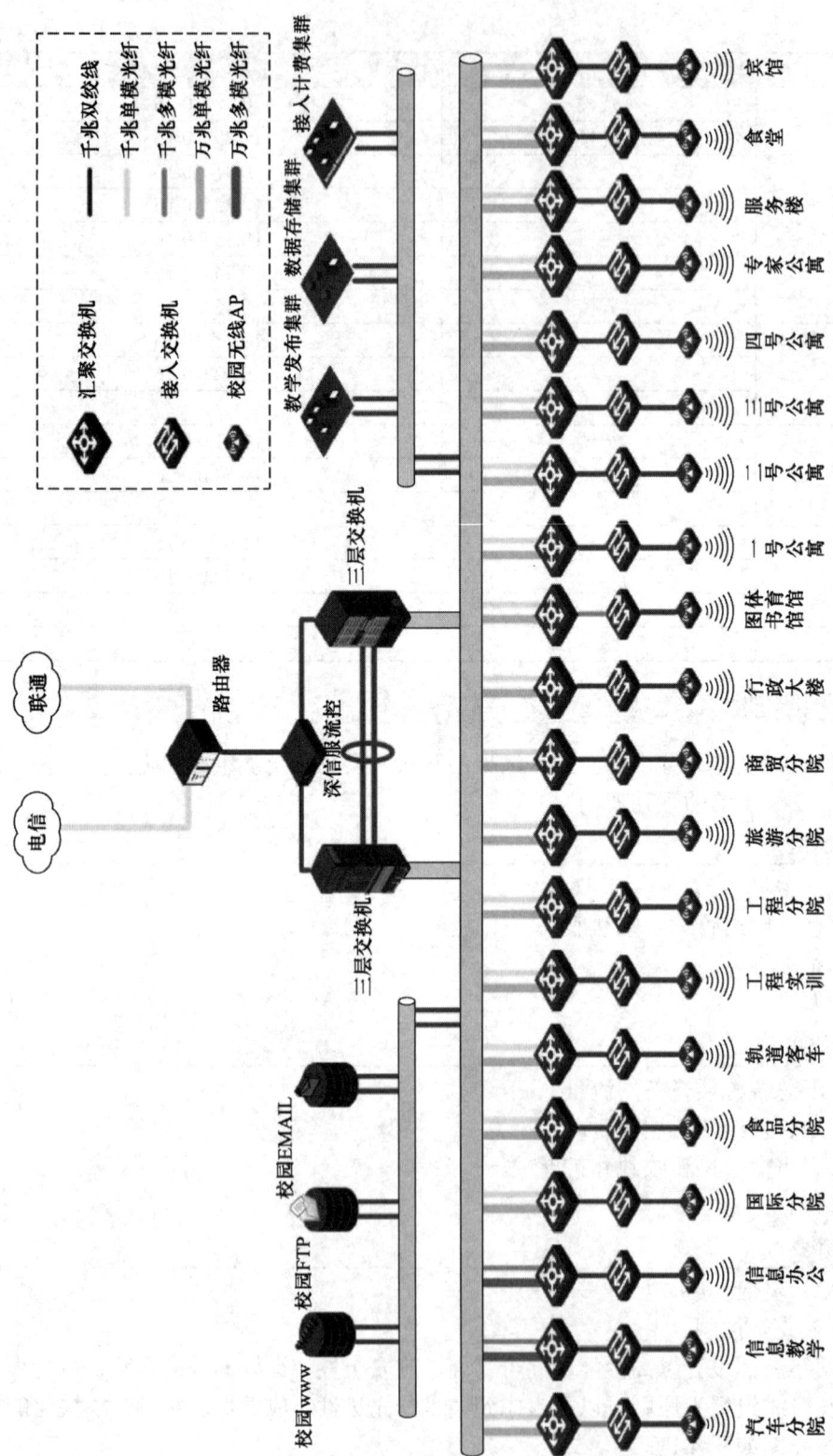

图 4.1 某职业技术学院网络拓扑图

4.3.5 网络设备选择

1. 互联网接入设备选型

学院校园出口网络有电信和联通网络双出口，如果每个网络出口均采用路由器、防火墙的话，成本要增加不少，网络配置起来相对复杂。考虑企业内网节点 10 000 点左右采用高性能路由器及扩展板卡，其主要技术指标见表 4.4。

表 4.4 H3C SR6608 主要技术指标

包转发能力	≥18Mp/s
可扩展插槽	≥8
背板带宽	≥100Gbit/s
IPSec 加密	≥12Gbit/s
GE 路由接口满配	≥64
路由协议	支持 RIP、OSPF、BGP、IS-IS 等路由协议
组播	组播路由协议：IGMP/IGMPv3、PIM-DM、PIM-SM、PIM SSM、MBGP、MSDP
IPv6 过渡技术	NAT-PT、IPv6 隧道、6PE、IPv6 隧道：手工隧道、自动隧道、GRE 隧道、6to4、ISATAP、IPv6 静态路由
动态路由协议	RIPng、OSPFv3、IS-ISv6、BGP4+
组播路由协议	MLD V1/V2、IGMPv3、PIM-DM、PIM-SM、PIM-SSM
VPN	硬件加密加速、IPSec/ IKE、L2TP、GRE、MPLS/BGP VPN、MPLS L2VPN、MPLS TE
防火墙	包过滤、ASPF、NAT/NAPT、SSL、URPF
业务功能	支持防火墙板卡扩展
流量分析	内置支持 Netstream、sflow 或 netflow 流量分析功能，如果不支持内置流量分析功能，需要配置相应的板卡
高性能板卡	固定端口 2 个 10/100/1 000 M WAN 电口，2 个千兆光口（可以与电口复用） 槽位数量≥2 个 最大支持千兆端口扩展数≥16 个 支持端口类型 支持 E1 接口、支持 POS 接口 支持万兆口≥2 个
参考价格	230 000 元

2. 深信服上网行为设备

在上班工作时间里非法使用邮件、浏览非法 Web 网站、进行音乐、电影等 BT 下载或者在线收看流媒体的员工正在日益增加，令网络管理者头疼不已。企业的管理者应及时了解网络运行基本状况，并对网络整体状况作出基本的分析，发现可能存在的问题（如病毒、木马造成的网络异常），并进行快速的故障定位，优化网络性能解决网络违法行为。

深信服上网行为设备能对内部安全的上网行为管理进行网络安全审计，通过合理设置访问权限，能够杜绝对不良网站和危险资源的访问，防止 P2P 软件对企业网络带来的安全风险。通过带宽管理和访问跟踪技术，能有效防止对 Internet 资源的滥用，还可以控制内网用户上网，通过访问策略实现网络安全访问。其主要技术指标见表 4.5 所示。

表 4.5 深信服上网行为设备主要技术指标

吞吐量	≥25 Gbit/s
并发会话数	≥1 200 万
设备接口	≥4 个 10/100/1 000 M 以太网端口，≥4 个千兆光口，≥2 个万兆光口
支持 Bypass	支持
部署方式	网关模式、网桥模式、旁路模式、多路桥接、双主模式
网页行为管理	支持根据用户训练的关键字、网址自动将未知网页分类；识别并过滤、审计 SSL 加密的钓鱼网站、金融购物网站、非法网站等；支持基于网关网桥防范钓鱼网站
文件管理	支持根据外发文件类型、关键字等条件的过滤告警，支持对 HTTP、FTP、E-mail 附件方式外发文件的识别、报警、过滤等管理措施；支持基于外发文件的扩展名识别外发文件类型；支持识别删除、篡改扩展名的外发文件类型并报警
邮件行为管理	支持基于关键字、发件人地址等识别和过滤使用邮件客户端外发 SSL 加密邮件的行为；支持基于关键字识别和过滤使用 SSL 加密的 Webmail 邮箱外发邮件的行为
应用行为管理	支持 1 000 种以上网络主流应用，2 000 条以上规则；支持应用更新版本后的主动识别和控制，提供一种网络数据流识别方法；能封堵浏览器配置公网代理服务器的行为；能封堵自由门、无界浏览器、IPN 等加密代理行为
上网流量管理	网关能同时连接多条外网线路，且支持多条线路流量复用和智能选择流速最快线路的技术，提供一种基于网关网桥线路自动选路方法；支持将多条外网线路虚拟映射到设备上，实现对多线路的分别流控；支持流量父子通道技术，且至少支持三级父子通道
上网安全管理	能识别并封堵内网终端感染木马、间谍软件、黑客远程控制的行为及流量，防止内网感染；能识别网页中的插件，并过滤含有恶意插件的网页，提供一种网络插件的安全检查方法；支持在默认桌面上虚拟出一个新的桌面，在虚拟桌面中上网，在推出安全桌面后，一切还原到干净的默认桌面，防止 PC 和内网中毒；支持通过设置安全桌面和默认桌面网络访问权限，实现互联网和内网的内外网隔离；支持通过设置安全桌面访问默认桌面目录文件访问权限，防止被动泄密
上网行为审计	支持记录 SSL 加密网页的内容；能审计用户在 SSL 加密论坛、BBS 上的发帖内容；能审计用户通过 SSL 加密 Webmail 网站外发邮件的内容；能审计用户使用邮件客户端外发 SSL 加密邮件的邮件内容；能审计木马、病毒、恶意脚本和插件、端口扫描等危险行为；支持指定用户通过 USB-Key
参考价格	35 000 元

3. 局域网核心交换设备选型

核心层是局域网的骨干，真正实现高端核心设备的高可用、高可靠、高性能、易维护。校园网核心设备选用 1 台 H3C S9512E 万兆交换机，其主要技术指标（见表 4.6）和 1 台 Cisco Catalyst 6509 千兆交换机，通过光纤将万兆核心路由交换机、千兆交换机分别与汇聚层交换机相连，万兆为主千兆为辅进行链路传输。

表 4.6 H3C S9512E 主要技术指标

背板带宽	7.2 Tbit/s
交换容量	1.44 Tbit/s/3.84Tbit/s
包转发率	864 Mp/s/1 440 Mp/s
主控板槽位数	2
业务板槽位数	12
冗余设计	主控、风扇、电源冗余
以太网功能	支持 IEEE 802.1q、支持 DLDP、支持 LLDP、支持 PoE、支持 PBB、静态 MAC 配置、支持 MAC 地址学习数目限制、支持端口镜像和流镜像功能、支持端口聚合、端口隔离、支持 IEEE802.1d（STP）/IEEE 802.1w（RSTP）/IEEE 802.1s（MSTP）、支持 IEEE 802.3ad（动态链路聚合）、静态端口聚合和跨板链路聚合
IPv4	支持路由接口和路由子接口，支持静态路由、RIP、OSPF、IS-IS、BGP4 等，支持等价路由，支持策略路由，支持路由策略，支持 GRE、IPv4 in IPv4 等隧道功能
IPv6	支持 IPv4 和 IPv6 双协议栈、支持 IPv6 静态路由、RIPng、OSPFv3、IS-ISv6、BGP4+、支持 VRRPv3、支持 ND、PMTUD、支持 Pingv6、Telnetv6、FTPv6、TFTPv6、DNSv6、ICMPv6、支持 IPv4 向 IPv6 的过渡技术，包括 IPv6 手工隧道、6to4 隧道、ISATAP 隧道、GRE 隧道、IPv4 兼容自动配置隧道、支持等价路由、支持策略路由、支持路由策略
组播	支持 PIM-DM、PIM-SM、PIM-SSM、MSDP、MBGP、Any-RP 等路由协议，支持 IGMP V1/V2/V3、IGMP V1/V2/V3 Snooping；支持 PIM6-DM、PIM6-SM、PIM6-SSM；支持 MLD（Multicast Listener Discovery）V1/V2、MLD V1/V2 Snooping；支持组播策略和组播 QoS、支持组播 ARP；支持双向 PIM
MPLS VPN	支持 P/PE 功能，符合 RFC2547bis 协议；支持三种跨域 MPLS VPN 方式（Option1/Option2/Option3）；支持分层 PE、支持多角色主机；支持 VLL，实现点到点的二层 MPLS VPN 功能，支持 VPLS/H-VPLS，实现点到多点的二层 MPLS VPN 功能；支持分布式组播 VPN；支持 6PE、6VPE
ACL	支持标准和扩展 ACL；支持 Ingress/Egress ACL；支持 VLAN ACL；支持全局 ACL
QoS	支持 Diff-Serv QoS；支持 SP/SDWRR 等队列调度机制；支持精细化的流量监管，粒度可达 1 Kbit/s；支持流量整形；支持拥塞避免；支持优先级标记 Mark/Remark；支持 802.1 p、TOS、DSCP、EXP 优先级映射；支持 VOQ
可靠性	专用的 FFDR 监测引擎；关键部件交换路由处理板和电源均支持 1+1 冗余备份；背板采用无源设计，避免单点故障；各组件均支持热插拔功能；支持各种配置数据在主备主控板上实时热备份；支持热补丁功能，可在线进行补丁升级；支持 NSF/GR for OSFP/BGP/IS-IS/LDP/RSVP 等；支持 NSR for OSFP/BGP/IS-IS 等；支持端口聚合，支持链路跨板聚合；支持 BFD for VRRP/BGP/IS-IS/OSPF/RSVP/静态路由等，实现各协议的快速故障检测机制，故障检测时间小于 50 ms；支持 IP FRR、TE FRR，业务切换时间小于 50 ms
安全性	支持用户分级管理和口令保护；支持 SSHv2，为用户登录提供安全加密通道；支持可控 IP 地址的 FTP 登录和口令机制；支持标准和扩展 ACL，可以对报文进行过滤，防止网络攻击；支持防止 ARP、未知组播报文、广播报文、未知单播报文、本机网段路由扫描报文、TTL=1 报文、协议报文等攻击功能；支持 MAC 地址限制、IP+MAC 绑定功能；支持 uRPF 技术，防止基于源地址欺骗的网络攻击行为；支持 ND 防攻击；支持 Portal 认证、支持 RADIUS；支持 VRRP、OSPF、RIPv2 及 BGP4 报文的明文及 MD5 密文认证；支持安全网管 SNMPv3、SSHv2；支持广播报文抑制；支持主备数据备份机制；支持防火墙、IPS 等安全插卡

续表

NAT	支持多块 NAT 单板负载分担；支持 NAT、NAPT，支持 NAT/NAPT 多实例；支持双向 NAT 和两次 NAT；支持 NAT 日志功能；支持黑名单功能；支持内部服务器；支持应用层网关 ALG
网络流量分析	支持 sFlow/Netstream；支持 V5/V8/V9 分析报文格式；支持多目的主机功能
无线控制模块	支持 IEEE 802.3 局域网协议；支持 IEEE 802.11 局域网协议；支持 CAPWAP 协议；支持 IP 路由、组播；支持丰富的安全认证、AAA、IEEE 802.11 安全和加密、WIDS/WIPS 等；支持 AP 功率自动调整；支持信道自动切换；支持 AP 负载分担；支持丰富的 QoS 功能
系统管理	支持 Console/AUX Modem/Telnet/SSH2.0 命令行配置；支持 FTP、TFTP、Xmodem、SFTP 文件上下载管理；支持 SNMP V1/V2c/V3；支持 RMON，支持 1、2、3、9 组；支持 NTP 时钟；支持 NQA（Network Quality Analyzer）；支持故障后报警和自恢复；支持系统工作日志
电源要求	DC 输入电压：−48 V～−60 V；AC 输入电压：100 V～240 V；最大输出功率：3 500 W
设备最大功耗	2 380 W
外形尺寸	753 mm×442 mm×450 mm
参考价格	1 000 000 元

H3C S9512E 采用了创新的硬件设计，通过独立的控制引擎、检测引擎、维护引擎为系统提供强大的控制能力和 50 ms 的高可靠保障，提供强大的主控 CPU，轻松处理各种协议报文及控制报文，并支持协议报文精细控制，为系统提供完善的抗协议报文攻击的能力；支持快速保护切换和快速收敛，可以实现 50 ms 的故障检测，保障业务不中断；通过路由热备份技术，在整个虚拟架构内实现控制平面和数据平面所有信息的冗余备份和无间断的三层转发，极大地增强了虚拟架构的可靠性和高性能，同时消除了单点故障，避免了业务中断；通过分布式跨设备链路聚合技术，实现多条上行链路的负载分担和互为备份，从而提高整个网络架构的冗余性和链路资源的利用率；整个弹性架构共用一个 IP 管理，简化了网络设备管理和网络拓扑管理，并提高运营效率，降低了维护成本。

H3C S9512E 支持 sFlow、Netstream 两种网络流量分析方式，支持专用高性能硬件板卡实现对网络业务分析功能，支持采样功能和流量统计功能，支持 V5、V8 和 V9 多种分析报文格式，与 iMC 分析系统配合，为用户提供完整的网络流量分析解决方案；支持向主、备分析服务器同时发送日志，防止统计信息丢失。网络业务分析使原本不可见的业务应用流量变得一目了然，可以为用户提供多种网流分析报表，帮助用户及时优化网络结构、调整资源部署。

H3C S9512E 支持用户分级管理和口令保护，对登录用户进行认证，并且不同级别的用户有不同的配置权限，用户认证方式包括 AAA 认证、RADIUS 认证等认证方式等；支持 SSHv2.0，为用户登录提供安全加密通道；支持标准和扩展 ACL，可以对报文进行过滤，防止网络攻击；支持控制平面的多级保护机制，防止 DoS / DDoS 攻击；支持 uRPF 技术，防止基于源地址欺骗的网络攻击行为。

H3C S9512E 集成无线控制模块，实现有线无线一体化解决方案。无线控制模块提供丰富的业务能力，包括精细的用户控制管理、完善的 RF 管理及安全机制、快速漫游、超强的 QoS

和对 IPv6 的支持等；无线控制模块通过与安全策略服务器的联动，实现对无线接入用户的端点准入防御，提高了整网的安全性。

4. 局域网汇聚交换设备选型

随着用户端带宽不断提高，服务器万兆网卡的应用越来越广泛，交换机需要提供更高的转发性能和万兆端口扩展能力。H3C S5800 交换机支持万兆上连千兆光接口或者电接口下连。

H3C S5800 交换机支持 IRF2 技术，在扩展性、可靠性、整体架构和可用性方面具有强大的优势。提供强大的缓存能力，并且支持先进的缓存调度机制可以保证设备缓存能力有效利用的最大化。支持集中式 MAC 地址认证、IEEE 802.1x 认证、Portal 认证、EAD 快速部署，支持用户账号、IP、MAC、VLAN、端口等用户标识元素的动态或静态绑定，同时实现用户策略（VLAN、QoS、ACL）的动态下发；配合 H3C 公司的 iMC 系统对在线用户进行实时管理，及时诊断和瓦解网络非法行为。提供增强的 ACL 控制逻辑，支持超大容量的入方向和出方向 ACL，并且支持基于 VLAN 的 ACL 下发，在简化用户配置过程的同时，避免了 ACL 资源的浪费。支持丰富的链路可靠性技术，如华三通信独创的 RRPP 快速环网保护机制，VRRPE 和 Smart link。当网络上承载多业务、大流量的时候也不影响网络的收敛时间，保证业务的正常开展。支持 NetStream 功能，以及 SPAN/RSPAN/ERSPAN 镜像和多个镜像观察端口，可以对网络流量进行分析以采取相应管理维护措施，使原本不可见的网络业务应用流量变得一目了然，可以为用户提供多种网流分析报表，帮助用户及时优化网络结构，调整资源部署。具体参数见表 4.7。

表 4.7 H3C S5800 主要技术指标

背板带宽	360 Gbit/s 或 3.6 Tbit/s
包转发率（整机）	156 Mp/s
端口	24 个 10/100, /1 000 Base-T 以太网端口，4 个 1/10 G SFP+端口
链路聚合	支持 GE 端口、10GE 端口聚合；支持静态聚合、动态聚合
流量控制	支持 IEEE 802.3x 流量控制，支持 back pressure
Jumbo Frame	支持
MAC 地址表	支持黑洞 MAC 地址；支持设置端口 MAC 地址学习最大个数
VLAN	支持基于端口、协议、MAC、IP 子网的 VLAN（4094 个）；支持 QinQ 和灵活 QinQ；支持 Voice VLAN
VLAN Mapping	支持 1:1 VLAN Mapping；支持 N:1 VLAN Mapping 支持 2:2 VLAN Mapping
DHCP	支持 DHCP Client；支持 DHCP Snooping；支持 DHCP Relay；支持 DHCP Server；支持 DHCPv6
IRF2 智能弹性架构	支持 IRF2 智能弹性架构；支持分布式设备管理、分布式链路聚合、分布式弹性路由；支持通过标准万兆以太网接口进行堆叠；支持本地堆叠和远程堆叠
IPv4 路由	支持静态路由、RIP、OSPFv2、BGP、ISIS；支持等价路由、路由策略、VRRP、策略路由
IPv6 路由	支持静态路由、RIPng、OSPFv3、BGP4+ for IPV6、ISISv6；支持等价路由、路由策略、VRRP、策略路由
URPF	支持反向路由检查

续表

BFD	OSPF、BGP、IS-IS、Static Route、RSVP-TE、VRRP
Tunnel	支持 IPv6 手动隧道、6to4 隧道、ISATAP 隧道、IPv4 over IPv4 隧道、IPv4 over IPv6 隧道、IPv6 over IPv6 隧道、GRE 隧道
IPv4 组播	支持 IGMP Snooping v2/v3；支持 IGMP v1/v2/v3；支持 PIM-DM/SM/SSM；支持 MSDP、MBGP；支持组播 VLAN、组播 VLAN+；支持组播策略
IPv6 组播	支持 MLD Snooping v1/v2；支持 MLD v1/v2；支持 PIM-DM/SM/SSM for IPV6；支持 MBGP for IPv6；支持 IPv6 组播 VLAN、IPv6 组播 VLAN+
MPLS VPN（S5800 系列）	支持 MPLS；支持 VPLS；支持 MCE
广播/组播/单播风暴抑制	支持基于端口速率百分比的风暴抑制；支持基于 PPS 的风暴抑制；支持基于 Kbit/s 的风暴抑制
MSTP	支持 STP/RSTP/MSTP 协议；支持 STP Root Guard、BPDU Guard
RRPP	支持 RRPP 协议及 RRPP 多实例
Smart link 和 Monitor link	支持 Smart link 及 Smart link 多实例；支持 Monitor link
QoS/ACL	支持 L2（Layer 2）~L4（Layer 4）包过滤功能，提供基于源 MAC 地址、目的 MAC 地址、源 IP（IPv4/IPv6）地址、目的 IP（IPv4/IPv6）地址、端口、协议、VLAN 的流分类；支持时间段（Time Range）的包过滤；支持大容量双向 ACL；支持对端口接收报文的速率和发送报文的速率进行限制；支持报文重定向每个端口支持 8 个输出队列；支持灵活的队列调度算法，可以同时基于端口和队列进行设置，支持 SP、WDRR、WFQ、SP+WDRR 这 4 种模式；支持报文的 IEEE 802.1p 和 DSCP 优先级重新标记；支持 WRED 拥塞避免机制
镜像	支持 N:1 的端口镜像和流镜像；支持多个镜像观察口；支持端口的远程镜像（RSPAN）；支持增强型端口的远程镜像（ERSPAN）
安全特性	支持用户分级管理和口令保护；支持 AAA 认证、RADIUS 认证；支持 MAC 地址认证、IEEE 802.1x 认证、Portal 认证；支持 HWTACACS；支持 SSH 2.0；支持 IP+MAC+端口绑定；支持 IP Source Guard；支持 HTTPs、SSL；支持 PKI（Public Key Infrastructure，公钥基础设施）；支持 EAD；支持 ARP Detection 功能（能够根据 DHCP Snooping 安全表项、IEEE 802.1x 表项，或 IP/MAC 静态绑定表项进行检查）；支持 DHCP Snooping，防止欺骗的 DHCP 服务器；支持 BPDU guard，Root guard；支持 OSPF、RIPv2 报文的明文及 MD5 密文认证
OAA	防火墙卡；IPS 卡；无线控制业务板
流量管理	支持 IPFIX（仅 S5800 系列支持）；支持 sFlow
加载与升级	支持 XModem 协议、FTP、TFTP 实现加载升级
管理	支持命令行接口（CLI）、Telnet、Console 口进行配置；支持 SNMPv1/v2/v3；支持 RMON（Remote Monitoring）告警、事件、历史记录；支持 iMC 网管系统、支持 Web 网管；支持系统日志、分级告警；支持集群管理 HGMPv2；支持电源的告警功能；支持风扇、温度告警；支持 NTP
维护	支持 Ping、Tracert、NQA、Track；支持虚拟电缆检测（Virtual Cable Test）、DLDP；支持 IEEE 802.1ag、支持 IEEE 802.3ah；支持 USB 进行文件上传和下载
参考价格	30 000 元

5. 局域网接入交换设备选型

接入层就是每栋楼的楼层接入交换机，接入层交换机的选择非常重要，考虑到接入层交换机对于终端用户接入的控制起着非常重要的作用，因此建议采用安全性、控制性较高的设备，在此建议采用 H3C E528/E552 教育网交换机。H3C E528/E552 支持 IRF2 技术、支持 EAD（终端准入控制）功能，配合后台系统可以将终端防病毒、补丁修复等终端安全措施与网络接入控制、访问权限控制等网络安全措施整合为一个联动的安全体系，通过对网络接入终端的检查、隔离、修复、管理和监控，使整个网络变被动防御为主动防御，变单点防御为全面防御，变分散管理为集中策略管理，提升了网络对病毒、蠕虫等新兴安全威胁的整体防御能力。支持特有的 ARP 入侵检测功能，可有效防止黑客或攻击者通过 ARP 报文实施校园网常见的"中间人"攻击，对不符合 DHCP Snooping 动态绑定表或手工配置的静态绑定表的非法 ARP 欺骗报文直接丢弃。同时支持 IP Source Check 特性，防止包括 MAC 欺骗、IP 欺骗、MAC/IP 欺骗在内的非法地址仿冒，以及大流量地址仿冒带来的 DoS 攻击。另外，利用 DHCP Snooping 的信任端口特性还可以有效杜绝学生私设 DHCP 服务器，保证 DHCP 环境的真实性和一致性。支持端口安全特性族，可以有效防范基于 MAC 地址的攻击。可以实现基于 MAC 地址允许/限制流量，或者设定每个端口允许的 MAC 地址的最大数量，使得某个特定端口上的 MAC 地址可以由管理员静态配置，或者由交换机动态学习，可以保证只有真正的业务主机才能够接入网络，而其他新接入主机即使连接到交换机上也无法获取地址并连通网络。支持端口隔离功能，即便是在同一 VLAN 内，也可以实现端口之间的隔离，从而避免广播风暴和病毒在 VLAN 内的扩散从而影响所有端口。支持集中式 MAC 地址认证和 IEEE 802.1x 认证，支持用户账号、IP、MAC、VLAN、端口等用户标识元素的动态或静态绑定，同时实现用户策略（VLAN、QoS、ACL）的动态下发；支持配合 H3C 公司的 CAMS 系统对在线用户进行实时的管理，及时地诊断和瓦解网络非法行为。支持对 Proxy 进行有效的管理。支持跨交换机的远程端口镜像 RSPAN，可以将接入端口的流量镜像到核心交换机上，可以对全网业务和流量进行监控、优化部署和恶意攻击监控，满足校园网精细化管理的需要。其主要技术指标见表 4.8。

表 4.8　H3CE528/E552 主要技术指标

特性	H3C E528	H3C E552
外形尺寸（长×宽×高）	440 mm×160 mm×43.6 mm	440 mm×260 mm×43.6 mm
重量	≤3 kg	≤5 kg
业务端口描述	24 个 10/100/1 000 Base-T 以太网端口，4 个 1 000 Base-X SFP 千兆以太网端口	48 个 10/100/1 000 Base-T 以太网端口，4 个 1 000 Base-X SFP 千兆以太网端口
管理端口	1 个 Console 口	
整机交换容量（全双工）	256 Gbit/s	
包转发率（整机）	51 Mp/s	87 Mp/s
交换模式	存储转发模式（Store and Forward）	
端口特性	支持 IEEE 802.3x 流控（全双工）及半双工背压流控；支持基于端口带宽百分比的广播风暴抑制	
Jumbo Frame	支持最大帧长为 10 KB	

端口汇聚	支持 LACP；支持静态聚合；支持动态聚合；支持最大 26 个聚合组，每个聚合组支持 8 个端口汇聚	
MAC 地址	支持黑洞 MAC 地址；支持设置端口最大 MAC 地址学习	
VLAN	支持基于端口的 VLAN（4 K 个）；支持 VLAN VPN（QinQ）；支持 Voice VLAN；支持协议 VLAN；支持 MAC VLAN；支持 GVRP	
DHCP	支持 DHCP client；支持 DHCP Snooping；支持 DHCP Relay；支持 DHCP Snooping trust；支持 DHCP Snooping option 82	
二层环网协议	支持 STP/RSTP/MSTP；支持 Smart Link	
IP 路由	支持 IPv4 和 IPv6 的三层路由功能	
IRF2	支持 IRF2 智能弹性架构；支持分布式设备管理，分布式链路聚合；支持通过标准以太网端口进行堆叠，并通过光口实现远程堆叠	
组播	IGMP v1/v2/v3 Snooping；支持 MLD Snooping；支持组播 VLAN	
端口镜像	支持 N∶1 端口镜像；支持 RSPAN（Remote Switched Port Analyzer，远程交换端口分析）	
支持 ACL	支持 L2（Layer 2）～L4（Layer 4）包过滤功能，可以匹配报文前 80B，提供基于源 MAC 地址、目的 MAC、源 IP 地址、目的 IP 地址、IP 协议类型、TCP/UDP 端口、TCP/UDP 端口范围、VLAN 等定义 ACL；支持基于时间段（Time Range）的 ACL；支持基于端口组、全局、VLAN 批量下发 ACL；支持基于硬件的 IPv6 ACL	
支持 QoS	支持 IEEE 802.1p/SCP 优先级；支持基于端口队列调度（SP、WRR、SP+WRR）；支持基于流的重定向；支持基于流的流限速，基于端口的限速；支持基于流的包过滤；支持基于流的优先级重标记；支持基于流的镜像；支持 QoS profile 管理方式，允许用户定制 QoS 服务方案	
安全性	用户分级管理和口令保护；支持 Guest VLAN；支持 IEEE 802.1x 认证；支持集中 MAC 地址认证；支持 AAA&RADIUS&HWTACACS 认证；支持 MAC 地址学习数目限制；支持 Security MAC；支持 Sticky MAC；支持 MAC 地址黑洞；支持 SSH 2.0；支持 IP 源地址保护；支持 ARP 入侵检测功能；支持 ARP 报文限速功能；支持端口隔离；支持 IP＋端口的绑定；支持 IP+MAC 的绑定；支持端口＋MAC 的绑定；支持 IP+MAC+端口的绑定；ND Detection；支持 EAD；支持 IPv6 环境下的 IP 地址/MAC/端口的多元组绑定	
管理与维护	支持 XModem/FTP/TFTP 加载升级；支持命令行接口（CLI）、Telnet、Console 口进行配置；支持 SNMPv1/v2/v3，WEB 网管；支持 IPv6 SNMP 和 IPv6 MIB；DHCPv6 TRUST；支持 RMON（Remote Monitoring）1、2、3、9 组 MIB；支持 H3C iMC 智能管理中心；支持系统日志，分级告警，调试信息输出；支持 IPv6 host，包括 IPv6 单播地址配置，ICMPv6，IPv6 邻居发现协议（ND），IPv6 静态路由，IPv6-PING，IPv6-TCP，IPv6-TFTP，IPv6-TELNET，IPv6-TRACERT；支持 Ping、Traceroute，Multicast Traceroute；支持 Telnet 远程维护；支持上电 POST；支持 VCT（Virtual Cable Test）电缆检测功能；支持 DLDP（Device Link Detection Protocol）单向链路检测协议；支持 Loopback-detection 端口环回检测	
整机最大功耗	31.5 W	59.8 W
参考价格	9 000 元	16 000 元

6. 局域网无线控制器及 AP 设备选型

根据网络规划的需要，在无线网络中可选择支持 Fat 和 Fit 两种工作模式，在组网模式上可以采用 H3C 9512E 无线板卡控制器，主要技术指标见表 4.9。H3C 板卡无线控制器在支持传统

IEEE 802.11a/b/g AP 的管理同时，还可以与 H3C 基于 IEEE 802.11n 协议的 AP 配合组网，从而提供相当于传统 IEEE 802.11a/b/g 协议数倍的无线接入速率，能够覆盖更大的范围，使无线多媒体应用成为现实。出于安全性或计费等考虑，系统管理员可能希望控制无线用户接入到网络中的位置。H3C 无线控制器支持基于 AP 位置的用户接入控制。当无线用户接入网络时，可以通过认证服务器向 AC 下发允许用户接入的 AP 列表，并在 AC 上进行接入控制，从而达到限制无线用户只能接入到指定位置的 AP 的目的。支持集中式转发和分布式转发，用户根据业务需要和网络实际情况可以灵活设置转发方式。提供内置的 Portal 认证服务器。该认证方式无需客户端配合，直接通过浏览器 Web Portal 页面作为认证通道，当用户认证通过后，可以灵活跳转到指定访问首页并启动相应授权和计费。同时也可以根据策略要求，灵活推送定制 Portal 页面。支持二、三层漫游，漫游域不受子网的限制。可以让客户在规划无线网络时，无需过多考虑现有网络的规划，更多关注在无线信号的覆盖即可，这种方式大大简化了前期的网络规划，减少了网络规划成本。

表 4.9　H3C 9512E 无线板卡控制器主要技术指标

外形尺寸（长×宽×高）	399 mm×355 mm×40 mm
重量	约 4 kg
管理端口	1 个 Console 口
功耗	<70 W
License 步长	32/128
最大管理 AP 数	1536
IEEE 802.11 协议簇	支持
多 SSID(每射频口)	16
隐藏 SSID	支持
11G 保护	支持
11n only	支持
用户数限制	支持：基于 SSID、Radio 的用户数限制
用户在线检测	支持
用户无流量自动老化	支持
无线用户隔离	支持：基于 VLAN 的无线用户二层隔离；基于 SSID 的无线用户二层隔离
本地转发	支持：基于 SSID+VLAN 的本地转发
自动输入 AP 序列号	支持
AC 发现(DHCP option43、DNS 方式)	支持
IPv6 隧道	支持

续表

AP 双上行隧道链路	支持
通过 AC 配置 AP 基本网络参数	支持：配置静态 IP、VLAN、接入的 AC 地址等
AP 与 AC 间穿越 NAT	支持
同一 AC 内,不同 AP 下二、三层漫游	支持
不同 AC 间,不同 AP 下二、三层漫游	支持
Open system、Shared-Key	支持
WEP-64/128、动态 WEP	支持
WPA、WPA2	支持
TKIP	支持
CCMP	支持(11n 推荐)
SSH v1.5/v2.0	支持
无线 EAD(终端准入控制)	支持
Portal 认证	支持：远程、外挂服务器
Portal 页面推送	支持：基于 SSID、AP 的 Portal 页面推送
Portal 穿越 Proxy	支持
IEEE 802.1x 认证	支持：EAP-TLS、EAP-TTLS、EAP-PEAP、EAP-MD5、EAP-SIM、LEAP、EAP-FAST、EAP offload（仅支持 TLS，PEAP）
本地认证	支持：IEEE 802.1x、Portal、MAC 认证
LDAP 认证	支持：支持 IEEE 802.1x 与 Portal 接入。IEEE 802.1x 接入时支持 EAP-GTC 和 EAP-TLS
ARP 防攻击	支持：无线 SAVI
SSID 防假冒	支持：用户名与 SSID 绑定
基于域、SSID 选择 AAA 服务器	支持
AAA 服务器备份	支持
无线用户的本地 AAA 服务器	支持
TACACS+	支持
优先级映射	支持
L2~L4 流分类	支持
流量限速	支持：流控粒度 8 Kbit/s
智能带宽限速-基于带宽均分算法	支持
智能带宽限速-基于每用户指定带宽的算法	支持

续表

智能带宽保障	支持：在流量未拥塞时，确保不同优先级 SSID 下的报文都可以自由通过；在流量拥塞时，确保每个 SSID 可以保持各自约定的最小带宽
QoS Optimization for SVP phone	支持
CAC(Call Admission Control)	支持：基于用户数/带宽的 CAC
端到端 QoS	支持
AP 上行口限速	支持
负载均衡维度	支持：基于流量、用户、频段（双频支持）
智能负载均衡	支持
AP 均衡组	支持：自动发现并灵活设定
非法 AP 检测	支持：基于 SSID、BSSID、设备 OUI 等
非法 AP 反制	支持
防无线泛洪攻击(Flooding Attack)	支持
防仿冒攻击(Spoof Attack)	支持
防 Weak IV 攻击	支持
wIPS	支持：可实现 7 层移动安全防御
IEEE 802.1p，IEEE 802.1q，IEEE 802.1x	支持
广播风暴抑制	支持
IPv4 协议	支持
Native IPv6（原生）	支持
VRRP	支持
AC 间快速切换	100 ms 快速检测/1 s 切换
AC 间 AP 数负荷分担	支持
Remote AP	支持
DHCP Server 双机热备	支持
Portal 双机热备	支持
AeroScout 定位	支持
远程探针分析	支持
参考价格	200 000 元

使用 H3C WA2210X-G（主要技术指标见表 4.10）室外单频双模接入点和 H3C WA2620-AGN（主要技术指标见表 4.11）无线局域网增强型接入点瘦 AP（Fit AP）方式进行组网，结合 Portal 认证，可以安全地控制无线用户的上网。

表 4.10　H3C WA2210X-G 主要技术指标

支持协议	支持 IEEE 802.11b/g
产品定位	室外型 Fit/Fat AP，室外大功率型 Fit/Fat AP
工作频段	IEEE 802.11b、IEEE 802.11g：2.400 0 GHz～2.483 5 GHz
调制方式	IEEE 802.11b：DBPSK、DQPSK、CCK；IEEE 802.11g：CCK、OFDM
接收灵敏度	IEEE 802.11b：-89dBm@11Mbit/s，-97dBm@1Mbit/s IEEE 802.11g：-72dBm@54Mbit/s，-91dBm@6Mbit/s
AP 支持的内置信道数量	IEEE 802.11b、IEEE 802.11g：（中国）13 个信道
AP 接入速率	IEEE 802.11g：54 Mbit/s、48 Mbit/s、36 Mbit/s、24 Mbit/s、18 Mbit/s、12 Mbit/s、11 Mbit/s、9 Mbit/s、6 Mbit/s、5.5 Mbit/s、2 Mbit/s、1 Mbit/s IEEE 802.11b：11 Mbit/s、5.5 Mbit/s、2 Mbit/s、1 Mbit/s
安全策略	支持 64、128 位 WEP 加密，WPA，IEEE 802.11i 和 WAPI；支持 WPA 和 IEEE 802.11i 的多种密钥更新触发条件。支持 AP 上二层转发抑制；支持虚拟 AP（多 SSID）之间的隔离。支持报文过滤；支持广播抑制；支持 SSID 隐藏；支持 802.1x 认证、MAC 地址认证、PPPoE 认证；支持 WAPI 认证；支持预认证、重认证；支持 MAC 地址过滤；支持基于时间的计费；支持实时计费；支持认证和计费分离
切换	支持 AP 间切换，同时支持链路完整性特性；切换依据：根据信号强度、误码率、邻近 AP 是否正常工作等
二层桥接	支持 MAC 地址学习；支持 VLAN 区分管理数据和用户数据；支持基于接口的 VLAN、基于 IEEE 802.1q 的 VLAN、基于用户类的 VLAN、基于 SSID 的 VLAN 标记；支持 VLAN 过滤
三层功能	支持静态 IP 地址、支持 DHCP 获取 IP 地址；支持静态路由；支持 IPV6；支持 ACL
覆盖范围	室外 200～600 m（自带天线，实际覆盖范围与使用环境有密切关系）
参考价格	8 300 元

表 4.11　H3C WA2620-AGN 主要技术指标

支持协议	支持 IEEE 802.11a/b/g/n
产品定位	室内增强型 Fit/Fat AP
工作频段	IEEE 802.11a/n：5.725～5.850 GHz；IEEE 802.11 b/g/n：2.4～2.483 GHz
调制技术	OFDM：BPSK@6/9 Mbit/s、QPSK@12/18 Mbit/s、16-QAM@24 Mbit/s、64-QAM@48/54 Mbit/s；DSSS：DBPSK@1 Mbit/s、DQPSK@2 Mbit/s、CCK@5.5/11 Mbit/s；MIMO-OFDM：MCS 0-15
内置天线	内置 4x4 硬件智能天线系统（基础增益 4 dBi）
PoE	支持 IEEE 802.3af/802.3at 兼容供电
本地供电	支持 48 V DC
安全策略	支持 64/128 位 WEP、动态 WEP、TKIP、CCMP（11n 推荐）加密；支持无线用户二层隔离、基于 SSID 的无线用户隔离；支持报文过滤、MAC 地址过滤、广播风暴抑制等；支持/无线 EAD；支持 SSID 与 VLAN 绑定
参考价格	10 000 元

4.3.6 制订实施进度计划

校园网工程的整个完成时间计划为 8 周，工程进度安排见表 4.12。在校园网实施工程中，要严格按照网络规划进行实施，对网络设备的安装与调试过程中，局部采取边施工边测试的原则，防止出现网络环路、漏调、漏接等现象的发生。

表 4.12 校园网工程进度表

工作内容＼工作日	1	2	3	4	5	6	7	8	9	0	1	2	3	4	5	6	7	8	9
入场，核实现场数据	■																		
设备、材料入场		■																	
网络设备安装调试			■	■	■	■	■	■	■	■	■	■	■						
无线网络安装调试													■	■					
工程文档				■	■	■	■	■	■	■	■	■	■	■					
工程验收															■	■			
技术培训													■	■	■	■	■	■	■

4.4 内部局域网组建

4.4.1 任务分析

内部局域网组建是某职业技术校园网的重要组成部分，根据网络方案，其局域网拓扑图参见图 4.1，H3C S9512E 作为校园网络的三层核心交换机，从 H3C S9512E 万兆下连各楼宇三层汇聚交换机 H3C S5800，H3C S5800 与各楼楼层设备间接入交换机 H3C E528/E552 相连，H3C E528/E552 再与各用户计算机相连实现千兆到桌面。

4.4.2 接入层设备配置

接入交换机是直接连接用户的终端设备，因此在接入交换机 H3C E528 启用 IEEE 802.1x 认证并划分 VLAN，使与接入交换机 H3C E528 相连的用户能通过认证客户端后实现自动获取 IP 地址，并且访问内、外网资源。另外在接入交换机中配置访问控制列表（ACL）、设置 IP 数据过滤，禁止如冲击波、震荡波等众所周知的端口跨 VLAN 进行访问资源，达到保护网络安全的作用。

下面是 A2 区二层接入设备 H3C E528 的一个样例，用//解释前面的主要命令，同一命令不同接口下相同功能的配置用"//……//"省略。

使用配置线缆将计算机 COM1 连接到 H3C E528 接入交换机，进入超级终端，在用户视图下运行 display current-configuration 查看最终当前配置。H3C E528 配置如下。

version 5.20, Release 1505P09

```
 sysname XX_E528_2F_1                    //交换机名称
irf mac-address persistent timer
irf auto-update enable
undo irf link-delay
#
 domain default enable system
#
 telnet server enable
#
dot1x url http://10.10.4.110             //配置免认证url
 dot1x free-ip 10.10.4.4 255.255.255.255    //配置免认证地址
 dot1x free-ip 10.10.4.110 255.255.255.255  //配置免认证地址
 loopback-detection enable               //全局启用交换机环回监测功能
 loopback-detection interval-time 60
acl number 3000                          //配置防病毒访问控制列表acl3000
 rule 1 deny tcp destination-port eq 445
 rule 2 deny tcp destination-port eq 5800
 rule 3 deny tcp destination-port eq 5900
 rule 4 deny tcp destination-port eq 6667
 rule 5 deny tcp destination-port eq 5554
 rule 6 deny tcp destination-port eq 9995
 rule 8 deny tcp destination-port eq 139
 rule 9 deny tcp destination-port eq 593
 rule 10 deny tcp destination-port eq 4444
 rule 11 deny tcp destination-port eq 135
 rule 12 deny udp destination-port eq 445
 rule 13 deny udp destination-port eq 593
 rule 14 deny udp destination-port eq 1434
 rule 15 deny udp destination-port eq 135
 rule 16 deny udp destination-port eq tftp
 rule 17 deny udp destination-port eq netbios-ns
 rule 18 deny tcp destination-port eq 9997
 rule 19 deny 255
 rule 20 permit ip
#
vlan 1
#
vlan 10                                  //创建vlan 每个房间一个VLAN
 description 103
vlan 11
 description 106
vlan 12
 description 107
```

```
vlan 13
  description 110
//为节省篇幅其他 VLAN 省略
vlan 3000                              //管理 vlan
  description GLvlan
#
vlan 4000                              //AP 连接 vlan
  description TO_AP
#
radius scheme system
radius scheme cams
  server-type extended
  primary authentication 10.10.4.110   //认证服务器地址
  primary accounting 10.10.4.110       //计费服务器地址
  key authentication 123               //配置密钥
  key accounting 123
#
domain student                         //配置 student，teacher 认证域，认证计费方案为 cams
  authentication lan-access radius-scheme cams
  authorization lan-access radius-scheme cams
  accounting lan-access radius-scheme cams
  access-limit disable
  state active
  idle-cut disable
domain system
  access-limit disable
  state active
  idle-cut disable
domain teacher
  authentication lan-access radius-scheme cams
  authorization lan-access radius-scheme cams
  accounting lan-access radius-scheme cams
  access-limit disable
  state active
  idle-cut disable
domain system
  access-limit disable
  state active
  idle-cut disable
  self-service-url disable
#
user-group system
#
```

```
   stp enable
#
interface NULL0
#
interface Vlan-interface3000          //管理 vlan IP 地址
   ip address 172.16.4.21 255.255.255.0
#
interface GigabitEthernet1/0/1
   port access vlan 10               //配置接口所属 vlan
   loopback-detection enable         //启用端口环回监测
   broadcast-suppression pps 1       //该端口接收广播流量限速 1Kp/s
   multicast-suppression pps 1       //该端口接收组播流量限速 1Kp/s
   packet-filter 3000 inbound        //应用访问控制列表
   stp edged-port enable             //将当前的以太网端口配置为边缘端口
   dot1x                             //开启端口认证
#
interface GigabitEthernet1/0/2
   description 316
   port access vlan 44
   loopback-detection enable
   broadcast-suppression pps 1
   multicast-suppression pps 1
   packet-filter 3000 inbound
   stp edged-port enable
   dot1x
//……//
interface GigabitEthernet1/0/23      //上行口连至 H3C S5800,配置成 trunk 端口
   port link-type trunk
   undo port trunk permit vlan 1
   port trunk permit vlan 2 to 4094
   broadcast-suppression pps 10
   multicast-suppression pps 10
   dhcp-snooping trust               //将当前的以太网端口配置 DHCP Snooping 信任端口
#
interface GigabitEthernet1/0/24
   port link-type trunk
   undo port trunk permit vlan 1
   port trunk permit vlan 2 to 4094
   broadcast-suppression pps 10
   multicast-suppression pps 10
   dhcp-snooping trust
#
interface GigabitEthernet1/0/25
```

```
  port link-type trunk
   undo port trunk permit vlan 1
   port trunk permit vlan 2 to 4094
  broadcast-suppression pps 10
   multicast-suppression pps 10
  dhcp-snooping trust
#
interface GigabitEthernet1/0/26
 port link-type trunk
  undo port trunk permit vlan 1
  port trunk permit vlan 2 to 4094
 broadcast-suppression pps 10
  multicast-suppression pps 10
 dhcp-snooping trust
#
interface GigabitEthernet1/0/27
 port link-type trunk
  undo port trunk permit vlan 1
  port trunk permit vlan 2 to 4094
 broadcast-suppression pps 10
  multicast-suppression pps 10
 dhcp-snooping trust
#
interface GigabitEthernet1/0/28
  port link-type trunk
  undo port trunk permit vlan 1
  port trunk permit vlan 2 to 4094
  broadcast-suppression pps 10
  multicast-suppression pps 10
  dhcp-snooping trust
#
nqa entry imcl2topo ping        //创建 NQA 测试组，并进入
  type icmp-echo                //配置测试类型为 ICMP-echo，并进入测试类型
   destination ip 172.16.4.254  //配置测试操作的目的地址
   frequency 270000             //配置测试组连续两次测试开始时间的时间间隔
#
nqa entry imclinktopologypleaseignore ping
  type icmp-echo
   destination ip 172.16.4.254
   frequency 270000
#
  dhcp-snooping
#
```

```
    ip route-static 0.0.0.0 0.0.0.0 172.16.4.1  //配置默认路由，指向 172.16.4.1
#
  snmp-agent                                    //配置 snmp 网管
  snmp-agent local-engineid 800063A2030CDA412F5118
  snmp-agent community read cvitr1
  snmp-agent community write cvitw1
  snmp-agent sys-info version v2c v3
  snmp-agent target-host trap address udp-domain 10.10.4.110 params securityname cvitr1 v2c
#
  nqa schedule imcl2topo ping start-time now lifetime 630720000
  nqa schedule imclinktopologypleaseignore ping start-time now lifetime 630720000
#
  load xml-configuration
#
user-interface aux 0
  authentication-mode password
  set authentication password cipher "*@^G&14A43Q=^Q`MAF4<1!!
user-interface vty 0 4                          //配置 telnet 用户的认证方式为 RADIUS 认证
  user privilege level 3
  set authentication password cipher "*@^G&14A43Q=^Q`MAF4<1!!
user-interface vty 5 15
#
return
```

4.4.3 汇聚层设备配置

在职业技术学院内部局域网中（参见图 4.1），汇聚层处于每个楼宇的主设备间位置，上与核心交换机相连，下与接入交换机相连，其重要性可想而知。在每个 H3C S5800 中启用 DHCP Server 服务并配置路由接口、OSPF，接入用户可通过 DHCP 服务器指定内网用户从服务器内获取 IP，从而避免由于使用静态 IP 地址出现遗忘 IP 配置引起 IP 冲突的问题。

下面是 A2 区三层汇聚设备 H3C S5800 的一个样例，用//解释前面的主要命令，同一命令不同接口下相同功能的配置用"//……//"省略。

使用配置线缆将计算机 COM1 连接到 H3C 5800 汇聚交换机，进入超级终端，在用户视图下运行 display current-configuration 查看最终当前配置。

```
#
  version 5.20, Release 1211                    //版本号
#
  sysname XX_S5800                              //设置主机名
#
  irf mac-address persistent timer
  irf auto-update enable
```

```
  undo irf link-delay
#
  domain default enable system
#
  telnet server enable              //启用交换机的 telnet server 功能
#
  vlan 1
#
  vlan 10                           //创建 vlan 需定义此楼下所有房间 VLAN
   description 103
#
  vlan 11
   description 106
#
  vlan 12
   description 107
#
//......//
  vlan 401                          //连接 9512 核心
   description TO_95
#
  vlan 402                          //连接 6509 核心
   description TO_65
#
  vlan 3000                         //管理 VLAN
   description GLvlan
#
  vlan 4000                         //设置 AP VLAN
   description TO_AP
#
  radius scheme system
   server-type extended
   primary authentication 127.0.0.1 1645
   primary accounting 127.0.0.1 1646
   user-name-format without-domain
#
  domain system
   access-limit disable
   state active
   idle-cut disable
   self-service-url disable
#
  dhcp server ip-pool 10            //设置 DHCP 地址池
```

```
   network 10.41.3.0 mask 255.255.255.0    //设置 VLAN 10 获取 IP 地址为 10.41.3.0/24
   gateway-list 10.41.3.254                //设置 VLAN 10 获取网关为 10.41.3.254
   dns-list 219.149.194.55 202.98.0.68     //设置 VLAN 10 获取 DNS 为 219.149.194.55 202.98.0.68
//…
…//
dhcp server ip-pool 4000
   network 172.16.104.0 mask 255.255.255.0
   gateway-list 172.16.104.254
   option 43 hex    80070000 01C0A8C8 02
//…
…//
dhcp server ip-pool 99
   network 10.48.11.0 mask 255.255.255.0
   gateway-list 10.48.11.254
   dns-list 219.149.194.55 202.98.0.68
#
user-group system
#
   stp instance 0 root primary
   stp enable
#
interface NULL0
#
interface Vlan-interface1
   ip address dhcp-alloc client-identifier mac Vlan-interface1
#
interface Vlan-interface10          //配置 3 层 vlan 接口的地址,作为用户的网关
   description 103
   ip address 10.41.3.254 255.255.255.0
#
interface Vlan-interface11
   description 106
   ip address 10.41.6.254 255.255.255.0
#
interface Vlan-interface12
   description 107
   ip address 10.41.7.254 255.255.255.0
#
//……//
interface Vlan-interface3000
   description GLinter vlan
   ip address 172.16.4.1 255.255.255.0
#
```

```
interface Vlan-interface4000
  description TO_AP
  ip address 172.16.104.254 255.255.255.0
#
interface GigabitEthernet1/0/1    //对于下面连接 E552 的接口需要将接口配置成 trunk 类型，
  port link-mode bridge           //并允许所有 VLAN 通过
  port link-type trunk
  undo port trunk permit vlan 1
  port trunk permit vlan 2 to 4094
#
interface GigabitEthernet1/0/2
  port link-mode bridge
  port link-type trunk
  undo port trunk permit vlan 1
  port trunk permit vlan 2 to 4094
#
interface GigabitEthernet1/0/3
  port link-mode bridge
  port link-type trunk
  undo port trunk permit vlan 1
  port trunk permit vlan 2 to 4094
#
interface GigabitEthernet1/0/4
  port link-mode bridge
  port link-type trunk
  undo port trunk permit vlan 1
  port trunk permit vlan 2 to 4094
#
interface GigabitEthernet1/0/5          //普通接口只需说明所属 VLAN
  port link-mode bridge
  description 515
  port access vlan 64
#
//……//
interface Ten-GigabitEthernet1/0/25
  port link-mode bridge
  port link-type trunk
  undo port trunk permit vlan 1
  port trunk permit vlan 2 to 4094
#
interface Ten-GigabitEthernet1/0/26
  port link-mode bridge
  port access vlan 401
```

```
 stp disable
#
interface Ten-GigabitEthernet1/0/27
 port link-mode bridge
 port access vlan 401
 stp disable
#
interface Ten-GigabitEthernet1/0/28
 port link-mode bridge
 port access vlan 402
#
ospf 1 router-id 172.16.4.1              //配置 OSPF
 area 0.0.0.0
  network 192.168.4.0 0.0.0.3
  network 192.168.4.4 0.0.0.3
  network 172.16.4.0 0.0.0.255
  network 10.41.0.0 0.0.255.255
  network 10.42.0.0 0.0.255.255
  network 10.43.0.0 0.0.255.255
  network 10.44.0.0 0.0.255.255
  network 10.45.0.0 0.0.255.255
  network 10.46.0.0 0.0.255.255
  network 10.47.0.0 0.0.255.255
  network 10.48.0.0 0.0.255.255
  network 172.16.104.0 0.0.0.255
#
nqa entry imclinktopologypleaseignore ping
 type icmp-echo
  destination ip 172.16.4.254
  frequency 270000
#
 snmp-agent                      //配置 snmp 网管
 snmp-agent local-engineid 800063A2030CDA415D979E
 snmp-agent community read cvitr1
 snmp-agent community write cvitw1
 snmp-agent sys-info version v2c v3
 snmp-agent target-host trap address udp-domain 10.10.4.110 params securityname cvitr1 v2c
 snmp-agent trap enable default-route
#
 dhcp enable
#
 nqa schedule imclinktopologypleaseignore ping start-time now lifetime 630720000
#
```

```
    load xml-configuration
#
    load tr069-configuration
#
user-interface aux 0
  authentication-mode password
  set authentication password cipher "*@^G&14A43Q=^Q`MAF4<1!!
user-interface vty 0 4
  user privilege level 3
  set authentication password cipher "*@^G&14A43Q=^Q`MAF4<1!!
user-interface vty 5 15
#
return
```

4.4.4 核心层设备配置

在职业技术学院内部局域网中（参见图 4.1），核心层设备是起着承载汇聚层设备的高速上连，并且根据网络的目的地址进行网络转发，这就要求核心层设备达到线速，因此在核心层设备上尽量把规则下放。在核心层设备的主管理引擎执行路由管理、网络管理、网络服务等任务，利用交换的高速背板可以独立实现硬件路由、交换和组播功能以及硬件 ACL 和 QoS 功能，从而保证了校园网的高速稳定运行。

下面是三层核心设备 H3C 9512E 的一个样例，用//解释前面的主要命令，同一命令不同接口下相同功能的配置用"//……//"省略。

使用配置线缆将计算机 COM1 连接到 H3C 9512E 核心交换机，进入超级终端，在用户视图下运行 display current-configuration 查看最终当前配置，H3C 9512E 配置如下。

```
#
  version 5.20, Release 1728P02
#
  sysname CVIT_H3C-S9512E
#
  irf priority 0
#
  domain default enable system
#
  router id 172.16.0.1
#
  telnet server enable
#
  ip ttl-expires enable
#
  xbar load-balance
```

```
#
 acfp server enable
#
 acsei server enable
#
 forward-path check enable
 acl ipv6 disable
 undo vpn popgo
 system working mode standard
 hardware-failure-detection chip warning
 hardware-failure-detection board warning
 hardware-failure-detection forwarding warning
#
 loopback-detection enable vlan 1 to 4094
#
vlan 1
#
vlan 3                        //设置服务器 VLAN
 description TO_SERVER
#
vlan 10
 description TO_SR6608
#
vlan 20
 description TO_CISCO-C6509
#
vlan 101
 description TO_QC
#
vlan 201
 description TO_ZHL
#
//……//
vlan 1000
 description TO_95E-IPS
vlan 2000
 description TO_95E-AC
#
//……//
vlan 4000
 description TO_95E-AP
#
domain system
```

```
   access-limit disable
   state active
   idle-cut disable
   self-service-url disable
#
dhcp server ip-pool 4000
   network 172.16.99.0 mask 255.255.255.0
   gateway-list 172.16.99.254
   option 43 hex 80070000 01C0A8C8 02
#
dhcp server ip-pool 5
   network 10.1.5.0 mask 255.255.255.0
   gateway-list 10.1.5.254
   dns-list 219.149.194.55 202.98.0.68 202.98.5.68
#
user-group system
   group-attribute allow-guest
#
local-user cvit
   password simple cvitcom
   authorization-attribute level 3
   service-type ssh telnet
   service-type web
#
   stp instance 0 root primary
   stp enable
#
interface Bridge-Aggregation1
   port access vlan 2000
#
interface NULL0
#
interface LoopBack0
   ip address 172.16.0.1 255.255.255.255
#
interface Vlan-interface3
   description TO_SERVER
   ip address 10.10.4.254 255.255.255.0
#
interface Vlan-interface10
   description TO_SR6608
   ip address 192.168.0.5 255.255.255.0
#
```

```
interface Vlan-interface20
 description TO_CISCO-C6509
 ip address 192.168.100.1 255.255.255.252
 ospf cost 100
 ospf network-type p2p
#
interface Vlan-interface101
 description TO_QC
 ip address 192.168.1.1 255.255.255.252
 ospf cost 10
 ospf network-type p2p
#
interface Vlan-interface201
 description TO_ZLH
 ip address 192.168.2.1 255.255.255.252
 ospf cost 10
 ospf network-type p2p
#
//......//
interface Vlan-interface1000
 description TO_95E-IPS
 ip address 192.168.100.5 255.255.255.252
 ospf cost 10
#
//......//
interface Vlan-interface2000
 description TO_95E-AC
 ip address 192.168.200.1 255.255.255.0
#
interface Vlan-interface2001
 description TO_XS-1
 ip address 192.168.20.1 255.255.255.252
 ospf cost 10
 ospf network-type p2p
#
//......//
interface Vlan-interface4000
 description TO_AP
 ip address 172.16.99.254 255.255.255.0
#
interface GigabitEthernet0/0/1
 port link-mode bridge
 description TO_ZJGY
```

```
  port access vlan 3001
  stp disable
#
interface GigabitEthernet0/0/2
  port link-mode bridge
  description TO_CSICO-C6509
  port access vlan 20
  stp disable
//......//
interface GigabitEthernet1/0/1
  port link-mode bridge
  description TO_H3C-SR6608
  port access vlan 10
#
interface GigabitEthernet1/0/2
  port link-mode bridge
  port access vlan 3
#
//......//
interface Ten-GigabitEthernet5/0/1            //万兆连接
  port link-mode bridge
  description TO_95E-IPS
  port link-type trunk
  undo port trunk permit vlan 1
  port trunk permit vlan 2 to 4094
#
interface Ten-GigabitEthernet8/0/1
port link-mode bridge
  description TO_QC_S5800_TEN_1/0/27
  port access vlan 101
#
interface Ten-GigabitEthernet8/0/2
port link-mode bridge
  description TO_ZHL_S5800_TEN_1/0/27
  port access vlan 201
#
//......//
interface Ten-GigabitEthernet9/0/1
  port link-mode bridge
  description TO_95E-AC
  port access vlan 2000
  port link-aggregation group 1
#
```

```
interface Ten-GigabitEthernet9/0/2
 port link-mode bridge
 description TO_95E-AC
 port access vlan 2000
 port link-aggregation group 1
#
interface Ten-GigabitEthernet10/0/1
 port link-mode bridge
 description TO_A2XX_S5800_TEN_1/0/27
 port access vlan 401
 stp disable
#
interface Ten-GigabitEthernet10/0/2
 port link-mode bridge
 description TO_A1XX_S5800_TEN_1/0/27
 port access vlan 301
 stp disable
#
//......//
ospf 1 router-id 172.16.0.1          //OSPF 配置
 default-route-advertise always
 import-route static
 area 0.0.0.0
  network 10.10.4.0 0.0.0.255
  network 10.1.5.0 0.0.0.255
  network 192.168.14.0 0.0.0.3
  network 192.168.200.0 0.0.0.255
  network 192.168.10.0 0.0.0.3
  network 192.168.6.0 0.0.0.3
  network 192.168.7.0 0.0.0.3
  network 192.168.2.0 0.0.0.3
  network 192.168.4.0 0.0.0.3
  network 192.168.12.0 0.0.0.3
  network 192.168.6.4 0.0.0.3
  network 192.168.11.0 0.0.0.3
  network 192.168.1.0 0.0.0.3
  network 192.168.3.0 0.0.0.3
  network 192.168.9.0 0.0.0.3
  network 192.168.13.0 0.0.0.3
  network 192.168.15.0 0.0.0.3
  network 192.168.16.0 0.0.0.3
  network 192.168.20.0 0.0.0.3
  network 192.168.21.0 0.0.0.3
```

```
  network 192.168.22.0 0.0.0.3
  network 192.168.23.0 0.0.0.3
  network 192.168.30.0 0.0.0.3
  network 172.16.99.0 0.0.0.255
  network 172.16.0.1 0.0.0.0
  network 192.168.100.0 0.0.0.3
  network 192.168.100.4 0.0.0.3
#
nqa entry admin oper
 type icmp-echo
  destination ip 192.168.0.1
  frequency 5000
  reaction 1 checked-element probe-fail threshold-type consecutive 4 action-type trigger-only
#
nqa entry imclinktopologypleaseignore ping
 type icmp-echo
  destination ip 192.168.200.254
  frequency 270000
#
 ip route-static 0.0.0.0 0.0.0.0 192.168.0.1 track 1
 ip route-static 0.0.0.0 0.0.0.0 192.168.0.2 preference 120
 ip route-static 10.0.0.0 255.0.0.0 NULL0 preference 40
 ip route-static 10.2.101.0 255.255.255.0 192.168.200.2
 ip route-static 10.2.102.0 255.255.255.0 192.168.200.2
 ip route-static 10.4.101.0 255.255.255.0 192.168.200.2
 ip route-static 10.4.102.0 255.255.255.0 192.168.200.2
 ip route-static 10.7.101.0 255.255.255.0 192.168.200.2
 ip route-static 10.7.102.0 255.255.255.0 192.168.200.2
 ip route-static 10.10.101.0 255.255.255.0 192.168.200.2
 ip route-static 10.10.102.0 255.255.255.0 192.168.200.2
 ip route-static 10.11.101.0 255.255.255.0 192.168.200.2
 ip route-static 10.11.102.0 255.255.255.0 192.168.200.2
 ip route-static 10.12.101.0 255.255.255.0 192.168.200.2
 ip route-static 10.12.102.0 255.255.255.0 192.168.200.2
 ip route-static 10.14.101.0 255.255.255.0 192.168.200.2
 ip route-static 10.14.102.0 255.255.255.0 192.168.200.2
 ip route-static 10.16.101.0 255.255.255.0 192.168.200.2
 ip route-static 10.16.102.0 255.255.255.0 192.168.200.2
 ip route-static 172.16.0.0 255.255.0.0 NULL0 preference 40
 ip route-static 172.16.0.3 255.255.255.255 192.168.200.2
 ip route-static 172.16.0.11 255.255.255.255 192.168.0.1
 ip route-static 172.16.255.0 255.255.255.0 192.168.0.1
 ip route-static 192.168.0.0 255.255.0.0 NULL0 preference 40
```

```
#
    snmp-agent                              //配置 snmp 网管
    snmp-agent local-engineid 800063A203000FE2C04401
    snmp-agent community read cvitr1
    snmp-agent community write cvitw1
    snmp-agent sys-info version v2c v3
 snmp-agent target-host trap address udp-domain 10.10.4.110 params securityname cvitr1 v2c
    snmp-agent trap enable default-route
#
    track 1 nqa entry admin oper reaction 1
#
    dhcp server forbidden-ip 10.1.5.240 10.1.5.254
#
    dhcp enable
#
    nqa schedule admin oper start-time now lifetime forever
    nqa schedule imclinktopologypleaseignore ping start-time now lifetime 630720000
#
    load xml-configuration
#
    load tr069-configuration
#
user-interface con 0
user-interface aux 0
user-interface vty 0 4
    authentication-mode scheme
    user privilege level 3
    idle-timeout 35791 0
user-interface vty 5 15
#
Return
```

下面是 A2 区三层核心设备 Cisco Catalyst 6509 的一个样例，用//解释前面的主要命令，同一命令不同接口下相同功能的配置用"//……//"省略。

使用配置线缆将计算机 COM1 连接到 Cisco Catalyst 6509 核心交换机，进入超级终端，在全局模式下运行 show running-config 查看最终当前配置。

```
upgrade fpd auto
version 12.2
service timestamps debug uptime
service timestamps log uptime
no service password-encryption
service counters max age 5
```

```
!
hostname Router
!
enable secret 5 $1$N/QD$6d0AXCUmeD34p8eY5mTnE0
!
no aaa new-model
ip subnet-zero
ip multicast-routing
no ip domain-lookup
ipv6 mfib hardware-switching replication-mode ingress
mls ip multicast flow-stat-timer 9
no mls flow ip
no mls flow ipv6
no mls acl tcam share-global
mls cef error action freeze
redundancy
  mode sso
  main-cpu
  auto-sync running-config
!
spanning-tree mode rapid-pvst
spanning-tree backbonefast
spanning-tree pathcost method long
spanning-tree mst 0 priority 28672
diagnostic cns publish cisco.cns.device.diag_results
diagnostic cns subscribe cisco.cns.device.diag_commands
!
vlan internal allocation policy ascending
vlan access-log ratelimit 2000
interface Loopback0
  ip address 172.16.0.2 255.255.255.255
interface FastEthernet1/1
  switchport
  switchport access vlan 3          //设置内网服务器 VLAN
  switchport mode access
  no ip address
!
interface FastEthernet1/2
  switchport
  switchport access vlan 200        //设置全院视频监控 VLAN
  switchport mode access
  no ip address
//……//
```

```
interface FastEthernet1/48
 switchport
 switchport access vlan 8
 switchport mode access
 no ip address
interface GigabitEthernet3/1
 description Connect QC-Lou-G1/0/1
 ip address 192.168.1.5 255.255.255.252
  ip ospf network point-to-point
  ip ospf cost 20
//......//
interface GigabitEthernet3/8
 description Connect GD-Lou-G1/0/1
 ip address 192.168.8.5 255.255.255.252
  ip ospf network point-to-point
  ip ospf cost 20

interface GigabitEthernet4/1
 description Connect GC-Lou-G1/0/1
 ip address 192.168.9.5 255.255.255.252
  ip ospf network point-to-point
  ip ospf cost 20
//......//
interface GigabitEthernet4/16
 description Connect S9512-G0/0/2
 switchport
 switchport access vlan 20
 switchport mode access
 no ip address
 spanning-tree portfast
//......//
interface Vlan1
 ip address 10.0.1.254 255.255.255.0
 mls rp ip
interface Vlan3
 ip address 10.0.3.254 255.255.255.0
 ip access-group 126 in          //设置访问控制列表应用
 ip access-group 126 out
 ip helper-address 10.0.3.1      //设置 DHCP 服务器地址是 10.0.3.1
 mls rp ip
//......//
router ospf 1
 router-id 172.16.0.2
```

```
log-adjacency-changes
redistribute connected subnets
redistribute static subnets
network 10.10.12.2 0.0.0.0 area 0
network 10.10.14.2 0.0.0.0 area 0
network 192.168.1.40.0.0.3 area 0
  network 192.168.2.40.0.0.3 area 0
  network 192.168.3.40.0.0.3 area 0
//……//
ip classless
ip route 0.0.0.0 0.0.0.0 192.168.0.1
!
ip http server
!
logging trap debugging
!
access-list 126 deny    tcp any any range 135 139         //以下是访问控制列表
access-list 126 deny    udp any any range 135 netbios-ss
access-list 126 deny    udp any any eq tftp
access-list 126 deny    tcp any any eq 445
access-list 126 deny    tcp any any eq 593
access-list 126 deny    tcp any any eq 3333
access-list 126 deny    udp any any eq 4444
access-list 126 deny    tcp any any eq 5554
access-list 126 deny    tcp any any eq 9996
access-list 126 deny    udp any any eq 5554
access-list 126 deny    udp any any eq 9996
access-list 126 deny    tcp any any eq 1068
access-list 126 deny    tcp any any eq 1023
access-list 126 deny    tcp any any eq 9995
access-list 126 deny    udp any any eq 1068
access-list 126 deny    udp any any eq 1023
access-list 126 deny    udp any any eq 9995
access-list 126 deny    tcp any any eq 5632
access-list 126 permit ip any any
snmp-server community cvitr1 RO
snmp-server community cvitw1 RW
snmp-server enable traps snmp authentication linkdown linkup coldstart warmstart
snmp-server enable traps chassis
snmp-server enable traps module
snmp-server enable traps transceiver all
snmp-server enable traps casa
snmp-server enable traps tty
```

```
snmp-server enable traps ospf state-change
snmp-server enable traps ospf errors
snmp-server enable traps ospf retransmit
snmp-server enable traps ospf lsa
snmp-server enable traps ospf cisco-specific state-change
snmp-server enable traps ospf cisco-specific errors
snmp-server enable traps ospf cisco-specific retransmit
snmp-server enable traps ospf cisco-specific lsa
snmp-server enable traps bgp
snmp-server enable traps config-copy
snmp-server enable traps config
snmp-server enable traps dlsw
snmp-server enable traps event-manager
snmp-server enable traps frame-relay
snmp-server enable traps hsrp
snmp-server enable traps ipmulticast
snmp-server enable traps MAC-Notification move threshold
snmp-server enable traps msdp
snmp-server enable traps pim neighbor-change rp-mapping-change invalid-pim-message
snmp-server enable traps rf
snmp-server enable traps rtr
snmp-server enable traps slb real virtual csrp
snmp-server enable traps bridge newroot topologychange
snmp-server enable traps stpx inconsistency root-inconsistency loop-inconsistency
snmp-server enable traps syslog
snmp-server enable traps flex-links status
snmp-server enable traps sonet
snmp-server enable traps dial
snmp-server enable traps fru-ctrl
snmp-server enable traps entity
snmp-server enable traps rsvp
snmp-server enable traps csg agent quota database
snmp-server enable traps srp
snmp-server enable traps vtp
snmp-server enable traps vlancreate
snmp-server enable traps vlandelete
snmp-server enable traps flash insertion removal
snmp-server enable traps c6kxbar intbus-crcexcd intbus-crcrcvrd swbus
snmp-server enable traps envmon fan shutdown supply temperature status
snmp-server enable traps port-security
snmp-server enable traps mpls traffic-eng
```

```
         snmp-server enable traps mpls ldp
         snmp-server enable traps alarms
         snmp-server enable traps vlan-mac-limit
         snmp-server enable traps voice poor-qov
         snmp-server enable traps mpls vpn
         snmp-server host 10.10.4.110 version 2c trapcomm
         control-plane
         dial-peer cor custom
         line con 0
         line vty 0 4
           password cvitcom
           login
         monitor session 1 source interface Gi3/7           //设置源端口
         monitor session 1 destination interface Fa1/13     //设置镜像端口
         no cns aaa enable
         end
```

4.4.5 局域网功能测试

局域网内部功能测试是校园网络组建与互联的一个重要部分，通过内部局域网的组建，检测网络设备能否为校园网正常运行提供安全稳定的保障，测试部分可运用常用网络命令如 ping、tracert 等，对网络基本状态进行检测，再结合交换机内置命令，完成如下操作。

① 显示接口信息 display interface GigabitEthernet 1/0/1。
② 显示所有 TCP 连接的状态 display tcp status。
③ 显示 TCP 连接的流量统计信息 display tcp statistics。
④ 显示 UDP 流量统计信息 display udp statistics。
⑤ 显示 IP 报文统计信息 display ip statistics。
⑥ 显示 ICMP 流量统计信息 display icmp statistics。
⑦ 清除 IP 报文统计信息 reset ip statistics。
⑧ 清除 TCP 连接的流量统计信息 reset tcp statistics。
⑨ 清除 UDP 流量统计信息 reset udp statistics 等进行测试。

4.5 广域网接入

4.5.1 任务分析

广域网接入是某职业技术校园网的最重要组成部分之一，根据网络方案，某职业技术学院广域网接入配置拓扑图参见图 4.1，在 H3C SR6608 路由器配置联通接口地址、电信接口地址、网关、路由、本地回指路由等，配置应用服务器 NAT 接口地址、网关、路由等，在 H3C SR6608 路由器下连深信服上网行为设备，通过设置深信服上网行为设备透明方式再与 H3C S9512E 及

Cisco Catalyst 6509 进行连接。

4.5.2 路由器配置

H3C SR6608 承载着如 Web 访问、FTP 文件传输、视频等流量巨大的网络应用，要承担大量的 NAT 转换、BT、EDONKEY 等 P2P 数据流量占据绝大部分出口带宽，也严重耗费出口资源，随着用户的增多数据流量变大，每秒并发连接数都要求高性能的路由器。因此尽可能地优化路由器的配置，减少网络出口的压力，达到将平衡负载实现高可用性。

下面是 H3C SR6608 的一个案例，用//解释前面的主要命令，相同功能的配置用"//……//"省略。

使用配置线缆将计算机 COM1 连接到 H3C SR6608 路由器，进入超级终端，在用户视图下运行 display current-configuration 查看最终当前配置。H3C SR6608 路由器配置信息如下。

```
#
 version 5.20, Release 3103P05        //设备版本号
#
 sysname CVIT_H3C-SR6608              //设备系统名称
#
 super password level 3 cipher "*@^G&14A43Q=^Q`MAF4<1!!
//超级密码，Telnet 需配置
#
 l2tp enable
#
 domain default enable system
#
 router id 172.16.0.11
#
 telnet server enable                 //全局启用 Telnet，配置 Telnet 所必须命令
#
 ip ttl-expires enable
#
 flow-interval 5
#
 undo password-recovery enable
#
 acl number 3000                      //全局 NAT 匹配条目，阻止映射公网 IP 的内网机器的 IP 地址
                                      //进行 NAT
  rule 0 permit ip
  rule 5 deny ip source 10.10.4.252 0
  rule 10 deny ip source 10.10.4.110 0
  rule 15 deny ip source 10.10.4.4 0
 acl number 3020                      //允许内网机器访问内部服务器，保障内网计算机能以公网 IP
                                      //或者域名访问内部服务器
```

```
  description lan_pc to 10.0.0.0_ser
  rule 0 permit ip source 10.0.0.0 0.255.255.255 destination 10.0.3.234 0
  rule 1 permit ip source 10.0.0.0 0.255.255.255 destination 10.10.4.60 0
  rule 3 permit ip source 10.0.0.0 0.255.255.255 destination 10.10.4.61 0
  rule 4 permit ip source 10.0.0.0 0.255.255.255 destination 10.10.4.0 0.0.0.255
  rule 5 permit ip source 10.0.0.0 0.255.255.255 destination 10.1.12.96 0
  rule 6 permit ip source 10.10.4.0 0.0.0.255 destination 10.0.0.0 0.255.255.255
 rule 15 permit ip source 10.0.0.0 0.255.255.255 destination 10.0.3.235 0
  rule 20 permit ip source 10.0.0.0 0.255.255.255 destination 10.0.3.202 0
  rule 25 permit ip source 10.0.0.0 0.255.255.255 destination 10.0.3.18 0
 rule 35 permit ip source 10.0.3.234 0 destination 10.0.0.0 0.255.255.255
  rule 40 permit ip source 10.1.12.96 0 destination 10.0.0.0 0.255.255.255
  rule 45 permit ip source 10.1.12.98 0 destination 10.0.0.0 0.255.255.255
  rule 50 permit ip source 10.0.3.235 0 destination 10.0.0.0 0.255.255.255
  rule 55 permit ip source 10.0.3.202 0 destination 10.0.0.0 0.255.255.255
  rule 60 permit ip source 10.0.3.18 0 destination 10.0.0.0 0.255.255.255
  rule 65 permit ip source 10.1.91.253 0 destination 10.0.0.0 0.255.255.255
  rule 75 permit ip source 10.10.4.60 0 destination 10.0.0.0 0.255.255.255
  rule 85 deny ip
#
vlan 1
#
domain system
  authentication ppp local          //设置 VPN 地址池
  access-limit disable
  state active
  idle-cut disable
  self-service-url disable
  ip pool 1 172.16.255.2 172.16.255.100
#
user-group system
  group-attribute allow-guest
#
local-user sdm                      //设置 VPN 用户
  password cipher $c$3$PeIjy2WrmH05lu2qM7fDuj//oGSEFBAE7Q6rdNAM3
  service-type ppp
local-user cey
  password cipher $c$3$5CxKY2gIXOgTzVgqDqiNo7RpPzjjU=
  service-type ppp
#
l2tp-group 1                        //设置 L2TP
  allow l2tp virtual-template 1
  tunnel password cipher $c$3$ExR9JxrRqzQq3BqR3xgD9qF6gz7SHVbWb
```

```
 tunnel name LNS
#
interface Virtual-Template1        //配置虚拟接口模板 1 及其验证方式
 ppp authentication-mode chap domain system
 remote address pool 1
 ip address 172.16.255.1 255.255.255.0
#
interface NULL0
#
interface LoopBack0
 ip address 172.16.0.11 255.255.255.255
#
interface GigabitEthernet2/1/0     //联通接口
 port link-mode route
 description TO_CU
 nat outbound static               //静态 NAT
 nat outbound 3000                 //静态 nat 匹配 acl 3000
nat server protocol tcp global 218.62.14.90 www inside 10.10.4.200 www
//端口映射，映射内网 IP 为联通 IP
 nat server protocol tcp global 218.62.14.90 8080 inside 10.10.4.200 8080
 nat server protocol tcp global 218.62.14.90 8081 inside 10.10.4.200 8081
 nat server protocol tcp global 218.62.14.90 8082 inside 10.10.4.200 8082
 nat server protocol tcp global 218.62.14.88 www inside 10.10.4.202 www
 nat server protocol tcp global 218.62.14.88 ftp inside 10.10.4.202 ftp
 nat server protocol tcp global 218.62.14.88 8080 inside 10.10.4.202 8080
 nat server protocol tcp global 218.62.14.88 8081 inside 10.10.4.202 8081
 nat server protocol tcp global 218.62.14.88 8082 inside 10.10.4.202 8082
 nat server protocol tcp global 218.62.14.89 www inside 10.10.4.180 www
 nat server protocol tcp global 218.62.14.86 www inside 10.10.4.171 www
 nat server protocol tcp global 218.62.14.86 ftp inside 10.10.4.171 ftp
 nat server protocol tcp global 218.62.14.86 3389 inside 10.10.4.171 3389
 nat server protocol tcp global 218.62.14.86 8081 inside 10.10.4.171 8081
 nat server protocol tcp global 218.62.14.86 8181 inside 10.10.4.171 8181
 nat server protocol tcp global 218.62.14.84 www inside 10.10.4.199 www
 nat server protocol tcp global 218.62.14.86 8080 inside 10.10.4.171 8080
 nat server protocol tcp global 218.62.14.86 81 inside 10.10.4.171 81
 nat server protocol tcp global 218.62.14.82 ftp inside 10.10.4.154 ftp
 ip address 218.62.14.93 255.255.255.240
 tcp mss 1024
#
interface GigabitEthernet4/0/0     //连接深信服上网行为接口
 port link-mode route
```

description TO_H3C-S9512E_CISCO-C6509
　　nat outbound static
　　nat outbound 3020　　　　　　　　//保障内网能以公网 IP 或域名访问内部服务器
　　duplex full
　　speed 1000
　　ip address 192.168.0.1 255.255.255.0
#
interface GigabitEthernet4/0/1　　　//电信接口
　　port link-mode route
　　description TO_CT
　　nat outbound static　　　　　　　//静态 NAT
　　nat outbound 3000　　　　　　　　//静态 nat 匹配 acl 3000
nat server protocol tcp global 219.149.220.166 8002 inside 10.0.3.234 8080
//端口映射，映射内网 IP 为电信 IP
　　nat server protocol tcp global 219.149.220.166 8001 inside 10.10.4.60 8001
　　nat server protocol tcp global 219.149.220.166 8080 inside 10.10.4.60 8080
　　nat server protocol tcp global 219.149.220.166 ftp inside 10.10.4.60 ftp
　　nat server protocol tcp global 219.149.220.166 22345 inside 10.10.4.253 22345
　　nat server protocol tcp global 219.149.220.167 www inside 10.10.4.210 www
　　nat server protocol tcp global 219.149.220.167 8080 inside 10.10.4.210 8080
　　nat server protocol tcp global 219.149.220.167 8081 inside 10.10.4.210 8081
　　nat server protocol tcp global 219.149.220.167 8082 inside 10.10.4.210 8082
　　nat server protocol tcp global 219.149.220.168 www inside 10.10.4.211 www
　　nat server protocol tcp global 219.149.220.168 ftp inside 10.10.4.211 ftp
　　nat server protocol tcp global 219.149.220.168 8080 inside 10.10.4.211 8080
　　nat server protocol tcp global 219.149.220.168 8081 inside 10.10.4.211 8081
　　nat server protocol tcp global 219.149.220.168 8082 inside 10.10.4.211 8082
　　nat server protocol tcp global 219.149.220.169 www inside 10.10.4.212 www
　　nat server protocol tcp global 219.149.220.169 ftp inside 10.10.4.212 ftp
　　nat server protocol tcp global 219.149.220.169 8080 inside 10.10.4.212 8080
　　nat server protocol tcp global 219.149.220.169 8081 inside 10.10.4.212 8081
　　nat server protocol tcp global 219.149.220.169 8082 inside 10.10.4.212 8082
　　nat server protocol tcp global 219.149.220.163 www inside 10.10.4.80 www
　　nat server protocol tcp global 219.149.220.163 ftp inside 10.10.4.80 ftp
　　nat server protocol tcp global 219.149.220.163 1010 inside 10.10.4.80 1010
　　nat server protocol tcp global 219.149.220.165 www inside 10.10.4.174 www
　　nat server protocol tcp global 219.149.220.165 ftp inside 10.10.4.174 ftp
　　nat server protocol tcp global 219.149.220.139 www inside 10.10.4.172 www
　　nat server protocol tcp global 219.149.220.171 www inside 10.10.4.235 www
　　nat server protocol tcp global 219.149.220.163 3389 inside 10.10.4.80 3389
　　nat server protocol tcp global 219.149.220.164 8000 inside 10.1.5.253 8000

```
 nat server protocol tcp global 219.149.220.166 443 inside 10.10.4.253 443
 nat server protocol tcp global 219.149.220.166 85 inside 10.10.4.253 85
 nat server protocol tcp global 219.149.220.184 8002 inside 10.0.3.235 8080
 nat server protocol tcp global 219.149.220.184 8001 inside 10.10.4.61 8001
 nat server protocol tcp global 219.149.220.184 8080 inside 10.10.4.61 8080
 nat server protocol tcp global 219.149.220.184 ftp inside 10.10.4.61 ftp
 nat server protocol tcp global 219.149.220.184 8000 inside 10.10.4.61 8000
 nat server protocol udp global 219.149.220.184 8000 inside 10.10.4.61 8000
 nat server protocol tcp global 219.149.220.184 3389 inside 10.10.4.61 3389
 nat server protocol tcp global 219.149.220.184 www inside 10.10.4.175 www
 nat server protocol tcp global 219.149.220.184 2000 inside 10.10.4.175 2000
 nat server protocol tcp global 219.149.220.184 8008 inside 10.10.4.175 8080
 nat server protocol tcp global 219.149.220.186 www inside 10.10.4.70 www
 ip address 219.149.220.162 255.255.255.224
 tcp mss 1024
#
interface M-GigabitEthernet0/0/0
#
ip route-static 0.0.0.0 0.0.0.0 219.149.220.161 preference 80
                                                              //缺省出口路由优先级高
ip route-static 0.0.0.0 0.0.0.0 218.62.14.81 preference 100
                                                              //缺省出口路由优先级低
    ip route-static 1.24.0.0 255.248.0.0 218.62.14.81         //联通精细路由
    ip route-static 1.56.0.0 255.248.0.0 218.62.14.81
    ip route-static 1.188.0.0 255.252.0.0 218.62.14.81
    ip route-static 10.0.0.0 255.0.0.0 192.168.0.5            //内网路由
    ip route-static 10.0.0.0 255.0.0.0 192.168.0.6 preference 120
    ip route-static 10.0.0.0 255.255.0.0 192.168.0.6
    ip route-static 10.0.4.0 255.255.255.0 192.168.0.6
    ip route-static 10.1.0.0 255.255.0.0 192.168.0.6
    ip route-static 10.1.5.0 255.255.255.0 192.168.0.5
    ip route-static 14.204.0.0 255.254.0.0 218.62.14.81
    ip route-static 27.8.0.0 255.248.0.0 218.62.14.81
    ip route-static 27.36.0.0 255.252.0.0 218.62.14.81
    ip route-static 27.40.0.0 255.248.0.0 218.62.14.81
    ip route-static 27.98.224.0 255.255.224.0 218.62.14.81
    ip route-static 27.115.0.0 255.255.128.0 218.62.14.81
    ip route-static 36.32.0.0 255.252.0.0 218.62.14.81
//……//
ip route-static 221.200.0.0 255.248.0.0 218.62.14.81
    ip route-static 221.208.0.0 255.240.0.0 218.62.14.81
    ip route-static 222.128.0.0 255.240.0.0 218.62.14.81
    ip route-static 223.166.0.0 255.254.0.0 218.62.14.81
```

```
#
  info-center loghost 10.10.4.110
#
  snmp-agent                                              //配置 snmp 网管
  snmp-agent local-engineid 800063A203000FE2B1AD19
  snmp-agent community read cvitr1
  snmp-agent community write cvitw1
  snmp-agent sys-info version v2c v3
  snmp-agent target-host trap address udp-domain 10.10.4.110 params securityname cvitr1 v2c
#
  nat static 10.10.4.180 218.62.14.89                     //静态 NAT，映射服务器
  nat static 10.10.4.199 218.62.14.84
  nat static 10.10.4.101 218.62.14.92
  nat static 10.10.4.88 219.149.220.173
  nat static 10.10.4.240 219.149.220.174
  nat static 10.10.4.90 219.149.220.163
  nat static 10.10.4.108 219.149.220.177
  nat static 10.10.4.153 219.149.220.180
  nat static 10.1.5.253 219.149.220.164
  nat static 10.10.4.106 219.149.220.179
  nat static 10.10.4.181 219.149.220.181
  nat static 10.10.4.105 219.149.220.178
  nat static 10.41.6.253 219.149.220.190
  nat static 10.0.4.104 219.149.220.188
  nat static 10.42.0.147 219.149.220.182
  nat static 10.10.4.100 219.149.220.183
  nat static 10.10.4.154 219.149.220.185
  nat static 10.42.0.100 219.149.220.187
  nat static 10.10.4.198 219.149.220.189
#
user-interface con 0
user-interface aux 0
user-interface vty 0 4
  set authentication password cipher $c$3$Gv1F8isuMw0W42s1W5PikN+FFO
  idle-timeout 35791 0
#
return
```

4.5.3 广域网接入功能测试

广域网接入功能测试是检验校园网络成果的一个重要组成部分，测试部分可运用常用网络命令如 ping、tracert、netstat–an、nslookup 等对网络基本状态进行检测，再根据 H3C SR6608 路由器内置命令做如下测试。

① 显示所有的地址转换的配置信息 display nat all。
② 显示内部服务器的信息 display nat server。
③ 显示地址转换的统计信息 display nat statisticsslot2。
④ 显示地址转换 session 的信息 display sessionrelation-table/statistics/table。
⑤ 显示接口信息 display interface GigabitEthernet 2/1/1。
⑥ 显示所有 TCP 连接的状态 display tcp status。
⑦ 显示 TCP 连接的流量统计信息 display tcp statistics。
⑧ 显示 UDP 流量统计信息 display udp statistics。
⑨ 显示 IP 报文统计信息 display ip statistics。
⑩ 显示 ICMP 流量统计信息 display icmp statistics。
⑪ 清除 IP 报文统计信息 reset ip statistics。
⑫ 清除 TCP 连接的流量统计信息 reset tcp statistics。
⑬ 清除 UDP 流量统计信息 reset udp statistics。

4.6 无线网络组建

4.6.1 任务分析

对于本次规划中的无线校园网络，其特别重视安全方面的策略，并要求适合无线网络自身的特征。因此，无线网络的安全防御能力，是本次网络规划的重点内容。

在有线以太网技术的发展历程中，越来越多的面向访问端和服务端的安全技术被开发出来并得到了成熟运用。但对于无线网技术而言，由于其使用电磁波在设备之间传送信息，其广播数据的方式让任何人都能访问数据。这种功能也会限制无线技术为该数据提供保护。因为任何人都可以截取到通信流，这样对网络就构成了威胁。

无线网络中的这些漏洞需要特定的安全保护功能和实现方法来防止 WLAN 受到攻击，其中，SSID 禁止广播、MAC 地址过滤、可扩展身份验证协议 EAP、加密协议 WEP/WPA 等一系列 WLAN 安全技术的综合运用，将全面提升无线网络的安全防御能力。本次规划中，将按照层次化的设计理念来满足某职业技术学院的无线网络安全需求。

1. SSID 管理

服务集标识符（SSID），用于标识无线设备所属的 WLAN 以及能与其相互通信的设备。进入无线网络的一个简单方法是通过 SSID。所有连接到无线网络的计算机都必须知道 SSID。默认情况下，无线路由器和接入点会广播 SSID 到无线范围内的所有计算机。激活 SSID 广播功能后，如果没有部署任何其他安全功能，任何无线客户端都可以检测并连接网络。SSID 广播功能也可以关闭。关闭之后，网络就不再公开。任何想要连接网络的计算机都必须知道 SSID。

2. 更改出厂配置

改变默认设置也同样重要。无线设备出厂时已经预先带有配置，如 SSID、密码和 IP 地址等。攻击者利用这些默认设置可以轻松找到和渗入网络。

即使禁用了 SSID 广播功能，他人也可以利用众所周知的默认 SSID 侵入网络。此外，如果不改变其他默认设置，如密码和 IP 地址，攻击者同样可以访问 AP 并更改这些设置。用户应将默认信息更改为更安全和独特的信息。

这些更改本身无法保护网络，如 SSID 用明文传输。有些设备可以拦截无线信号，读取明文信息。即使关闭了 SSID 广播功能并更改了默认值，攻击者也可以使用设备拦截无线信号，并得知无线网络的名称，然后使用此信息连接到网络。因此，需要组合多种方法来保护 WLAN。

3. MAC 地址过滤

使用 MAC 地址来分辨可以连接到无线网络的设备。当某个无线客户端尝试连接或关联 AP 时，就会发送 MAC 地址信息。如果启用了 MAC 过滤，无线路由器或 AP 会在预配置的列表中查找其 MAC 地址。只有设备的 MAC 地址已预先记录在路由器数据库中，才允许其连接。如果在数据库中找不到其 MAC 地址，则会禁止该设备连接无线网络或通过无线网络通信。

对于大规模网络，使用 MAC 地址过滤时操作起来具有较大的难度，因为 MAC 地址的规律性不强，所有的 AP 都要进行配置，维护工作量不大，但设备要具有这样的能力，以备以后增加相应设备进行配套使用，增强安全性。

这种安全保护方法也存在一些问题。例如，所有应该访问网络的设备在尝试连接之前，必须将其 MAC 地址加入数据库中，否则就无法连接。此外，攻击者也可以使用其设备克隆其他具有访问权限的设备的 MAC 地址。

4. 可扩展身份验证协议（EAP）

EAP 提供相互或双向的身份验证以及用户身份验证。在客户端安装 EAP 软件时，客户端将与后端身份验证服务器（如远程身份验证拨号用户服务（RADIUS））通信。该后端服务器的运行独立于 AP，并负责维护有权访问网络的合法用户数据库。使用 EAP 时，用户和主机都必须提供用户名和密码，以便对照 RADIUS 数据库检查其合法性。如果合法，该用户即通过了身份验证。

5. WEP/WPA 加密

身份验证和 MAC 地址过滤可以阻止攻击者连接无线网络，但无法阻止他们拦截传输的数据。而经过加密之后，攻击者即使拦截了传输的数据，也无法使用它们。

有线等效密钥（WEP）是一种防范攻击者拦截数据的极佳方式，其使用预配置的密钥加密和解密数据。但是，所有启用 WEP 的设备都使用静态密钥，攻击者可以进行破解。另一种使用形式更高级、更安全的加密是 Wi-Fi 保护访问（WPA），与 WEP 不同的是，每当客户端与 AP 建立连接时，WPA 都会生成新的动态密钥。

6. 构建认证方式融合一体的无线网络

在有线网络完成后，某职业技术学院的接入层交换机产品均具备 IEEE 802.1x 认证能力。无线网络作为接入层的补充网，必须全面支持扩展的 IEEE 802.1x 认证计费，同时可以融合进有线网络接入层的认证范畴。在该校区的网络用户不论是通过有线网络还是无线网络，均采用同样的认证客户端、同样的认证方式、同样的合法用户名和密码，以实现全网认证与计费的统一，符合校园整体安全防御的需求。

7. 通过智能管理中心实现无线网络管理

基于标准的 SNMP 协议实现对设备的管理，H3C IMC 网管系统通过 SNMP 实现对 WLAN

所有网元的管理。网管工作站可以放在网上的任意位置，通过标准的 SNMP 即可实现对所有设备的管理。采用标准的 SNMP 可以实现更为强大的管理，包括自动拓扑发现、自动升级、批量配置、分级管理、分级告警等。

8. 基于 PoE 标准解决无线网络供电问题

由于本次无线网中 AP 布放位置根据实际覆盖效果而调整，在已建设完成的建筑物上较难进行本地供电，对 AP 的本地供电问题难度更大，可采用基于标准的 IEEE 802.3af 实现对 AP 的供电。通过在汇集交换机处叠加一个供电电源或者内嵌交换机内，通过以太网在传输数据同时给 AP 供电，其供电距离达 100 m，可以满足实际组网的要求。

根据网络规划的需要，对室内、室外无线 AP 均选择 Fit 工作模式，故无线 AP 本身不做任何配置，所有数据全部在 AC 上配置。

项目中需要满足客户实现校园网络室外无线覆盖，室内指定地点覆盖，其组网图如图 4.2 所示。

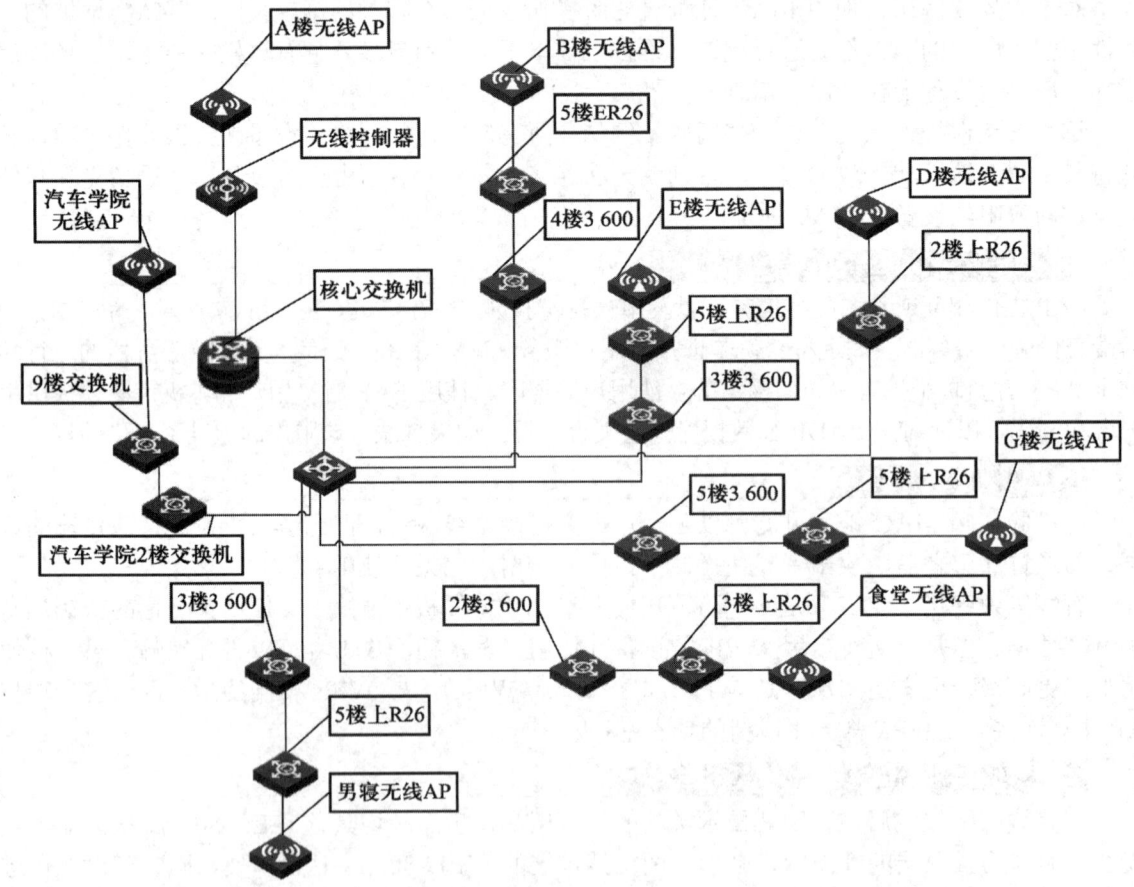

图 4.2　无线网络组网结构图

在校园园区内部署 Fit AP，所有室内 AP 与室外 AP 全部接到终端交换机上，通过二层网络 PoE 供电无线 AP，单独划分 VLAN 给无线 AP 下使用，并汇聚交换机路由至核心交换机，在核心交换机安装配置无线控制器板卡。所有 AP 与接入用户全部通过无线控制器 DHCP 动态分配 IP 地址，接入后通过 Web 用户提供认证页面结合 Portal 认证，方能正常访问内外网资源。设备安装位置如图 4.3 所示。

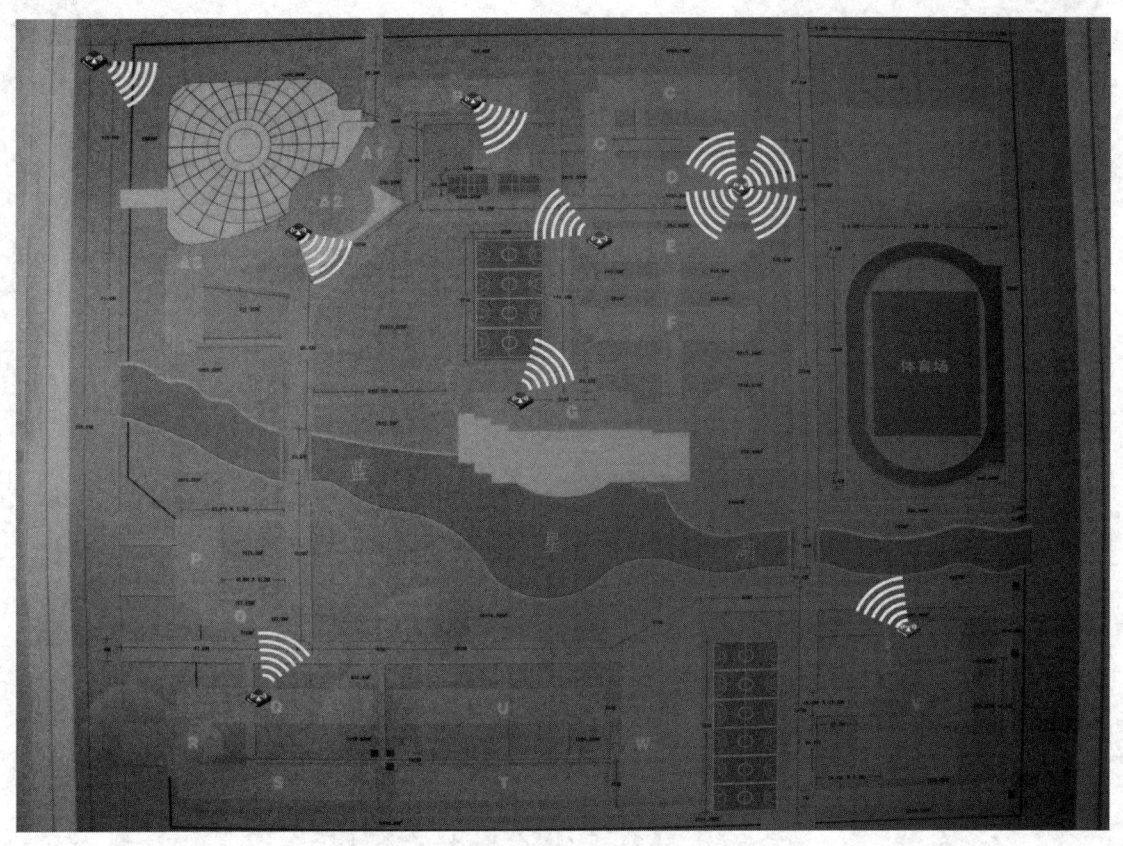

图 4.3 某职业技术学院设备安装位置

4.6.2 无线网络设备配置

根据网络规划的需要，对室内、室外无线网络均选择 Fit 工作模式，在实际配置上只需在 H3C 9512E 无线控制板卡，对于 AP 只需设成 Fit 模式即可。

下面是三层核心设备 H3C 9512E 无线控制板卡的一个样例，在用//解释前面的主要命令，同一命令不同接口下相同功能的配置用"//……//"省略。

使用配置线缆将计算机 COM1 连接到 H3C 9512E 核心交换机线控制板卡，进入超级终端，在用户视图下运行 display current-configuration 查看最终当前配置。

H3C 9512E 无线控制器板卡配置如下：

```
#
 version 5.20, Release 2308P10
#
 sysname 95_AC
```

```
#
domain default enable system
#
telnet server enable
#
user-isolation vlan 20 enable          //命令用来使能指定 VLAN 的用户隔离功能
user-isolation vlan 20 permit-mac 3ce5-a6b1-fe46
//命令用来在指定 VLAN 内添加允许 MAC 地址
user-isolation vlan 21 enable
user-isolation vlan 21 permit-mac 3ce5-a6b1-fe46
user-isolation vlan 101 enable
user-isolation vlan 101 permit-mac 3ce5-a6b1-fe46
user-isolation vlan 102 enable
user-isolation vlan 102 permit-mac 3ce5-a6b1-fe46
user-isolation vlan 140 enable
user-isolation vlan 140 permit-mac 3ce5-a6b1-fe46
user-isolation vlan 141 enable
user-isolation vlan 141 permit-mac 3ce5-a6b1-fe46
//......//
user-isolation vlan 2302 enable
user-isolation vlan 2302 permit-mac 3ce5-a6b1-fe46
#
port-security enable
#
portal server imc ip 10.10.4.110 key cipher $c$3$rppykeEMGNrJNF7bZ2PFf153agaiGuc=
                                       //配置 IMC Portal 认证初始口令
url http://10.10.4.110/portal server-type imc
                                       //指定 Portal 认证类型
portal free-rule 1 source any destination ip 10.10.4.110 mask 255.255.255.255
                                       //配置 portal free-rule，允许客户端在未进
                                       //行 Portal 认证之前访问指定网络段或 IP
portal free-rule 31 source any destination ip 202.98.0.68 mask 255.255.255.255
portal free-rule 32 source any destination ip 202.98.5.68 mask 255.255.255.255
portal free-rule 33 source any destination ip 219.149.194.55 mask 255.255.255.255
portal free-rule 34 source any destination ip 8.8.8.8 mask 255.255.255.255
portal free-rule 35 source any destination ip 10.10.10.1 mask 255.255.255.255
portal free-rule 36 source any destination ip 172.16.0.0 mask 255.255.0.0
#
vlan 1
#
vlan 10
#
vlan 11
```

```
#
vlan 101 to 1902
#
vlan 2000
 description TO_95
#
vlan 2001 to 2302
#
radius scheme cvit              //配置 RADIUS 服务器
  server-type extended
  primary authentication 10.10.4.110
  primary accounting 10.10.4.110
  secondary authentication 10.10.4.150
  secondary accounting 10.10.4.150
  key authentication cipher $c$3$Fh9cphhEzuL/uKtcgvzK6/ZB
  key accounting cipher $c$3$Sez5enpg+r35WFo6Tra9MskS
#
domain student
  authentication portal radius-scheme cvit
  authorization portal radius-scheme cvit
  accounting portal radius-scheme cvit
  access-limit disable
  state active
  idle-cut disable
  self-service-url disable
domain system
  access-limit disable
  state active
  idle-cut disable
  self-service-url disable
domain teacher
  authentication portal radius-scheme cvit
  authorization portal radius-scheme cvit
  accounting portal radius-scheme cvit
  access-limit disable
  state active
  idle-cut disable
  self-service-url disable
#
dhcp server ip-pool 101           //配置 DHCP 服务器
  network 10.1.101.0 mask 255.255.255.0
  gateway-list 10.1.101.254
  dns-list 219.149.194.55 202.98.0.68 202.98.5.68
```

```
#
dhcp server ip-pool 102
  network 10.1.102.0 mask 255.255.255.0
  gateway-list 10.1.102.254
  dns-list 219.149.194.55 202.98.0.68 202.98.5.68
#
//……//
dhcp server ip-pool 902
  network 10.9.102.0 mask 255.255.255.0
  gateway-list 10.9.102.254
  dns-list 219.149.194.55 202.98.0.68 202.98.5.68
#
user-group system
  group-attribute allow-guest
#
local-user yyz
  password cipher $s$3$QE9bjaBEGwiRIy+EAtYFtQz
  authorization-attribute level 3
  service-type ssh telnet
  service-type web
#
wlan rrm                          //配置无线资源管理
  dot11a mandatory-rate 6 12 24
  dot11a supported-rate 9 18 36 48 54
  dot11b mandatory-rate 1 2
  dot11b supported-rate 5.5 11
  dot11g mandatory-rate 1 2 5.5 11
  dot11g supported-rate 6 9 12 18 24 36 48 54
#
wlan radio-policy 1
  beacon-interval 200
#
wlan service-template 1 crypto    //配置服务模板
  ssid cvit-teacher
  bind WLAN-ESS 1
  cipher-suite ccmp
  security-ie rsn
  client-rate-limit direction inbound mode static cir 2048
  client-rate-limit direction outbound mode static cir 2048
  service-template enable
#
wlan service-template 2 crypto
  ssid cvit-student
```

```
    bind WLAN-ESS 2
    cipher-suite ccmp
    security-ie rsn
    client-rate-limit direction inbound mode static cir 2048
    client-rate-limit direction outbound mode static cir 2048
    service-template enable
#
interface Bridge-Aggregation1
    port access vlan 2000
#
interface NULL0
#
interface LoopBack0
    ip address 172.16.0.3 255.255.255.255
#
interface Vlan-interface101            //配置 VLAN
    ip address 10.1.101.254 255.255.255.0
    portal server imc method direct
#
interface Vlan-interface102
    ip address 10.1.102.254 255.255.255.0
    portal server imc method direct
#
//……//
interface Vlan-interface2301
    ip address 10.23.101.254 255.255.255.0
    portal server imc method direct
#
interface Vlan-interface2302
    ip address 10.23.102.254 255.255.255.0
    portal server imc method direct
#
interface M-GigabitEthernet1/0/0
#
interface Ten-GigabitEthernet1/0/1
port access vlan 2000
    port link-aggregation group 1
#
interface Ten-GigabitEthernet1/0/2
    port access vlan 2000
    port link-aggregation group 1
#
interface WLAN-ESS1                    //配置 WLAN 接口
```

```
    port link-type hybrid
    port hybrid vlan 1 untagged
    mac-vlan enable
    port-security port-mode psk
    port-security tx-key-type 11key
    port-security preshared-key pass-phrase cipher $d$3$sCYBbRfLfr+n3G5W9GC98SFAZ
    undo dot1x multicast-trigger
#
interface WLAN-ESS2
    port link-type hybrid
    port hybrid vlan 1 untagged
    mac-vlan enable
    port-security port-mode psk
    port-security tx-key-type 11key
    port-security preshared-key pass-phrase cipher $d$3$bzWaOZUhgl+QJtl+3jQlFp8N5k
    undo dot1x multicast-trigger
#
nqa entry imclinktopologypleaseignore ping
    type icmp-echo
      destination ip 192.168.200.254
      frequency 270000
#
wlan ap a1_1f_zsc model WA2620-AGN id 40        //添加无线 AP
    serial-id 219801A0CNC12B002142              //添加 AP 的序列号
    radio 1                                      //进入 AP 的射频
    radio 2
      channel 11 //为避免信号冲突，不同射频尽量配置成不同的 chanel，分别为 1、6、11
      radio-policy 1
      service-template 1 vlan-id 401             //配置射频的服务模板
      service-template 2 vlan-id 402
      radio enable
#
wlan ap a_floor model WA2210X-G id 51
    serial-id 210235A29H0085000096
    radio 1
      channel 1
      radio-policy 1
      service-template 1 vlan-id 1601
      service-template 2 vlan-id 1602
      radio enable
#
wlan ap b_floor model WA2210X-G id 52
    serial-id 210235A29H0085000090
```

```
   radio 1
     channel 6
     radio-policy 1
     service-template 1 vlan-id 1601
     service-template 2 vlan-id 1602
     radio enable
#
//…
…//
wlan ap xxz_9f_904 model WA2620-AGN id 35
  serial-id 219801A0CNC12B002286
  radio 1
  radio 2
    channel 11
    radio-policy 1
    service-template 1 vlan-id 201
    service-template 2 vlan-id 202
    radio enable
#
wlan ap xxz_9f_912 model WA2620-AGN id 34
  serial-id 219801A0CNC12B002070
  radio 1
  radio 2
    channel 1
    radio-policy 1
    service-template 1 vlan-id 201
    service-template 2 vlan-id 202
    radio enable
#
  ip route-static 0.0.0.0 0.0.0.0 192.168.200.1
#
  undo info-center logfile enable
#
snmp-agent
  snmp-agent local-engineid 800063A2033CE5A6B1FE46
  snmp-agent community read cvitr1
  snmp-agent community write cvitw1
  snmp-agent sys-info version v2c v3
  snmp-agent target-host trap address udp-domain 10.10.4.110 params securityname cvitr1 v2c
#
  dhcp enable
#
  nqa schedule imclinktopologypleaseignore ping start-time now lifetime 630720000
```

```
#
 load xml-configuration
#
user-interface con 0
  authentication-mode password
  set authentication password cipher $d$3$JvB3TU6DkwokktR2uX/6vlyX6t/P
user-interface aux 0
  authentication-mode none
  user privilege level 3
user-interface vty 0 4
  authentication-mode scheme
  user privilege level 3
  set authentication password cipher $d$3$Z1zIrkz90lRdPADqe7perTCNP
  idle-timeout 35791 0
#
return
```

4.6.3 无线网络功能测试

无线网络组建功能测试是检验校园网络扩展部分的成果，测试内容可运用便携式计算机在无线范围内针对测试位置进行寻找信号、测试最强信号强度（dbm）、自动获取 IP 地址、测试 Internet 连接、ping 包掉线率（<5%为正常）等。

4.7 校园网网络管理设计与实现

4.7.1 任务分析

某职业技术学院校园网随着基础设施建设完成之后，诸多实时的应用对网络设备的可靠性、链路的可靠性等方面提出了更高的要求。加强校园网网络管理尤为重要，加强网络网络安全，使网络具备防源 IP 地址欺骗、防 DoS/DDoS 攻击、防 IP 扫描等防攻击功能。

控制用户上网行为采用安全认证，同时保证用户在进入网络后的行为受到监控，保证网络行为合法性及网络设备的安全，满足高安全性的需求。

4.7.2 用户上网认证管理

某职业技术学院网络用户要满足对 12 000 左右用户进行认证的需求，因此所提供的认证计费系统应当能够实现高效分布式认证，保障网络的高效畅通。

采用 H3C 的 IMC 软件系统实行全网的用户认证和计费管理，IMC 具有强大的认证功能，可以实现按流量计费、支持多种计费策略，同时其旁挂式的方式大大提高了网络的安全性，避免了在出口产生流量瓶颈的问题。

用户的管理随着网络的扩大逐步显得更加的重要。从目前的校园网的建设来看，不同的学校有着不同的网络的管理方式，如 MAC 绑定、IP 地址的绑定、卡号密码的绑定等，不同方式各有千秋。

由于某职业技术学院的网络只允许遵守其制定的网络规章制度的用户使用网络。所有要使用网络的用户都必须是在网络中心登记的合法用户，也只有合法的用户通过认证后才可以访问网络，任何非法用户以及不通过认证的用户不能使用网络资源。通过对上网的用户进行接入控制，实现了"虚拟世界真实化"，保障了网络的安全性。在实际的建网过程中遵循了以下几点要求。

1. 端口接入控制

针对某职业技术学院学生宿舍区用户、教学区用户、办公区用户、无线移动用户，如何对上述人员进行准确的身份识别呢？可以通过 MAC 地址、交换机端口、IP 地址、账号等多元素灵活绑定，其中 IEEE 802.1x 认证被广泛应用在有线校园网，目前校园网采用的所有交换机都支持 802.1x 认证。

学生宿舍区的用户上网的安全性非常重要，H3C E528/E552 可以做到，端口+IP+MAC 地址的绑定关系，H3C E528/E552 交换机可以支持基于 MAC 地址的 IEEE 802.1x 认证，整机最多支持 4K 个下挂用户的认证。

2. 接入时间段的控制

校园网与运营商的上网接入服务不同，其本质的区别是校园网面对的客户群体主要是学生，而学生的本职是学习，但对于一些自控能力比较差高职学生，很容易沉迷于网络，从而影响了其正常学习。因此有必要对上网时间段进行控制，只允许学生在特定的时间段上网，节假日期间可以宽松一点，8:00～24:00 均可上网。另外，对于教师，可以不作任何上网时间段控制，能够提供 24 小时的服务。

3. 网管平台

网管软件对于用户来说是维护网络的重要工具，在某职业技术学院的网络认证管理方面，采用了 IMC 网管平台，实现了有线无线一体化管理；在网络入口实现用户鉴别、权限控制和业务隔离；在网络出口实现用户行为审记。

某职业技术学院 IEEE 802.1x 的认证过程采用的是 EAP 终结方式实现，首先用户打开 802.1x 客户端程序，输入已申请过的用户名、密码，然后发起 EAP 报文至支持 IEEE 802.1x 的 H3C E528/E552 交换机上，在 H3C E528/E552 上终结 EAP 报文，并映射到 RADIUS 报文中，同时发送至认证服务器 RADIUS Server 上，用户名、密码的验证工作由 RADIUS Server 来完成，如验证通过，由 RADIUS Server 下发 RADIUS 报文至 H3C E528/E552 通知该用户，允许用户通过端口访问网络。

IEEE 802.1x 只是控制认证交换机的端口打开与关闭。当 IEEE 802.1x 认证成功后，交换机端口打开，还需要有 IP、MAC 绑定信息，只有获取到相应的 IP、MAC 才能自由通信。采用的认证管理方式是自动绑定 MAC 地址＋IP＋端口的多元素复合绑定技术。

具体操作是将每个用户的计算机与交换机上的每个端口进行一一捆绑，这样保障了网络使用的安全性，同时从网络管理员的角度，可以实现到端口的管理。

学校每个月可能都会有新增用户，对于新增用户的多元素复合绑定是工作量很大的，IMC

可以直接实现对于用户的批量配置工作。

4.7.3　用户上网计费管理

H3C 的 IMC 软件系统实行全网的用户认证和计费管理，针对两类计费用户（计费和不计费），需要对其身份进行准确的确认。这不仅是准确计费的需要，也是网络安全的需要。

用户信息的搜集是网络开通前网管人员的首要任务，此时需要搜集的信息可能包含有学生的学号、用户主机的 MAC 地址、用户接入的端口、分配给用户的 IP 地址、用户的性别、用户的宿舍号、用户的学院或是需要用户提供的相关特性。此过程可能是用户工作量最大的一个过程。如一个 5 000 用户的开户工作，假设 1 个用户的录入工作需要 2 min（包括检查用户提供的信息是否正确），5 000 用户需要的工作量就是 5 000×2 min＝10 000 min，共计 166 h，按照一天 8 h 工作时间计算，共需要 21 天，这样的工作量对网络管理员来说是不可忍受的，使用 IMC 用户管理系统可以根据用户需求进行定制。

用户预注册可以帮助用户在开户前的相关信息的搜集，用户可以通过固定的网上申请用户名、密码等相关信息，而且网管人员需要搜集的信息可以在"用户附加信息"中进行自行定义，定义的方式也是可选的，可以是下拉菜单方式的、也可以是输入的，为了避免用户输错，可规定输入文档的格式，详见"用户附加信息"。可以在用户预注册的时候要求用户输入要搜集的相关 MAC、工号、单位等信息。

针对用户开户要在 IMC 上定义的用户群的服务（如管理策略、安全策略、计费策略、绑定策略）。在计费策略中可以指定收费方式，在服务策略中，可以将用户的 IP、设备 IP、设备端口、所属 VLAN、MAC 地址等进行多元素绑定。

针对用户上网方式可以采用充值卡方式进行自助充值，见表 4.13。

表 4.13　缴费充值卡设计模板

某职业技术学院校园网缴费充值卡 面值：30 元（存根） 充值卡号： 充值密码： 有效期至：2015 年 02 月 20 日 　　　　　　学院财务处·网络中心监制 　　　　　　序号：2014000001	某职业技术学院校园网缴费充值卡 面值：30 元 充值卡号： 充值密码： 有效期至：2015 年 02 月 20 日 　　　　　　学院财务处·网络中心监制 　　　　　　序号：2014000001

利用 IMC 平台生成自定义充值卡号及密码，然后利用邮件合并功能按照充值卡模板进行合并生成一个 Word 文档，再进行下一步打印、印章等流程。

4.7.4　用户上网行为管理

校园网作为一个开放的网络系统，运行状况愈来愈复杂，如何及时了解网络运行基本状况，并对网络整体状况作出基本的分析，发现可能存在的问题（如病毒、木马造成的网络异常），并进行快速的故障定位。

采用深信服上网行为设备可以有效管理校园内部的网络安全，通过合理设置访问权限，进行网络安全审计，提供完善的访问控制功能，能够杜绝对不良网站和危险资源的访问，防止 P2P 软件对企业网络带来的安全风险。通过带宽管理和访问跟踪技术，能有效防止对 Internet 资源的滥用，防止校园网信息资产的泄漏，有效解决工作效率低下、网络性能恶化、网络违法行为等事件。

依据校园网使用情况按时间进行网络带宽设置，如可按用户、协议和时间对 Internet 流量进行统计分析进行优化，如图 4.4 所示。

图 4.4　深信服上网行为设置带宽策略

设置安全策略放行正常网络工作限制及拒绝有关政治、色情、赌博等网站，如图 4.5 所示。

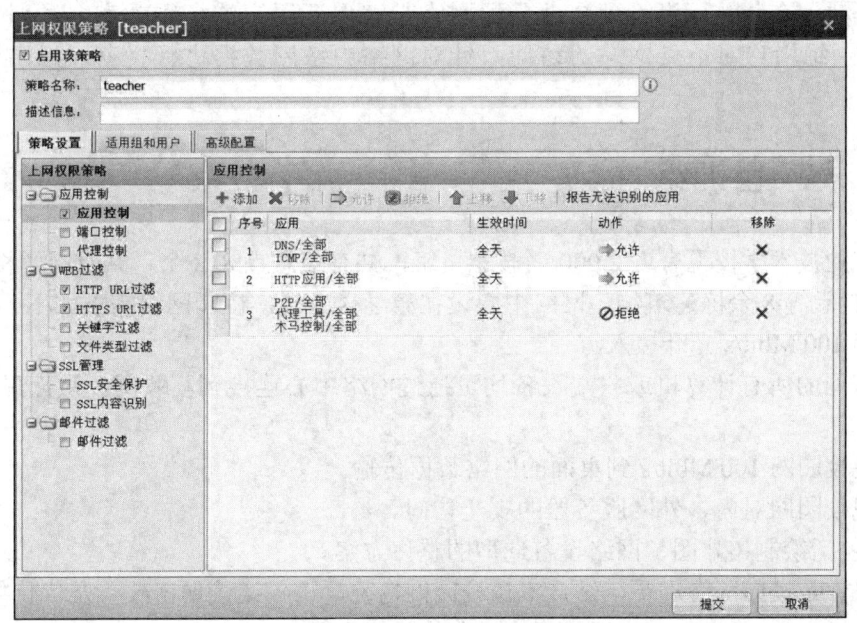

图 4.5　深信服上网行为设置应用策略

设置用户及组，如教师、学生、机房不同的用户组进行不同的上网行为审计，如图 4.6 所示。

图 4.6　深信服上网行为设置用户组

通过审计日志包括聊天记录、浏览的网页、上传下载的文件等，网络管理员可以查找网络行为进行故障定位。

还可以针对监控网络异常情况下进行实时监控，结合 IMC 管理平台通过网络管理员可以对在线用户进行实时监控，对恶意用户强制下线、加入"黑名单"防止恶意攻击并对恶意用户的 MAC 地址及 IP 地址进行跟踪，从而解决因为异常用户导致合法用户无法接入、异常断线等问题。

通过校园网的上网行为管理合理分配网络带宽保证用户的上网效率，同时有效控制用户上网行为拒绝用户对不良网站的访问，针对网络中敏感数据进行拦截，以防泄密或引起法律纠纷。

4.8　拓展项目训练

1. 某职业技术学校现有近 2 000 名教职员工，共有信息点 818 个，共有教学楼、办公楼、学生公寓、食堂等 8 余栋建筑物。网络中心设在教学楼 3 楼，校园网络需求如下。

① 外网 100 Mbit/s 光纤接入。

② 校园网的所有计算机或终端设备均可通过网络中心连接到互联网，从而最大限度地利用网络资源。

③ 实现校园网 100 Mbit/s 到桌面的网络数据传输。

④ 实现校园网对内、外网服务器的安全访问。

请设计包括绘制拓扑图、网络设备选型的整体方案。

2. 如果你是校园网管理员，结合本校校园网情况，请你谈谈如何改善及优化接入交换机、汇聚交换机、核心交换机、路由器等网络设备的网络配置。

郑重声明

高等教育出版社依法对本书享有专有出版权。任何未经许可的复制、销售行为均违反《中华人民共和国著作权法》，其行为人将承担相应的民事责任和行政责任；构成犯罪的，将被依法追究刑事责任。为了维护市场秩序，保护读者的合法权益，避免读者误用盗版书造成不良后果，我社将配合行政执法部门和司法机关对违法犯罪的单位和个人进行严厉打击。社会各界人士如发现上述侵权行为，希望及时举报，本社将奖励举报有功人员。

反盗版举报电话　（010）58581999　58582371　58582488
反盗版举报传真　（010）82086060
反盗版举报邮箱　dd@hep.com.cn
通信地址　北京市西城区德外大街 4 号
　　　　　高等教育出版社法律事务与版权管理部
邮政编码　100120